燃气－蒸汽联合循环电厂设备及系统

华能山东发电有限公司
山东大学
组编

中国电力出版社
CHINA ELECTRIC POWER PRESS

内 容 提 要

燃气－蒸汽联合循环机组具有调峰容量大、调峰能力强、启动迅速、运行灵活、能源利用效率高等优势，是优质的调节性资源，在新能源发电高占比的形势下，具有良好的发展前景。

本书在简要介绍燃气轮机及联合循环的分类、发展现状、基本热力学原理、性能参数、系统配置等基本知识的基础上，系统介绍了燃气轮机、燃气轮机辅助系统及设备、余热锅炉、联合循环汽轮机、联合循环汽轮机辅助系统及设备、发电机设备等的基本原理、结构特点、系统组成、主要辅机附件及运行操作等内容。

本书可供从事燃气－蒸汽联合循环机组设计、安装、调试、检修及管理工作的工程技术人员阅读，也可作为相关专业培训教材使用。

图书在版编目（CIP）数据

燃气－蒸汽联合循环电厂设备及系统 / 华能山东发电有限公司，山东大学组编. —北京：中国电力出版社，2023.11

ISBN 978-7-5198-8356-0

Ⅰ. ①燃… Ⅱ. ①华…②山… Ⅲ. ①燃气－蒸汽联合循环发电－发电厂－发电设备 Ⅳ. ①TM611.31

中国国家版本馆 CIP 数据核字（2023）第 224306 号

出版发行：中国电力出版社
地　　址：北京市东城区北京站西街 19 号（邮政编码 100005）
网　　址：http://www.cepp.sgcc.com.cn
责任编辑：刘汝青（010-63412382）　闫柏杞
责任校对：黄　蓓　朱丽芳
装帧设计：赵姗姗
责任印制：吴　迪

印　　刷：三河市万龙印装有限公司
版　　次：2023 年 11 月第一版
印　　次：2023 年 11 月北京第一次印刷
开　　本：787 毫米×1092 毫米　16 开本
印　　张：23
字　　数：475 千字
印　　数：0001—1000 册
定　　价：178.00 元

《燃气－蒸汽联合循环电厂设备及系统》

编　委　会

专业编写人员

前言

在“双碳”目标和构建新型电力系统背景下，中国电力绿色低碳转型不断加速，新能源装机占比持续增加，截至2022年底，风电、光伏发电装机规模7.6亿kW，占总装机规模的30%。为实现“双碳”目标，在水电等传统非化石能源受站址资源约束增速放缓、核电建设逐步向新一代先进核电技术过渡的情况下，新能源将成为绿色电力供应的主力军，而新能源大规模高比例发展将快速消耗电力系统灵活调节资源，同时由于新能源发电具有间歇性、随机性、波动性的特点，使得系统调节更加困难，给电力系统的调度运行带来困难与挑战。

燃气–蒸汽联合循环机组具有调峰容量大、调峰能力强、启动迅速、运行灵活、能源利用效率高等优势，是优质的调节性资源，在新能源发电高占比的形势下，具有良好的发展前景。我国已投产、在建多台9F级及以上燃气–蒸汽联合循环机组，有关工程技术人员、现场生产人员亟须了解与掌握这些机组的结构、系统等基本知识。为此，我们组织编写了《燃气–蒸汽联合循环电厂设备及系统》一书。本书可供从事燃气–蒸汽联合循环机组设计、安装、调试、检修及管理工作的工程技术人员阅读，或作为相关专业培训教材使用。

本书共分为7章，第一章介绍燃气轮机及联合循环的分类、发展现状、基本热力学原理、性能参数、系统配置等一些基本知识；第二章介绍燃气轮机基本工作原理和本体结构，以及当前世界主流燃气轮机的结构和技术特点；第三章介绍燃气轮机各辅助系统的功能作用、系统组成、主要设备及运行操作等；第四章着重阐述余热锅炉整体布置及其本体组件、系统与辅机、附件等；第五章主要介绍联合循环汽轮机的特点及本体结构；第六章主要介绍联合循环汽轮机辅助系统及设备；第七章介绍发电机设备基本原理、结构及运行。

本书由华能山东发电有限公司及山东大学共同编写。在收集资料和编写过程中，参阅了参考文献中列举的正式出版文献以及国内有关制造厂、研究单位、设计院、安装单位和高等院校编制的技术资料、说明书、图纸等。在此，对关心燃气发电行业发展，提供相关素材的专业机构和人员表示衷心感谢，对参与本书策划和幕后工作的人员一并表示诚挚谢意。

由于编者水平和搜集的资料有限，编写时间仓促，书中缺点和不足之处在所难免，诚恳希望读者批评指正。

编　者

2023 年 10 月

目录

第一章

燃气轮机概述

第一节 燃气轮机类型及发展历程

一、燃气轮机类型

燃气轮机是以连续流动的气体为工质带动叶轮高速旋转，将燃料的能量转变为有用功的内燃式动力机械，是一种旋转叶轮式热力发动机。其广泛应用于航空、发电、舰船和石油天然气及化工等领域。

从设计理念与应用场景角度，燃气轮机可分成轻型燃气轮机（也称轻型航改机）和重型燃气轮机，其工作原理基本相同。轻型燃气轮机，由成熟的航空发动机进行工业化改型，功率主要在50MW以下，用于调峰发电、分布式能源、海上动力、天然气压缩等场景。重型燃气轮机则完全利用原型机平台重新设计，为满足城市电网电力需求，功率在50MW以上。燃气轮机具有功率密度大、启动快、带负荷能力强、污染小、噪声小、安全可靠等技术特点，随着能源结构以及环保要求的逐渐提升，燃气轮机的应用和制造技术也得到不断发展。本书以重型燃气轮机为主进行讲述。

按照燃烧温度分级（100℃为一级别）对燃气轮机进行分类，可分成E级、F级、G级和H/J级四个级别，对应燃气轮机的透平转子进口温度分别在1100、1200、1300、1400℃。按功率大小，又可分为微型、小型、中型和大型燃气轮机四个类别，其中微型、小型、中型燃气轮机属轻型燃气轮机，大型燃气轮机属重型燃气轮机。燃气轮机的类型与应用领域见表1－1。

表1－1　　燃气轮机的类型与应用领域

类型	功率（MW）	用途
大型燃气轮机（重型）	大于50	城市公共电网
中型燃气轮机（轻型）	20～50	发电、分布式能源、海上动力、油气输送
小型燃气轮机（轻型）	0.3～20	海上动力、分布式能源、油气输送、军事
微型燃气轮机（轻型）	0.03～0.3或更小	海上动力、分布式能源、油气输送、军事

二、燃气轮机型号及命名规则

燃气轮机型号命名并没有统一的规则，各公司都有自己的命名规则，这里仅以GE公司和西门子公司燃气轮机命名规则进行说明。

GE公司对简单循环燃气轮机的命名规则是：

用途—燃气轮机系列号—输出功率—轴式—循环方式—压气机改型号

用途—以大写字母表示，M代表机械驱动，GD代表发电设备，PG代表箱装式发电设备。

燃气轮机系列号有3、5、6、7、9，相应表示MS3002、MS5000、MS6001、MS7001和MS9001等系列。

输出功率—大致为几百、几千或几万千瓦。

轴式—单轴用“1”，双轴用“2”。

循环方式—“R”表示回热循环，此项缺省表示简单循环。

压气机改型号—代表压气机型号及相关技术。

例如，PG9171E——表示箱装式发电机组，MS9001系列E型，简单循环，单轴机组，其出力约为17万hp，约126.769MW。

GE公司对联合循环燃气轮机的命名规则是：

联合循环代号—燃气轮机数量—0（无意义）—燃气轮机系列号—压气机改型号

联合循环代号—用“S”表示，S是STAG（steam and gas，蒸汽与燃气）的缩写。

燃气轮机数量—是指一套联合循环装置中燃气轮机的台数，用1、2、3表示。

例如，S309E——表示配备3台MS9001系列E型燃气轮机和1台汽轮机的燃气－蒸汽联合循环机组。

德国西门子公司燃气轮机型号命名规则，有新旧两套规则。例如V94.3A燃气轮机，采用旧编号体系，其中的V是德文燃气轮机开头字母；9是转速代码，9代表50Hz，8代表60Hz，6代表50Hz或60Hz；4是压气机大小；3是发展阶段，3代表第3代；A对应环形燃烧室。其对应的新编号是SGT5－4000F，SGT是西门子公司英文缩写；5是转速，5代表50Hz，6代表60Hz；4000是压气机大小；F代表燃气轮机等级。

三、发展历程

重型燃气轮机是发电设备的高端装备，其技术含量和设计制造难度居所有机械设备之首，居于机械制造行业的金字塔顶端，在能源电力工业中有重要地位。目前燃气轮机联合循环发电已经达到全球发电总量的1/5（欧美国家已超过1/3），最先进的H/J级燃气轮机单循环和联合循环效率已经达到40%～41%和60%～61%，为所有发电方式之冠。燃用天然气的燃气轮机电站污染排放极低，二氧化碳排放量是燃煤电站的40%。

截至目前，重型燃气轮机历经近90年的发展历史。1939年在瑞士BBC公司诞生了世界第一台发电用重型燃气轮机，标志着燃气轮机正式进入火力发电行业。近 90 年来世界重型燃气轮机的发展大致可分为以下五个阶段：

诞生阶段（1939 年至 20 世纪 50 年代末期）：重型燃气轮机刚刚诞生，仅 BBC 公司进行研发，功率小（不超过 4MW），燃气温度低（不超过 800℃），热效率低（不超过 20%）。

早期阶段（1950 年至 20 世纪 70 年代末期）：美国 GE 公司、德国西门子公司先后开始研制重型燃气轮机，走的是原始创新技术路线。日本三菱公司从 20 世纪 60 年代开始研制重型燃气轮机，走的是引进技术消化吸收再创新路线。三家公司在 20 世纪 70 年代后期都完成了原型燃气轮机（功率 25MW 以下）的研制，燃气温度达到 1000℃，效率约 26%。原型燃气轮机研制达到了突破并掌握核心技术、选定燃气轮机主机基本结构（特别是转子结构）、建立试验设备和培养人才的目的。

全球市场第一阶段（20 世纪 80 年代至 90 年代中期）：E 级燃气轮机技术发展和成熟期。20 世纪 80 年代初推出的 E 级基本型号单机功率为 31～105MW（50Hz，下同），燃气温度达到 1100℃，效率约 30%；到 20 世纪 90 年代中期单机功率增加到 37～130MW，燃气温度达到 1200℃，效率约 32%，成为全球重型燃气轮机市场主流产品。1978—1995 年，全球 1MW 级以上发电燃气轮机（注：25MW 以下是航改型燃气轮机和小功率燃气轮机，25MW 以上是重型燃气轮机为主）共销售近 9000 台，总功率为 7.3 亿 kW，世界燃气轮机市场开始形成。

全球市场第二阶段（20 世纪 90 年代中期至 2010 年）：F 级技术发展和成熟期。20 世纪 90 年代中期推出的基本型号单机功率为 225～235MW，燃气温度为 1320～1350℃，效率约 34%；到 2010 年单机功率增加到 285～300MW，效率 36%～37%，F 级燃气轮机取代 E 级成为全球市场主流产品。1996—2010 年间，全球 1MW 以上发电燃气轮机共销售近 1.3 万台，总容量突破 10 亿 kW。2010 年，燃气轮机发电接近全球发电总量的 20%，成为全球发电行业不可或缺的重要组成部分。

全球市场第三阶段（2010 年至今）：H/J 级技术出现并在发展中。目前市场上 H/J 级燃气轮机单机功率达到 400～520MW，燃气温度达到 1550～1600℃，热效率达到 40%～41%。2015 年 H/J 级燃气轮机在北美市场占有率接近一半，全球 H/J 级时代已经到来。据国际能源组织预测天然气发电量在全球总发电量中的占比到 2030 年将达到 25%以上。

第二节　燃气轮机厂商情况

国际上生产重型燃气轮机的主要公司有美国的通用电气（GE）、德国的西门子（Siemens）、日本的三菱重工（MHI）、意大利的安萨尔多（Ansaldo）等。国内厂家主要有上海电气集团股份有限公司、哈尔滨电气集团有限公司和中国东方电气集团有限公司。

近年来，我国燃气轮机新增装机容量增长迅速。数据显示，2016 年我国燃气轮机新增装机容量为 4552.61 万 kW，到 2021 年我国燃气轮机新增装机容量为 10443.49 万 kW，年复合增长率达 18.06%，2021 年较 2020 年同比上涨 60.43%。

我国燃气轮机技术的研发工作起步于 20 世纪 50 年代。20 世纪六七十年代初，原上海汽轮机厂、哈尔滨汽轮机厂、东方汽轮机厂和南京汽轮电机厂都曾以产学研联合的方式，自行设计和生产过燃气轮机，其透平进气初温为 700℃等级，与当时的世界领先水平差距不大。

改革开放以后，经济发展迅猛地区由于急切需要电力，建设了一批燃气轮机发电厂，从国外引进了一批中小型燃气轮机发电机组，包括美国 GE 公司的 6B、瑞士 ABB 的 GT～13D 以及美国普惠的 FT8 等燃气轮机，这些燃气轮机以柴油、原油或重油为燃料，绝大多数采用燃气－蒸汽联合循环方式发电。“十五”期间，为了推进大型燃气－蒸汽联合循环发电技术的应用，积极发展我国的燃气轮机产业，国家发展和改革委员会确定了“组织国内市场资源，集中招标，引进技术，促进国内燃气轮机产业发展和制造水平提高”的战略目标，实施以市场换技术的重大举措。对规划批量建设的燃气轮机电站项目进行“打捆”式设备招标采购，同时引进先进的大型燃气轮机制造技术。从 2002 年起，有 25 个电站项目的 59 台燃气轮机发电机组进入中国，并分别从国外三家著名燃气轮机制造商引进 F 级燃气轮机技术合作生产，具体是：

（1）上海电气（集团）总公司与德国西门子公司合作，生产 SGT5－4000F 型燃气轮机。2014 年又与意大利安萨尔多能源公司合作生产 AE94.3A 燃气轮机。

（2）哈尔滨电气集团有限公司与美国 GE 公司合作，布局生产 9F 级和 9HA 级燃气轮机。2023 年 2 月国产首台掺氢 9HA 燃气轮机在秦皇岛下线。

（3）中国东方电气集团有限公司与日本三菱公司合作，生产 M701F 型和 M701D 燃气轮机。至 2022 年 5 月中标突破 100 台。

（4）南京汽轮电机（集团）有限责任公司与美国 GE 公司合作，生产 PG9171E 和 PG6581B 型燃气轮机。

（5）杭州汽轮机股份有限公司与日本三菱公司合作，生产 M251S 型燃气轮机。

我国从合作制造开始，三大企业均分别与各自的合作伙伴成立合资公司，为燃气轮机提供维修和现场服务，生产燃气轮机的部分高温部件和相当数量的辅助部件，例如燃烧系统的火焰筒过渡段、各个气缸、进排气系统等，逐步提高了国产化率。

2000 年，随着我国经济建设的快速发展，我国提出了新的能源结构发展规划，其中利用燃气发电是国家 2000 年以来鼓励发展的一个新的发电方式。随着国家西部开发西气东输项目的完善，使得沿海经济发达地区综合利用燃气发电成为可能，成为解决电力负荷日夜相差巨大的一个新措施。

2002 年，国家 863 计划能源技术领域燃气轮机重大专项，以“产学研联合体”的形式重点开展 R0110 重型 114.5MW 燃气轮机核心部件及关键技术的研发。“十一五”期间实施的“863 计划先进能源技术领域微型燃气轮机重点项目”“863 计划先进能源技术领域重型燃气轮机关键技术及系统重大项目”等，逐步缩小了我国重型和微型燃气轮机技术与国际先进水平的差距，在重型和微型燃气轮机设计、制造、试验等关键技术的自主研发方面取得有效进展。

第三节 燃气轮机市场应用与发展趋势

一、燃气轮机市场

燃气轮机广泛应用于电力、航空航天和石油化工等行业。电力和航空航天领域是我们熟知的燃气轮机应用领域，石油化工领域中应用燃气轮机也十分广泛，主要是用于压缩空气、氧气、氮气等气体，以及驱动离心压缩机、离心泵等设备。

近年来，全球燃气轮机行业市场规模逐年增长，从 2015 年的 1600 亿美元增长至 2020 年的 2254 亿美元，2015—2020 年复合年均增长率（CAGR）为 7.09%。从全球燃气轮机应用领域来看，2020 年发电市场应用燃气轮机占比 32%，油气化工市场应用燃气轮机占比 29%，其他工业市场应用燃气轮机占比 39%。从各功率市场结构来看，2020 年全球燃气轮机中 1～40MW 占比 39%，40～120MW 占比 22%，120MW 以上占比 39%。从区域划分来看，2020 年全球燃气轮机最大区域市场为亚太地区，占比 54%，此区域主要由中国、日本、泰国、印度尼西亚等国家主导；北美与欧洲分别占比 13%与 12%；中东及非洲占比 12%，其中沙特阿拉伯是主要最终用户之一；南美地区占比 8%。

2012—2020 年我国燃气轮机产量呈现较大的波动性：2013 年我国燃气轮机产量为 657.37 万 kW，为近十年来最高值；2018 年我国燃气轮机产量仅为 92.85 万 kW；2019 年增长至 419.05 万 kW；2020 年我国燃气轮机产量为 356.23 万 kW，同比下降 15%。

据统计，截至 2021 年 1—7 月，我国燃气轮机进口数量为 151 台，同比 2020 年同期增长 15 台；出口数量为 39 台，同比 2020 年同期增长 9 台。

二、发展趋势

自 1939 年燃气轮机实际使用以来，简单循环机组效率得以显著提升，其进展巨大，这与燃气初温提高至当今水平密不可分。例如，在 20 世纪 60 年代涡轮应用冷却叶片后，燃气初温提高出现跳跃，之后提高速度加快，相应的机组效率的提高速度也明显加快。

近年来，燃气初温超过 1500℃的航空发动机已投运，燃气初温达到 1700℃的涡轮研制工作已展开。因此，简单循环机组效率达到并超过 45%已指日可待。机组效率的提高还与中压气机和涡轮效率的提高有关。例如，目前已对燃气轮机的涡轮部分进行了改进，提高了涡轮效率，在略微提高空气流量和燃气初温的情况下，机组功率从41.0MW提高到44.6MW，效率从40.0%提高到42.6%。随着技术的进展，今后压气机和涡轮效率将继续提高。就目前压气机、涡轮和机组效率所处的水平，压气机效率或涡轮效率若提高 1%，则机组效率相应能提高 0.6%～1.0%，影响较大。随着“双碳”目标实施，掺氢燃烧或纯氢燃烧也是燃气轮机发展的重要方向。

此外，从联合循环方面来看，部分效率达 60%的联合循环机组已投入运营，这标志着燃气–蒸汽联合循环发电机组的热能利用水平提高到一个新的高度。显然，随着燃气轮机技术的进展，在这之后联合循环的效率将进一步提高。另外，针对燃煤的联合循环，主要是其中的整体煤气化联合循环（IGCC），它不仅效率高，且污染排放很低，这正是人们追求的目标。现已有多座 IGCC 电站投入商业示范运行，标志着 IGCC 技术已趋于成熟。目前主要的问题是 IGCC 电站造价比燃煤蒸汽电站高不少。但根据发展预测，再过数年以后，IGCC 电站的造价将与燃煤蒸汽电站相当，而效率将明显高于燃煤蒸汽电站，从而可建立大量的燃煤联合循环电站，扩大燃气轮机所燃用的燃料范围。

燃气轮机和联合循环不仅性能已达到相当高的水平，且还处于较快的提高时期，其优点将越来越显著。因此，燃气轮机的现状可以说是风头正劲，它在电力工业中的应用必将越来越广泛，前景十分广阔。

第四节 燃气轮机联合循环

一、燃气轮机基础知识

1. 燃气轮机基本组成和工作过程

燃气轮机（gas turbine）主要包括三大部件，即压气机、燃烧室、燃气透平，另外还包括控制系统和辅助设备等附属设施。图 1–1 是燃气轮机组成及工作过程示意图。燃气轮机透平的做功原理与汽轮机是相同的，只不过冲动燃气轮机透平叶轮旋转的工质变成了高温、高压的天然气燃烧后的产物（燃气），其主要成分为 CO_2、H_2O 和 N_2。首先，空气被吸入压气机，升压后进入燃烧室，与燃烧器喷嘴喷出的天然气发生燃烧反应，燃烧产物温度急速升高；接着，高温、高压燃气进入燃气轮机透平，燃气在燃气轮机透平的静叶中流动，燃气发生膨胀，压力降低、体积增大、速度增加，燃气的热能转化为动能，高速燃气流到动叶上，冲动叶轮旋转，燃气的动能就转化为燃气轮机叶轮的机械能。在燃气轮机的轴上串联上一个发电机，燃气轮机旋转时就会拖动发电机旋转，也会发出电来，就会把燃气轮机叶轮的机械能转化为发电机的电能，同时大约 2/3 的透平做功用于带动安装在同一根轴上的压气机。

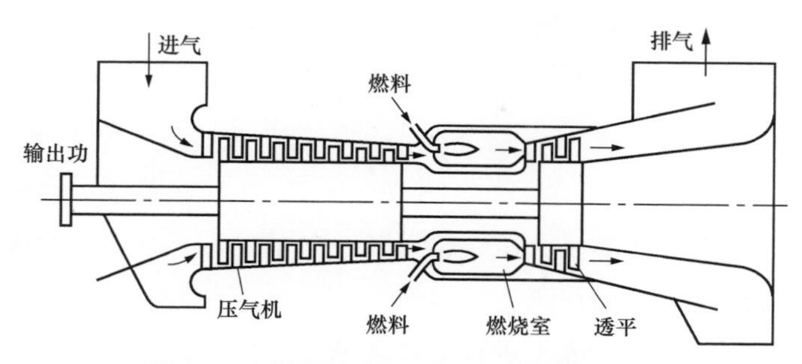

图 1－1　燃气轮机组成及工作过程示意图

燃气轮机燃烧室是燃气轮机的重要部件。天然气在燃烧室内正常燃烧需要具备三个要素，即可燃物（天然气）、助燃物（空气）、点火源。由此可见，燃气轮机要完成这一系列能量转化，还需借助于一些辅助系统来实现，其中最大的两个辅助系统就是燃气轮机空气系统和天然气系统。另外，燃气轮机的辅助系统还包括燃气轮机控制系统、燃气轮机润滑油系统、燃气轮机控制油系统、燃气轮机发电机密封油系统、燃气轮机发电机氢气系统和燃气轮机闭式循环冷却水系统等。从联合循环（加上余热锅炉、汽轮机）的角度来讲，还包括凝结水系统、锅炉给水系统、汽轮机主蒸汽系统、汽轮机轴封系统、汽轮机真空系统、汽轮机控制油系统、汽轮机发电机密封油系统、汽轮机发电机氢气系统、汽轮机闭式循环冷却水系统、压缩空气系统、辅助蒸汽系统等。

2. *燃气轮机热力学原理*

燃气轮机循环是气体动力循环之一，其理想工作循环可以简化为由四个过程组成的可逆循环，图 1－2 是燃气轮机循环热力系统示意图，图 1－3 是燃气轮机理想循环温熵（$T-s$）图。其中，1—2 为绝热压缩过程（压气机内压缩过程）；2—3 是定压加热过程（燃烧室内燃烧过程）；3—4 是绝热膨胀过程（燃气透平膨胀过程）；4—1 是定压放热过程（排气在环境中放热过程）。这个循环又称为定压加热的理想循环，也称布雷顿循环。

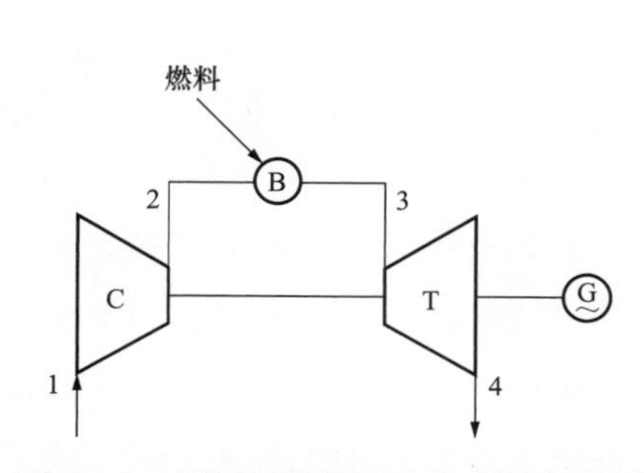

图 1－2　燃气轮机循环热力系统示意图

C—压气机；B—燃烧室；T—燃气透平；G—发电机

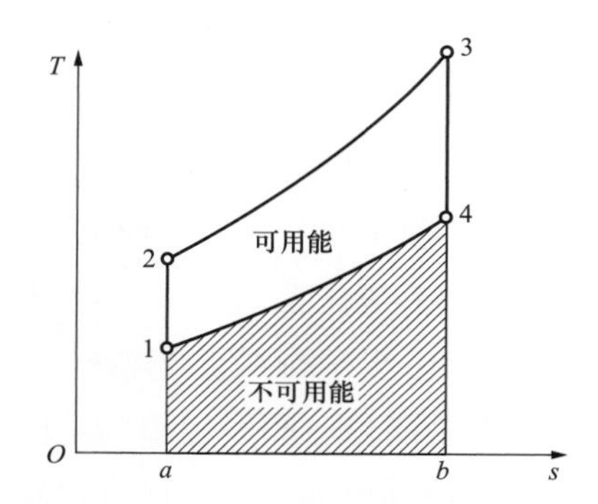

图 1－3　燃气轮机理想循环温熵图

3. 燃气轮机主要性能指标

燃气轮机的主要参数和性能指标有压缩比、温度比、比功和热效率等。

1）压缩比（简称压比）：压气机出口压力与进口压力之比，用π表示，则

$$\pi=\frac{p_2^*}{p_1^*} \tag{1-1}$$

式中　p_1^*——燃气轮机进气道后、压气机入口法兰前的滞止压力，MPa；

p_2^*——压气机出口处滞止压力，MPa。

2）温度比（简称温比）：透平进口处的温度与压气机进口处的温度之比，用τ表示，则

$$\tau=\frac{T_3^*}{T_1^*} \tag{1-2}$$

式中　T_1^*——燃气轮机进气道后、压气机入口法兰前的滞止温度，K；

T_3^*——透平进口处的滞止温度，K。

压缩比和温度比这两个热力参数在很大程度上决定了燃气热力循环的性能。

3）比功（也称比输出）：压气机吸入单位质量空气时，燃气轮机向外界输出的净功，用w_n表示，在不考虑燃气轮机的机械损失时，w_n的计算式为

$$w_n=w_t-w_c \tag{1-3}$$

式中　w_t——压气机吸入单位质量空气时透平的膨胀功，kJ/kg；

w_c——单位质量空气时的压缩功，kJ/kg。

燃气轮机的比功大，说明在同样工质流量和同样的装置尺寸下，燃气轮机的功率大，或者在同样的功率下，工质的流量小，燃气轮机的尺寸小。所以，一般来说总是追求更大比功。

4）燃气轮机循环热效率：当吸入单位工质完成一个循环时，输入的热量中转化为输出功的部分所占的百分数，用η_{gt}表示，其计算式为

$$\eta_{gt}=\frac{w_n}{fQ_{net}}=\frac{w_n}{q_b} \tag{1-4}$$

式中　f——压气机吸入单位质量空气时，燃烧室所加入的燃料量，称为燃料空气比；

Q_{net}——燃料的发热量，通常指低位发热量，kJ/kg；

q_b——压气机吸入单位质量空气时，流过燃烧室的空气所吸取的热量，在不考虑燃料的不完全燃烧损失和燃烧室的散热损失时，$q_b=fQ_{net}$，kJ/kg。

表1－2是国外一些先进燃气轮机发电机组（50Hz）的主要技术参数，为了对比，表1－3列出了国产大功率燃煤汽轮发电机组的主要技术参数。由此可见，两者对比燃气轮机供电效率与亚临界600MW燃煤机组的供电效率差不多。

表 1-2　　　国外一些先进燃气轮机发电机组（50Hz）的主要技术参数

制造公司	机组型号	ISO 基本功率（MW）	压比	燃气初温（℃）	供电效率（%）	备注
GE	PG9351FA	255.6	15.4	1327	36.0	
	MS9001IHA.02	470	21.8	1566	41.5	
	LSM100	100	42.0	1380	46.0	技改型
西门子	V94.3A	255	17.0	1310	38.5	
	SGT5-8000H	375	19.2	1556	40.0	
三菱重工	M701F	270	17.0	1400	38.2	
	M701G2	334	21.0	1500	39.5	
安萨尔多（前 ABB 技术）	GT26	320	30.0	1260	40.0	

注　1. 所列燃气轮机的排气温度均为 550～650℃。
2. ISO 基本功率是指在国际标准化委员会所规定的 ISO 环境条件下燃气轮机运行所能达到的功率，ISO 环境条件温度 15℃，压力 0.1013MPa，相对湿度 60%。

表 1-3　　　国产大功率燃煤汽轮发电机组的主要技术参数

单机容量（MW）	蒸汽参数		煤耗率与供电效率			
	压力（MPa）	主蒸汽温度/再热蒸汽温度（℃）	煤耗率（g/kWh）	评价煤耗率（g/kWh）	供电效率（%）	相对煤耗率（%）
300	16.70	538/538	320～340	330	37.8	100
600	16.70	538/538	310～330	320	39.0	97.0
600	24.20	566/566	290～300	295	42.3	89.4
1000	25.00	600/610	270～290	280	44.6	84.8

注　我国汽轮发电机组的排汽压力一般为 0.0049MPa，对应的饱和温度为 32℃左右。

4. 实际燃气轮机循环热效率、比功与压比、温比之间的关系

根据热力学理论，可以推导出比功与压比和温比以及热效率与压比和温比之间的关系，并用图表示出来，图 1-4 是实际循环的比功与压比和温比的关系，图 1-5 是实际循环的热效率与压比和温比的关系。图中曲线的计算条件是：压气机进气温度 $T_1^*=15$℃，压气机等熵效率 $\eta_c=0.87$，燃气透平效率 $\eta_t=0.88$，燃烧室热效率 $\eta_b=0.98$；机械效率 $\eta_m=0.97$，压气机引出的空气比率 $\mu=0.04$，压损率之和 $\sum e=0.06$。图 1-6 是某 F 级实际燃气轮机循环的比功、热效率与压比和温比之间的关系。

由图 1-4、图 1-5 和图 1-6 可知：

1）就比功与压比和温比的关系而言，在一定的压比下，温比越高，比功就越大；在一定的温比下，存在一个特定的压比 π_{wmax} 使比功 w_n 取得最大值；温比越高，π_{wmax} 就越大。

2）就热效率与压比和温比的关系而言，在实际循环中，热效率 η_{gt} 不仅与压比 π 有关，而且还与温比 τ 有关。在一定的压比下，温比越高，热效率就越高；在一定的温比下，存在一个特定的压比 $\pi_{\eta max}$，使热效率取得最大值。换句话说，从使热效率最高的角度来看，也存在着最佳压比；而且温比越高，$\pi_{\eta max}$ 就越大。

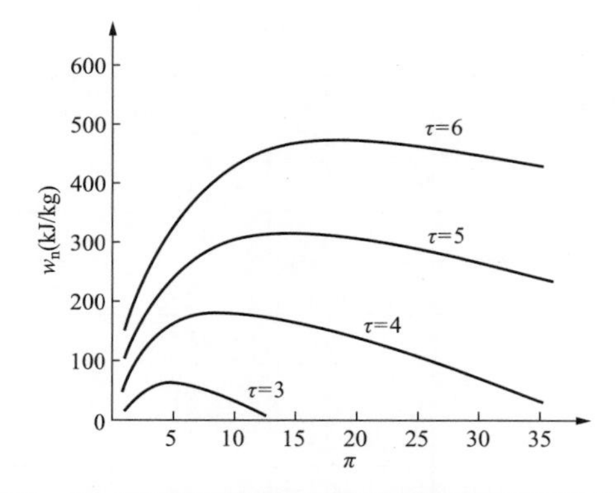

图1-4 实际循环的比功与压比和温比的关系

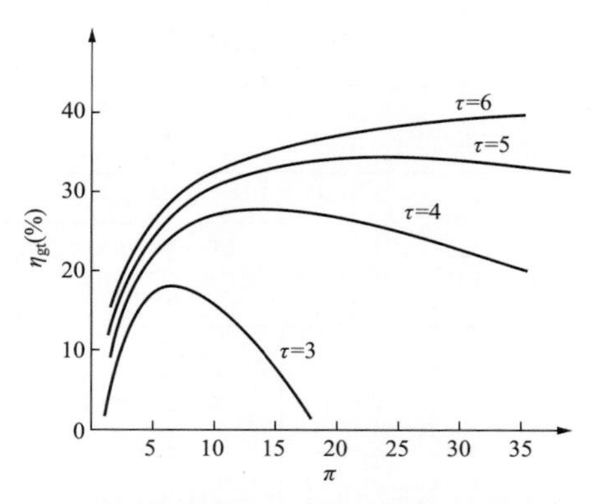

图1-5 实际循环的热效率与压比和温比的关系

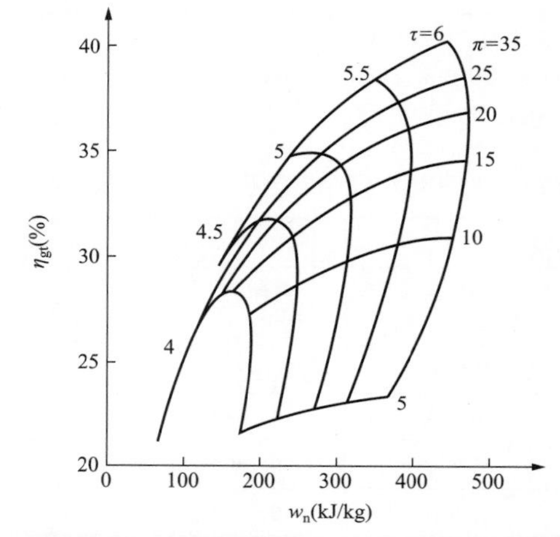

图1-6 某F级实际燃气轮机循环的比功、热效率与压比和温比之间的关系

3）使比功最大的最佳压比$\pi_{w\max}$和使热效率最高的最佳压比$\pi_{\eta\max}$一般不相等，通常，$\pi_{\eta\max} > \pi_{w\max}$。

二、燃气-蒸汽联合循环基本原理

1. 燃气-蒸汽联合循环的热力学原理

把燃气循环和蒸汽循环联合起来，能发挥燃气循环进气温度高和蒸汽循环排汽温度低的优势，起到取长补短的作用，图1-7所示为余热锅炉型联合循环的热力系统图，图1-8为其在理想条件下的温熵图。

该系统的原理是：用余热锅炉（heat recovery steam generator，HRSG）吸收燃气轮机排气的热量产生蒸汽，然后用汽轮机将蒸汽的热量转换为机械功。在图1-8中，面积 a—2—3—c—a 代表单位质量工质在燃烧室所获得的热量，面积 1—2—3—4—1 代表燃气轮机循环对外所做的功，面积 b—5—4—c—b 代表通过余热锅炉传给给水的热量，面积 a—1—5—b—a 代表余热锅炉向外界释放的热量，属于能量损失。面积 b—6—7—8—9—d—b 表示朗肯循环中工质在余热锅炉内的吸热量，它等于燃气轮机排

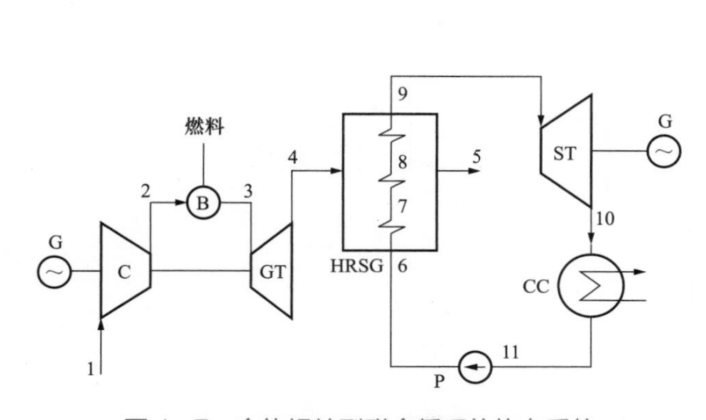

图 1-7　余热锅炉型联合循环的热力系统

C—压气机；B—燃烧室；GT—透平；HRSG—余热锅炉；
ST—汽轮机；CC—凝汽器；P—给水泵；G—发电机

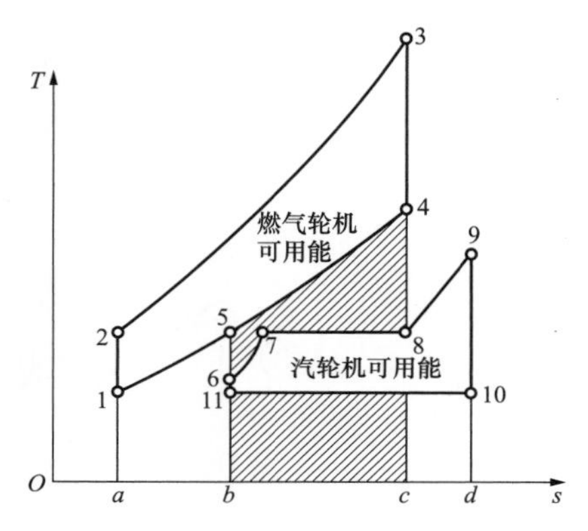

图 1-8　理想余热锅炉型
联合循环的温熵图

气在余热锅炉的放热量（面积 *b*—5—4—*c*—*b*），面积 11—6—7—8—9—10—11 是朗肯循环做功量，面积 *b*—11—10—*d*—*b* 是汽轮机排汽在凝汽器内的放热量，即冷源损失。显然与燃气轮机简单循环相比，联合循环的做功多了面积 11—6—7—8—9—10—11。

国外某些燃用天然气的联合循环发电机组（50Hz）的主要技术数据见表 1-4，将其与表 1-2 和表 1-3 做对比，可以看出，联合循环发电机组的供电效率一般比单独的汽轮机或燃气轮机发电机组高出 15%～20%，最高效率已达到 60%以上。

表 1-4　国外某些联合循环发电机组（50Hz）的技术数据（燃用天然气时）

公司名称	机组型号	ISO 基本功率（MW）	供电效率①（%）	所配燃气轮机情况	备注
GE	S-109FA	390.8	56.7	1 台 9FA，三压汽轮机	单轴
	S-209FA	786.9	57.1	2 台 9FA，三压汽轮机	多轴
	S-109HA.02	701.0	61.4	1 台 9HA.02 三压汽轮机	单轴
西门子	GUD1S.94.3A	390.0	57.3	1 台 V94.3A，三压汽轮机	单轴
	GUD2S.94.3A	780.0	57.3	2 台 V94.3A，三压汽轮机	多轴
	SCC5-8000H	570.0	60.7	1 台 SGT5-8000H，三压汽轮机	单轴
三菱重工	MPCP1（701F）	398.0	57.0	1 台 M701F，三压汽轮机	单轴
	MPCP2（701F）	804.7	57.4	2 台 M701F，三压汽轮机	多轴
	MPCP2（701GF）	498.0	59.3	1 台 M701G2，三压汽轮机	单轴
安萨尔多（前 ABB 技术）	KA26-1	467.0	59.5	1 台 GT26，三压汽轮机	单轴

① 机组效率有高热值（HHV）和低热值（LHV）之分，本书未作说明时，一律采用低热值效率。

2. 燃气-蒸汽联合循环的分类及特点

这里讨论的燃气-蒸汽联合循环特指燃用天然气的联合循环，按照燃气循环排放热量被蒸汽循环全部或部分利用的不同情况以及蒸汽锅炉结构型式特征，主要分为三类，即余热锅炉型（见图 1-7）、补燃余热锅炉型（见图 1-9）和增压锅炉型（见图 1-10）。

注：图中数字代表各对应位置的状态点。

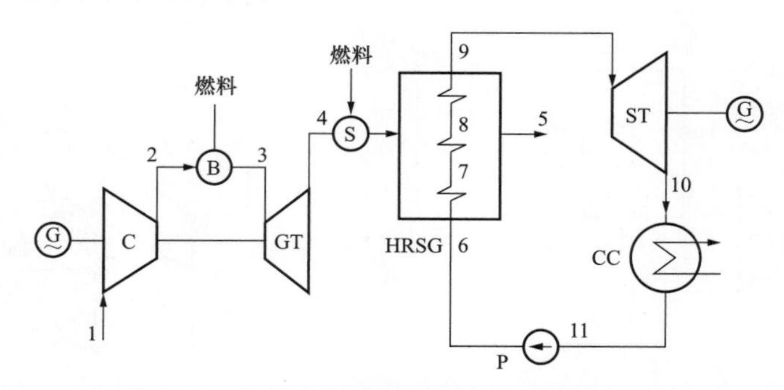

图 1-9　补燃余热锅炉型联合循环的热力系统

C—压气机；B—燃烧室；GT—透平；HRSG—余热锅炉；ST—汽轮机；CC—凝汽器；P—给水泵；G—发电机；S—补燃室

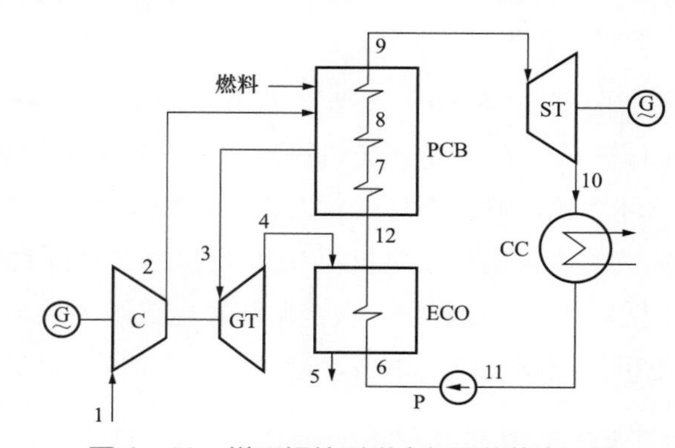

图 1-10　增压锅炉型联合循环的热力系统

C—压气机；GT—透平；PCB—增压锅炉；ECO—省煤器；ST—汽轮机；CC—凝汽器；P—给水泵；G—发电机

三种类型燃气-蒸汽联合循环的特点分别如下：

余热锅炉型联合循环的特点：① 余热锅炉实际是个热交换器，容量与参数取决于燃气轮机的排气量和温度；② 汽轮机容量约为燃气轮容量的 1/3；③ 需用轻质燃料。

补燃余热锅炉型联合循环的特点：① 补入部分燃料，相应汽轮机容量加大；② 汽轮机仍不能单独运行；③ 启动时间比余热锅炉型长；④ 冷却用水量比余热锅炉型大。

增压锅炉型联合循环的特点：① 以压气机取代送风机；② 正压锅炉和燃气轮机的燃烧室合二为一，增压锅炉体积小，耗金属量少，投资小；③ 仍不能用固体燃料。

本质上补燃余热锅炉型和增压锅炉型属于部分燃气-蒸汽联合循环，而余热锅炉型是完全的燃气-蒸汽联合循环，也是最常用的一种型式，是本书主要讲述的内容。

第五节　余热锅炉型联合循环

一、设备与系统简介

余热锅炉型燃气-蒸汽联合循环发电热力系统的组成一般如图 1-11 所示。

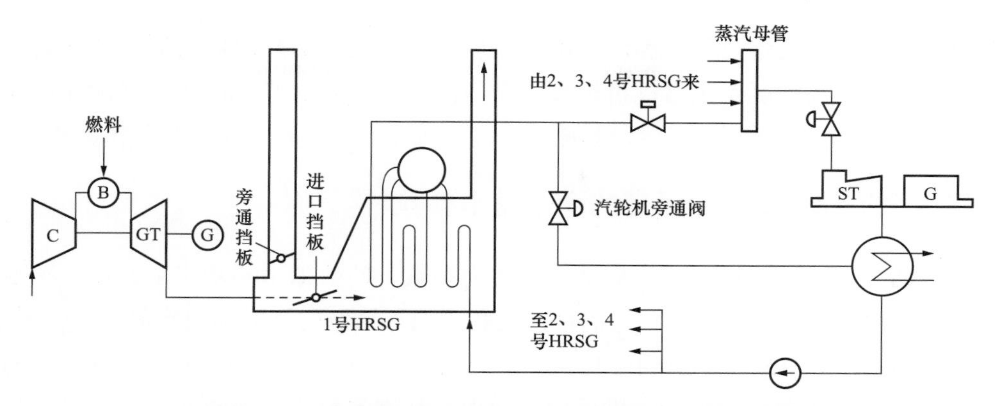

图 1－11　余热锅炉型燃气－蒸汽联合循环发电热力系统

C—压气机；B—燃烧室；GT—透平；HRSG—余热锅炉；ST—汽轮机；G—发电机

图 1－11 是一套由 4 台燃气轮机（图中仅画出了 1 台）、4 台余热锅炉和 1 台汽轮机组成的“四拖一”常规余热锅炉型联合循环发电热力系统。在该系统中，每台燃气轮机的排气由烟道进入余热锅炉，将从汽轮机系统返回的给水加热成过热蒸汽，放出热量后的烟气由烟囱排向大气，各台锅炉产生的蒸汽通过蒸汽母管进入汽轮机。

在图 1－11 所示的系统中，每台余热锅炉都配有一个旁通烟道，每条蒸汽管路也都配有一条蒸汽旁路。必要时，燃气轮机排气可通过旁通烟道直接排向大气，余热锅炉产生的蒸汽也可通过蒸汽旁路减温减压后直接排入凝汽器。

配置旁通烟道的好处有以下几点：

（1）启停时，不必对燃气轮机、余热锅炉和汽轮机的工作状态进行严格协调。

（2）增加运行调节的灵活性，并方便临时性的检修及事故处理。

（3）必要时可以使燃气轮机维持单循环运行。

（4）可对整个工程进行分段建设、分期投运，从而可合理投入资金，更快获得回报。

但配置旁通烟道需要增大投资和占地面积，并且即使在正常运行的情况下，旁通挡板处也往往存在 0.3%～0.5%的烟气泄漏损失，所以究竟是否配置旁通烟道需视具体情况而定。目前大功率联合循环机组大多不再配旁通烟道。蒸汽旁路的作用与在常规蒸汽轮机组中的作用类似。

二、联合循环机组与常规蒸汽动力循环机组的热力系统的差别

联合循环机组与常规蒸汽动力循环机组的热力系统有很多差别，最大的差别在于：常规蒸汽动力循环机组中设有多级给水加热系统，而联合循环机组一般不设给水加热系统，并且应使送入余热锅炉的给水温度尽可能地低（当然，需要考虑锅炉尾部受热面材料低温腐蚀的限制）。其原因在于：常规燃煤蒸汽锅炉都装有空气预热器，它可以进一步利用锅炉汽水受热面后的烟气余热而不至于使余热损失掉，而联合循环机组中

的余热锅炉并无空气预热器，因此若给水温度太高，汽水受热面后的烟气余热只能损失掉。第二个主要的区别是常规机组设有专门的除氧器，而联合循环机组往往将除氧器与余热锅炉或凝汽器合为一体，其原因也在于为了尽可能地利用烟气余热。

三、余热锅炉型联合循环的两个基本参数

余热锅炉型联合循环有两个最基本的热力参数，即热效率和功比率。热效率是指燃气轮机获得的轴功与汽轮机获得的轴功之和占加入系统的燃料热的比值，用 η_{cc} 表示。功比率是指汽轮机与燃气轮机的轴功之比，记为 S_{cc}。在余热锅炉型联合循环中，燃料全部从燃气轮机的燃烧室加入。设单位时间内，从燃气轮机燃烧室加入的燃料的热量为 Q_f（kJ/s），通过燃气轮机得到的轴功率为 P_{gt}（kW），通过汽轮机得到的轴功率为 P_{st}（kW），则

$$\eta_{cc}=\frac{P_{gt}+P_{st}}{Q_f} \tag{1-5}$$

$$S_{cc}=\frac{P_{st}}{P_{gt}} \tag{1-6}$$

设汽轮机循环的热效率为 η_{st}，余热锅炉的热效率为 η_h，则显然在加入系统的燃料热 Q_f 中，通过燃气轮机转化为功的部分为 $P_{gt}=\eta_{gt}Q_f$，如果燃料在燃气轮机中完全燃烧，通过燃气轮机排气带入余热锅炉的部分应为 $(1-\eta_{gt})Q_f$，在余热锅炉中被转移到蒸汽中的部分应为 $(1-\eta_{gt})\eta_h Q_f$，通过汽轮机转化为轴功的部分应为 $P_{st}=(1-\eta_{gt})\eta_h\eta_{st}Q_f$。将有关数据代入式（1–5）和式（1–6）可得

$$\eta_{cc}=\eta_{gt}+(1-\eta_{gt})\eta_h\eta_{st} \tag{1-7}$$

$$S_{cc}=(1-\eta_{gt})\eta_h\frac{\eta_{st}}{\eta_{gt}} \tag{1-8}$$

由此可见，η_{cc} 和 S_{cc} 的大小实际上仅取决 η_{gt}、η_h 和 η_{st}，表明在余热锅炉型联合循环中，汽轮机与燃气轮机的功率存在着一定的匹配关系。

四、余热锅炉型联合循环的优缺点

1. 优点

燃油或天然气的余热锅炉型联合循环除了具有效率高、污染轻、耗水少的优点外，还具有以下优点：

1）启停时间短，便于调峰运行。对于联合循环机组，一般将停机在 72h 以上的启动称为冷态启动，10～72h 之间的称为温态启动，1～10h 之间的称为热态启动，1h 之内的称为极热态启动。图 1–12 为日本三菱公司产的 MPCP1 型机组（配用 M701F 型燃气轮机，ISO 基本功率为 398MW，单轴余热锅炉型联合循环机组）的热态启动曲线。由图 1–12 可见，在热态下该机组点火后 20min 即可并网发电，全部启动时间不超过

80min。联合循环机组的启动时间会随着设备配置情况的不同而不同，但对于单轴机组，冷态启动时间一般在 180min 左右，温态启动时间一般不超过 140min，热态启动时间一般不超过 80min，极热态启动时间一般不超过 60min。相对于常规大功率燃煤机组而言，这些启动时间都是相当短的。

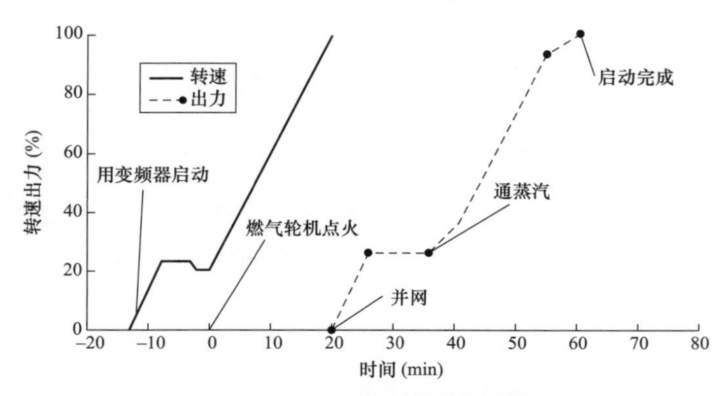

图 1－12　MPCP1 型机组的热态启动曲线

2）部分负荷下的热经济性高。联合循环电站一般将若干台同类型的单轴机组或一台多轴机组作为一个系统来管理，对负荷进行统一调度。由于机组的启停相对比较方便，因此往往采用增减运行机组台数的方法来满足负荷变化的要求。这样做的最大好处是，在较大的负荷范围内可保持系统的热效率与在额定负荷时相接近。

3）占地面积小。现代大功率联合循环机组的设备集成化程度很高，布置紧凑，特别是不需要规模庞大的燃料和除灰系统，有些情况下甚至不需要厂房，所以整个电站占用场地很小。

4）比投资费用低。一般来说，联合循环电站的比投资费用仅为燃煤汽轮机电站的 40%～70%。

5）建设周期短。单轴联合循环机组的典型建设周期是 18～24 个月，多轴联合循环机组的建设周期可能会长 1～2 个月，但余热锅炉如果配置旁通烟囱或烟道，其燃气轮机系统和汽轮机系统就可以分期建设投产，其中燃气轮机系统的建设周期远低于汽轮机系统。

6）管理费用低。由于现代大型联合循环机组的自动化水平高，因此机组运行管理人员的数目可以大幅度减少，管理费用可以大幅度降低。已有实例表明，“一拖一”的单轴联合循环机组的启停操作可以只由 2 名值班人员完成，整套机组的常设员工数可以限制在 32 名以内。即使复杂一些的多轴机组，常设员工数目也差不多。例如，由西门子公司以交钥匙工程方式承建的英国 Rye House 电厂，总功率为 700MW，采用“三拖一”形式的燃用天然气联合循环机组，该电厂的常设员工数只有 33 人。

7）机组的运行性能高于或至少相当于常规燃煤机组。联合循环机组的运行性能主要由可靠性、可用率和启动可靠性等指标来衡量。

三菱公司生产的F级燃气轮机及其联合循环机组的可靠性一直维持在99.3%以上；GE公司生产的50MW以上的燃气轮机和联合循环机组的可靠性，据美国国家电气可靠性联合会通报，分别达到99.0%和98.3%，可用率分别达到96.5%和95%。在更大范围的统计表明：承担基本负荷的燃用天然气的联合循环机组的运行可用率一般可达到85%～90%，而承担基本负荷的常规燃煤机组的运行可用率一般仅为80%～85%。由此可见，燃用天然气的联合循环机组的运行性能已高于常规燃煤机组。

2. 缺点

余热锅炉型燃气－蒸汽联合循环机组的主要缺点如下：

1）调峰能力受大气温度限制，夏季出力低，冬季出力高。为防止燃气轮机透平超温，联合循环机组采用一条与大气温度对应的温控线，控制机组最大出力。大气温度越高，机组出力越低；大气温度越低，机组出力越大。夏季大气温度较高，空气密度较小，在通流不变的条件下，压气机单位时间内压缩的空气流量减少，在相同燃气透平初温限制下，燃料量减少，机组出力降低，反之亦然。这对夏季通常带尖峰负荷的燃气－蒸汽联合循环机组而言，调峰能力受到一定限制。

2）燃料成本较高，与燃煤机组相比电价缺乏竞争力。燃气轮机一般采用天然气或轻油作为燃料。由于我国油气资源匮乏，国际油价长期在高位运行，我国天然气和石油需求旺盛，因此我国油气价格逐年攀升并有长期上涨趋势。日益上涨的能源价格，给燃气轮机电厂的生产经营带来了极大困难，不少机组不得不依靠政策性电价补贴维持生存。与常规的燃煤机组相比，联合循环机组发电成本较高，上网电价缺乏竞争力。

3）调峰机组检修周期短，维修费用高。承担调峰任务的燃气－蒸汽联合循环机组，由于通常采用早启晚停的两班制运行方式，检修周期明显缩短。以三菱公司的M701F调峰机组为例，每300次启停进行一次燃烧器检修，每600次启停进行一次燃气透平检修，每1800次启停进行一次大修，对应的燃烧室检修周期为1年，燃气透平检修周期为2年，大修周期为5～6年。检修时，许多昂贵的高温部件需更换或返厂修复，还需支付较高的厂家技术支持工程师（technical assistance，TA）费用，平均检修成本比燃煤机组大幅增加。

4）国内尚未掌握大型燃气轮机制造的核心技术，关键部件仍需进口。从2003年第一批大型燃气－蒸汽联合循环机组打捆招标以来，我国三大电站动力设备制造厂开始正式引进燃气轮机设计制造技术。哈尔滨汽轮机厂（简称哈汽）与美国通用电气、东方汽轮机厂（简称东汽）与日本三菱重工、上海汽轮机厂（简称上汽）与德国西门子分别签订了技术转让协议，并成立合资厂，逐步建立起我国的重型燃气轮机制造产业。经过将近十年的努力，国内厂商已经掌握了大量燃气轮机设计制造技术，基本可以独立完成燃气轮机设计制造。但是，金属材料和制造工艺等核心技术未完全掌握，燃气透平叶片、燃烧筒等燃气轮机关键部件仍需大量进口。

第六节　燃气轮机性能参数

一、典型燃气轮机性能数据

世界上重型燃气轮机制造业经过 60 多年的发展、竞争和重组，目前已形成了以GE、西门子、三菱和阿尔斯通四个主导公司为核心，其他制造商与之结成伙伴关系合作生产或购买制造技术进行生产的局面。2002 年起，通过打捆招标，我国从其中三个公司引进了 F 级燃气轮机制造技术，分别由哈尔滨动力设备股份有限公司与 GE 公司合作，生产 PG9531FA 型燃气轮机；东方电气集团与三菱公司合作，生产 M701F 型燃气轮机；上海电气（集团）总公司与西门子公司合作，生产 V94.3A、V94.2 型燃气轮机。燃气轮机单循环机组性能对比见表 1－5，表 1－6 是燃气轮机联合循环机组性能数据。

表 1－5　　燃气轮机单循环机组性能数据

燃气轮机型号	PG9531FA	M701F	V94.3A
制造商	美国 GE	日本三菱重工	德国西门子
净功率（MW）	255.6	270	265
净热耗率（kJ/kWh）	9757	9424	9351
净效率（%）	36.9	38.2	38.5
压气机级数	18	17	15
压比	15.4	17	17
燃烧室型式	分管回流式	分管环形	环形
燃烧器型式/数量	DLN	干式低 NO_x（DLN）/20	混合型 DLN/24
燃气初温（℃）	1327	1400	1320
燃气透平级数	3	4	4

表 1－6　　燃气轮机联合循环机组性能数据

项目	日本三菱重工	德国西门子	美国 GE
机组型号	MPCP1－M701F	GUD1S.94.3A	STAG 109FA SS
机组输出功率（MW）	387.53	393	384.84
总热耗率（kJ/kWh）	6351	6192	6252
NO_x（μg/g）	≤25	≤25	≤25
CO（μg/g）	≤15	≤15	≤15
VOC（μg/g）	≤2	≤2	≤2
噪声［dB（A）］	85	85	85

续表

项目		日本三菱重工	德国西门子	美国 GE
振动水平	（峰－峰）燃气轮机（μm）	88	—	—
	汽轮发电机（μm）	80	—	80
速度（燃气轮机）（mm/s）		—	4.5	6.35

二、不同工况下燃气轮机性能数据

燃气轮机工况是指在一定条件下的工作状况，即各个参数之间的相互关系。燃气轮机以空气为工作介质，空气的温度和密度随厂址条件而变化，国际上规定环境温度为 15℃、大气压力为 101.3kPa、相对湿度 60%为 ISO 工况（即标准工况），制造厂按 ISO 工况设计制造燃气轮机。当大气温度和大气压力超过 ISO 工况时，燃气轮机的发电出力和效率都要下降，其中发电出力的降幅较大。在生产过程中的状况或工艺条件也可称为工况，在设计时设定的一个初始的状况称为设计工况。

燃气轮机利用压气机进气导叶的开度来调节空气进气量，调节范围为 70%～100%。当负荷小于 70%时，只能通过控制燃料来控制燃气轮机的出力。所以，燃气轮机低负荷运行时，效率大幅度下降，带 50%负荷时效率下降 5%～7%，故燃气轮机不适宜于带部分负荷运行。图 1－13 是 MPCP1－M701F、GUD1S.94.3A、STAG 109FA SS 三种机组不同工况下的功率比较；图 1－14 是 MPCP1－M701F、GUD1S.94.3A、STAG 109FA SS 三种机组不同工况下的热耗率比较。

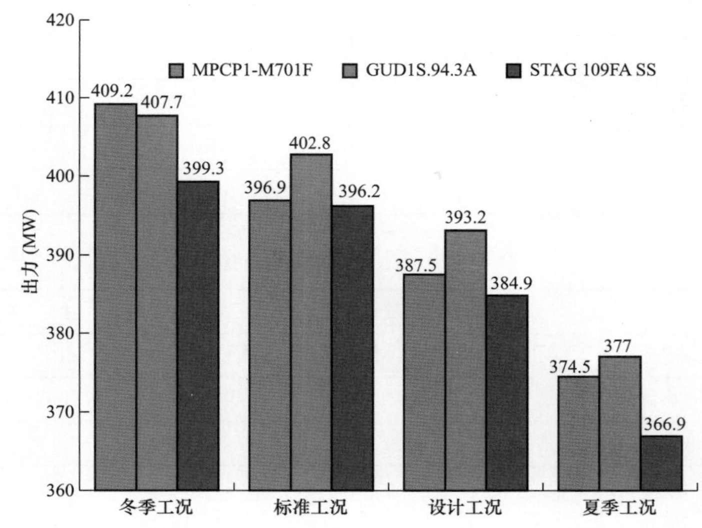

图 1－13　MPCP1－M701F、GUD1S.94.3A、STAG 109FA SS 三种机组不同工况下的功率比较

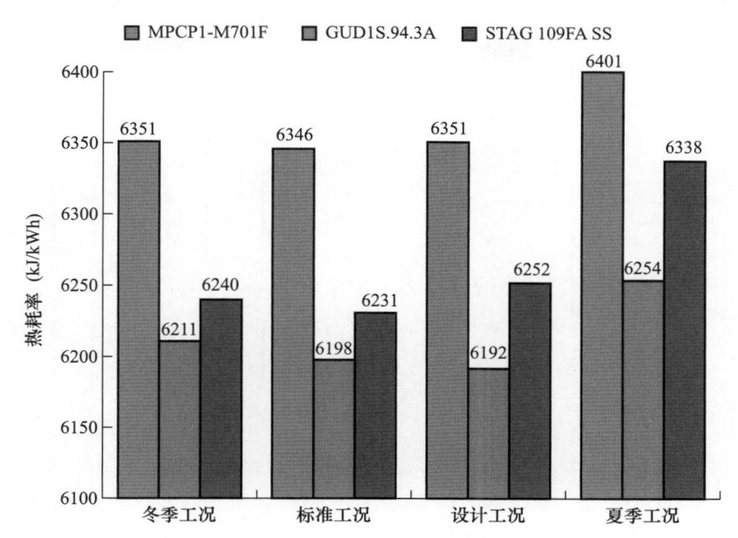

图 1－14 MPCP1－M701F、GUD1S.94.3A、STAG 109FA SS
三种机组不同工况下的热耗率比较

第七节 联合循环机组布置方案

余热锅炉型联合循环发电机组虽然总是由燃气轮机、余热锅炉、汽轮机等热力设备和发电机构成，设备的组合和布置方案却可以多种多样。按照热力设备组合方案的不同，可将联合循环机组划分为一拖一方案和多拖一方案两种类型。按照机组中燃气轮机、汽轮机是否同轴布置，可将联合循环机组划分为单轴方案和多轴方案两种类型。单轴方案的机组按照燃气轮机、汽轮机、发电机三者之间位置关系的不同，又可以划分为汽轮机布置在燃气轮机和发电机之间（简称单轴 CSG 方案）、发电机布置在燃气轮机和汽轮机之间（简称单轴 CGS 方案）两种类型。

表 1－7 为联合循环机组的设备组合和布置方案，图 1－15 所示为每种方案的设备布置情况。这些方案在实践中都有应用的实例。

表 1－7 联合循环机组的设备组合和布置方案

1 台燃气轮机、1 台余热锅炉配 1 台汽轮机的设备组合方案（一拖一）			多台燃气轮机、多台余热锅炉配 1 台汽轮机的设备组合方案（多拖一）
单轴布置方案		分轴布置方案	多轴布置方案
汽轮机布置在燃气轮机和发电机之间的方案（单轴 CSG 方案）	发电机布置在燃气轮机和汽轮机之间的方案（单轴 CGS 方案）		

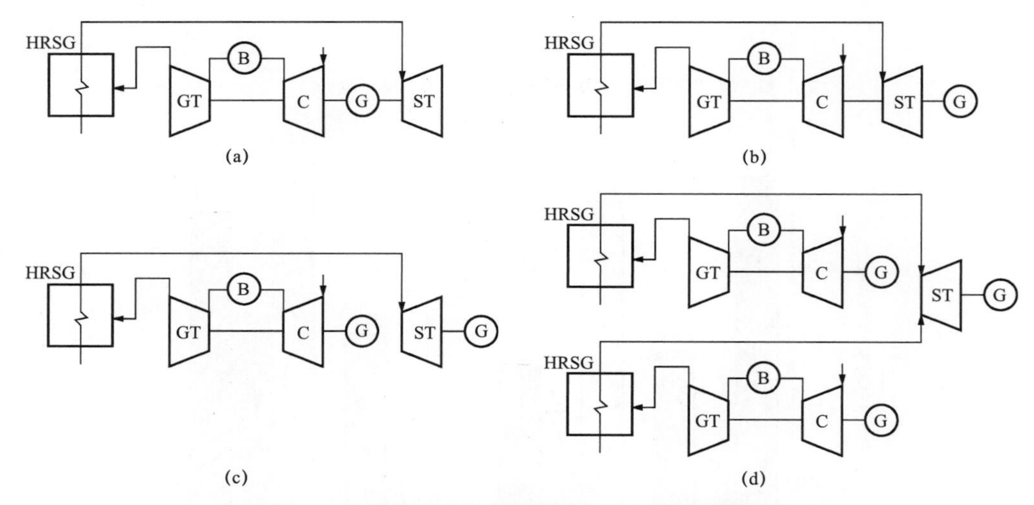

图 1-15　联合循环机组的各种设备组合和布置方案

（a）单轴 CGS 方案；（b）单轴 CSG 方案；（c）一拖一分轴方案；（d）二拖一多轴方案

图 1-16 所示为一拖一、单轴、汽轮机布置在燃气轮机和发电机之间方案的一个应用实例，它表示了由四台 GE 公司设计生产的 S107FA 型单轴机组所构成的联合循环电站的设备情况。

图 1-17 所示为一拖一、单轴、发电机布置在燃气轮机和汽轮机之间方案的一个应用实例，它表示了西门子公司设计生产的 SGT5-4000F 型单轴联合循环机组模块的设备布置情况，该机组在汽轮机和发电机之间设有一台 SSS 离合器。

图 1-18 所示为一拖一、双轴布置方案的一个应用实例，它表示了由四台 GE 公司设计生产的一拖一双轴布置机组所构成的联合循环电站的设备情况。

图 1-19 所示为多轴布置方案的一个应用实例，它表示了西门子公司设计生产的 SGT5-4000F 型多轴联合循环机组模块的设备布置情况，该模块是一套由 2 台燃气轮机、2 台余热锅炉和 1 台汽轮机所构成的二拖一机组。

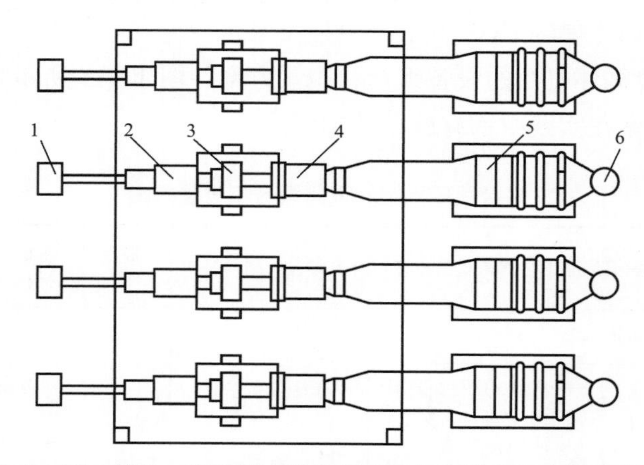

图 1-16　单轴、汽轮机布置在燃气轮机和发电机之间的方案

1—变压器；2—发电机；3—汽轮机；4—燃气轮机；5—余热锅炉；6—烟囱

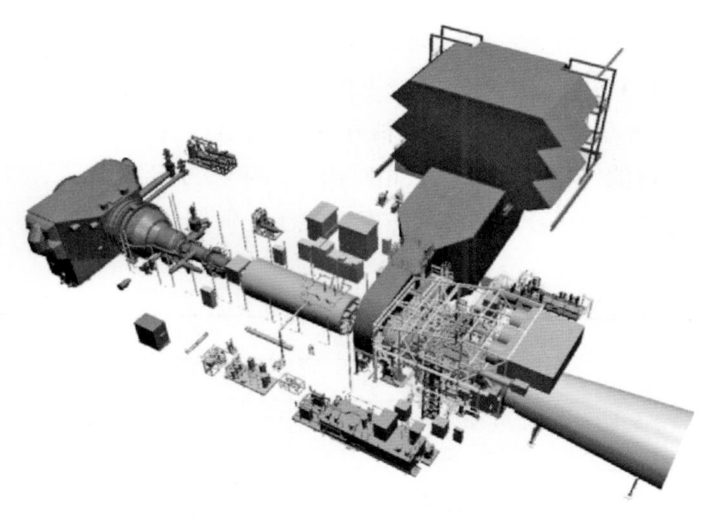

图 1－17　SGT5－4000F 单轴布置方案

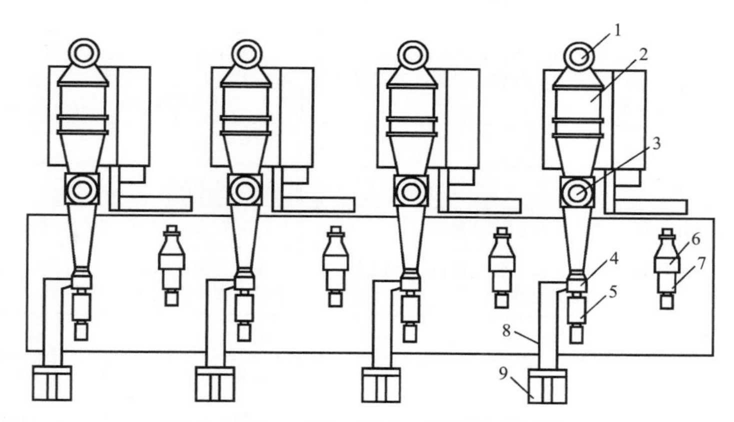

图 1－18　一拖一组合、双轴布置方案

1—烟囱；2—余热锅炉；3—旁通烟囱；4—燃气轮机；5—燃气轮机的发电机；
6—汽轮机；7—汽轮机的发电机；8—燃气轮机的进气通道；9—空气过滤器

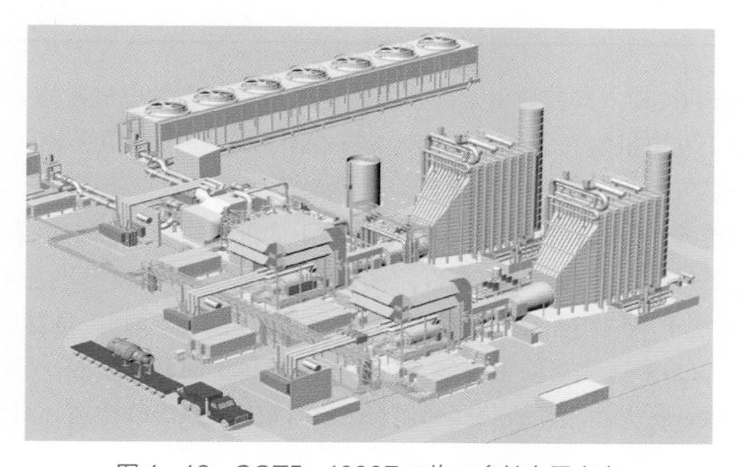

图 1－19　SGT5－4000F 二拖一多轴布置方案

这里有两个问题值得讨论：① 单轴方案与多轴方案之间有哪些主要差别；② 单轴 CSG 方案与单轴 CGS 方案之间有哪些主要差别。

表 1–8 从多个角度对单轴方案和多轴方案做了比较，从中可以看出，总的来说，每一种方案都有各自的优点和局限性。相对而言，单轴方案较适宜于燃料价格相对昂贵、机组承担中间负荷的场合，而多轴方案适宜于任何场合。

表 1–8　单轴布置方案与多轴布置方案的比较

比较项目	单轴方案	多轴方案
构成	1 台燃气轮机、1 台余热锅炉配 1 台汽轮机	多台燃气轮机、多台余热锅炉配 1 台汽轮机
额定工况效率	因所配汽轮机容量相对小，效率稍低，但对于大功率机组，这一缺点并不明显	因所配汽轮机容量大，效率较高
部分负荷效率	如果电站内建有若干套同类型的单轴机组，并采用增减运行单元数的方法来增减出力，可在较大范围内得到较高的热效率	采用增减运行燃气轮机台数的方法来增减出力，也可在较大范围内得到较高的热效率，但由于汽轮机大部分时间处于部分负荷下运行，效率较低，所以整套机组的效率也相对低一些
调峰性能	在采用增减运行单元数的方法来满足调峰需求时，汽轮机需时常停机和再启动，所以大幅度频繁调峰运行的性能不十分好	在采用增减运行燃气轮机台数的方法来满足调峰需求时，汽轮机始终处于正常工作状态，所以机组可更加快速地增减负荷，调峰性能好
系统复杂性	相对简单	相对复杂
运行控制	相对简单	相对复杂
运行灵活性	需单元运行，燃气轮机不可单独运行	若配置旁通烟囱，燃气轮机可单独运行
设备投资	少一台发电机，但多若干台汽轮机，因此设备投资相对大小视具体情况而异	少若干台汽轮机，但多一台发电机，因此设备投资相对大小视具体情况而异
占地面积	略小	略大
土建投资	略小	略大
建设周期	需以单元为单位建设，周期相对较长	若配套设置旁通烟囱，燃气轮机、汽轮机可分期建设，整机建设周期长，但燃气轮机建设周期短，并可提前投入运行
运行维护	需按单元进行检修	可轮流检修系统内的燃气轮机，但检修汽轮机时，整套机组都要停运或者只能维持单循环运行

CSG 方案和 CGS 方案的最主要差别表现在机组启动和发电机检修方式上。CSG 方案的优点是便于发电机抽转子检修，有稳定的蒸汽源时还可以用汽轮机启动；缺点是汽轮机必须与燃气轮机同时启动和运行，为此必须配置辅助蒸汽系统，以便在启动时用辅助蒸汽冲转和保护汽轮机。另外，其汽轮机不便于单层布置（除非侧向排汽）。CGS 方案的优点是燃气轮机与汽轮机可分开启动（如果在汽轮机和发电机之间设有 SSS 离合器），汽轮机便于单层布置（轴向排汽）；缺点是发电机检修时，抽转子不方便。

总的来看，CGS 方案启动更方便一些，至于抽转子问题，采取一些特殊措施完全可以解决。所以，各大燃气轮机公司最新开发的 G/H 等级的联合循环机组普遍采用了这种方案。

第二章

燃 气 轮 机

第一节 压气机工作原理

一、概述

1. 压气机的作用、类型和基本结构

燃气轮机是燃气－蒸汽联合循环发电装置的核心设备，而压气机是燃气轮机的重要组成部件，是三大部件之一，负责连续不断地从周围环境吸取空气并将其压缩增压，然后供给燃气轮机的燃烧室，以便于燃料充分燃烧。

燃气轮机所使用的压气机主要有轴流式和离心式两种类型。轴流式压气机由于机内气体总体上沿轴向流动而得名，这类压气机的优点是流量大（最大已大于 1000kg/s）、效率高（目前为 80%～92%），缺点是级的增压能力低。离心式压气机由于机内气体总体上沿径向流动而得名，这类压气机的优点是级的增压能力高（级的压比可达 4～4.5），缺点是流量小、效率低（目前为 75%～85%）。

这两类压气机的特点不同，决定了它们的应用场合不同。小功率的燃气轮机主要采用离心式压气机，大功率的电站燃气轮机主要采用轴流式压气机。本书仅介绍轴流式压气机的工作原理和特性。

轴流式压气机的典型结构如图 2－1 所示，在结构上，轴流式压气机主要由两大部分构成：一是以转轴为主体的转子，转子上装有沿周向按照一定间隔排列的动叶片（或称工作叶片、动叶）；二是以机壳（或称气缸）及装在壳体上的各静止部件为主体的静子，静子上装有沿周向按照一定间隔排列的静叶片（或称导叶、静叶）。为了达到燃气轮机所需要的高压比，轴流式压气机通常做成多级。级是压气机的基本工作单元，由一列动叶片和紧跟其后的一列静叶片构成。这种首尾串联的级构成了轴流式压气机最主要的工作部分——通流部分。多数情况下首级前面还有一列附加的静叶片，称为进口导叶，其作用是使气流以一定的方向进入第一列动叶片，有时最后一级静叶片之后还有一列附加的静叶片，称为整流叶片，其作用是将从最后一级流出来的气流的方向调整为轴向，便于其在后面的环形扩压器中扩压。

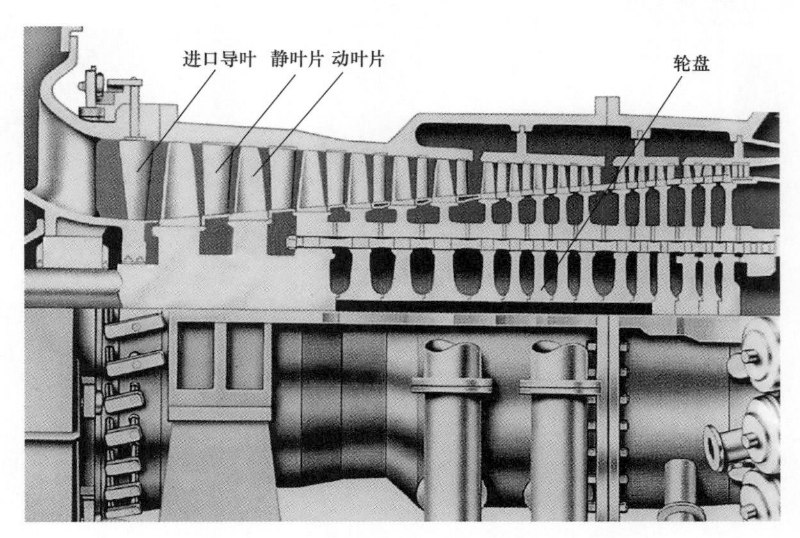

图 2－1　轴流式压气机典型结构简图

2. 各大燃气轮机公司压气机情况

表 2－1 列出了国际上主要燃气轮机制造公司在其典型的大功率燃气轮机上所采用的压气机的情况。由表 2－1 可见：① 目前大功率燃气轮机所采用的压气机的级数一般为 15～22 级，压比为 15～30；② 随着技术的进步，平均级压比在不断提高，整机压比也在不断提高，就全世界来看，压气机进一步发展的主要方向仍然是提高压比、通流量和效率。

表 2－1　主要燃气轮机制造公司典型燃气轮机组压气机情况

制造厂	GE		ABB－Alstom	西门子	三菱重工	
型号	MS9001FA	MS9001GH	GT26	SGT5－4000F	M701F3	M701F4
压气机型式级数	轴流 18 级	轴流 18 级	轴流 22 级	轴流 15 级	轴流 17 级	轴流 18 级
压比	15.4	23.2	30	17	17	18

二、轴流式压气机工作原理

燃气轮机中的压气机是由透平直接驱动的，因此压气机性能的好坏是影响整台燃气轮机性能的重要因素之一。燃气轮机中最常用的轴流式压气机采用扩压型叶栅，当偏离设计工况时，气流容易产生脱流现象。严重的脱流现象会引起压气机喘振，从而使燃气轮机无法正常工作。

轴流式压气机的增压原理是利用装在转子上的叶片所做的高速旋转运动，首先使气体的流速加快，随后让这股高速气流流过一个截面积不断增大的扩压流道，使气流的流速逐渐降下来。在这个减速扩压的过程中，前面已经减速下来的气体分子被后面流来的速度较高的气体分子赶上，因此实现气体分子彼此靠近而达到增压的目的。轴流式（或叶片式）压气机，是利用叶片与气体的相互作用来使气体增压的，其特点是：供气压力相对低一些，供气量较大，而且工作过程是连续的，工作叶轮做旋转运动。

一个工作叶轮加上一组位于其后的扩压静叶片，就组成轴流式压气机的一个级，假如在压气机中只有一个工作叶轮和一组扩压静叶片，这就是单级压气机。多级压气机则是由许多彼此串联在一起的级组合而成的。

对于轴流式压气机来说，一个级的增压比只有1.15～1.35，而整台燃气轮机的总压比π^*却要高得多，因而，在燃气轮机中，轴流式压气机必然是多级的。

此外，在压气机的进气侧还装有进气缸和进气管，通过进气缸可以把进气管抽吸进来的空气均匀地引导到环状的进口收缩器中去。进口收缩器的作用是为了加速在进口导叶前面的空气流速，以便使这股气流的流速和压力沿截面能够更均匀。

当气流流过进口导叶后，就能在压气机的第一级工作叶轮前，形成一个按设计所需要的速度分布，即设计所确定的速度大小和方向。在压气机的工作叶轮上则装有工作叶片（又称动叶片）。当空气流过做高速旋转运动的动叶片时，就可以从外界接收机械功，并将其转化为动能，以增大气流的绝对速度（还可能同时适当提高空气的压力）。

在扩压静叶中，可以将由动叶片出口流来的高速气流逐渐减速，从而达到增压的目的。在压气机末级后有时设置出口导叶，其目的是把从压气机末级出口的气流的方向完全引流到轴线方向上来，以使气流能沿轴向流到出口扩压器中。在出口扩压器中，气流将继续减速，因而气流的压力会进一步增高。当气流离开出口扩压器后（或者再经过一个排气管后），就可以送到燃烧室中，与燃料混合，参与燃烧过程。

压气机的级是轴流式压气机中能量交换的基本单元，在级内完成能量转换和增压。从能量守恒和转化的观点来看，动能和势能间的转换即为轴流式压气机的增压原理。图2－2和图2－3分别是级和扩压流道工作原理示意图。图2－2中，1—1代表动叶前（又称级前）截面，2—2代表动叶栅后（又称级间）截面，3—3代表静叶后（又称级后）截面，分别记为特征截面1、2、3。工作叶轮使气流速度提高，当高速气流离开工作叶轮而进入扩压静叶时，以静叶进出口为边界，其能量守恒关系为

$$\frac{p_2}{\gamma_2}+\frac{c_2^2}{2}=\frac{p_3}{\gamma_3}+\frac{c_3^2}{2}+l_{\mathrm{m}} \tag{2-1}$$

式中　p——压力；

c——速度；

γ——重度；

l_{m}——沿程能量损失。

经扩压段，速度降低，压力得到提高。

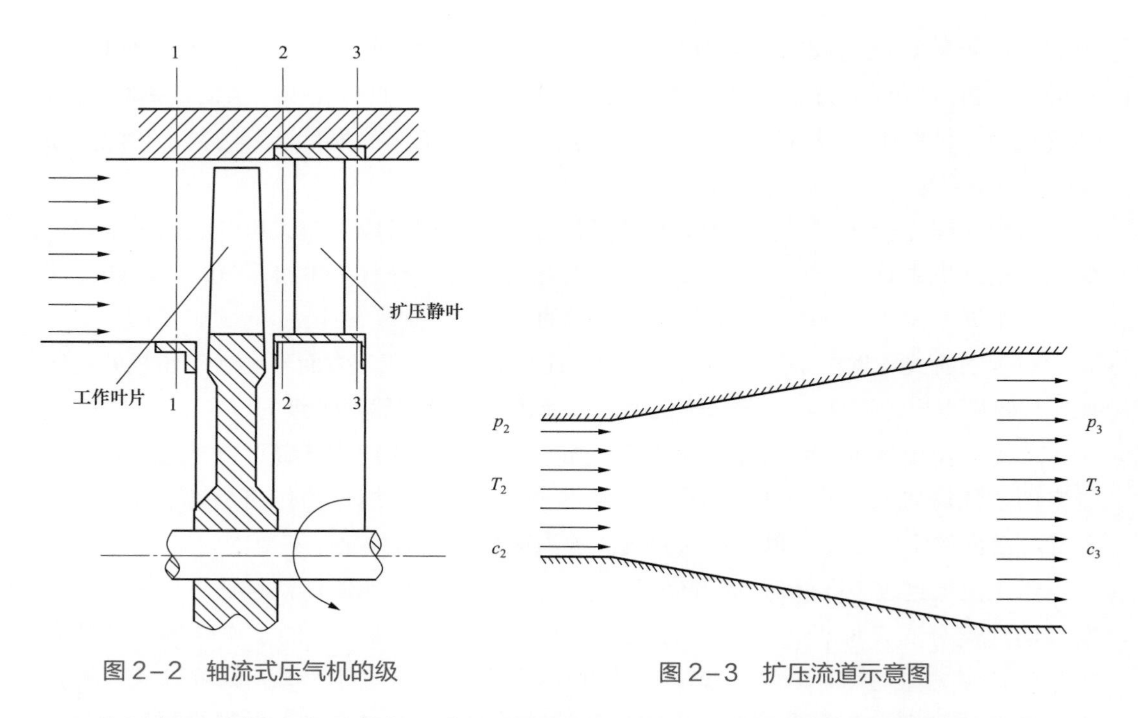

图 2－2　轴流式压气机的级

图 2－3　扩压流道示意图

为了便于分析，在压气机工作叶轮的平均半径处，对动叶和扩压静叶作一剖面，然后展成平面，就得到如图 2－4（a）所示的轴流压气机中动叶栅与扩压静叶栅剖面图；图 2－4（b）则表示气流流过动叶栅时，速度三角形的变化关系。压气机的速度三角形也是根据相对速度 w 是由绝对速度 c 和圆周速度 u 合成的关系来画出的。

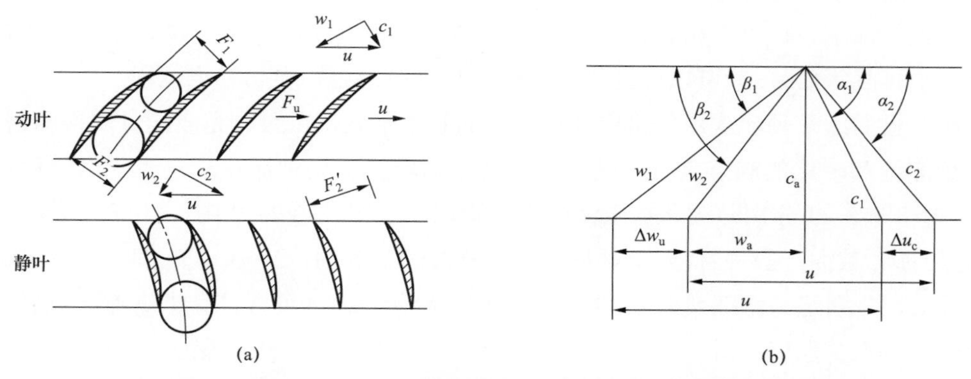

图 2－4　轴流式压气机的动叶栅与扩压静叶栅以及气流的速度三角形

（a）轴流式压气机中动叶栅与扩压静叶栅剖面图；（b）气流速度三角形

c—绝对速度；w—相对速度；u—圆周速度

从图 2－4 和图 2－3 中可以看出：当气流流过动叶栅后，工质的绝对速度是增大的，在流过扩压静叶栅后，工质的绝对速度就减小了，即 $c_2>c_1$、$c_3<c_2$。

这是因为在压气机中，动叶栅被有意识地设计成由动叶片的内弧朝着叶片的运动方向，当气流流过动叶栅时，气流作用在动叶栅上的气动力切向分量 F_u 与动叶的运动方向相反，而动叶栅对气流的作用力的切向分量就与动叶的运动方向 u 正好一致，这时外部的机械功就通过工作叶轮上的动叶传送给了气流，转化成为气流的动能，促使气流的绝对速度 c_2 增高。由此可见，在压气机中，是从外界通过工作叶轮上的动叶提供连续不断的高速气流的，这也就为在扩压叶栅中进行降速增压提供了条件。

只要合理设计动、静叶栅的几何形状，不仅可以使气流在静叶栅中获得增压效果，而且还能使气流在流经动叶栅时能够提高气流的绝对速度，为下一步在静叶栅中的增压提供条件，同时还可以使气流的相对速度有所下降，借以使工质的压力在流经动叶栅时就能提高一部分。显然，在这样的压气机的动叶栅中，由外界通过工作叶轮的动叶传送给气流的机械功中，将有一部分用来提高气流的绝对速度的动能，而另一部分则被用来直接提高流动工质的压力势能。

图 2－4 中所示的压气机级就具有这种特性。从速度三角形的角度看，当流过动叶栅前、后的轴向分速相等时，即 $c_{1a}=c_{2a}$，这种级的特点是：$w_1>w_2$；$c_1<c_2$；$c_2>c_3$；$\beta_1<\beta_2$；$\alpha_1>\alpha_2$。

从叶栅流通面积的角度来看，无论在动叶中还是在扩压静叶中，叶栅的垂直流通面积沿气流流动方向是在逐渐扩大，即：$F_2>F_1$，$F_3>F_2$。

在压气机的级中，为了表征在动叶栅中直接将机械能转变为压力势能的能力特性，在这里应用了一个反动度 Ω_k 的概念。所谓反动度 Ω_k，是指在动叶中的理论压力势能的增升值与在整个级中的理论压力势能增升值之比。一般 $0\leqslant\Omega_k\leqslant1$，反动度 Ω_k 越大，就意味着在该级的压力增升过程中，工质压力的增升主要是在动叶栅中完成的。显然，当 $\Omega_k=1$ 时，压气机级中的气流压力的增升将是完全在动叶栅中完成。图 2－5 给出了反动度 $\Omega_k=1$ 的压气机级中，动叶栅和扩压静叶栅及其气流速度三角形。

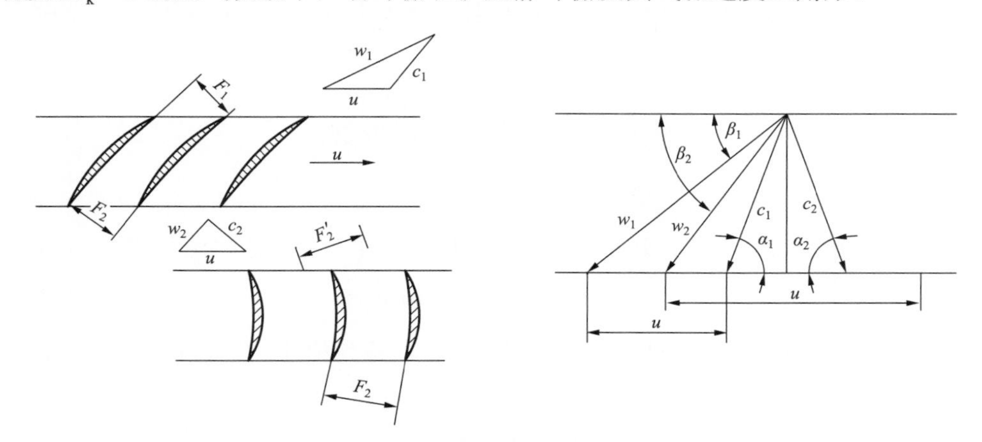

图 2－5　$\Omega_k=1$ 的压气机级中动叶栅和扩压静叶栅及气流速度三角形

从图 2－5 可以看出，在这种压气机的级中，当 $c_{1a}=c_{2a}$ 时，气流速度三角形的特点是：$w_1>w_2$；$c_1=c_2$；$c_2=c_3$；$\beta_1<\beta_2$；$\alpha_1=\alpha_2$。从叶栅通流面积的角度来看，它的特点是：$F_2>F_1$；$F_3=F_2$。这就是说，在这种压气机级中，由外界通过工作叶轮传送给气流的机械功将全部用来直接提高工质的压力势能。无论是在动叶栅还是在静叶栅中，气流绝对速度的大小都将恒定不变，只是在方向上有所折转而已。

不难想象，对于 $\Omega_k=0$ 的压气机级来说，气流流过动叶栅时，工质的压力是不会升高的。那时，由外界通过工作叶轮传送给工质的机械功，将全部转化成为气流绝对速度增高的动能数值。这时，在压气机级中，工质压力的升高只能在扩压静叶栅中完成。

图 2–6 给出了反动度 $\Omega_k=0$ 的压气机级中，动叶栅和扩压静叶栅及其气流速度三角形的示意图。从图 2–6 中可以看出，在这种压气机的级中，当 $c_{1a}=c_{2a}$ 时，气流速度三角形的特点是：$w_1=w_2$；$c_1<c_2$；$c_2>c_3$；$\beta_1=\beta_2$；$\alpha_1>\alpha_2$。

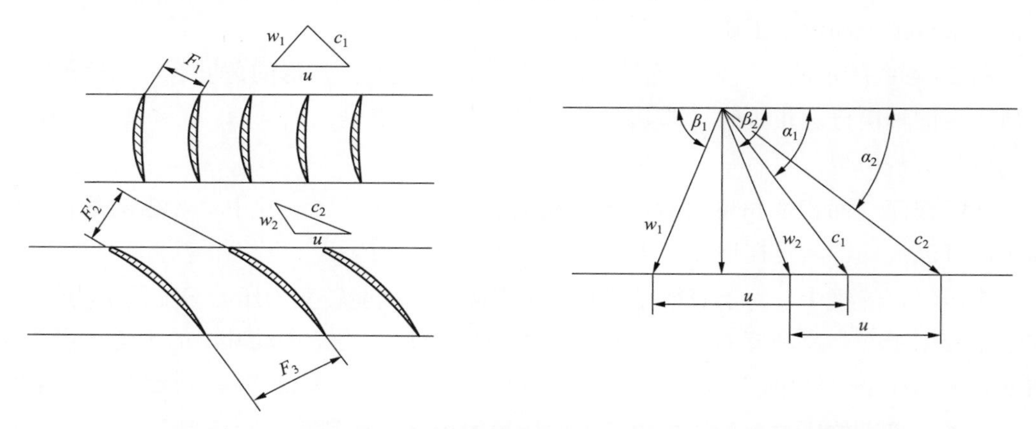

图 2–6　$\Omega_k=0$ 的压气机级中动叶栅和扩压静叶栅及气流速度三角形

从叶栅的通流面积的角度来看，它的特点是：沿着气流的流动方向，动叶栅的垂直通流面积是恒定不变的；而在扩压静叶栅中，通流面积是要逐渐扩大的，即 $F_2=F_1$、$F_3>F_2'$。

三、基元级中空气能量的转换关系及性能参数

1. 工作叶轮加给气流的机械功

由速度三角形可知，相对于每 1kg 气体来说，工作叶轮加给气流的机械功为

$$l_y=u(w_{1u}-w_{2u})=u\Delta w_u \tag{2–2}$$

其中，Δw_u 标志着气流在圆周方向扭转的量，简称为扭速。对于工作叶栅的回转面为正圆柱面的情况来说，鉴于

$$|u_2|=|u_1|=|u| \tag{2–3}$$

显然

$$\Delta w_u=w_{1u}-w_{2u}=c_{1u}-c_{2u} \tag{2–4}$$

因而有

$$l_y=u\Delta w_u=u\Delta c_u \tag{2–5}$$

从式（2－5）中可以看出：动叶栅加给气流的机械外功的大小取决于两个因素，即圆周速度 u 和气流的扭速 Δw_u。要想提高压气机级的增压能力，需要提高基元级的机械外功 l_y，即增大 u 和 Δw_u。但是，增大前者会受到叶轮材料强度的限制，而增大后者则会受到叶栅气动性能的限制。因而在声速流动的范围内，大幅度提高基元级的机械外功是有所限制的。

引用余弦定律，结合速度三角形，对于工作叶栅的回转面为正圆柱面的情况来说，由于 $u_1 = u_2$，可以推出

$$l_y = \frac{1}{2}(c_2^2 - c_1^2) + \frac{1}{2}(w_2^2 - w_1^2) \quad (2-6)$$

式（2－6）表明，当 1kg 空气流经压气机的工作叶轮时，从外界吸入的机械功，正好等于工质的绝对速度下的动能的变化量与相对速度下的动能的变化量的总和。

以下将研究外界加入的能量与热力参数的变化关系。

将动叶栅与静叶栅组合在一起作为一个整体来研究时，根据热力学第一定律可以得出：外界作用于 1kg/s 空气的压缩外功为

$$l_y = h_3^* - h_1^* \quad (2-7)$$

由于在静叶栅中气流与外界没有热能和机械功的交换，即 $h_3^* = h_2^*$。

因而，式（2－7）可以改写为

$$l_y = h_2^* - h_1^* = h_2 - h_1 + \frac{1}{2}(c_2^2 - c_1^2) \quad (2-8)$$

式中　l_y——空气流过动叶栅时，由于不可逆现象的存在，所必须损耗的能量；

h_1^*、h_2^*、h_3^*——相应截面 1、2、3 处（参见图 2－2）气流的滞止焓值。

从热力学中得知：在有摩擦等现象的不可逆流动中，由于气流在动叶栅中与外界均无热能的交换，因此

$$h_2 - h_1 = \int_{p_1}^{p_2} v(p)\,\mathrm{d}p + l_{m1} \quad (2-9)$$

因而式（2－8）可改写为

$$l_y = \int_{p_1}^{p_2} v(p)\,\mathrm{d}p + \frac{1}{2}(c_2^2 - c_1^2) + l_{m1} \quad (2-10)$$

进一步可以推出

$$\frac{1}{2}(w_2^2 - w_1^2) = \int_{p_1}^{p_2} v(p)\,\mathrm{d}p + l_{m1} = \frac{p_2 - p_1}{\bar{\rho}_2} + l_{m1} = h_2 - h_1 \quad (2-11)$$

式中　$\bar{\rho}_2$——在动叶栅前后空气的平均密度。

由此关系式可以看出：在动叶栅中气流相对速度动能的减小，可以引起空气压力的增高。当然，这部分压力势能的获得不是凭空而来的，它是外界通过工作叶轮上的动叶栅对空气所施加的机械外功（也就是压缩轴功）的一个组成部分。

当空气进而流过扩压静叶栅时，由于空气与外界并不发生热能和机械外功的交换，因而在扩压静叶栅的前后 $h_3^* = h_2^*$，即

$$h_2 + \frac{1}{2}c_2^2 = h_3 + \frac{1}{2}c_3^2 \tag{2-12}$$

所以

$$h_3 - h_2 = \frac{1}{2}(c_2^2 - c_3^2) \tag{2-13}$$

同理，由于静叶栅与外界没有热能的交换，因而

$$h_3 - h_2 = \int_{p_2}^{p_3} v(p)\,\mathrm{d}p + l_{\mathrm{m2}} \tag{2-14}$$

式（2－14）还能改写为

$$\frac{1}{2}(c_2^2 - c_3^2) = \int_{p_2}^{p_3} v(p)\,\mathrm{d}p + l_{\mathrm{m2}} = \frac{p_3 - p_2}{\bar{\rho}_3} + l_{\mathrm{m2}} = h_3 - h_2 \tag{2-15}$$

式中　l_{m2}——空气流过扩压静叶栅时，由于摩擦等不可逆现象的存在所必须损耗的能量；

$\bar{\rho}_3$——扩压静叶栅前后空气的平均密度。

由此可见，当高速气流流经静叶栅时，由于绝对速度动能的降低，将使空气的压力进一步增高。在可逆的流动中，压力势能的增加完全是由于绝对速度动能的减小而转化来的。但是在实际流动过程中，由于不可避免地总会有能量损耗 l_{m2}，这就使得在静叶栅后的空气压力 p_3 要比按理想的等熵流动过程所能增高的数值略微低一些。

通过以上的分析，可以比较清楚地看到，在轴流式压气机的级中，空气增压的过程及其原因是：

（1）外界通过工作叶轮上的动叶栅将一定数量的压缩轴功传递给流经动叶栅的空气，一方面使气流的绝对速度动能增高，另一方面使气流的相对速度动能降低，从而促使空气的压力得以增高一部分。

（2）随后，由动叶栅流出的高速气流在扩压静叶栅中逐渐减速，这样，就可以使气流绝对速度动能中的一部分 $\frac{1}{2}(c_2^2 - c_3^2)$ 进一步转化成为空气的压力势能，使气体的压力进一步增高。

（3）当气流流经压气机的级时，由于从外界接受了压缩功，使空气的焓有所增高，与此同时，空气的状态参数 p、v、T 发生了变化，它们之间的相互关系是

$$l_{\mathrm{y}} = h_3^* - h_1^* = c_{pa}T_1^*\left(\frac{T_3^*}{T_1^*} - 1\right) = c_{pa}T_1^*\left(\varepsilon^{*\frac{n-1}{n}} - 1\right) = \frac{\gamma}{\gamma - 1}RT_1^*\left(\varepsilon^{*\frac{n-1}{n}} - 1\right) \tag{2-16}$$

式中　c_{pa}——空气的比定压热容；

n——压气机的多变压缩指数；

R——空气的气体常数；

γ——空气的比热容比，即空气的比定压热容与比定容热容的比值。

2. 基元级的反动度

基元级外加的机械功 l_y 中的一部分是在动叶栅内直接转换成为空气的压力势能的，而另一部分则是用来提高空气的动能，随后，这部分动能再在静叶栅内继续转换成为气流的压力势能。由于设计条件的不同，外加的机械功在动、静叶栅中分别转换成为压力势能的比例是可以不一样的。为了表示出这一比例关系，通常采用反动度的概念，它是基元级的基本参数之一。

反动度是指气流在动叶栅内的静焓增量与滞止焓增量之比，即

$$\Omega_k=\frac{h_2-h_1}{h_2^*-h_1^*} \tag{2-17}$$

实际上，反动度是与基元级的速度三角形有密切关系的。因为

$$l_y=h_2^*-h_1^*=h_2-h_1+\frac{1}{2}(c_2^2-c_1^2) \tag{2-18}$$

故

$$\Omega_k=1-\frac{1}{2l_y}(c_2^2-c_1^2)$$

通常，反动度的变化范围是：$0<\Omega_k<1$。

图 2－5 和图 2－6 分别给出了 $\Omega_k=1$ 和 $\Omega_k=0$ 时的基元级的速度三角形。显然，当 $\Omega_k=0$ 时，气流流经动叶栅时，空气的压力是不会升高的。这时，由外界通过动叶栅传递给空气的机械外功 l_y，将全部转化成为气流绝对速度动能的增量，致使 $p_1=p_2$；而空气压力的增升只能在扩压静叶栅中完成。从叶栅通流面积的角度看，它的特点是：沿着气流的流动方向，动叶栅的垂直通流面积是恒定不变的；当然，在扩压静叶栅中通流面积还是要逐渐扩大的。

一定的反动度对应于一定的速度三角形，也对应于一定的叶栅通道的形状。当 $\Omega_k=0.5$ 时，速度三角形是对称形的，这正说明动叶栅与静叶栅具有相同的速度扩压、两列叶栅的负载是相同的。与其他反动度的情况相比，两列叶栅进口的气流流速比较接近，叶栅内的流动损失都比较小。另外，Ω_k 是与气流的预旋 c_{1u} 相互联系的。随着正预旋的减小，Ω_k 值将增大。当 Ω_k 继续增大时，所对应的 c_{1u} 值将由正预旋过渡到负预旋。

3. 基元级的特性参数

可以用流量、压缩比、效率和载荷系数来描述基元级的特性。

（1）基元级的流量。

流量是指单位时间内流过叶栅通流截面的气体数量，通常可以用质量流量（kg/s）或体积流量（m^3/s）来表示。

由质量守恒定律可知，压气机在各个通流截面上的质量流量应该彼此相等，即

$$\dot{m}=\rho A c_a=\rho(2\pi r\Delta r)c_a=常数 \tag{2-19}$$

其中，$A=2\pi r\Delta r$，是基元级的通流截面积。

从式（2–19）可知，当气体的密度ρ和通流截面积A一定时，气流的轴向分速度c_a就代表着压气机的通流能力。在固定式压气机中c_a=80～120m/s；在移动式压气缸中c_a=140～200m/s。

此外，还可以用无因次的流量因子ϕ来表示级的相对流通能力，即$\phi=\dfrac{c_a}{u}$。

通常，沿着压气机的轴向流程，ϕ值是变化着的，即使沿着同一个截面的半径方向，它也是有所变化的。例如：在叶高的平均半径处ϕ=0.5～0.75；在叶顶处ϕ=0.3～0.7。ϕ值的变化对于压气机工况的变化有极大的影响。

（2）压缩比。

压缩比是一个表示空气通过压气机的级以后压力相对升高的参数，通常它是一个无因次量，反映了压气机级的增压能力。

$$\varepsilon^*=\frac{p_3^*}{p_1^*} \tag{2–20}$$

在亚声速的压气机级中，压缩比为1.15～1.25，通常不会超过1.35～1.40。

（3）效率。

基元级中流动的空气是有黏性的，所以当它通过基元级时总会有流动损失，因此，外界传递给空气的机械功不能全部转化为有效的能量。效率就是一个用来表示压缩过程中能量转换过程完善程度的性能指标。

描述压缩过程效率的表达形式很多，最常见的是等熵压缩效率η_y^*，即

$$\eta_y^*=\frac{h_{3s}^*-h_1^*}{h_3^*-h_1^*}\approx\frac{T_{3s}^*-T_1^*}{T_3^*-T_1^*} \tag{2–21}$$

式中　s——等熵压缩过程终点的空气状态参数，基元级的η_y^*可以达到0.88～0.91。

（4）载荷系数Ψ_y^*。

工作叶片的载荷系数Ψ_y^*，又称为能量头系数，它是一个衡量压气机级外加机械功的特性系数。对于圆柱面的基元级来说，加给1kg/s空气的机械外功$l_y=u\Delta w_u$，当l_y为常数时，倘若圆周速度较小，那么就要设计气流周向分速度差（Δw_u）较大的级来满足增加机械功的要求，这就会使叶栅的气动性能恶化，影响效率等性能参数；倘若圆周速度较大，虽然可以设计Δw_u较小的级来满足加功量的要求，但是动叶栅的离心力将加大，不利于叶片和叶轮的应力状态。因而，可以引入载荷系数Ψ_y^*来权衡其影响关系。通常定义

$$\Psi_y^*=\frac{l_y}{\frac{1}{2}u_1^2} \tag{2–22}$$

现代压气机的设计中，Ψ_y^*=0.8～1.2比较合理。

4. 多级轴流式压气机通道形状的选择

气流在多级轴流式压气机中的流动，基本上是一个连续稳定的流动过程。显然，

流经每一级环形叶栅的空气质量流量 $\dot{m}$ ，必定要满足连续方程，即

$$\dot{m}=\rho A_s c_a \tag{2-23}$$

通常，在压气机的设计中，空气的密度 ρ 总是增高的，因而沿气流的流动方向 $A_s c_a$ 的乘积、气流的轴向分速度 c_a 以及流道的环形通流面积 A_s 也是逐级减小的。

在这里，如何构建简单而又满足一定截面变化要求的叶栅是最关键的。很显然，在气流进气角与叶栅的入口安装角相一致的情况下，用平直叶型难以构造通流面积变化的通道，而用弯曲叶型能方便地构造亚声速气流扩压所需要的扩张型通道，也能方便地构造超声速气流所需要的收缩型通道。因此，实践中压气机的叶型都是弯曲的。图 2－7 和图 2－8 分别是平板弯曲叶型构造的扩张型叶栅和平板弯曲叶型构造的收缩型叶栅。

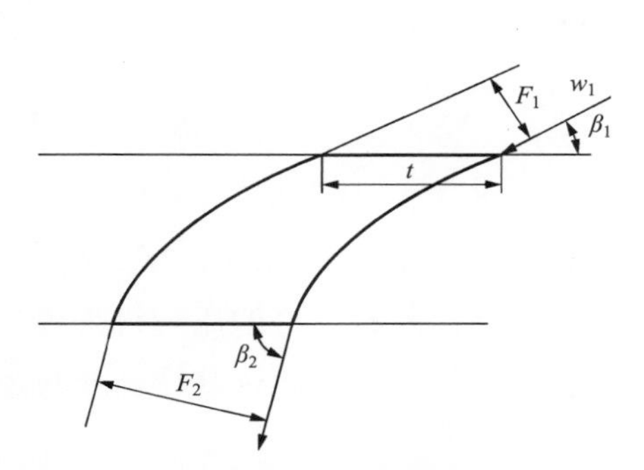

图 2－7　平板弯曲叶型构造的扩张型叶栅

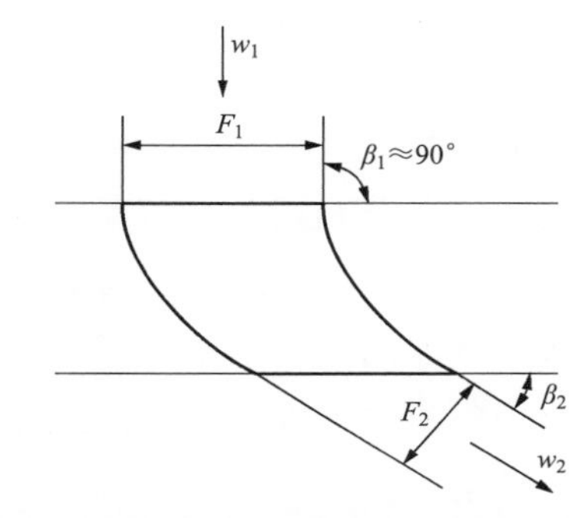

图 2－8　平板弯曲叶型构造的收缩型叶栅

四、轴流式压气机主要性能参数

通常可用空气流量、压缩比、等熵压缩效率、压气机耗功率等参数来表示轴流式压气机的性能特性。

（1）空气流量 G。它表示单位时间内流经压气机的空气质量流量，其单位是 kg/s。

（2）压缩比 π^* 。它是压气机排气总压力 p_2^* 与进气总压力 p_1^* 之间的比值，其计算公式为

$$\pi^*=\frac{p_2^*}{p_1^*} \tag{2-24}$$

通常，在压气机的进气侧还装有空气过滤器以及消声器等设备，因而压气机的进气总压 p_1^* 总会比周围大气压力 p_a 略低一些，它们之间的关系可以用压气机吸入口的总压保持系数 ξ 来表示，即

$$\xi=\frac{p_1^*}{p_a} \tag{2-25}$$

（3）压气机的等熵压缩效率 η_s^* 。它是一个衡量压气机设计和运行经济性的重要指标。其计算公式为

$$\eta_s^* = \frac{h_{2s}^* - h_1^*}{h_2^* - h_1^*} \approx \frac{T_{2s}^* - T_1^*}{T_2^* - T_1^*} \tag{2-26}$$

（4）压气机所需消耗的功率 N。在不考虑压气机的外部损失时，压气机所需消耗的总功率可以用式（2－27）来表示，即

$$N = 1\times10^{-3} G(h_2^* - h_1^*) = 1\times10^{-3} \frac{G(h_{2s}^* - h_1^*)}{\eta_s^*} = 1\times10^{-3} \frac{K}{K-1} RT_{\mathrm{a}} (\pi^{*\frac{K-1}{K}} - 1) / \eta_s^* \tag{2-27}$$

式中　T_{a}——外界大气的绝对温度，K；

K——空气的绝热指数，一般可取为1.4；

G——空气的质量流量。

当压气机作为一个独立的整体使用时，必须单独考虑压气机的外部损失问题，因而，压气机所需消耗的总功率可以按式（2－28）来计算，即

$$N' = \frac{N}{\eta_{\mathrm{m}}} \tag{2-28}$$

式中　η_{m}——压气机的机械效率。

空气流量 G、压缩比 π^*、等熵压缩效率 η_s^*，以及所需消耗的功率 N，必然都与压气机各级中气流的速度三角形有密切关系。对于一台已经设计好的压气机来说，当压气机各级中气流的速度三角形已经确定时，那么，压气机的上述这些特性参数也就相应地完全确定不变了。

第二节　燃气轮机透平工作原理

一、透平的作用、类型和基本结构

透平是燃气轮机的三大部件之一，其作用是将来自燃烧室燃气中的热能转化为机械功，带动压气机并向外界输出净功。

按照燃气流动方向的不同，可将透平分为轴流式和向心式两种类型。轴流式透平由于机内燃气在总体上沿轴向流动而得名，这类透平的优点是流量大、效率高（最高可达94%），缺点是级的做功能力小。向心式透平由于机内燃气在总体上沿径向流动而得名，这类透平的优点是级的做功能力大，缺点是流量小、效率低（一般为88%左右）。两类透平的特点不同，决定了它们的应用场合不同。向心式透平主要用在小功率的燃气轮机中，轴流式透平主要用在大功率的燃气轮机中，本书仅介绍轴流式透平。

图2－9所示为一台三级轴流式透平的结构示意。由图2－9可见，在结构上，透平主要由两大部分构成：一是以转轴为主体的转子，转子上装有沿周向按照一定间隔排列的动叶片（或称工作叶片）；二是以气缸及装在气缸上的各静止部件为主体的静子，静子上装有沿周向按照一定间隔排列的静叶片（或称喷嘴叶片）。

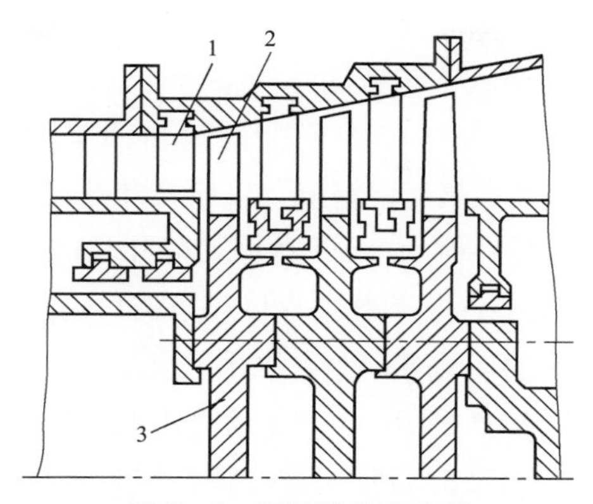

图2-9　透平结构示意图

1—静叶片；2—动叶片；3—转子

透平的基本工作单元也是级。在结构上，每一级由一列静叶片和其后的一列动叶片所构成的一组流道组成。气流流过该工作单元时，在静叶片流道中，压力降低，绝对速度提高，热能转化为动能；在动叶片流道中，通过冲击动叶片并使叶轮旋转向外界输出功，绝对速度降低，动能转化为输出到外界的机械功。为了达到较大的做功能力，透平通常都做成多级。

燃气轮机透平与汽轮机在原理上基本相同，但也存在如下特点：

（1）气缸壁薄。这是因为透平的工作压力很低，一般在3MPa以下，而汽轮机的工作压力前已达到27MPa以上。这个特点使得透平有适应快速启停和剧烈变工况的能力。

（2）级数少。目前比较普遍的是3～5级，这是因为透平的总膨胀比很小，一般仅为汽轮机的千分之几。

（3）转子和叶片均需用压缩空气或水蒸气（正逐渐淘汰）进行冷却。这是因为其工作温度高达1000～1600℃，远远超过了钢材所能承受的温度。

（4）没有调节级。这是因为燃气轮机的出力主要是靠对燃气初温的调节，而不是靠对工质流量的调节来实现的。

（5）其效率变化对整个燃气轮机组效率变化的影响更加显著，一般来说，透平效率相对改变1%，机组的效率就相对改变2%～3%，这是因为透平45%～70%的输出功消耗在压气机上。

目前燃气轮机仍然是向着高效率、大功率化、低污染的方向发展，为适应需要，透平必须提高初温、增加通流能力。所采取的主要措施是：用更先进的耐高温、耐腐蚀合金材料，发展先进的转子叶片冷却技术，开发更先进的高效低污染燃烧技术等。

二、轴流式透平级的工作原理

（一）透平基元级气流速度三角形和比功

轴流式透平既可以做成多级的，也可以做成单级的，而在透平中完成能量转换的基本单位是单级透平，简称为级。级由一列静叶和一列动叶串联组成，多级透平则是各单级按气流流动方向串列构成。装有动叶的工作叶轮，通过转动轴，与压气机轴或外界负荷轴相连接。图 2－10 给出了在透平工作叶轮的平均直径处，静叶和动叶剖面的展开图。以下不讨论叶片中的燃气流动情况，仅研究叶栅前后间隙截面（即特征截面）上的燃气参数变化，并约定静叶前为 0—0 截面，静叶与动叶之间为 1—1 截面，动叶后面为 2—2 截面。各截面上的燃气参数均标以相应的角码。这样，静叶出口处高温高压燃气的绝对速度为 c_1，它的运动方向则可以用速度 c_1 叶片额线 AB 之间的方向角 α_1 来表示。而当时动叶以圆周速度 u 运动着（u 就是牵连速度），显然，在这种情况下，高温高压的燃气相对于正在运动的动叶来说，将以相对速度 w_1 流到动叶中去。由于 $\vec{c}=\vec{w}+\vec{u}$ 即 $\vec{w}_1=\vec{c}_1-\vec{u}=\vec{c}_1+\overrightarrow{(-u)}$ 这样，就可以用矢量的加减法，求出相对速度 w_1 的大小和方向，根据三角学中的余弦定律可知

$$w_1=\sqrt{c_1^2+u^2-2c_1u\cos\alpha_1} \tag{2-29}$$

$$\sin\beta_1=c_1\sin\frac{\alpha_1}{w_1} \tag{2-30}$$

$$u=\frac{\pi dn}{60} \tag{2-31}$$

式中 d——叶轮的平均直径，m；

n——叶轮的转速，r/min。

其中的 β_1 角就是燃气流进正在做高速旋转运动的动叶时相对速度 w_1 的方向角，通常称为动叶进气角。由绝对速度 c_1、牵连速度 u，以及相对速度 w_1，所组成的那个三角形，则称为动叶进口的速度三角形。当高温高压的燃气进入动叶后，就会受到动叶流道形状的制约，使其流动方向逐渐发生变化，最后将沿着 β_2 角的方向，以相对速度 w_2 流出动叶。β_2 角通常称为动叶出气角。由于 $\vec{c}_2=\vec{w}_2+\vec{u}$，这样，也就可以求得燃气流出动叶时，绝对速度 c_2 的大小和方向（见图 2－10）。根据余弦定律可知

$$c_2=\sqrt{w_2^2+u^2-2w_2u\cos\beta_2} \tag{2-32}$$

$$\sin\alpha_2=w_2\sin\beta_2/c_2 \tag{2-33}$$

同理，绝对速度 c_2、牵连速度 u 和相对速度 w_2 也组成一个三角形，称为动叶出口的速度三角形。通常，为了便于分析问题，人们习惯于把高温高压的燃气在流进和流出动叶时的速度三角形综合在一起，画成如图 2－11 所示的燃气透平级的速度三角形。

在燃气透平设计中，当气流流过动叶时，相对速度的变化关系，基本上可以有两种不同的方案。在第一种方案中，人们把动叶流道的流通面积做成等截面型［如图 2－12（a）所示］。在这种情况下，当燃气流过动叶时，其相对速度的大小将维持恒定不变，只是使速度的方向发生了如图 2－12（a）那样的变化而已，这种透平级称为冲动式级。在第二种方案中，动叶流道的通流面积是做成逐渐收缩型的（即所

谓收敛型的）。这时，在动叶流道中，随着气流相对速度方向的不断变化，在亚声速流动条件下，相对速度的大小还将逐渐增加［如图2－12（b）所示］，这种透平级称为反动式级。

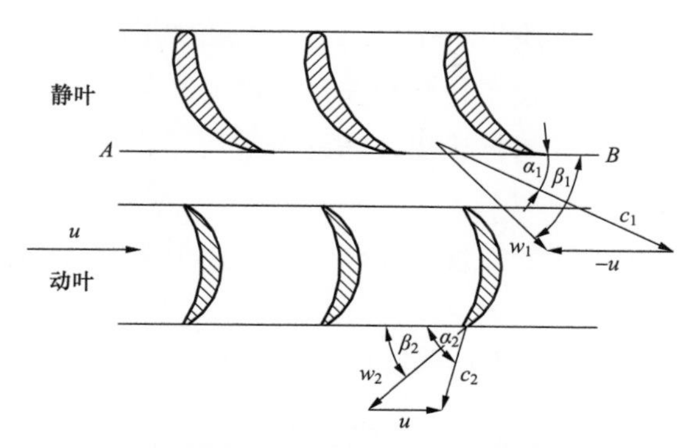

图2－10　工作叶轮平均直径处静叶和动叶剖面的展开图与速度三角形

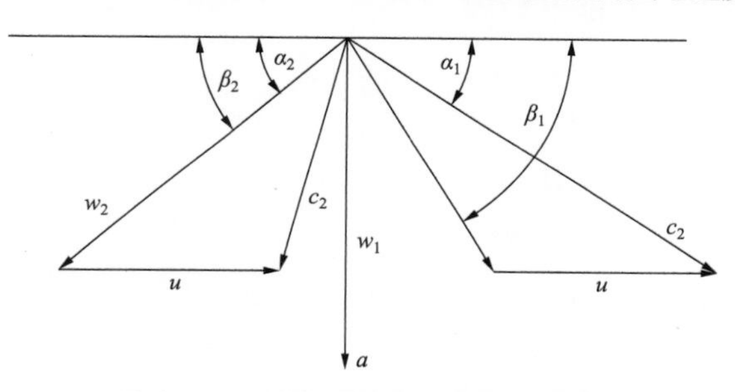

图2－11　燃气透平级的速度三角形

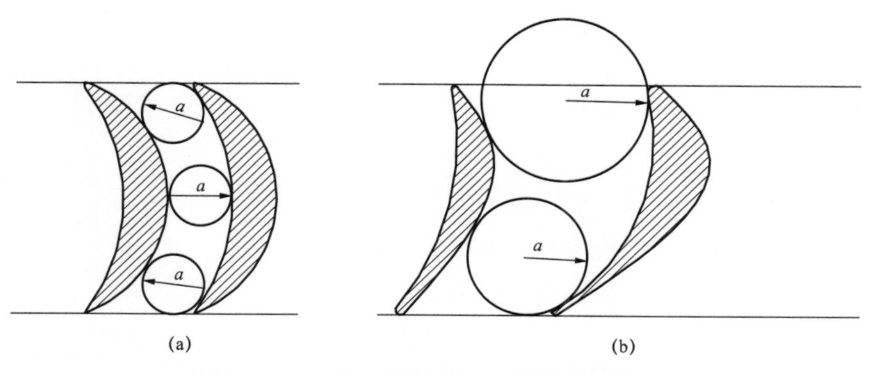

图2－12　冲动式叶型和反动式叶型的流道

（a）冲动式叶型；（b）反动式叶型

根据速度三角形，可以求出作用在工作叶轮上的切向作用力应等于

$$F_{\mathrm{u}} = G_{\mathrm{T}}(c_{1\mathrm{u}} - c_{2\mathrm{u}}) = G_{\mathrm{T}}(c_1 \cos\alpha_1 + c_2 \cos\alpha_2) \tag{2-34}$$

式中　G_{T}——气体的质量流量。

另外，在动叶的轴向方向必然也会受到一个气动力 F_{a} 的作用，由式（2－35）关系来推算，即

$$F_a = G_T(c_{1a} - c_{2a}) = G_T(w_{1a} - w_{2a}) \qquad (2-35)$$

这个轴向力不能做功，整个透平的轴向力将与压气机相抵消，压气机由于级数多，一般轴向力比透平的大。

由于在切向作用力的 F_u 的作用下，工作叶轮将在切向平面内做高速旋转运动，其圆周速度为μm/s，这就意味着使工作叶轮在每秒钟内产生了1μm的位移。依据物理学中有关功和功率的概念，很容易推论出，在这个过程中，气流通过工作叶轮对外界所做的机械功率应等于 $L_t = F_u \cdot u$（W）。

由此可见，透平级中气流的速度三角形，对于动叶的受力和做功问题，都有密切的关系。

对于1kg燃气来说，它对外界所做膨胀功 l_t 可表示为

$$l_t = u(u_{1u} - u_{2u}) \qquad (2-36)$$

根据速度三角形，不难推出

$$l_t = \frac{1}{2}(c_1^2 - c_2^2) + \frac{1}{2}(w_2^2 - w_1^2) \qquad (2-37)$$

在冲动式透平中，$w_2 = w_1$，其膨胀功 l_t 即为工质流过动叶时绝对速度动能的减少量。

（二）透平基元级能量转换原理

上述做功过程与有关热力学的基本知识联系起来研究时，不难发现，当高温高压的燃气流过透平级时，气流动能之所以会发生上述转化而变为对外界输出的机械功，其根源就在于工质在透平级中发生了膨胀过程的缘故。下面具体分析在燃气的膨胀过程中，各种形式的能量之间是如何进行转化的。

图2–13给出了某透平级中热力参数的变化情况。

根据稳定流动能量方程，当把透平级作为整体来考虑时，由于级中燃气流速高，可以认为没有通过壁面与外界产生热交换，即可认为流动过程是绝热的，按热力参数来表示，1kg工质的膨胀功为

$$l_t = h_0^* - h_2^* \qquad (2-38)$$

实际上，燃气在透平级中的做功过程是与燃气顺序地流过静叶和动叶时所发生的状态参数变化密切相关的。燃气在流过静叶时，既无热量也无功量交换，因而，工质流过静叶时为

$$h_0^* - h_1^* = 0 \qquad (2-39)$$

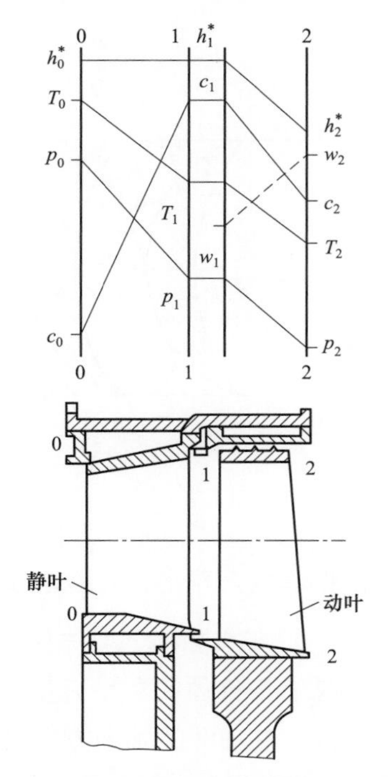

图2–13 透平级中热力参数的变化情况

即
$$h_0+\frac{c_0^2}{2}=h_1+\frac{c_1^2}{2} \tag{2-40}$$

$$\frac{c_1^2-c_0^2}{2}=h_0-h_1 \tag{2-41}$$

从热力学第一定律可知，在绝热、有摩擦的不可逆流动中，有下列关系存在，即

$$h_0-h_1=-\int_{p_0}^{p_1}\frac{\mathrm{d}p}{\rho}-l_{m1} \tag{2-42}$$

所以
$$\frac{c_1^2-c_0^2}{2}=-\int_{p_0}^{p_1}\frac{\mathrm{d}p}{\rho}-l_{m1}=\frac{p_0-p_1}{\bar{\rho}_1}-l_{m1} \tag{2-43}$$

式中　$\bar{\rho}_1$——静叶前后燃气的平均密度；

l_{m1}——燃气流过静叶时，由于摩擦等不可逆现象的存在所必须消耗的能量。

由此可见，高温高压的燃气在流过静叶时，由于工质压力的降低（即 $p_1<p_0$）所发生的膨胀过程，将使气流的速度由 c_0 增高到 c_1，并伴随有流动损失 l_{m1}，这时，气流动能的增加则完全是由于工质本身所具有的能量（热焓 h 或压力势能 p/ρ）的下降转化而来的。当燃气进而流过动叶时，由于与外界没有发生热量交换，对 1kg 工质而言，在动叶中能量的转化关系可表示为

$$l_t=h_1^*-h_2^*=(h_1-h_2)+\frac{c_1^2-c_2^2}{2} \tag{2-44}$$

同理，根据热力学第一定律，可得

$$h_1-h_2=-\int_{p_1}^{p_2}\frac{\mathrm{d}p}{\rho}-l_{m2} \tag{2-45}$$

因而式（2-45）可改写为

$$l_t=\frac{c_1^2-c_2^2}{2}-\int_{p_1}^{p_2}\frac{\mathrm{d}p}{\rho}-l_{m2} \tag{2-46}$$

或可改写为

$$\frac{1}{2}(w_2^2-w_1^2)=-\int_{p_1}^{p_2}\frac{\mathrm{d}p}{\rho}-l_{m2}=\frac{p_1-p_2}{\bar{\rho}_2}-l_{m2}=h_1-h_2 \tag{2-47}$$

式中　l_{m2}——燃气流过动叶时，由于不可逆现象的存在所必须消耗的能量；

$\bar{\rho}_2$——动叶前后燃气的平均密度。

在动叶流道内燃气压力的继续下降（当然，同时会引起温度和焓值的降低），可以促使相对速度 w_2 增高，其结果是在工作叶轮上将会有一部分压力势能转化为膨胀功。然而，在冲动式透平级中，由于动叶前后相对速度 w_1 和 w_2 的大小几乎不变，因而 $p_1\approx p_2$。这就是说，燃气在冲动式透平流道中，并没有继续发生膨胀过程，那时，工作叶轮对外所做的机械功，只是绝对速度动能减小的结果。

通过以上分析，能够比较清楚地看到高温高压的燃气在透平中做功的过程和原因是：

（1）首先，在喷嘴环中使燃气发生膨胀过程，以增高气流的流动速度 c_1，这样，就能把燃气本身所具有的能量 h_0^*，部分地转化成为气流的动能。在这个过程中，燃气的压力 p_0、温度 T_0 和热焓 h_0^* 都被降低了，但其比体积 v_0 则增大了，而速度 c_0 却增高了。由于当时燃气与外界尚无热能和功量的交换，因而燃气的滞止焓值 h_0^* 和滞止温度 T_0^* 是维持恒定不变的，但是滞止压力 p_0^* 则由于不可逆现象的存在，将略有降低。

（2）随后，将高速的燃气喷向装有动叶栅的工作叶轮。利用燃气在流过动叶栅流道时所发生的动量的变化关系，可以在动叶栅中产生一个连续作用的切向推力 P_u，借以推动工作叶轮旋转，并对外做功。

（3）在工作叶轮中燃气的做功过程有两种方案可循。在冲动式透平级中，气流流过动叶栅时一般不再继续膨胀了，因而在动叶栅的前后，燃气的压力 p_1、温度 T_1 和相对速度 w_1 的大小几乎不再发生变化（严格地讲，由于不可逆现象的存在，压力 p_1 会略有减小）；但是绝对速度和滞止焓值必然都有相当程度的降低。当时，燃气绝对速度动能的减少量将全部转化为燃气对外界所做的膨胀轴功。

但是，在反动式透平级中，气流流过动叶栅时还会继续膨胀。因而在动叶栅的前后，燃气的压力 p_1、温度 T_1 和焓值 h_1 都将进一步下降，而其比体积 v_1 和相对速度 w_1 却有所增大。当然，膨胀终了时燃气的绝对速度和滞止焓值也都会有相当程度的降低。在这种情况下，燃气流经工作叶轮时所发生的绝对速度动能与相对速度动能变化量的总和，将全部转化为燃气对外界所做的膨胀轴功。

综上所述，高温高压的燃气就是按照上述工作过程，从透平的第一级喷嘴环开始，顺序地逐级膨胀到最后一级动叶栅的出口。其最终结果将是使燃气的状态参数发生了变化；与此同时，把燃气本身所具有的能量（可以用滞止焓值 h_0^* 来表示）部分地转化成为对外界所做的膨胀轴功 l_t。

（三）透平基元级反动度

因为在定常流动、与外界无热量交换的情况下，动叶做出的比功，是由动叶前后滞止焓的降低得来的，因此定义气流通过动叶时净焓的变化与滞止焓变化的比值为基元级的反动度 Ω_k，即

$$\Omega_k = \frac{h_1 - h_2}{h_1^* - h_2^*} = \frac{h_1 - h_2}{h_0^* - h_2^*} \tag{2-48}$$

因为

$$l_t = h_1^* - h_2^* = \frac{1}{2}(c_1^2 - c_2^2) + \frac{1}{2}(w_2^2 - w_1^2) \tag{2-49}$$

所以

$$h_1 - h_2 = \frac{1}{2}(w_2^2 - w_1^2) \tag{2-50}$$

因而

$$\Omega_k = \frac{w_2^2 - w_1^2}{(c_1^2 - c_2^2) + (w_2^2 - w_1^2)} \tag{2-51}$$

它称为透平基元级的运动反动度，它可以是正数、零或负数，取决于（$w_2^2-w_1^2$）的值。

$\Omega_k=0$ 表示动叶片中没有净焓降，燃气通过动叶片所做的功，全都是绝对动能变化的结果。这样的级，称为冲动基元级，动叶中相对速度不变。习惯上常把 Ω_k 数值小的级称为冲动级。

$\Omega_k=0.5$ 的级，常称为反动级。这种级的速度三角形为对称形状，如图 2－14 所示。

$\Omega_k=0$ 和 $\Omega_k=0.5$ 这两种基元级是透平中典型的两种基元级。

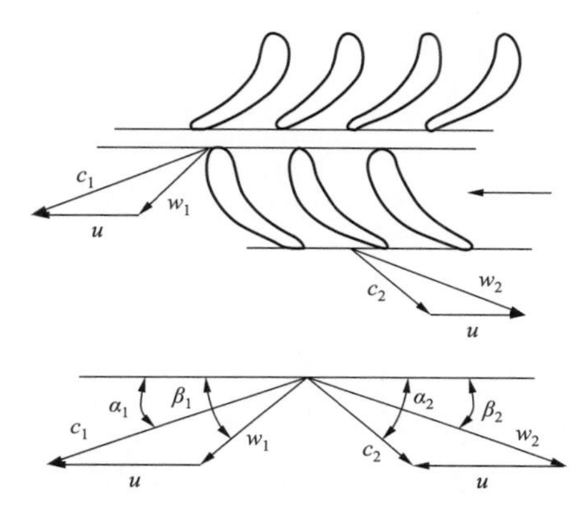

图 2－14　$\Omega_k=0.5$ 的速度三角形和相应的静、动叶栅

（四）透平基元级的特性参数

通常可以用流量因子 ϕ、载荷系数 Ψ_t、速度比 x_a（或 x_1）以及等熵效率 η_t，来描述透平基元级的特性。

（1）流量因子 ϕ。

流量因子可以定义为进入动叶栅的气流轴向分速 c_{1a} 与圆周速度 u 的比值，即

$$\phi=\frac{c_{1a}}{u} \tag{2-52}$$

流量因子是基元级的重要特性参数。当流量因子变化时，基元级的流通能力和叶片的形状都会有相应的变化。在圆周速度一定时，选择大的流量因子标志着设计者想通过增大气流轴向分速度的办法来减小叶片的高度。因而，高的 ϕ 值是大流量、高速透平的一个特征。反之，在既定的圆周速度条件下，如果 ϕ 值选得较小，设计者就可以把小流量透平的叶片制造得尽可能地高些，以求减少叶片流道的损失。

（2）载荷系数 Ψ_t。

载荷系数可以定义为基元级的比功 l_t 与圆周速度 u^2 的比值，即

$$\Psi_t=\frac{l_t}{u^2}=\frac{c_{1u}+c_{2u}}{u} \tag{2-53}$$

显然，Ψ_t 值正表示透平级的做功能力。Ψ_t 值大，则表示在给定的圆周速度条件下，流经透平级的 1kg/s 气体所做的膨胀轴功多。

（3）速度比 x_a（或 x_1）。

通常将燃气从进口的滞止状态（参见图 2－13）0^*等熵膨胀到出口的静压 p_2 时所能达到的理论速度称为燃气通过基元级的假想速度 c_{ad}，即

$$c_{ad}=\sqrt{2h_s^*} \tag{2-54}$$

定义速度比 x_a 为

$$x_a=\frac{u}{c_{ad}} \tag{2-55}$$

或速度比 x_1 为

$$x_1=\frac{u}{c_1} \tag{2-56}$$

（4）等熵膨胀效率 η_t。

目前，常用等熵膨胀效率 η_t 来描述透平基元级的膨胀效率，即

$$\eta_t=\frac{h_0^*-h_2^*}{h_0^*-h_{2s}} \tag{2-57}$$

可以看出：η_t 中的等熵焓降 $h_0^*-h_{2s}$ 是根据燃气的总压 p_0^* 和膨胀终了时的静压 p_2 得出的，因而又称为等熵膨胀的静效率，它常被用于单级透平或者多级透平的最末一级的计算中，那时，认为透平级排气的余速 c_2 未能被利用。但对于余速得到利用的中间级，或是在进行燃气轮机的循环计算时，则常用等熵膨胀滞止效率 η_t^* 来描述基元级的膨胀效率，即

$$\eta_t^*=\frac{h_0^*-h_2^*}{h_0^*-h_{2s}^*} \tag{2-58}$$

显然，当级的余速 c_2 被利用时，在计算级的等熵焓降时就必须扣除余速动能 $c_2^2/2$，那时，η_t^* 中的等熵焓降 $h_0^*-h_{2s}^*$，是根据燃气的总压 p_0^* 和膨胀终了时的总压 p_2^* 得出的。而且，$\eta_t^*>\eta_t$。

三、多级轴流式透平的基本原理

不论是在冲动级还是在反动级中，当圆周速度选定后，级焓降值 H 就有一定的限制。比如动叶圆周速度取 350～380m/s，则一个级所能有效利用的焓降，最大为 160～240kJ/kg。此时，即使级的反动度 Ω_k 为 0.4～0.5，静叶和动叶出口的流速也相当高。出口处马赫数接近于 1。

如果在一级中采用更大的焓降，但又不能使动叶圆周速度 u 相应提高（它受到材料强度条件的限制），那么，级的速度比将要偏离它的最佳值，这就不可避免地使轮周效率降低。因此，在实际的透平设计中，当机组的总焓降较大时，总是把总焓降分做几段，每一段焓降在一个级中加以利用，几个级串联在一起，就成了多级透平。在多

级透平中，每一级的焓降都不会很大，因而可以保证，在较小的动叶圆周速度下，达到最佳速度比值，从而获得满意的轮周效率。另一方面，也可以说，当级中的焓降不大时，如果给定透平的转速，就可以采用较小的叶轮直径；如果给定叶轮的平均直径，就可以采用较低的转速。

当机组的总焓降较大时，采用多级透平的结构型式，可以获得较高的透平效率。多级透平效率较高的原因，有下述几点：

（1）由于每一级只用了不太大的一部分焓降，所以静叶出口和动叶出口的马赫数 Ma 都小于 1，避免在通流部分发生超声速流动。

（2）由于静叶出口的流速 c_1 不是很高，在最佳速度比的条件下，可以采用不太大的直径，在一定的气流容积流量下，叶轮直径小，动叶便可以有较大的高度。当叶片较长时，叶栅的端部损失要相应地减少，叶片端部间隙的漏气损失也相应减少，这就提高了级的内效率。

（3）在多级透平中，每一级的余速（除最末一级外），可以部分地或全部地被下一级利用。这一级的余速就是下一级的初速，这就使每一级的可用焓降有所增加（它等于初速 c_0 的动能 $c_0^2/2$ 的一部分或全部）。

（4）在多级透平中，一级中发生的损失，使级的排气焓升高，这个由损失变来的焓，在下一级中又部分地转变为有用功而被利用了。由于多级透平每级的损失都被下一级部分地利用，所以多级透平的内效率，要高于单级的平均效率。这就是多级透平的热重获现象。

由于以上这些原因，大多数功率较大的透平都是多级的。但是多级透平也有其不利之处，比如，多级透平的结构比较复杂，叶轮叶片的数目多，加工工作量大。

多级透平中的级，可以采用冲动级或反动级，一般来说，叶片较短的级多用冲动级；其他情况下，则根据设计者的意图或制造厂的习惯来选用级的类型。

四、轴流式透平的主要性能参数

通常用以下一些参数来表示轴流式透平的性能特性。

（1）燃气的初温和初压。从整台燃气轮机的符号系统来看，它们常用 T_3^* 和 p_3^* 来表示。

（2）燃气流量 G_T。它表示在单位时间内流经透平的燃气质量流量，其单位为 kg/s。通常，燃气流量与压气机吸入的空气流量 G 之间有如下关系，即

$$G_T = G + G_f - G_{cl} = G\left(1 + \frac{G_f}{G} - \frac{G_{cl}}{G}\right) = G\mu = G(1 + f - \mu_{cl}) \tag{2-59}$$

式中　G——压气机吸入的空气流量，kg/s；

G_f——喷入燃烧室的燃料流量，kg/s；

G_{cl}——由压气机中抽出的用来冷却透平的空气量与漏到机组外面去的漏气量之总和，kg/s；

f——燃料空气比；

μ_{cl}——相对冷却漏气量；

μ——流量差别系数。

（3）膨胀比 π_T^* 或 π_T。它是燃气透平的进气总压 p_3^* 与透平排气总压 p_4^* 或静压 p_4 的比值，即

$$\pi_T^* = p_3^* / p_4^* \tag{2-60}$$

$$\pi_T = p_3^* / p_4 \tag{2-61}$$

透平的膨胀比 π_T^* 与压气机的压缩比 π^* 之间有如下关系，即

$$\pi_T^* = \Phi_1 \Phi_2 \varepsilon_4 \pi^* \tag{2-62}$$

式中　$\pi^* = p_2^* / p_1^*$——压气机的压缩比；

$\Phi_1 = p_1^* / p_a$——压气机吸入口的总压保持系数；

$\Phi_2 = p_3^* / p_2^*$——燃烧室的总压保持系数；

$\varepsilon_4 = p_a / p_4^*$——透平排气侧的总压损失系数。

（4）透平总功率 N_T。透平的功率可以用 1kg/s 的燃气发出的功率，或者用透平的总功率来表示。为了区别，前者称为比功率，后者称为透平的总功率。

关于透平中发出的内功率的概念和计算，前面已经作了说明。这里特别指出一点，在燃气轮机中，透平发出的总功率 N_T 并不是整台机组对外输出的有效功率。因为它需要消耗相当大的一部分功率，用来带动压气机和机组辅助设备的工作；此外，还需要克服轴承的机械摩擦损耗等。

（5）透平的绝热膨胀有效效率 $\eta_T(\eta_T^*)$。

透平的内效率也称绝热膨胀有效效率，它是透平性能的重要指标，它的物理意义已经在前面讨论过了。现有轴流式透平的效率通常为 0.85～0.90。

第三节　燃烧室工作原理

一、燃烧过程的本质

从热力循环分析的角度来说，燃气轮机中的燃烧室完成的应该是一个定压加热过程，相当于朗肯循环中的锅炉。与锅炉不同的是，燃烧室中工质焓的增加并不是通过外部加热，而是通过内部的化学反应（燃烧）将燃料的化学能转化为燃气物理焓的升高。由于燃烧室和外界是绝热的（或近似绝热），也没有向外界输入或输出机械功，因此这个过程在热力学上并不是加热过程，而是一个“定焓”过程。另外，“定压”也只是一种理论假定，实际的燃烧过程总是伴随着滞止压力的降低（损失）。

燃烧本质上是物质之间进行的一种放热的化学反应现象。在通常的燃气轮机燃

烧室中的燃烧现象就是碳氢化合物与氧气之间进行的一种快速、发光、发热的氧化反应。碳氢燃料中的 C、H 原子以及少量的 S 原子在燃烧时与氧分子发生的化学反应为：$C+O_2 \rightarrow CO_2$；$2H_2+O_2 \rightarrow 2H_2O$；$S+O_2 \rightarrow SO_2$。这些简单的反应式只是表达了总的效果，实际过程非常复杂，有多种中间步骤和中间产物。只有在反应充分完全时，才得到 CO_2、H_2O 和 SO_2 这些产物，并且获得完全的反应热。当氧气供应不足时，燃烧中的碳原子则仅能生成 CO，甚至完全没有起氧化反应，而以游离碳的形式放出来。重质燃料中的高阶烃可能分解出来，不经燃烧而随燃气排出。助燃空气中的 N_2 还会在高温下生成氮氧化合物（NO_x）。许多中间产物和副产物都会造成环境污染。因此，解决燃烧问题时，不仅要保证燃料燃烧充分以最大限度地利用能量，而且要尽一切可能避免污染物的生成。

燃烧不仅是化学现象，而且在燃烧过程中，燃料、氧气和燃烧产物三者之间进行着动量、热量和质量传递，形成火焰这种有多组分浓度梯度和不等温两相流动的复杂结构。火焰内部的这些传递借层流分子转移或湍流微团转移来实现，工业燃烧装置中则以湍流微团转移为主。探索燃烧室内的速度、浓度、温度分布的规律以及它们之间的相互影响是从流体力学角度研究燃烧过程的重要内容。由于燃烧过程的复杂性，实验技术是探讨燃烧过程的主要手段。近年来发展起来的计算燃烧学，通过建立燃烧过程的物理模型对动量、能量、化学反应等微分方程组进行数值求解，从而使对燃烧设备内的流场、燃料的着火和燃烧传热过程、火焰的稳定等工程问题的研究取得明显的进展。

燃烧的核心过程（即化学反应），也不是在整个燃烧空间内均匀进行的，而是集中发生在厚度相对较小的一个火焰区内。保持强烈而稳定的火焰是燃烧室设计要解决的重要问题。按照燃料与空气在到达火焰区之前的混合程度不同，所形成的火焰可区分为“预混火焰”与“扩散火焰”。传统的燃烧液体燃料的燃烧室中基本是利用扩散火焰，预混燃烧应用得相对较少。但随着对污染物问题的日益重视，利用预混燃烧来抑制 NO_x 排放技术又得到了广泛应用。

二、燃烧过程的几个重要术语

1. 理论空气量与过量空气系数

燃烧过程本质上是燃料的氧化反应，因此只要知道了一种燃料的化学成分，就不难通过化学反应方程式来确定一定质量的燃料完全燃烧所需要的氧气质量。在通常的燃气轮机中，用来助燃的工质不是纯氧，而是来自大气的普通空气，其中的氧的容积成分为 21%，而质量分数为 23.2%。因此，也就可以根据化学反应方程式，依据物质守恒定律确定各种燃料完全燃烧所需要的理论空气量 L_0（单位为 kg 空气/kg 燃料）。例如，假设燃料按质量确定的化学成分为碳 C（%）、氢 H（%）、氮 N（%）、可燃硫 S（%），则完全燃烧 1kg 燃料所需要的理论空气量（质量）L_0 应为

$$L_0 = 1.293 \times L_0' = 1.293 \times [0.0899\mathrm{C} + 0.266\mathrm{H} + 0.033(\mathrm{S} - \mathrm{O})] \text{（kg 空气/kg 燃料）} \quad (2-63)$$

式中 1.293——空气在标准状态下的密度，kg/m^3。

通常的石油或天然气燃料在理论空气量下（即燃料与助燃空气按化学当量配比）燃烧时，可将工质的温度提高约 2000K，远超过目前燃气轮机允许使用的温度范围。燃烧室工作时，空气的流量与供应的燃料流量的实际比例 L，不仅应能保证燃料的完全燃烧，而且还应符合对工质加温的限制。因此，实际上燃气轮机燃烧室中空气与燃料的配比远超过燃烧需要的理论值。实际空气量与理论空气量的比值称为过量空气系数，定义为

$$\alpha = \frac{L}{L_0} \quad (2-64)$$

过量空气系数对燃烧设备的设计制造有重要的意义，因为从化学动力学角度讲，燃料与助燃空气按化学当量配比（$\alpha=1$）时，燃烧达到的温度最高，过程进行的速度最快，也最容易使反应进行得彻底。α 过大或过小都不利于燃烧的进行，必须采取措施加以解决。

如果进入燃烧室的空气流量为 q_a（kg/s），供应燃料流量为 q_f（kg/s），将燃料与空气的质量比值称为燃料空气比 f，即

$$f = \frac{q_f}{q_a} \quad (2-65)$$

则过量空气系数可表示为

$$\alpha = \frac{1}{fL_0} \quad (2-66)$$

而从燃烧室排出的燃气流量 q_g 应为

$$q_g = q_a + q_f = q_a(1+f) = q_a\left(1 + \frac{1}{\alpha L_0}\right) \quad (2-67)$$

2. 燃料的热值

经过燃烧室之后，不仅工质的量发生了变化（从 q_a 增加为 q_g），而且工质的成分和热力性质也相应地发生了变化。排出的燃气成分中不仅包含了燃烧产物 CO_2、H_2O、SO_2 等，而且还包含了未参加燃烧的 N_2、未燃尽的燃料和剩余的 O_2 以及一些有害的污染环境的成分，燃烧后燃气的焓和温度不仅与相对燃料量 f 有关，而且还与燃料的热值（又称发热量）$Q_{ar,net}$ 有关。

从化学热力学角度，燃料的热值 H_u 就是燃料燃烧化学反应的负反应焓，是定温定压反应热效应。

燃料的热值 H_u 通常是通过试验方法测定的。把燃料放在一个密闭的特殊仪器中，通入氧气使其完全反应，然后把生成物的温度降到燃烧前的温度，测量整个过程中所放出的热量，再除以所用燃烧的质量，就得到该燃料的热值。

但是有一点需要注意，就是在试验中测量热值时，生成物被降到反应前的温度，其中的水蒸气绝大部分凝结为水，放出了凝结热。这样测得的发热量数据中包含了生成水的潜热，称为高热值。所以有人认为，在燃烧室计算中使用高热值是不对的，应对其进行修正，即从中扣除相应的水蒸气潜热。修正后的数据称为低热值。

工程应用中若不特别声明，一般都是采用低热值作为计算热机效率的依据。

3. 燃烧效率

燃烧效率，也称为燃烧室效率，是定量燃料在燃烧室内燃烧时实际可用来加热燃烧产物的热量与该燃料在绝热条件下实现完全燃烧时所释出的低位发热量之比。它是评价各种燃烧室运行经济性的主要指标，可用于衡量燃烧室实际燃烧过程偏离理想过程的程度。

燃烧效率主要取决于燃烧装置和燃料自身的特性，与环境等因素有关。实际的燃烧反应总是不完全的，其最后的结果就是燃烧产物的焓值低于理想过程应达到的焓值；另外，燃烧室对外散热也会使燃烧产物焓值降低。生成物的理想焓值与实际焓值之差δH_r，就是燃烧损失，它包括不完全燃烧损失和散热损失两部分，而不完全燃烧损失又可分为化学不完全燃烧损失、物理不完全燃烧损失（表现为燃气中有未燃尽的碳颗粒）和高温热分解损失。

三、对燃烧室的要求和燃烧室的工作条件

燃烧室是燃气轮机的三大部件之一，其作用是利用压气机送来的一部分高压空气使燃料燃烧，并将燃烧产物与其余的高压空气混合，形成均匀一致的高温高压燃气后送往透平。除流动损失外，燃烧室的工作是在近似等压下完成的。

1. 燃烧室高效工作应满足的条件

从表面上看，燃烧室的结构和工作过程都很简单，其实不然。要保证燃气轮机在各种条件下都能正常、高效地工作，燃烧室必须且至少应满足下述要求：

（1）各种工况下均能维持稳定燃烧，不熄火，无燃烧脉动，否则不仅燃气轮机无法正常工作，而且可能引起事故。

（2）燃烧要完全，燃烧效率在额定工况下要达到 99%左右，在低负荷工况下不低于 90%，否则燃气轮机的效率会同比例地下降。

（3）流动损失小，压损率要不高于 5%，否则燃气轮机的效率要受到很大影响。研究表明，燃气轮机流道中的工质总压每降低 1%，燃气轮机的效率就要相对下降 1%～2%。

（4）出口气流的温度场要均匀，温度不均匀系数δ_t＜10%，否则会使下游透平叶片受热不均匀，热应力增大。

（5）燃烧热强度高，尺寸小，重量轻。燃烧热强度是指单位时间内，在单位体积的燃烧空间或单位通道截面上释放出来的燃烧热。

（6）具有较长的使用寿命，并便于调试、检修和维护。目前电站燃气轮机燃烧室的翻修寿命可达到20000～30000h。

（7）点火性能好，不仅在启动时能可靠点火，而且在燃气轮机升速和加负荷的过程中不出现熄火、超温或火焰过长等现象。

（8）排气中的污染物含量少。

2. 燃烧室的工作条件

燃烧室要同时满足上述要求非常困难，原因之一在于其工作条件比一般燃烧设备要苛刻得多。

（1）燃烧过程一般是在高速气流中完成的。燃气轮机中的空气流量很大，为了保证燃烧室的高燃烧热强度和尺寸紧凑，其内部的气体速度不能太低，目前电站燃气轮机燃烧室出口处的气流速度已达到 100～150m/s，燃烧区的平均气流速度也有 20～25m/s。

（2）过量空气系数大，且在变工况时变化剧烈。过量空气系数是实际空气量与理论空气量的比值。在锅炉等一般的燃烧设备中，助燃用的空气量一般仅取得比理论空气量略大一点，这样其过量空气系数一般仅比 1 略大一点，燃烧区的温度可达到1800～2000℃。然而在燃烧室中，空气的流量只取决于燃气轮机，燃气轮机的最高工作温度决定了燃烧室的过量空气系数，一般都在 2 以上，低负荷下更是急剧上升至 15。如果这么多的空气都直接参与燃烧，那么燃烧区的燃料浓度会相当低而不能保证完全燃烧，低负荷下燃料浓度更是会低到贫燃料熄火极限以下。如何在这么大且变化剧烈的过量空气系数条件下保证燃烧稳定、完全，还要使出口温度场保持均匀，难度很大。

（3）温度高并且燃烧热强度大。一般来说，燃气轮机燃烧室的燃烧热强度是锅炉的数十至数百倍，同时其出口气流的平均温度目前已达到 1600℃以上，在如此高的温度和燃烧热强度且温度和燃烧热强度都可能发生急剧变化的条件下，如何保证燃烧室各热部件（火焰筒和过渡段）不出现大的热应力，从而保证一定的寿命，挑战极大。

另外，燃烧室中燃烧现象的物理、化学过程非常复杂，涉及空气和燃气的流动、空气与燃料之间的混合、燃料与气体中氧的化学反应、热量在不同区域的传递、各种物质在不同区域间的相互扩散等，其规律还没有完全被掌握。因此，到目前为止，新燃烧室的设计还主要依靠经验、试验并反复不断调整。

3. 组织燃烧的原则

在对燃烧室进行的长期研究和实践中，人们总结出了组织燃烧的一些基本原则和手段，主要有以下几点：

（1）通过燃烧室及其部件结构的限制将空气分为一次空气、冷却空气和二次空气，并将它们从不同的部位以不同的方式导入火焰筒中。一次空气的流量和导入方式要保证在各种工况（包括急剧变化的工况）下燃料能被可靠地点燃，保证火焰稳定不熄火，保证燃料能充分而快速地燃烧；冷却空气的导入方式要保证高温部件得到良好的冷却保护；二次空气的导入方式要保证出口气流的温度场均匀。

（2）通过燃料喷嘴或燃烧器的合理设计，使燃料流与空气流之间有良好的匹配，使燃料空气混合物的浓度分布和速度分布有利于点火和稳定燃烧。

（3）对隔热部件的结构及安装方式要进行仔细设计，使其能得到良好的冷却，同时在保持定位和密封的同时，能自由地膨胀。

四、扩散燃烧与预混燃烧基本原理

化石燃料的燃烧过程是最主要的大气污染物来源，气体燃料燃烧污染物主要是氮氧化物。因此，抑制燃烧过程中氮氧化物的生成，是近年来和今后一段时间内燃气轮机燃烧室发展的方向之一。目前，各大燃气轮机公司均已推出采用预混燃烧方式的干式低 NO_x 燃烧室和燃烧器。为深入了解它们的特性，需对扩散燃烧和预混燃烧的原理有所了解。

1. 扩散燃烧

所谓扩散燃烧是这样的一种燃烧方式：燃料与空气分别进入燃烧区，然后逐渐混合，在过量空气系数 $\alpha_f \approx 1$ 区域内燃烧。图 2－15 是扩散燃烧的原理示意。如图 2－15 所示，在燃烧器管口处，燃料与空气是相互隔开的，然后在分子扩散和湍流扩散的联合作用下，迅速相互掺混，在离开管口一定距离内形成一个燃料－空气混合物薄层，并在该薄层内发生燃烧。

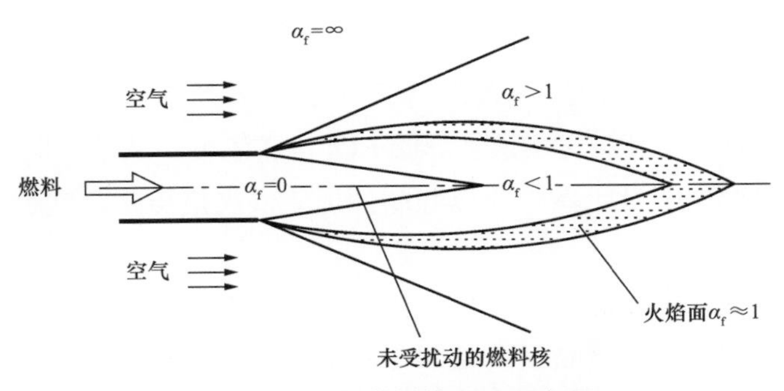

图 2－15　扩散燃烧原理示意图

显然，扩散燃烧的特点是：火焰面处的 $\alpha_f \approx 1$，温度差不多为与 $\alpha_f \approx 1$ 相对应的理论燃烧温度；燃烧速度取决于分子扩散和湍流扩散的速度，而不取决于化学反应的速度。这类燃烧的优点是燃烧稳定，不易熄火，不会回火。其缺点是燃烧区温度高，所以 NO_x 的生成率高。要理解为什么燃烧区温度高时 NO_x 的生成率高，需要对燃烧过程中 NO_x 生成的机理有所了解。

研究表明，燃烧过程中生成的 NO_x，按照生成机理可分为燃料型、快速型和热力型三种类型。燃料型 NO_x，主要取决于燃料的含氮量，很难在燃烧中进行控制；快速型 NO_x，既与燃料类型有关，也与燃烧控制有关；热力型 NO_x，是空气中的氮气和氧气在高温条件下化合的结果。对液体和气体燃料而言，热力型 NO_x 是 NO_x 的主要来源，在组成上主要是 NO（占 90%～95%）。图 2–16 所示为在一定时间段内，液体和气体燃料在燃烧过程中生成的 NO 的浓度与温度的关系。由图 2–16 可见，热力型 NO_x 的生成率与温度关系密切。在 1600℃以下的温度下，其生成率是很低的。但是在 1650℃以上，特别是 1700℃以上，其生成率将会大幅度提高，且温度越高，生成率就越高。

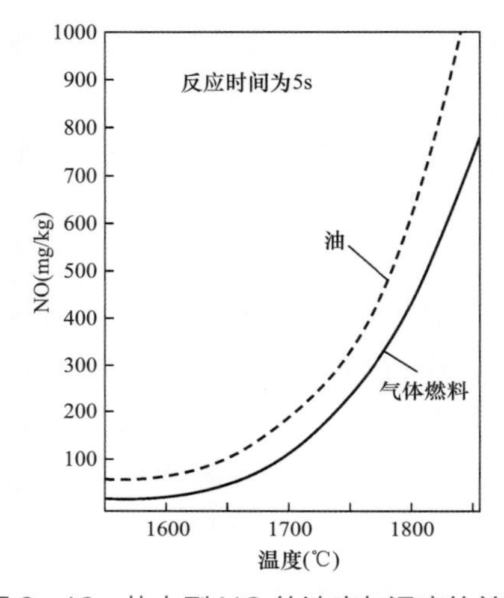

图 2–16　热力型 NO 的浓度与温度的关系

由于扩散燃烧的燃烧区温度一般都高于 1650℃，所以燃烧过程中生成的热力型 NO_x 往往很高。针对这类燃烧室，为了降低 NO_x 排放浓度，通常采取以下两种措施：

（1）向燃烧区注水或注水蒸气，以强制性地降低火焰温度。这是一种在燃烧中降低 NO_x 的方法。

（2）在下游余热锅炉中布设催化反应器，采用向烟气中喷氨水的方法将已生成的 NO_x 还原为 N_2，这是一种在燃烧后降低 NO_x 的方法。

但注水燃烧会降低燃气轮机效率，造成燃烧不稳定，导致燃烧不完全，使燃烧室的结构复杂化，并会降低燃烧室和透平的使用寿命；布设催化反应器将会使设备投资大幅度提高（催化反应器的价格约为燃气轮机价格的 20%），所以都不理想。为从根本上解决 NO_x 排放高的问题，人们提出了两种新的燃烧技术：① 均相贫燃料预混燃烧；② 催化燃烧。第一种目前已取得成功，并已投入应用；第二种尚有不少待解决的问题，目前仍在试验发展中。

2. 预混燃烧

预混燃烧是一种让燃料与空气混合成均匀的可燃气体后，再引入燃烧区的燃烧方式。它一般按照过量空气系数α>1 的条件设计，称为均相贫预混燃烧。其特点是：火焰以湍流方式传播，燃烧速度取决于化学反应速度，火焰面的温度取决于燃料/空气掺混比。氧－乙炔焊枪中的燃烧就是预混燃烧的一个典型例子。

贫预混燃烧类型的燃烧室是现代燃烧室技术的主要发展趋势。贫预混燃烧的优点是通过控制掺混比可使燃烧温度低于理论燃烧温度，也低于或略高于热力型 NO_x 生成的起始温度（1650℃），从而可降低 NO_x 的生成量。其缺点是：因为可燃气体的燃料浓度低，所以燃烧温度低，低负荷时容易熄火，另外还可能造成 CO 排放量增大。

为了克服贫预混燃烧的缺点，目前所采取的对策如下：

（1）合理选择掺混比，使火焰面的温度达到 1700～1800℃，这样既兼顾低 NO_x 燃烧的要求又兼顾燃烧稳定的要求。

（2）作为稳定的点火源，采用值班喷嘴保持一小股扩散火焰，或在低负荷时改用扩散燃烧。所谓值班喷嘴，就是一个燃料、空气供应量基本恒定的扩散燃烧喷嘴。

（3）采用可调节的空气旁路，在负荷变化时，通过改变参与燃烧的空气量来实现掺混比的优化。

（4）采用分级方式组织燃烧，在负荷变化时，通过改变参与燃烧的级数来实现掺混比的优化。

分级燃烧又分为串联和并联两种方式，图 2－17 为这两种燃烧组织方式的示意图。

如图 2－17 所示，串联式分级燃烧是在燃烧室中设置多个彼此串联的燃烧区，一般情况下，每个燃烧区都供给一定量的燃料和空气。不论机组的负荷如何变化，流经每个燃烧区的空气量都几乎是恒定的，但供入的燃料量则根据负荷的大小不断改变。在机组启动和低负荷下，只向第一级燃烧区供应燃料，随着负荷的增大，再逐渐向第二、第三级燃烧区供应燃料。一般第一级燃烧区采用扩散燃烧方式，但第二、第三级燃烧区等则采用贫预混燃烧。

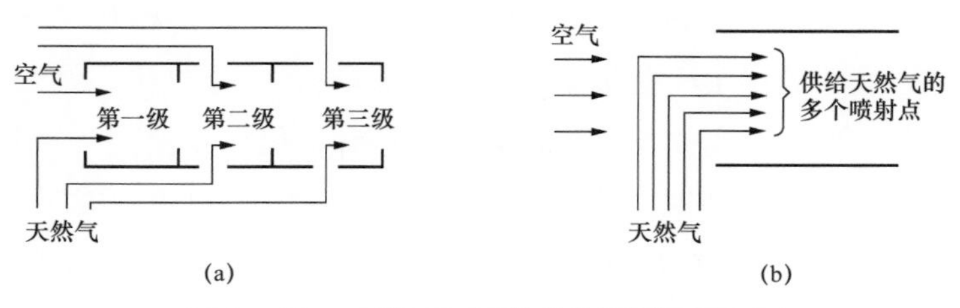

图 2－17　串联式和并联式分级燃烧示意图

（a）串联式；（b）并联式

并联式分级燃烧是在燃烧室中设置多个彼此并联的燃烧区，一般情况下，每个燃烧区都供给一定量的燃料和空气，并都采用贫预混燃烧。但在机组负荷降低时，部分燃烧区将被切除燃料供应。

第四节 燃气轮机本体结构

一、燃气轮机整体结构要求

现代电站燃气轮机的设计制造技术是由汽轮机和航空发动机两大技术发展而来的。在这两种技术中，前者比较注重机器的使用寿命、制造材料的易得性和检修维护的方便性，而在结构紧凑性、运行灵活性等方面注重不够；后者则比较注重结构的紧凑性、启停和运行的灵活性，但降低了使用寿命上的要求。由于燃气轮机目前多用在需要快速启停和灵活运行的场合，所以在现代燃气轮机的设计制造上，后者留下了更多痕迹，当然，前者的不少优点也得到了一定继承。

目前，大中型燃气轮机在结构形式上大体可分为工业型和航机改装型两种类型。工业型燃气轮机又称为重型（或重载）燃气轮机，主要用于陆地上固定的发电机组；航机改装型燃气轮机主要用于陆海交通运输设备的发动机和小型发电机组。燃气－蒸汽联合循环发电所用的燃气轮机均属于重型燃气轮机，本节讲述的燃气轮机本体结构仅涉及重型燃气轮机。

燃气轮机结构设计中需要考虑的要求主要有以下几个：

（1）要有足够的刚度、强度，以保证长期安全可靠运行，停机检查和大修的时间间隔要足够长。目前，燃用天然气且带基本负荷的燃气轮机，检修时间间隔已达4000～8000h，大修时间间隔已达30000h。

（2）要保证足够高的热力性能，保证达到设计压比、温度、流量、转速，以保证所要求的功率和效率。

（3）结构较简单，尺寸及重量较小，便于制造、装配、运输和安装，便于检查、维护和维修。

要同时满足上述要求非常困难，原因在于这些要求有些是相互冲突的。在长期的研究和实践中，人们总结出了一些最基本的设计原则：① 压气机、燃烧室、透平三大部件统一布置，即它们的外壳要相互连接为一个整体，统一支撑在一个基座上；② 压气机和透平转子在机械上要刚性连接，构成一个统一的转动部件；③ 转子与静子要配合形成一个顺畅的工质流动通道。对联合循环用的燃气轮机，还要使工质能顺畅地从燃气轮机流进余热锅炉，尽量减少不必要的流动转折。

在这些原则的指导下，不同制造厂设计制造的燃气轮机在结构上有许多相似之处。但由于每一个具体结构都有许多不同方案，所以不同制造厂的燃气轮机看起来又形态各异。

二、典型燃气轮机总体结构特点

1. 整体结构特点

图 2－18～图 2－21 分别 MS9001FA、M701F、GT26 和 SGT5－4000F 型燃气轮机整体结构图，由各图可见，四台机组均采用了整体结构，压气机、燃烧室、透平的外壳按次序连接成一个整体，安装在同一个底座上；压气机和透平的转子也利用螺栓，通过过渡段刚性地连接为一个统一的旋转部件。整台机器在制造厂内装配完成，可节省大量的现场安装时间和费用。

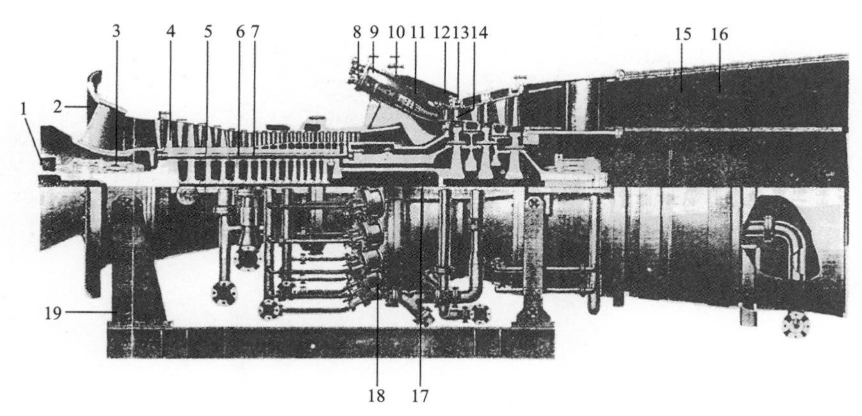

图 2－18　MS9001FA 型燃气轮机纵剖面图

1—输出端联轴器；2—进气道；3—径向支持轴承；4—压气机叶片；5—压气机；6—压气机轮盘；7—拉杆；8—燃料喷嘴；9—火焰管；10—燃烧室；11—燃烧室过渡段；12—透平喷嘴组件；13—透平静叶环；14—透平动叶片；15—排气扩压器；16—排气测温热电偶；17—水平中分面；18—燃烧室安装面；19—刚性前支撑

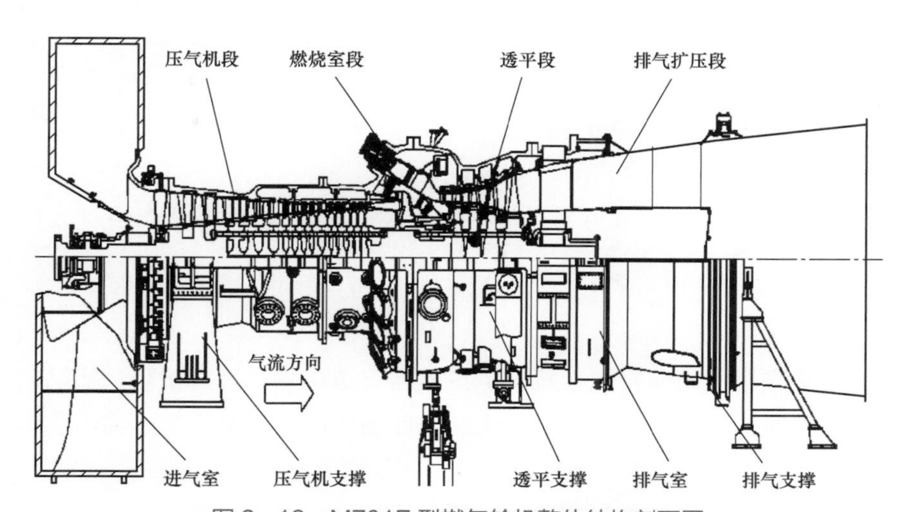

图 2－19　M701F 型燃气轮机整体结构剖面图

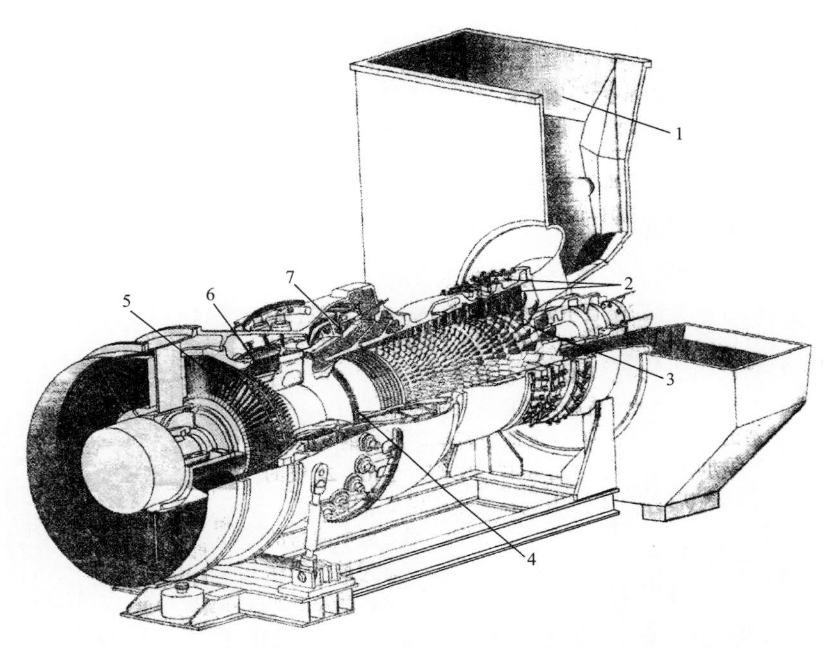

图 2-20　GT26 型燃气轮机轴侧图

1—进气道；2—前三排可调导叶；3—压气机；4—高压透平；5—低压透平；
6—环形再热燃烧室；7—环形高压燃烧室

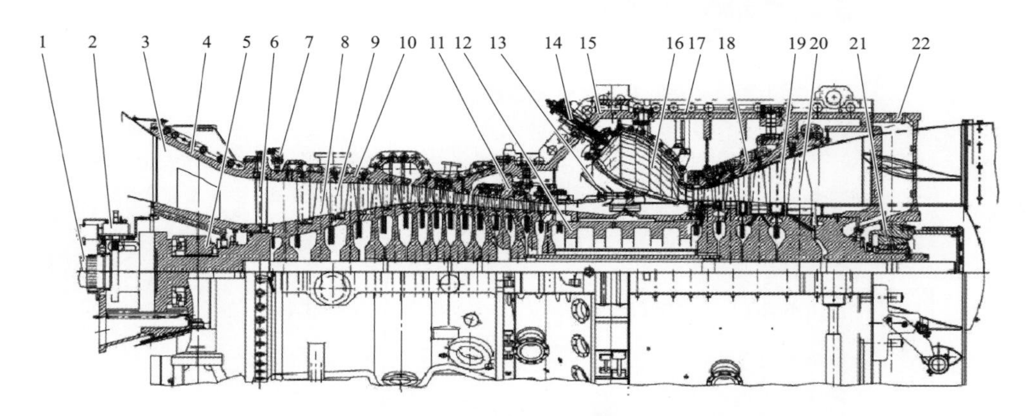

图 2-21　SGT5-4000F 型燃气轮机剖面图

1—中间轴；2—液压盘车装置；3—进气道；4—压气机轴承座；5—径向推力联合轴承；6—可调进口导叶；7—进口导叶调节机构；8—压气机动叶片；9—压气机静叶片；10—静叶持环 1；11—静叶持环 2；12—转子；13—压气机排气导流环；14—燃烧器；15—2 号缸；16—燃烧室；17—3 号缸；18—透平静叶持环；19—透平静叶；20—透平动叶；
21—透平径向轴承；22—排气扩散器

四台机组均采用了轴向排气，排气扩压器为直通道型，可直接与余热锅炉的进口相连，减少了工质在排气道中的压力损失。与此相应的，机组的功率输出端则设在压气机端。这说明，这四台机组的设计均充分考虑了联合循环的要求。

四台机组均采用了两轴承支撑方案，两个支持轴承分别布置在压气机进口端和透平的出口端，推力轴承布置在压气机进口端，压气机与透平之间不设轴承，这样可充分简化结构。

2. 压气机结构特点

在压气机级数、压比、防振措施等方面，四台机组有较大区别。MS9001FA 机组的压气机级数为 18 级，压比为 15.4。为防止喘振，设置 2 个中间放气口（兼做冷却空气的抽气口），分别位于第 9 级和第 13 级后，还设置了可调进口导叶（IGV）。可调进口导叶除了用于预防喘振以外，还用于调节空气流量，改善燃气轮机及其联合循环的启动特性和部分负荷特性。SGT5－4000F 机组的压气机级数为 15 级，压比为 17，设置 2 个中间放气口，分别位于第 5 级和第 9 级后，也设置了可调进口导叶。GT26 机组的压气机级数为 22 级，压比为 30，设置 3 个中间放气口，分别位于第 5 级、第 11 级和第 16 级后，其进口和第 1 级、第 2 级导叶均可调。M701F 机组的压气机级数为 17 级，压比为 17，设置 3 个中间放气口，分别位于第 6 级、第 11 级和第 14 级后，设置了可调进口导叶。

由于 GT26 机组的压比远高于其他几台机组的压比，所以必然要采用更多的防喘振放气口和可调导叶。多级可调导叶还为改善燃气轮机和联合循环的部分负荷特性提供了更便利的手段。

相比较而言，SGT5－4000F 机组压气机级的增压能力是最高的，平均级压比达到了 1.20，而 MS9001FA、M701F 和 GT26 机组压气机的平均级压比分别为 1.16、1.18 和 1.17，这在一定程度上表明，SGT5－4000F 机组压气机通流部分的设计更先进一些。但近年来，GE、西门子、三菱公司开发的 G/H 等级燃气轮机的平均级压比均已提高到了 1.25 左右。

3. 燃烧室结构特点

GE 公司的机组传统上采用分管形燃烧室，MS9001FA 机组也不例外。该机组共使用了 18 个分管形干式低 NO_x 燃烧室，它们呈轴对称地布置在压气机和透平之间的空间内。该燃烧室可燃用气体或液体燃料。西门子公司在 SGT5－4000F 机组中一改过去采用圆筒形燃烧室的传统，采用了环形燃烧室，配用 24 个 DLN 燃烧器。燃烧室的内环管和过波段均用陶瓷材料拼装而成。为方便维修，燃烧室上开有人孔，这样可在不解体的情况下对燃烧室和透平第一级静叶进行维修。

GT26 型机组由于采用再热方案，所以配备了高压和低压两个燃烧室。高、低压燃烧室均为环形。三菱重工的燃气轮机技术是在引进美国 WH（西屋）公司技术的基础上发展而来的，其产品在结构上与美国 GE 公司的产品有许多相似之处。M701F 机组所采用的燃烧室，是在分管形燃烧室基础上发展而来的环管形燃烧室。该机组的燃烧室壳体内共配置 20 个 DLN 燃烧室（火焰管），它们呈轴对称地布置在压气机和透平之间的空间内。

在最新开发的 H 等级的燃气轮机中，西门子公司也改用了环管形燃烧室，这是一个值得注意的改变。

4. 透平结构特点

MS9001FA 机组采用了 3 个级的透平，SGT5–4000F 机组和 M701F 机组采用了 4 个级的透平。GT26 机组采用了 5 个级的透平，与再热方案相适应，这 5 个透平级又分为 1 个高压级和 4 个低压级。

透平的级数应在对内效率和透平的尺寸、重量、制造成本综合考虑的基础上确定。一般来说，级数多时，每一级的膨胀比可以小一些，级的效率可以高一些，透平的效率也可以高一些，但尺寸、重量会比较大，制造成本会比较高，反之亦然。根据这个原则，西门子公司曾声称，经过研究，SGT5–4000F 机组采用 4 个透平级，从各方面看都最理想。SGT5–4000F 机组中，透平的总膨胀比为 16 左右（略小于压气机的压比 17），采用 4 个透平级时，每一级的平均膨胀比约为 2.0。假设用这个值作为衡量透平级膨胀比是否合适的标准对其他三台机组进行考察，就会发现，M701F 机组的透平级数是最合适的，MS9001FA 机组的透平级数可能少了些，而 GT26 机组的透平级数应比较合适。三者的透平级的平均膨胀比分别为 2.0、2.40 和 1.95 左右。MS9001FA 机组的效率比同级其他三台机组低 2.5 个百分点的事实可能与此有一定关系。

在最新开发的 G/H 等级的燃气轮机中，GE 公司也同其他两家公司一样，选用了 4 个级的透平，这也是一个值得注意的改变。

GE 公司机组的压气机和透平转子过去均采用由多根（10～16 根）分布拉杆连接的鼓式结构。分布拉杆是一种在接近轮盘外缘处贯通各级轮盘的细长杆件，其两端带有螺纹，以便在装配时用螺栓将各级轮盘彼此压紧，使它们形成一个转鼓。但是，从 F 级燃气轮机开始，GE 公司开始在透平转子上引入轮盘层积结构。轮盘层积结构是用短拉杆将相邻轮盘连接在一起的结构。轮盘层积结构具有刚性好、变形小的优点。MS9001FA 机组的透平转子采用的就是这种轮盘层积结构，但压气机转子仍采用了分布拉杆式结构。

SGT5–4000F 机组的压气机和透平转子采用了用中心大拉杆和端面 Hirth 齿将各级轮盘连接在一起的结构，西门子公司的机组基本上都采用了这样的结构。中心大拉杆的作用仅在于将各级轮盘彼此压在一起，至于各个叶轮之间扭矩的传递则依靠轮盘端面上开设的 Hirth 齿来实现。这种结构的优点是重量小、刚性好、轮盘可自动对中，适宜快速启停。

GT26 机组的压气机和透平转子采用了与汽轮机组相类似的焊接鼓式结构，这是 ABB–Alstom 公司机组一贯采用的结构。焊接鼓式转子具有刚性好、强度高、可靠性高、免维护的优点，但相对比较笨重。

M701F 机组的压气机和透平转子采用分布拉杆和螺栓连接在一起，但不靠这些拉杆和螺栓传递扭矩。压气机的扭矩依靠轮盘之间的摩擦力和“扭矩销”传递，这种“扭矩销”从下等级的燃气轮机上开始使用，其可靠性在运行中已得到考验。透平的扭矩则依靠 Hirth 齿传递，这种结构在三菱重工生产的燃气轮机上已有几十年的应用历史。

三、燃气轮机压气机结构

压气机是压缩空气的重要部件，出口空气温度一般在 300～550℃以下，工作温度不太高，工作中主要承受各种机械力，例如气体压力、离心力、振动力等。因此，相对于透平来说，压气机的结构要简单一些，问题也少一些。压气机是由固定在基础上不动的气缸和在气缸内旋转的转子两大部件组成，其功能是为燃气轮机的运行提供连续不断的高压力空气。本节主要以 M701F 和 SGT5－4000F 机组为例介绍燃气轮机压气机结构。

M701F 型燃气轮机，按照气流方向排列，分别为压气机段、燃烧室段、透平段、排气扩压段。其整体结构组成剖面见图 2－19。

SGT5－4000F 型燃气轮机自引进我国以来，有 SGT5－4000F（2）型、SGT5－4000F（4）型、SGT5－4000F（4＋）型、SGT5－4000F（6）型、SGT5－4000F（7）型、SGT5－4000F（X）型、SGT5－4000F（9）型等多种型号。其整体结构见图 2－21。

（一）静子

由图 2－19 和图 2－21 可以看出，压气机静子由进气蜗壳或进气缸、进气机匣及气缸等组成，气缸上装有静叶而成为静子的核心，气缸还与进气机匣一起构成承力骨架，承受机组的各种作用力。

呈圆筒状的气缸一般为铸造件，由于压气机级数较多，轴向尺寸较长，设计时应使气缸具有足够的刚度。另外，为便于加工，常将气缸沿轴向分为 2～3 段，相互之间以垂直法兰用螺栓连接，所有这些缸体都是依靠水平中分面和垂直面的螺栓进行紧固。

气缸上加工有安装静叶的根槽或装持环的槽道（这时静叶装在持环上），以及中间级放气通道及放气口。压气机出口有环状扩压器，同时要连接和安装燃烧室，在不用持环结构时，压气机的后缸形状要复杂些。

1. 气缸

各公司设计制造的燃气轮机压气机缸的结构和名称各不相同，而且还与燃烧室结构密切相关。

M701F 型燃气轮机的压气机缸包括压气机进气缸、压气机主缸和燃烧室兼压气机缸，结构示意分别如图 2－22～图 2－24 所示。

M701F 压气机进气缸采用球墨铸铁结构。进气蜗壳采用流线型设计，保证压气机进口空气流场分布均匀，并满足高效、低压损的要求。入口基本上是一个喇叭形漏斗，该漏斗的台肩经过倒圆，对空气的阻力小，因此导管损失很小，甚至可以忽略不计。

压气机进气缸包含推力轴承箱、支持轴承箱、压气机低压端气封体、轴承箱前后轴封结构。IGV 及其操纵机构也安装在进气缸出口截面上，其功能是在启动和带负荷运行期间调节进入压气机的空气流量。

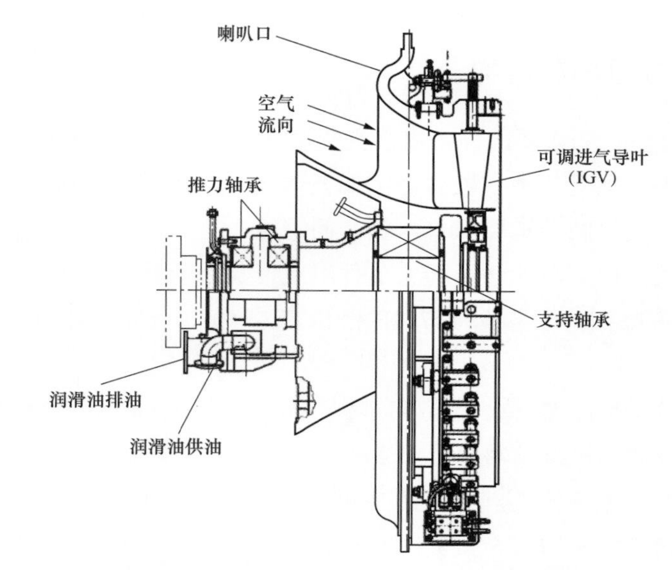

图 2－22　M701F 压气机进气缸结构示意图

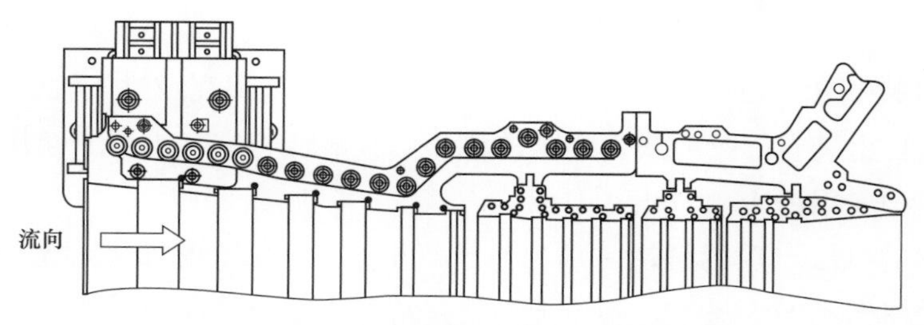

图 2－23　M701F 压气机主缸结构示意图

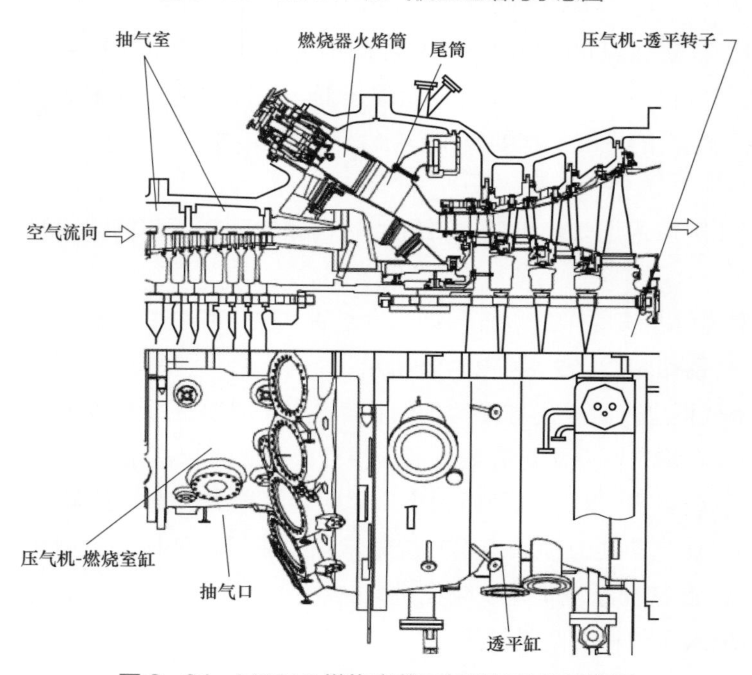

图 2－24　M701F 燃烧室兼压气机缸结构示意图

支持轴承箱的下半部与进气缸是一个整体，轴承箱盖也是与进气缸一体加工的，揭盖后可直接进入轴承区。

压气机主缸是分两半制造的铸钢件，在水平中分面处用螺栓接合。

M701F 压气机缸和燃烧室兼压气机缸装有压气机静叶栅，在第 6 级、第 11 级和第 14 级后布置有抽气口。抽出的空气用于冷却和密封，以及用于机组启动和停止时的防喘控制措施。

气缸将结构负载从相邻的气缸传递到前端的刚性基座，该基座为燃气轮机压气机端支架。刚性支架固定在压气机端，并将所有的轴向位移（热膨胀）传递到排气端的挠性支架。

燃烧室兼压气机缸体由内外缸组成，其中外缸是压气机缸体的延续，安装末端的压气机静叶和燃烧器的安装框架。燃烧器和燃料喷嘴固定在燃烧室兼压气机缸上，该缸体还有第 17 级压缩空气抽气集管，该压缩空气用于冷却转子和热部件。内部管道将冷却空气输送到中间气封体，中间气封体环形腔室周向均分冷却空气去冷却转子透平区段。

西门子 SGT5－4000F 燃气轮机组压气缸由 2 号缸（见图 2－25）和 3 号缸（见图 2－26）组成，2 号缸是燃气轮机承压外壳的组成部分，它采用水平中分面设计，位于压气机静叶持环 1 与 3 号缸之间，包括压气机静叶持环 2 及燃烧器。

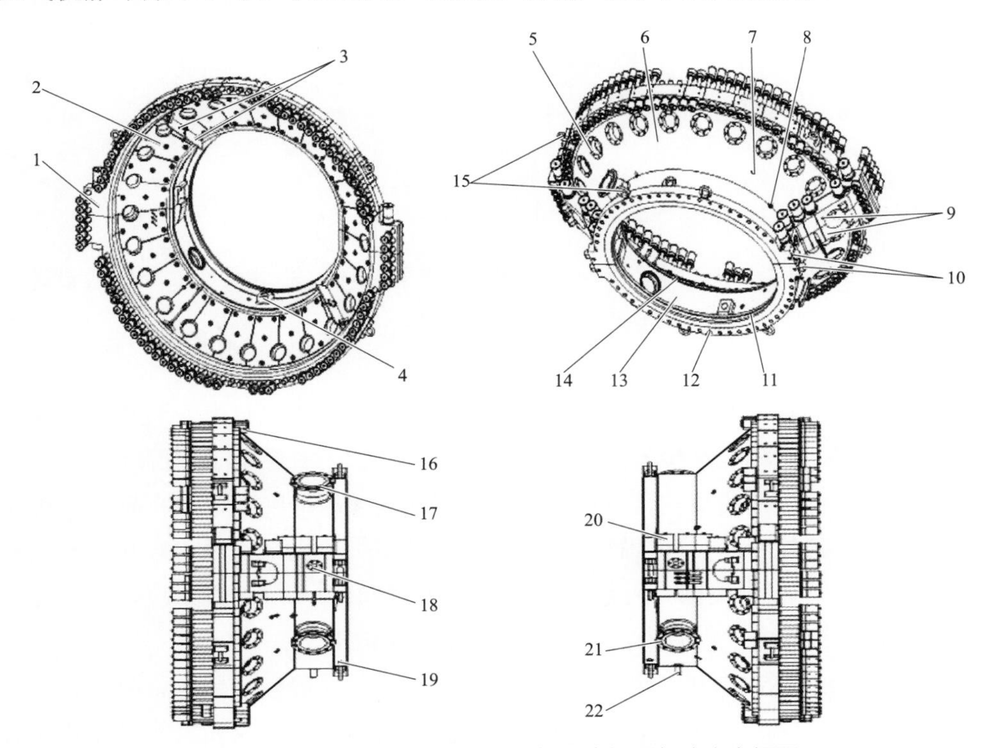

图 2－25　SGT5－4000F 2 号缸上半缸沿气流方向视图

1—与 3 号缸的连接法兰；2—隔热板；3—隔流板；4—横向导向；5—燃烧器法兰；6—锥形外壳；7—内窥镜检查孔；8—间隙测量孔；9—气缸中分面法兰；10—液压千斤顶所需猫爪；11—静叶持环 2 安装槽；12—连接静叶持环 1 的法兰；13—圆柱形外壳；14—周向槽；15—吊耳；16—连接 3 号缸的螺栓；17—放风管路 A3 连接法兰；18—垂直导向；19—装配支撑；20—气缸中分面法兰；21—冷却空气管路 E3 连接法兰；22—疏水口

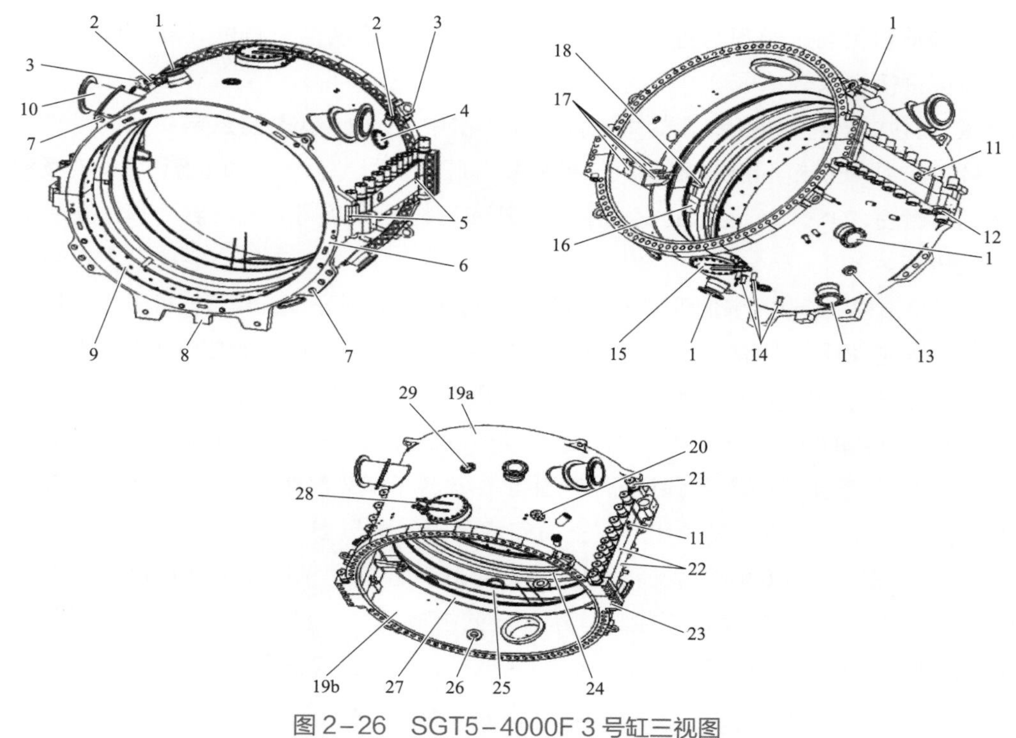

图 2-26　SGT5-4000F 3 号缸三视图

1—冷却空气法兰；2—火焰观察孔；3—吊耳；4—除冰系统（可选）盲法兰；5—液压千斤顶撑爪；6—与透平轴承座连接的法兰；7—负载吊耳；8—中心导向键；9—保温材料；10—吊耳；11—透平高度调节；12—透平支撑对中点；13—透平静叶持环装配支撑；14—疏水孔；15—人孔盖；16—透平支撑；17—燃烧室外壳支撑固定点；18—透平压板；19a—圆柱形上半缸；19b—圆柱形下半缸；20—净化及密封气供气孔；21、22—中分面法兰；23—与 2 号缸的连接法兰；24、25—半圆形肋片；26—环形燃烧室侧向导向孔；27—半圆形肋片；28—铰接机构；29—透平侧向导向孔

3 号缸位于 2 号外缸后，包含环形燃烧室和透平持环，采用水平中分形式设计。支撑转子的透平轴承座通过法兰连接至 3 号外缸末端。

2. 静叶

压气机静叶结构需要解决的主要问题是采用何种方式在气缸上安装与固定静叶。主要有两种方式，一种是直接装配的静叶，在气缸上加工有叶根槽，静叶一片一片地装入叶根槽中，叶根槽的型式有多种。另一种方式是采用静叶环，即将静叶焊接或装配成静叶环，再把静叶环装入气缸的槽道中。重型燃气轮机用的焊接静叶环或装配式静叶环，一般也用 T 型根槽。为方便装配，常把静叶环分为数个扇形段，装配时一段一段地装入，摩擦阻力大大减少，使静叶环在槽中易被推动。

图 2-27 是 SGT5-4000F 燃气轮机组压气机静叶片及静叶持环示意图，前 4 级静叶片型面加有防腐涂层，静叶安装到外环和分割开的内环，组成完整的静叶环。所有静叶为燕尾型叶根，在径向和周向上固定在对应的外环叶根槽内。外环装到静叶持环的槽内将静叶轴向固定，内环连接静叶到轮毂上并装有密封条形成轴封。除 IGV 静叶环外，静叶均通过 T 型叶顶销连接静叶片到内环。

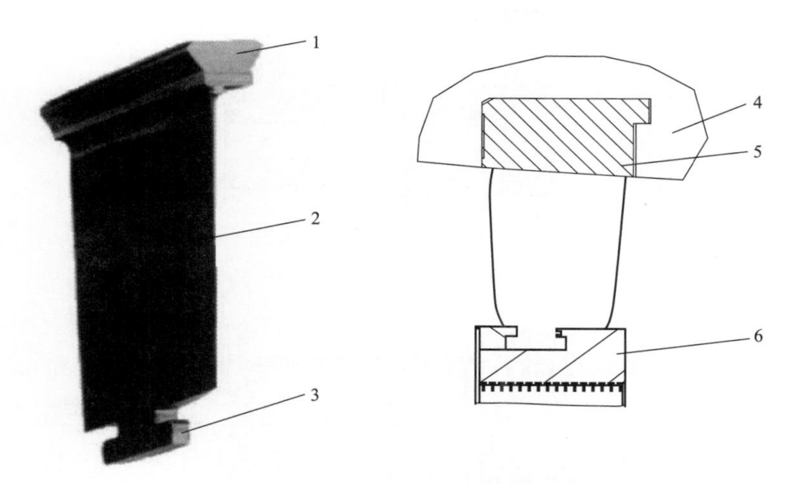

图 2-27　SGT5-4000F 燃气轮机组压气机静叶片及静叶持环示意图

1—燕尾型叶根；2—叶片型面；3—T 型叶顶销；4—静叶持环；5—外环；6—内环

压气机静叶片还包括进气可调进口导叶 IGV，如图 2-28 所示。其作用是可调节压气机进口空气的流量，改进联合循环运行在部分载荷下的效率，同时提高启动和停机过程中压气机中气流的稳定性。显然，可调静叶的结构与上述静叶的差别必然较大，结构要复杂得多。IGV 叶根和叶顶两端有转动销，分别固定在内环和外环上。

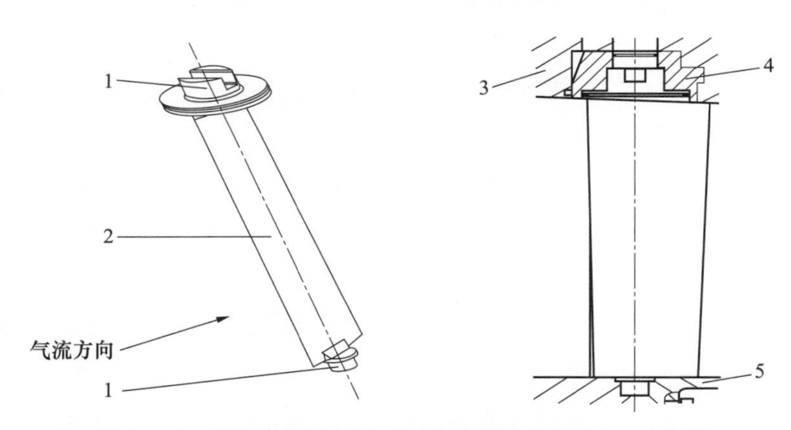

图 2-28　SGT5-4000F 机组可调进口导叶 IGV 示意图

1—叶根、叶顶转动销；2—叶片型面；3—静叶环；4—外环；5—内环

（二）转子

压气机转子由轮盘、轴和动叶等组成。转子的本体部分是轮盘和轴的组合结构。转子是高速旋转的部件，因而它必须有足够的强度和刚度，以保证机组能长期安全可靠地工作。

1. 转子的结构型式

燃气轮机转子主要有焊接转子、中心拉杆转子和外围拉杆转子三种型式，它们各具特点，其结构示意如图 2-29 所示。

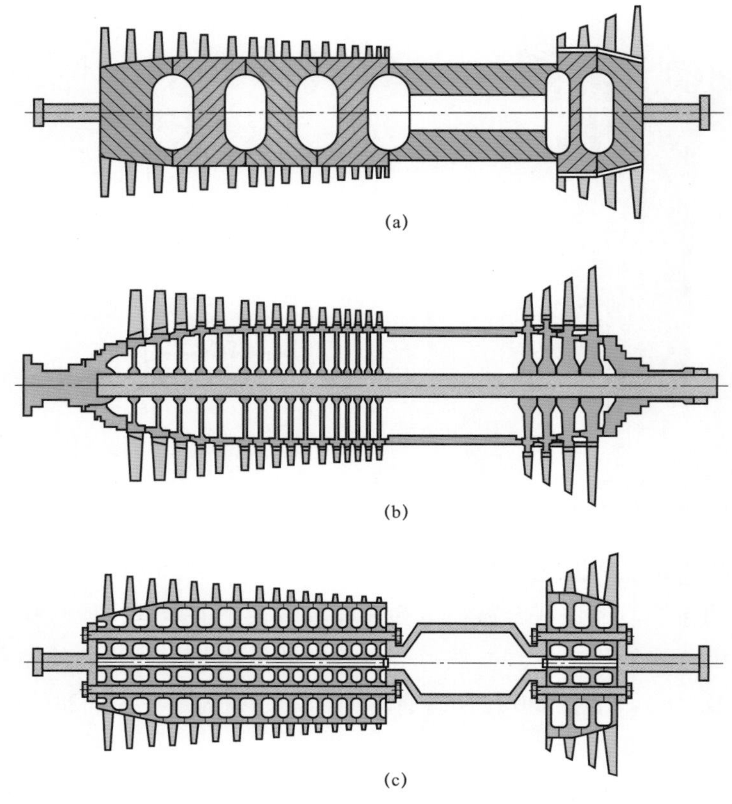

图 2-29　转子类型结构示意图

（a）焊接转子；（b）中心拉杆转子；（c）外围拉杆转子

将轮盘在轮缘处焊接起来，就成为焊接转子，见图 2-29（a）。重型燃气轮机采用电弧焊焊接，对焊接工艺要求高。在航空型燃气轮机中，则采用先进的电子束焊和摩擦焊，这时每个轮盘上装有一级动叶，转子结构简单，重量很轻，因而已获得广泛的应用。在某些用于地面要求而设计制造的轻型燃气轮机中，压气机也采用这种先进工艺焊接的转子。

用长拉杆螺栓连接的转子是目前盘鼓式转子中应用最多的一种，有中心拉杆和外围拉杆两种。中心拉杆转子结构示意见图 2-29（b），有轴向销钉式、骑缝径向销钉式和端面齿式三种不同的传扭方案。轴向销钉式在压紧端面处有轴向销钉，转子靠轴向销钉与压紧面摩擦力共同传扭。骑缝径向销钉式是在叶根底部两轮盘压紧端面处装有骑缝径向销钉，即销钉中心线在压紧面上，转子靠销钉传扭。各轮盘之间靠位于轮盘中心处的止口对中。端面齿式转子，它在压紧面处加工有端面齿，两轮盘之间在端面齿处被压紧咬合后就能可靠地对中和传扭，因而不再需要定位止口。端面齿有三角形、矩形等，有直齿和弧状齿。工作过程中，各轮盘因温度不同而热膨胀不一致时相互滑动，减少了相互间的作用力。端面齿与中心拉杆相配合使用时，转子的装拆较为方便，但端面齿精度要求高，加工较难，故在压气机中较少应用。而在透平转子中，各轮盘之间的温度差别一般比压气机的大，端面齿处可滑移的特点使其应用较多。

外围拉杆转子［见图 2－29（c)］有多根拉杆螺栓均布在同一半径上，多数机组的拉杆就位于压紧端面处，并靠压紧端面的摩擦力传扭，或靠压紧端面处的骑缝径向销钉传扭，各轮盘之间靠止口定位。

图 2－30 是 M701F 压气机转子结构示意图。压气机转子组件包括压气机主轴和 14 个轮盘。用 12 根拉杆螺栓将轮盘与压气机轴固定在一起。压气机主轴前端的联轴器靠背轮与发电机上的联轴器法兰或蒸汽透平轴法兰相配，靠近主轴前端的推力盘两侧装配有推力轴承，以限制转子的轴向位移。

该压气机转子组件有 17 级动叶片，它们将入口空气加压，给燃烧室提供设定流量和压力的压缩空气。压气机叶片由不锈钢制成，可抑制所有振动模式。燕尾型叶根设计为抑制切向振型。

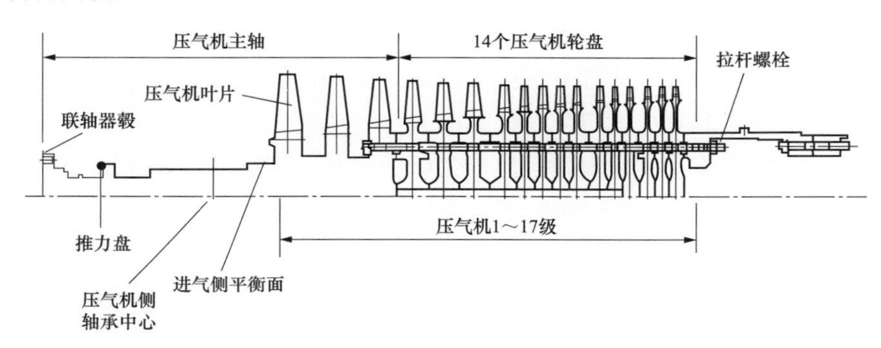

图 2－30　M701F 压气机转子结构示意图

图 2－31 是 SGT5－4000F 燃气轮机组转子结构示意图。其转子采用中心拉杆型式，由 15 级压气机动叶和 4 级透平动叶组成，将产生的动能转化成为压气机及透平中的扭转力，额外的扭转通过压气机末端的连接法兰驱动发电机。整个转子通过两端的轴承支撑，压气机轴承为径向推力联合轴承。轴头和轮盘由中心拉杆和拉杆螺母紧固，中心拉杆沿轴向在若干位置上由锁环固定到轮盘上，叶轮和轴头通过叶轮外缘的可传递扭矩的 Hirth 齿进行啮合对中，整个转子提供了 7 个平衡面，可以通过其中三个截面 E 进行动平衡调整。

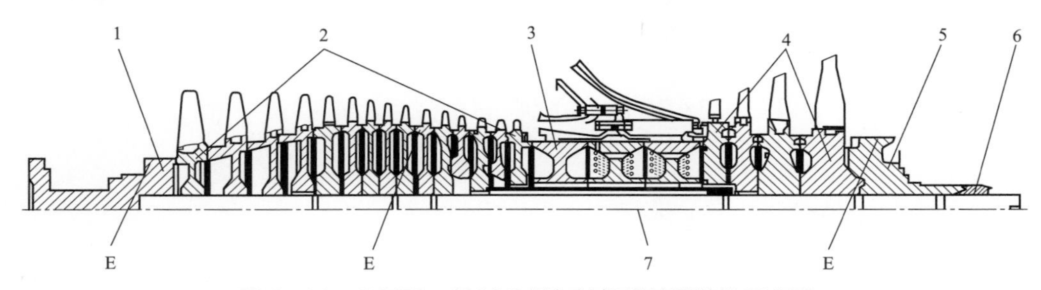

图 2－31　SGT5－4000F 燃气轮机组转子结构示意图

1—前轴头；2—15 级压气机轮盘；3—3 级扭力盘；4—4 级透平叶轮；5—后轴头；6—拉杆螺母；7—中心拉杆

2. 压气机动叶

动叶是高速旋转的叶片，是压缩空气的关键零件。它既要有良好的气动性能，又要有高的机械强度，能避免共振，能抗氧化腐蚀，便于装拆。为了达到良好的气动性能，压气机动叶一律采用扭转叶片，且叶型沿叶高的变化应能满足强度和振动的要求。从结构方面来说，主要是动叶在轮盘上的安装固定问题，也就是叶根的结构和装配方式。

目前广泛采用的是轴向装入式燕尾型叶根，用于拉杆转子和盘式转子等。

叶根装在轮盘的根槽中，可以是稍紧的过渡配合或有间隙的配合。目前广泛应用的是有间隙的配合，其优点是加工精度比紧装的低且拆装方便，避免紧装时可能产生的预应力，旋转时因叶片松动能自动调位。

轴向装入的叶片需轴向定位和锁紧，以防止叶片在工作时发生轴向移动而与静叶相碰擦。

图 2－32 是 SGT5－4000F 压气机动叶装配示意图。压气机动叶由单件不锈钢材料制成，叶片型面的轮廓通过选择合适的展弦比对流动的特征和受力进行优化。动叶包含了一个燕尾型叶根，叶根的尺寸与叶型的长度互成比例。装配时，动叶片采用插入锁片或在叶根端部冲铆形式插入对应轮盘的叶根槽里，保证叶片在轮盘叶根槽不发生轴向移动，同时使叶片能在不解体转子的情况下拆卸和安装。

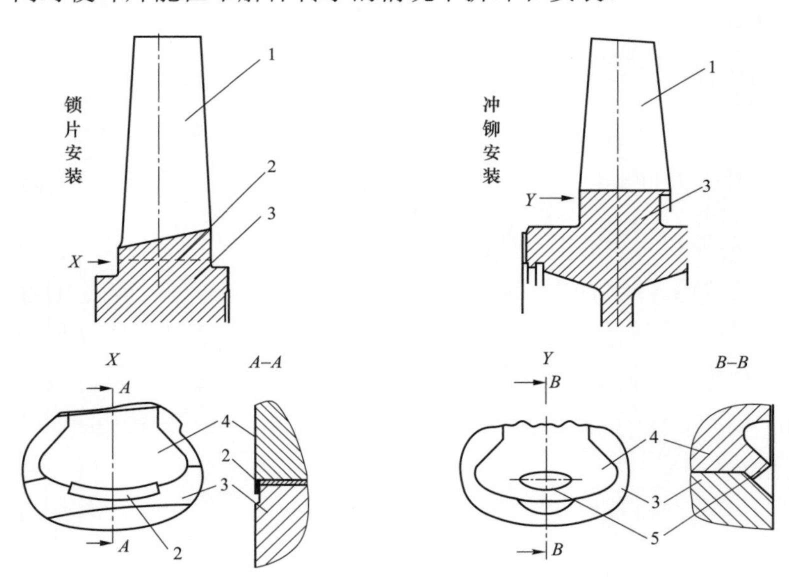

图 2－32　SGT5－4000F 压气机动叶装配示意图

1—叶片型面；2—锁片；3—转子轮盘；4—叶根；5—冲铆区域

四、燃气轮机燃烧室结构

（一）燃烧室分类

对有关燃烧室设计原则的不同理解和把握，使各制造公司设计的燃烧室的结构千差万别、形态各异。尽管如此，按照其整体结构上的特点和在燃气轮机上布置方式的不同，仍然可将它们划分为分管形、圆筒形、环形和环管形四种基本类型。

1. 分管形燃烧室

分管形燃烧室是一种以几个至几十个为一组，环绕布置在压气机和透平之间主轴周围的小圆筒形状的燃烧室。图 2－33 所示为 GE 公司传统上采用的一种分管形燃烧室的结构。

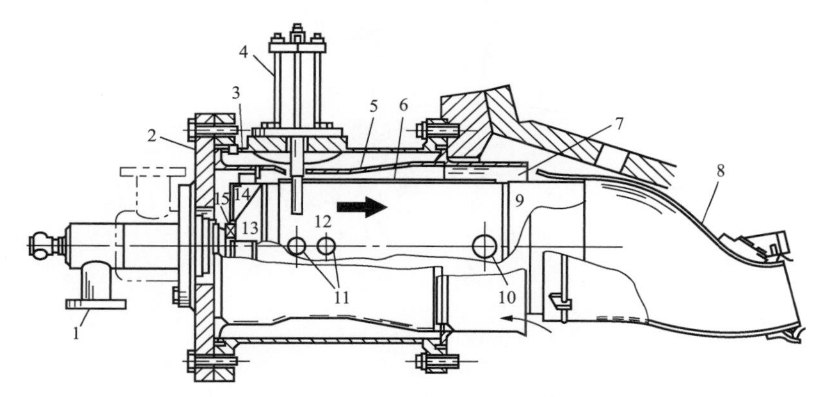

图 2－33 GE 公司生产的分管形燃烧室

1—燃料喷嘴；2—盖板；3—外壳；4—点火器；5—遮热筒；6—火焰筒；7—环腔；8—过渡段；9—掺混区；10—混合射流孔；11——次射流孔；12—燃烧区；13—过渡锥顶；14—配气盖板；15—旋流器

如图 2－33 所示，占 20%～30%的一次空气，分别从旋流器、配气盖板和过渡锥顶上的切向孔，以及开在火焰筒前段的一次射流孔，进入火焰筒前段的燃烧区中，与由喷嘴喷射出来的燃料混合，使其燃烧。冷却空气穿过开设在火焰筒冷却进气环上的小孔进入火焰筒，在火焰筒内表面形成一层空气膜对其进行冷却保护。剩余的二次空气从开在火焰筒尾部的混合射流孔进入火焰筒，掺混到高温燃气中去，使其成为温度均匀一致的燃气。

一般来说，分管形燃烧室具有尺寸小、便于系列化、便于解体检修、便于做全尺寸实验、燃烧过程易组织、燃烧效率高且稳定等优点，但同时也具有空间利用差、流动损失大、压损率高的缺点。

2. 圆筒形燃烧室

圆筒形燃烧室是一种既可布置在机组近旁，又可直接布置在燃气轮机机座上的一种外壳为圆筒状的燃烧室。图 2－34 所示为具有挂片式冷却结构的标准圆筒形燃烧室的结构，它在前 ABB－Alstom 公司的燃气轮机上的布置大体如图 2－35 所示。该燃烧室的火焰筒为一个与外壳同轴的圆筒，它采用了一个大尺寸的燃料喷嘴，喷嘴穿过外壳的顶部伸入火焰筒中。

一般来说，圆筒形燃烧室的优点是：结构简单，布置灵活，易于与压气机和透平配装，拆装方便，燃烧效率高且稳定，流动损失较小，压损率较低。其缺点是：体积大而笨重，难以做全尺寸实验，设计调试困难。

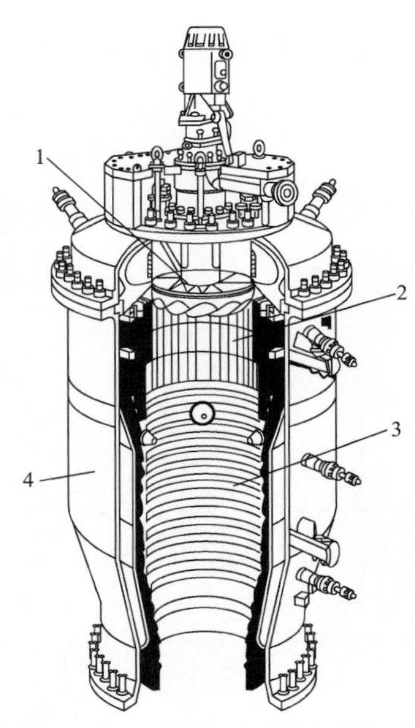

图 2－34　前 ABB－Alstom 公司生产的标准圆筒形燃烧室结构

1—旋流器；2—挂片式冷却结构；3—火焰筒；4—外壳

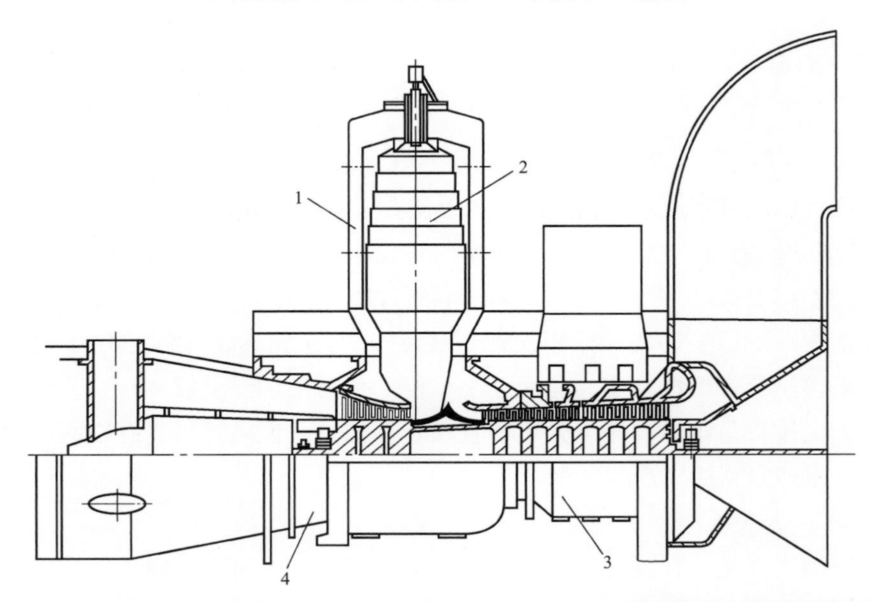

图 2－35　前 ABB－Alstom 公司在 13 型燃气轮机上所用的圆筒形燃烧室及其布置

1—燃烧室；2—火焰筒；3—压气机；4—透平

3. 环形燃烧室

环形燃烧室是一种由多层同心圆环组成的、按与机组同轴线的方式、直接布置在压气机和透平之间的燃烧室。西门子公司设计生产的 SGT5－4000F 采用环形燃烧室，它实际上是一个由内外两个同心环形隔热板构成的、具有火焰筒性质的燃烧空间，其外壳与燃气轮机的外机壳实际上是一体化的。环形燃烧室的内部流场组织与分管形燃烧室差异较大，结构也复杂得多。

4. 环管形燃烧室

环管形燃烧室是一种外壳为环形、内由几个到几十个火焰筒组成、火焰筒环绕布置在压气机和透平之间的主轴周围的燃烧室。日本三菱重工设计生产的M701F型燃气轮机采用环管形燃烧室，该燃烧室的外壳与燃气轮机的外机壳也是一体化的。

环管形燃烧室的优缺点大体上介于分管形燃烧器和环形燃烧器之间。其优点是：火焰筒尺寸小，便于系列化，便于解体检修，便于做全尺寸实验，燃烧过程易组织，燃烧效率高且稳定。缺点是流损失稍大些。

（二）火焰筒和过渡段的冷却方式与结构

燃烧室中承受温度最高的部件是火焰筒和过渡段。为了使它们具有较长的使用寿命，除了需采用耐高温、耐腐蚀的母材制造这些部件，并在其表面涂敷以Al、Cr、MCrAlY等为代表的耐氧化涂层外，还要采取两个重要的降温措施：一是涂或镶耐热层；二是用高压冷空气或水蒸气对火焰筒和过渡段进行不间断地冷却。耐热层一般采用以ZrO_2、Y_2O_3等为代表的陶瓷材料，该耐热层可使母材温度降低170℃左右。

火焰筒和过渡段的冷却方式随这些部件的具体结构不同而有所不同，但基本方式不外乎是气膜冷却、对流冷却和冲击冷却三种形式。气膜冷却是指用一层空气膜对被冷却的表面所进行的冷却和保护；对流冷却是指用空气或蒸汽，以热交换的方式对被冷却的表面所进行的冷却；冲击冷却是指用大量空气或蒸汽射流冲击被冷却的表面所形成的冷却。

图2－36为与分管形燃烧室相配套的火焰筒的结构，它的冷却孔进气环的结构大致如图2－37所示。该火焰筒采用的是冲击、气膜综合冷却结构。该火焰筒采用了一种挂片式冷却结构（见图2－38）。挂片冷却的原理是：让冷空气穿过火焰筒外衬筒之间的接口进入外衬筒与挂片之间的流道，从内部对挂片进行对流冷却，然后流进火焰筒，在下一个由挂片构成的火焰筒内表面上形成一层空气膜，对火焰筒进行冷却保护。由此可见，挂片式冷却是一种对流、气膜综合冷却方式。

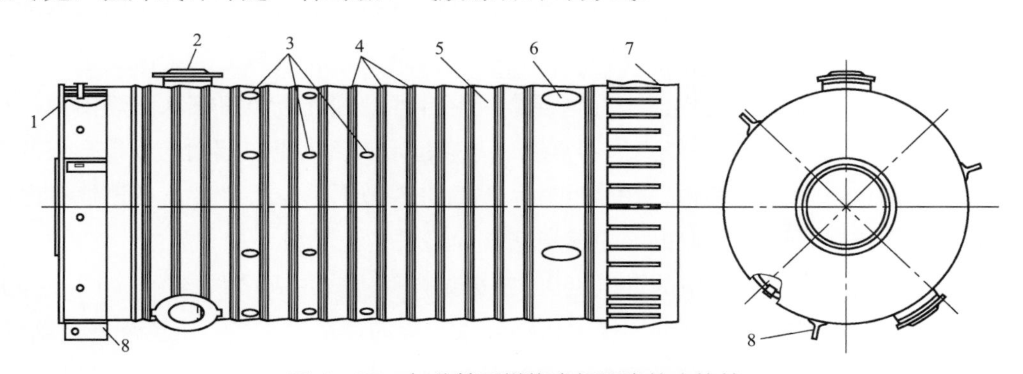

图2－36　与分管形燃烧室相配套的火焰筒

1—盖板；2—联焰筒接口；3—一次射流孔；4—冷却孔进气环；5—火焰筒环；6—混合射流孔；7—膨胀环；8—固定凸肩

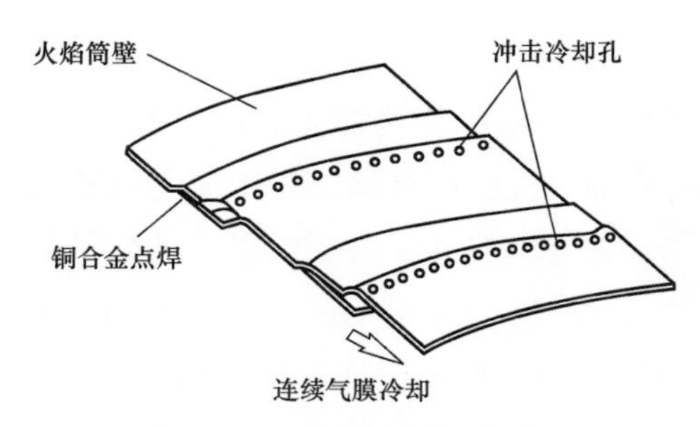

图 2－37　冷却孔进气环结构

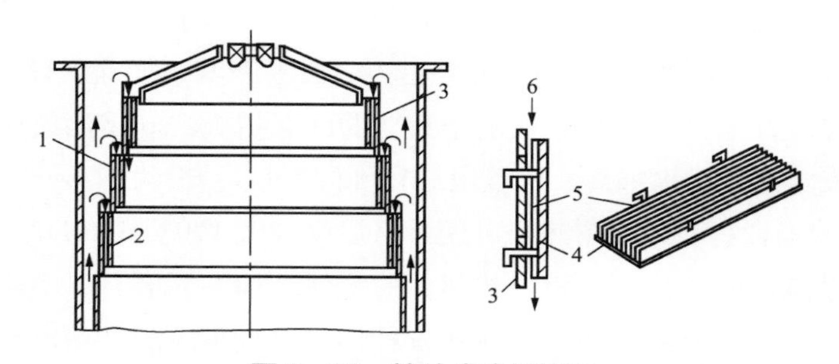

图 2－38　挂片式冷却结构

1—挂片；2—由挂片组成的火焰筒内壁；3—火焰筒外衬筒；4—挂片详图；5—挂片上的肋片；6—冷却空气流向

（三）燃烧室结构

1. 环管形燃烧室结构

M701F 采用环管形燃烧室结构，其燃烧室分布如图 2－39 所示。整台机组共有 20 个环管式、逆流型、干式低氮燃烧室，20 个燃烧室顺气流方向顺时针分布，正上方为 1 号和 20 号燃烧室。8 号、9 号燃烧室设有火花塞装置，其余燃烧室通过联焰管联焰。18 号、19 号燃烧室装有火焰探测器。

压缩空气由压气机排出，首先对尾筒形成冲击冷却，再逆流向前，流向燃烧室头部组件。其中，有少量空气用于冷却火焰内筒，其余空气经喷嘴上的旋流器进入预混合室，与由燃料喷嘴喷出的燃气进行预混合，混合气经预混合腔室流入火焰内筒，被位于 8 号、9 号燃烧室上的高能点火器点燃。火焰起始于喷嘴出口端面与顶盖形成的平面上，并被限制在火焰内筒内。燃烧产物经尾筒进入透平第一级静叶。各燃烧室之间用火焰联络管连接，未安装点火器的燃烧室靠火焰联络管联焰。

为了确保所有燃烧内筒中的燃气点火，在火焰内筒上安装火焰联络管，见图 2－40。通过火焰联络管，火焰从点火的燃烧室传播到未点火的燃烧室。当一个燃烧室点燃时，已点燃的燃烧室立即向未点燃的燃烧室通过压差传播火焰。火焰传播到所有燃烧室的过程实际上是在瞬间完成的。

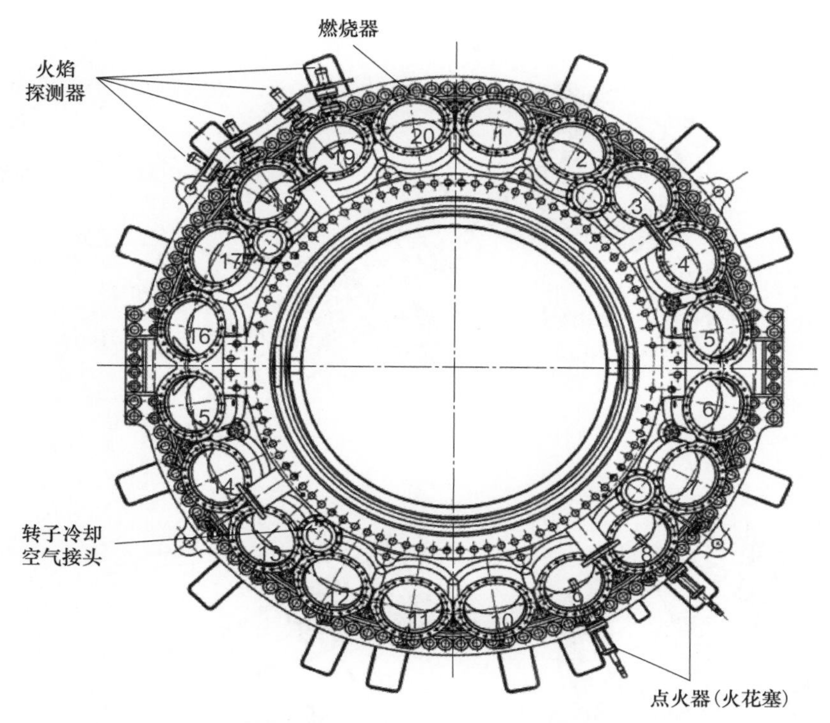

图 2-39　M701F 燃烧室分布图

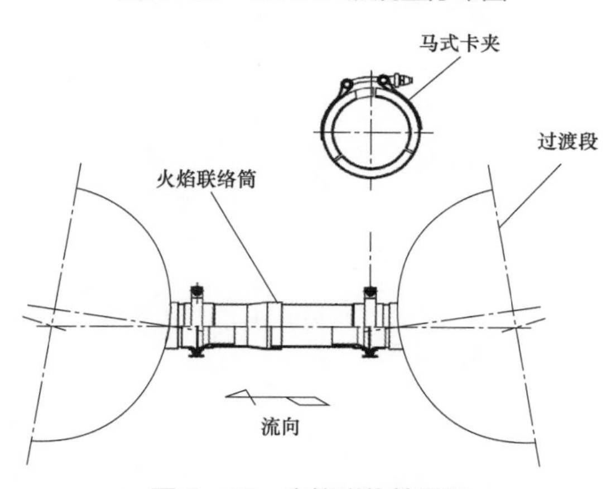

图 2-40　火焰联络管详图

火焰内筒（见图 2-41）封闭在燃烧室兼压气机缸体中。燃烧室兼压气机缸体形成一个相对低速的增压室，压气机将压缩空气排入该增压室。空气通过压气机出口转向导叶和限流孔进入火焰筒的预混合段，以获得适当的空气与燃气混合物，由燃烧室产生的热气体从火焰筒到达尾筒（见图 2-42）。

预混燃料喷嘴包括值班燃料喷嘴和主燃料喷嘴。值班燃料喷嘴按扩散燃烧使用大约 5%燃气的情况下保持火焰稳定，其余的燃料供给主燃料喷嘴。主燃料喷嘴通过空气与燃气预混合在燃烧器中形成均匀的低温火焰，因此 NO_x 生成量可明显减少。值班燃料喷嘴和主燃料喷嘴均可在不揭缸盖的情况下拆卸。

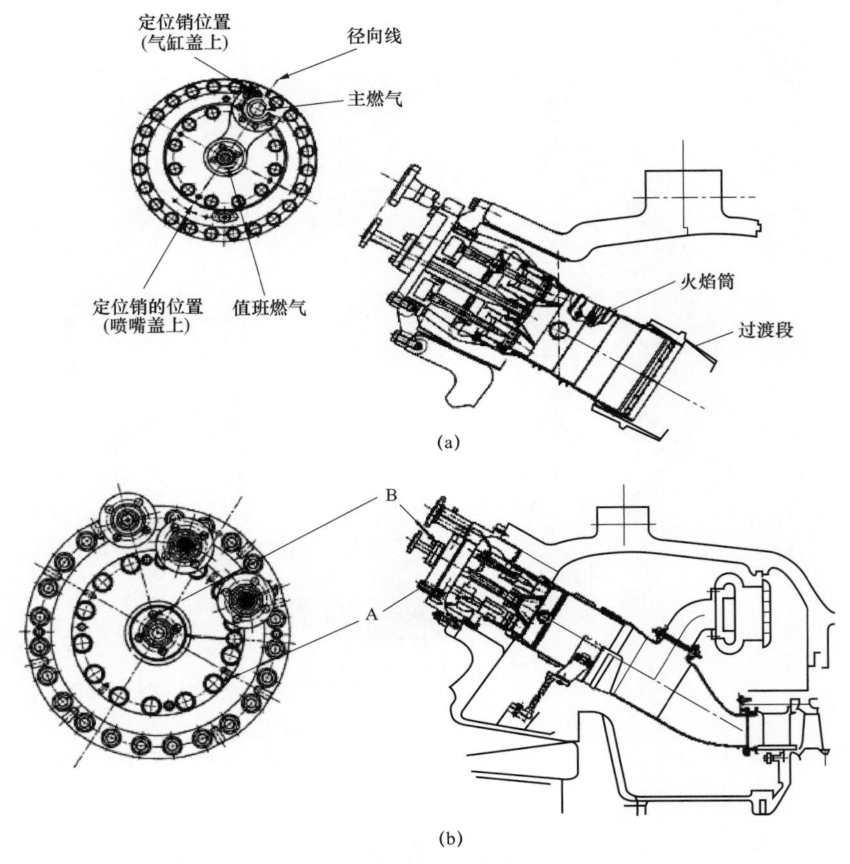

图 2–41　火焰内筒及喷嘴示意图

（a）M701F3 火焰内筒；（b）M701F4 火焰内筒

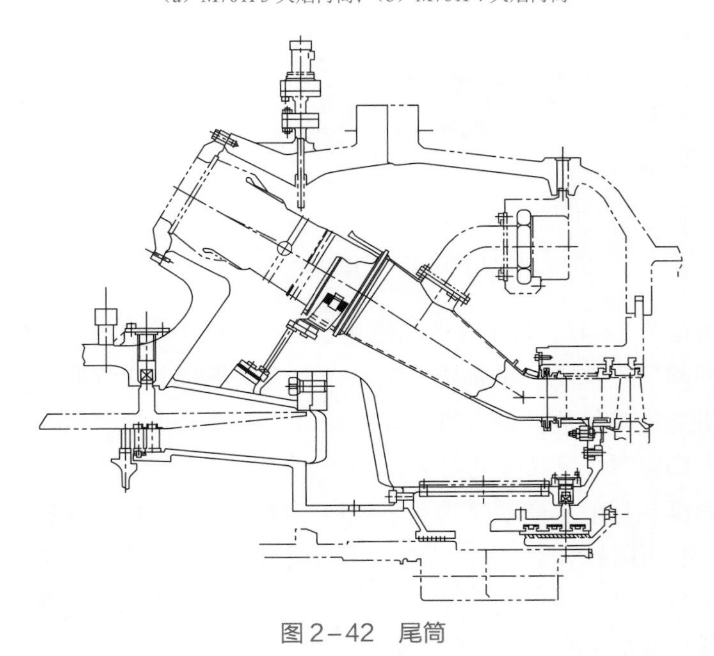

图 2–42　尾筒

2. 环形燃烧室结构

SGT5－4000F 采用环形燃烧室结构，其位于压气机和透平之间，由燃烧室内环和燃烧室外壳组成，如图 2－43 所示。从上游压气机出口来的气流被分成两个部分：一部分直接流到透平部分，用于冷却透平的静叶和动叶；另一部分进入环形燃烧室和 3 号缸之间的环形空间，在燃烧室外壳和燃烧室内环周围流动。这部分流动空气中的一部分通过燃烧室外壳和燃烧室内环上的冷却孔，直接流入燃烧室当中，其余大部分的空气经由组合型燃烧器供应到燃烧室区域。

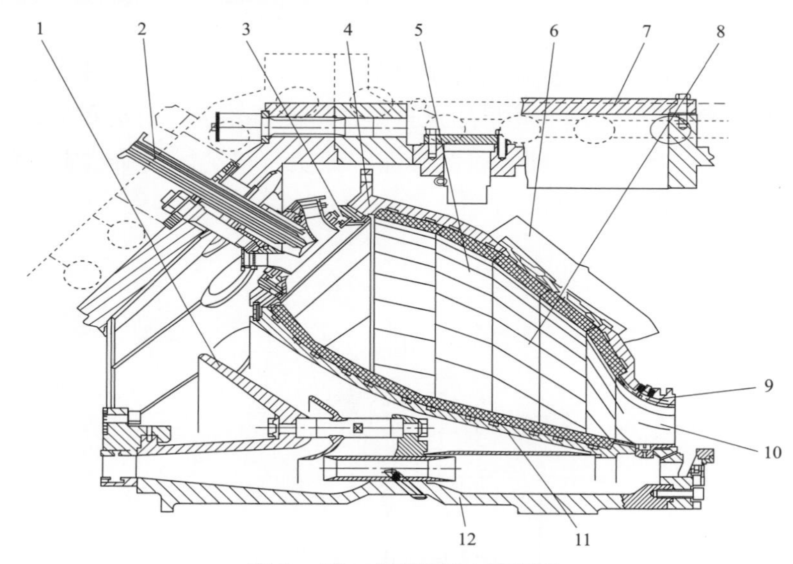

图 2－43　环形燃烧室纵剖图

1—导流环；2—组合型燃烧器；3—燃烧器支撑；4—燃烧室外壳；5—陶瓷隔热瓦块；6—人孔；7—3 号缸；8—燃烧区；9—透平进气导流环；10—燃烧室出口；11—燃烧室内环；12—轴套

环形燃烧室由一个旋转对称的锥形燃烧区构成，其外部轮廓采用水平中分面设计，由两块整体式燃烧室外壳构成，横截面宽度沿燃烧室出口方向逐渐减小。24 个组合型燃烧器沿周向均匀分布，相邻组合型燃烧器之间的较小距离可以确保在燃烧室出口处温度分布均匀。

燃烧室内部两侧设有火焰观察窗用于观察燃烧过程，通过安装在其上的火焰探测器对火焰进行监控。上下设置人孔门可以通过人孔进入燃烧室，对部件进行检查和更换。

为了确保支撑结构的强度，需防止燃烧室外壳、燃烧室内环这些部件直接暴露在高温气流中。通常通过在热空气接触侧布置隔热瓦块来保护。隔热瓦块一般采用金属材料或者金属陶瓷材料。

所有的金属隔热瓦块都是由镍基合金铸造而成的，并且在与热空气接触面上覆盖有陶瓷氧化物涂层。金属隔热瓦块是通过抽取压气机出口环形空间的冷却气，经燃烧室的冷却气进气孔流入来冷却的。

金属隔热瓦块安装在燃烧室进气侧。燃烧器支撑座与高温气体接触的一侧涂有陶瓷氧化物涂层，支撑座是通过抽取压气机出口的气流经支撑座的冷却空气孔流入来冷却的。

为了尽量减少冷却空气在燃烧室中的消耗，燃烧室内部覆盖有陶瓷隔热瓦块。这些隔热瓦块是用氧化铝和莫来石加工而成的。与金属隔热瓦块不同的是，它们不需要进行冷却，其材料特性可以承受热气流产生的高温。

SGT5–4000F型燃气轮机燃烧室装有24个混合燃烧器，燃烧器结构如图2–44所示。作为一个功能性装置，用于气体燃料的燃烧器组件由值班燃烧器和预混燃烧器组成，并根据不同的燃烧要求或燃烧工况进行切换，也称为二级混合燃烧器。燃烧器均匀分布在环形燃烧室圆周上，以达到燃烧室内均匀的温度场。组合式燃烧器由许多不同的部件组成，按各自不同的工作模式配置不同的喷嘴系统。

对于燃气的运行而言，燃烧器装配了两条独立的燃料输送管道和燃烧器系统，即预混燃烧器及值班燃烧器，燃气轮机通过扩散值班燃烧器进行启动和加速，之后燃气输送到预混燃烧室与空气进行预混以此确保在低负荷和基本负荷状态下的低燃烧排放。值班燃烧器稳定了燃烧，扩展了其工作范围。

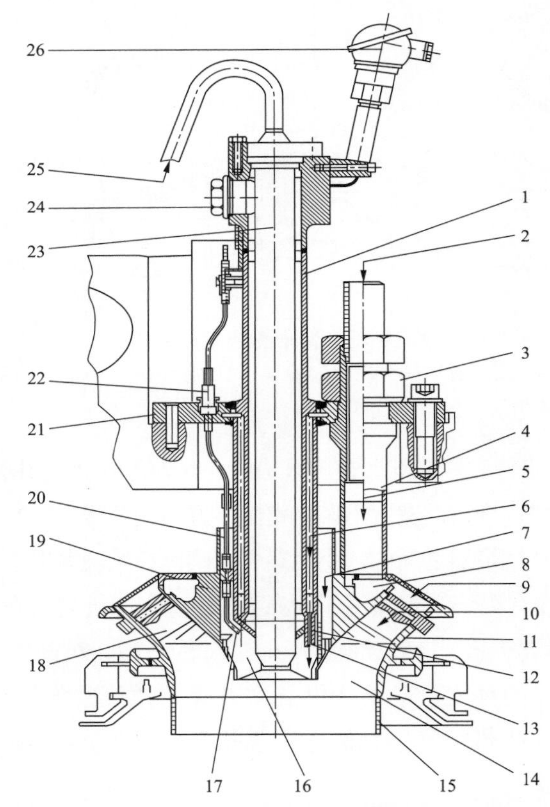

图2–44　SGT5–4000F型燃气轮机燃烧器示意图

1—燃烧器支座；2—预混气体连接接头；3—预混气体接头；4—预混燃烧器；5—预混气体输送管道；6—值班气体输送管道；7—流入轴向旋流器的空气；8—预混燃气分配环；9—进入斜旋流器的空气；10—预混燃气喷嘴；11—斜旋流器锥形壳；12—值班燃烧器；13—值班气喷嘴；14—斜旋流器出气喉部；15—圆柱形燃烧器外壳（CBO）；16—轴向旋流器；17—点火电极；18—斜旋流器叶片；19—斜旋流器轮毂；20—点火器；21—燃烧器支撑法兰；22—火花塞；23—燃油替换器；24—扩散气堵头；25—冷却空气入口；26—双支热电偶

（1）值班燃烧器。

值班燃烧器是中心定位的燃烧器支座的一部分，通过从外侧的燃烧器支撑法兰安装在燃气轮机的外缸上。二级混合燃烧器的扩散气接头通过螺塞堵住。位于轴向叶片旋流器上的扩散气体输送管道和扩散气体喷嘴同样也是燃烧器支座的一部分，尽管没有任何气流流经它们。在燃气轮机启动过程中，燃气通过扩散值班燃烧器输送到燃烧室中。燃气通过值班气体喷嘴进入轴向旋流器，然后进入燃烧区与空气相混合。

（2）预混燃烧器。

预混燃烧器由一个带有预混燃气分配环的斜旋流器轮毂、一个斜旋流器锥形壳和斜旋流叶片组成。这三个部分组成了斜旋流器喉部的空气进气边界。预混气体通过预混气体接头进行供给，预混气体接头固定在燃烧器支撑法兰上，通过燃烧器支撑法兰将整个预混燃烧器固定。预混燃烧器安装在燃烧室的火焰区域，预混气体通过预混气体管道输送到预混燃气分配环上，并被均匀输送到各自的斜旋流器叶片上。从预混燃气喷嘴中流出的混合燃气汇入斜旋流器喉部产生的旋气流中，这样燃料和空气可以在圆柱形燃烧器外壳（CBO）上游均匀地混合。在预混模式下，燃气通过斜旋流器的预混喷嘴喷出，在流经斜旋流器喉部到燃烧区的过程中与空气相混合。

五、燃气轮机透平结构

燃气轮机透平在工作中除了像压气机工作时所承受的各种机械力以外，还承受着很高的温度，由此产生了因高温引起的一系列问题，如热膨胀、热对中、热应力、热冲击和热腐蚀等。另外，目前的一般金属材料在上述的高温下已难以长期安全工作，但要提高燃气轮机的效率又必须提高燃气初温，解决的办法除采用耐高温的合金材料外，采用有效的冷却措施和合理的结构也是十分必要的。

M701F 的透平部分与压气机部分连接在同一根转子上，透平缸（见图 2－45）和支承组件封闭了透平排气通道，并在透平缸内装有透平隔板组件。

M701F 透平气缸中 4 级透平的静叶分别安装在各自的静叶环中。透平静叶环采用合金钢铸件结构，每级静叶环之间设计有端面气封圈结构，防止高温燃气泄漏。静叶环与透平气缸之间组成完整封闭的冷却空气腔室，降低了透平气缸缸体的工作温度。

透平第一级静叶栅由精密铸件超级合金的单个静叶弧段组成。第一列静叶无须起吊任何气缸，通过进入人孔即可取出。第二、三、四级静叶栅分别由精密铸造超级合金的双静叶弧段、三静叶弧段和四静叶弧段组成。每一级静叶弧段由分离的隔板环支撑在隔板中。

SGT5－4000F 透平共有四级动叶及四级静叶，叶片用高温合金钢制造，可承受高机械和高热应力，同时采用气膜、冲击和对流冷却技术对叶片进行冷却，以防止透平材料温度超过最大允许极限。透平不同的级需要不同压力的冷却空气进行冷却，冷却空气系统从压气机的不同位置抽取。空心轴内使用从压气机来的空气进行冷却，防止快速启动时负荷变化产生扭曲转子的热应力。冷启动时从压气机来的冷却空气可以加热透平轮盘，减少轮盘上的应力，缩短到达稳态间隙所需的时间。

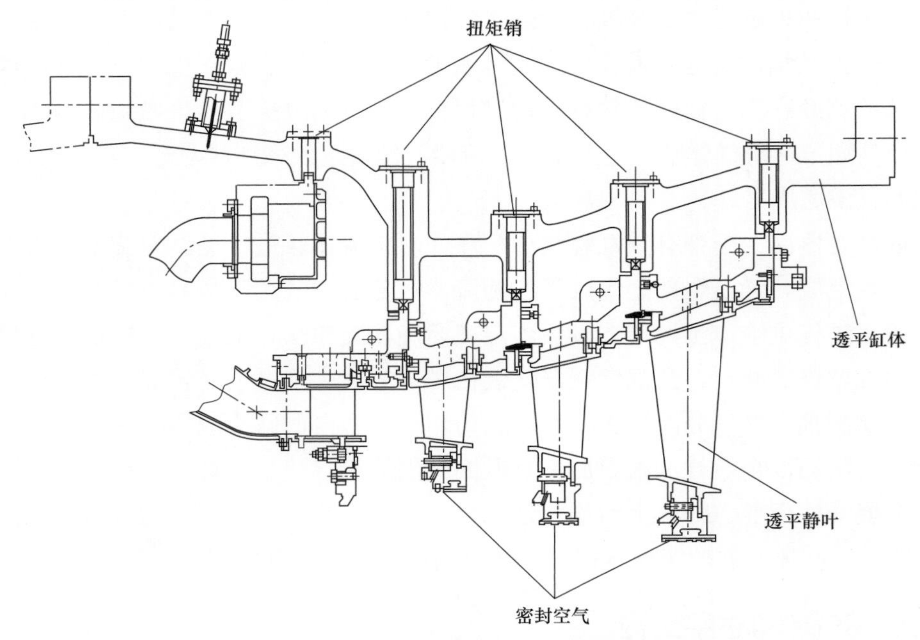

图 2–45　M701F 透平缸结构示意图

1. 透平动叶

M701F 透平动叶片由耐高温合金材料浇铸而成，其中第一、二级透平动叶还采用 TBC 热障涂层。透平动叶片均采用枞树形叶根，轴向插入轮盘，由轮盘中相对应的叶根齿支承。

叶片从第一级到第四级尺寸逐渐增大，当气体流过每一级时，压力和温度都降低。由于压力降低，需要增大环形面积容纳气体流量，因此叶片尺寸需逐渐增大。

叶片根部和轮盘边缘通过进气和排气侧板将热烟气隔离，进气侧板形成一个环形的空气增压室，该系统接受来自转子内部的经过过滤的冷却空气，并将该空气轴向导入动叶片根部从而进入动叶片，来实现对前三级透平动叶的冷却，其余的冷却空气通过第四级叶片的排气侧板中的孔排出。

第一、二、三级动叶片有一系列的冷却孔，图 2–46 所示为第一级动叶冷却结构，冷却空气通过这些孔实现对叶片的冷却，最后将冷却气排放到气流中。

SGT5–4000F 透平的前四级叶片为中空铸件，内有冷却气流通道，前三级动叶采用压气机抽气冷却。冷却空气通过叶片根部进入叶片型面，对于前两级的动叶，冷却气流从气膜冷却孔和位于叶片尾缘浇铸的气缝中流出。第三级动叶含有三个沿叶片型面径向延展的冷却通道。流入动叶的冷却空气是从叶根平台下表面的开孔处进入，沿叶片型面快速径向流动，最后经叶顶处的开孔处流出。为了缓解热应力，前三级动叶喷涂有陶瓷热障涂层；第四级动叶喷涂有抗氧化的金属涂层。

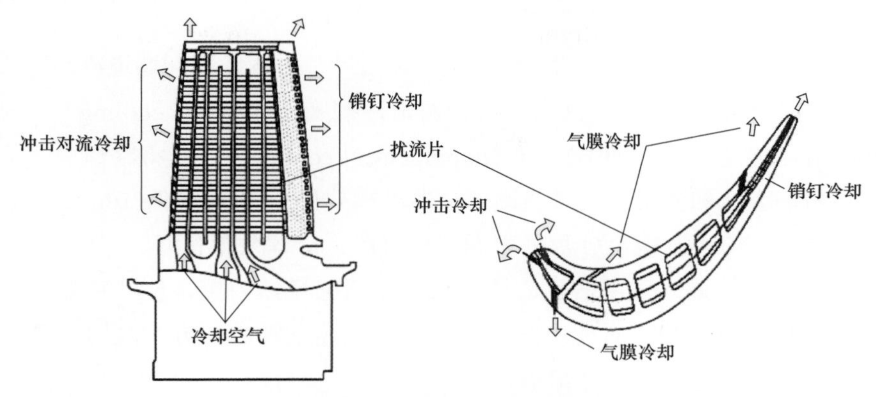

图 2-46　M701F 透平第一级动叶冷却结构

2. 透平静叶冷却结构

SGT5-4000F 透平的每片透平静叶由外叶冠、叶型和内叶冠组成，如图 2-47 所示。叶片的叶身为空心铸件，由耐高温合金铸造，叶片表面涂有涂层，以防止高温腐蚀。第一级叶片上还增加了一层陶瓷热障涂层进行保护。第一级与第二级叶片之间及第四级静叶后的导流环将冷热气体分开，第一级、第二级之间的导流环采用气膜及冲击冷却，第四级静叶后的导流环只采用微量的对流冷却。利用外叶冠把静叶固定在静叶持环上，并由此形成热燃气的外边界层，内叶冠形成热燃气的内边界层，第二、三、四级静叶设有密封环。

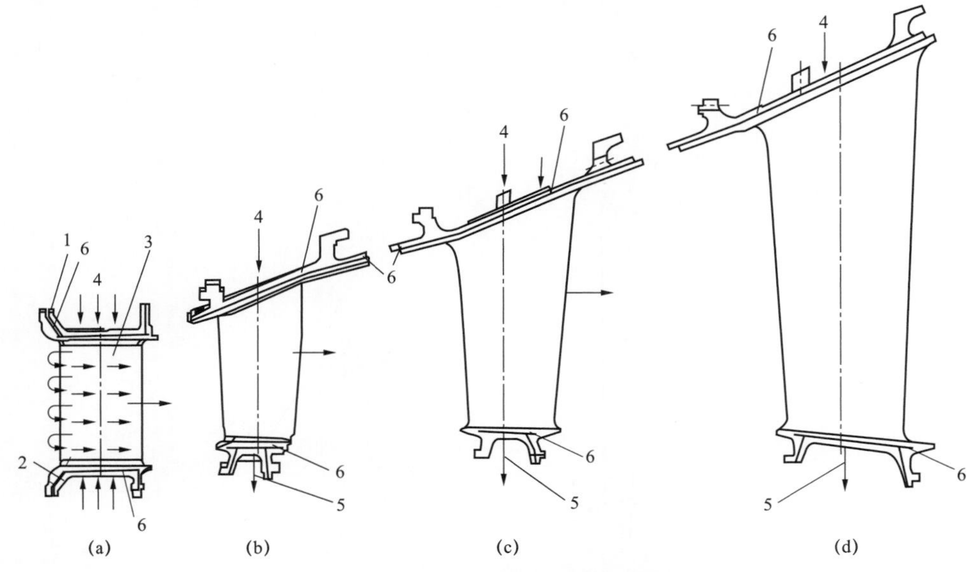

图 2-47　SGT5-4000F 透平静叶示意图

（a）一级静叶；（b）二级静叶；（c）三级静叶；（d）四级静叶

1—外叶冠；2—内叶冠；3—叶片型面；4—冷却气流进口；5—密封气出口；6—密封片

全部四级叶片通过气流冷却的方法来保证材料工作温度最大值小于材料的最高允许值。这四级叶片在不同的工况下采用不同的方法进行冷却。

透平静叶冷却是把从压气机引来的空气，流过叶片内部的冷却通道冷却叶片后排入主燃气流中，常规的叶片冷却形式有三种：对流冷却（convection cooling）——通过空心叶片壁面对流传递冷却；冲击冷却（impingement cooling）——将冷却空气从叶片内部直接吹到需加强冷却的部位，增强该部位的冷却效果；气膜冷却（film cooling）——将冷却空气通过一排小孔流至叶片外表面形成气膜，冷却效果良好。

为了增强冷却效果，采用插片、销钉结构，增强换热效果，使叶片能承受更高的燃气温度，常将气膜冷却与对流冷却联用，或将上述三种冷却方式联用，故称为综合冷却，这是目前最广泛应用的冷却形式。

M701F 透平的四级静叶采用不同的冷却结构，其中第三级和第四级静叶采用的冷却结构如图 2-48 和图 2-49 所示。

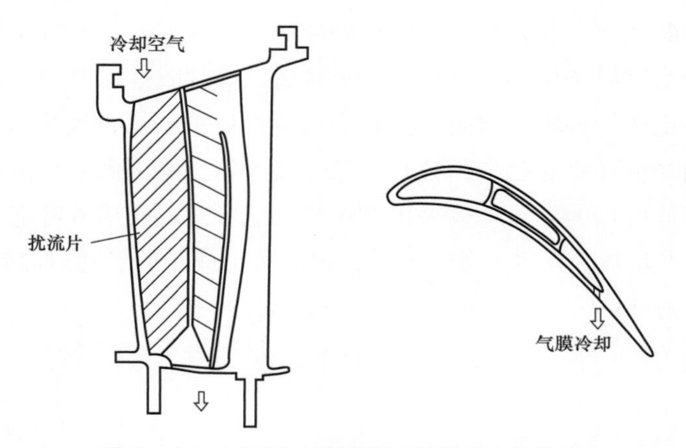

图 2-48　M701F 透平第三级静叶冷却结构

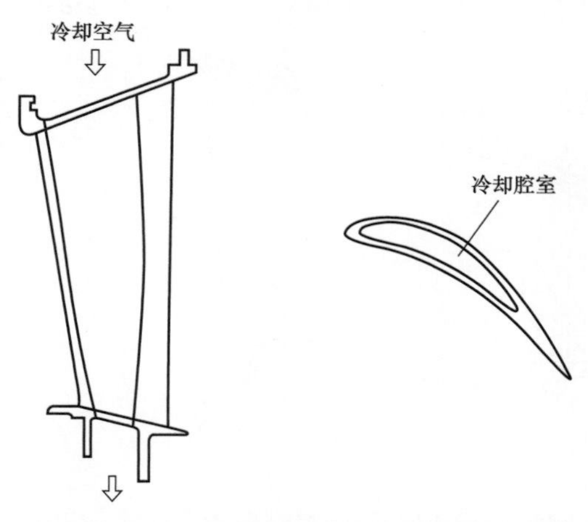

图 2-49　M701F 透平第四级静叶冷却结构

冷却空气不断通过空心静叶，以防止受到过高的叶片通道温度的影响。前三级透平静叶有各种不同的冷却方式，实现了前缘、后缘、凸孔和凹孔的冷却结合，这些孔使冷却空气排到气体通道中。

3. 透平转子

图 2－50 为 M701F 透平转子组件示意图。M701F 透平主轴包括 4 个轮盘和 1 根扭矩管，用专用的 12 根拉杆螺栓固定在一起。轮盘之间的接合采用曲齿连接——通过接合面周围的径向间隔齿连接传递扭矩。轮盘的一侧为沙漏形齿，而与其啮合面的齿为桶形。当部件用螺栓固定在一起时，曲齿连接器啮合。齿的形式很简单，但精度高，轮盘与轮盘的连接有足够的弹性以适应级与级间的温差。在扭矩管和透平第四级动叶根部的轮盘上分别设有中间平衡面和排气侧平衡面，可通过加装平衡块来进行动、静平衡的调整。

扭力管段是空心的圆筒，一是作为压气机轴和透平轴之间的扭矩传递；二是引导冷却空气送至透平轮盘。

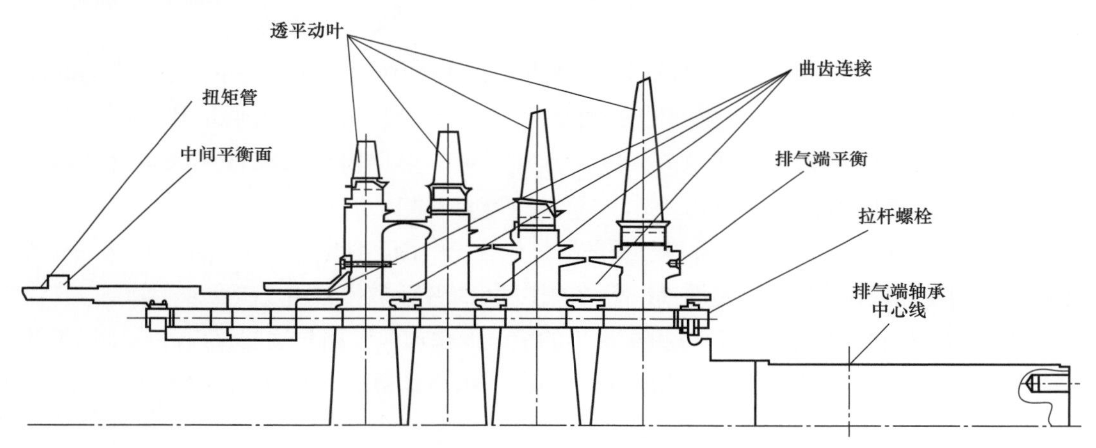

图 2－50　M701F 透平转子组件

六、燃气轮机排气缸（或排气扩散器）结构

气流通过透平缸体后，进入排气缸。排气缸由内锥面和外锥面构成，热空气流经内、外锥体表面构成的通道。为了形成尽可能小的背压，内、外锥面构成的流通通道横截面面积不断增大。轴承箱是排气缸的一个整体部件，内锥面可防止轴承箱暴露到热烟气中。

M701F 排气缸由轴承箱，以及排气扩压器的内、外锥面和外壳组成，所有这些部件由 6 个切向支撑连接在一起。切向支撑包括 6 个绕圆周等间距布置的支撑。这些支撑切向连接到轴承箱上，从轴承箱一直延伸到排气缸外壳体。切向支撑穿过排气扩压器的热气流通道，它们被屏蔽在另一套支撑罩内。这些流线型支撑罩是空心的，起到支撑排气扩压器锥体的作用；它们还能防止切向支撑受到热排气的高温冲击影响。冷却空气也通过该支撑罩，以保持切向支撑处在允许的温度范围内，这可使支撑系统对瞬态温度不太敏感。外壳和撑杆由于温度变化而膨胀时，轴承座旋转降低应力，提供一种刚性支撑并保持轴承对中。图 2－51 所示为 M701F 排气缸结构。

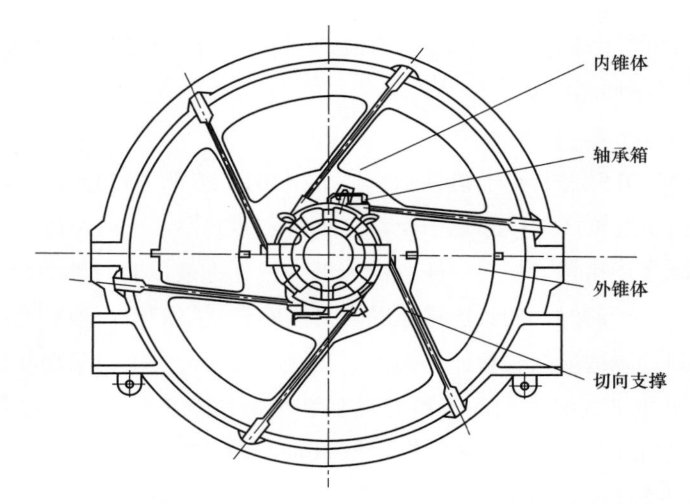

图 2－51　M701F 排气缸结构（顺流向看）

M701F 排气缸内有 20 个叶片通道热电偶插入环绕排气缸布置的导管中，热电偶伸入到透平 4 级后的热气体通道内，以监测叶片通道的温度；6 个排气通道热电偶插在其后的排气通道，以监测排气通道的温度。叶片通道热电偶和排气温度热电偶应可靠，因为要用于完成控制和保护功能。

SGT5－4000F 排气缸（也称排气扩散器）包含一个锥形管段，其进气侧通过法兰与透平轴承座用螺栓相连，出气侧则焊接在下游的排气系统中，放风管路连接至 4 个管口。在燃气轮机启动和停机过程中，从压气机中抽出的空气经由放风管路与这些管口流至排气扩散器，如图 2－52 所示。圆周上布置的 24 个热电偶用于计算正确的排气温度。

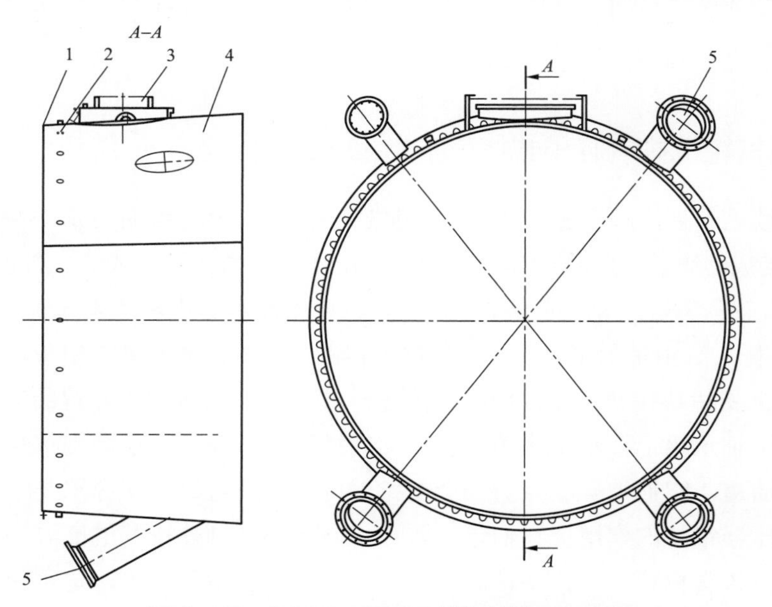

图 2－52　SGT5－4000F 排气扩散器示意图

1—连接法兰；2—安装热电偶的孔；3—人孔；4—锥段；5—放风管路接口

第三章

燃气轮机辅助系统及设备

第一节 概　　述

一台燃气轮机发电机组，除了燃气轮机本体即压气机、燃烧室、燃气透平和发电机以外，还必须配备机组的控制和保护系统，以及保证机组能安全、可靠、高效运行的辅助设备和管路系统。

燃气轮机辅助仪器、设备和管道系统，主要由下列几个部分组成：

（1）天然气系统；

（2）液压油系统；

（3）润滑油供应系统；

（4）压缩空气系统；

（5）防喘振放气系统；

（6）压气机水洗与排放系统；

（7）燃气轮机罩壳通风系统；

（8）冷却和密封空气系统；

（9）燃烧室仪表及点火系统；

（10）压气机及透平轴承仪表装置。

当然，除上述系统以外，还有诸如启动系统、控制系统等。限于篇幅，本章介绍天然气系统、液压油系统、润滑油供应系统、压缩空气系统、防喘振放气系统、压气机水洗及排放系统、燃气轮机罩壳通风系统等。

第二节 燃气轮机对气体燃料的要求

一、气体燃料分类

重型燃气轮机常用的气体燃料分类见表 3－1，它是以气体燃料的热值来分类的。

通常天然气的热值范围为 30～45MJ/m^3。实际热值取决于天然气中碳氢化合物和惰性气体含量的百分比。天然气储藏在地下，抽取的“原始天然气”可以不同程度地含有氮、二氧化碳、硫化氢及盐水等杂质。天然气的供应商在配气之前应除去这些组分或杂质。天然气供应给燃气轮机前必须完成气体分析，以确保满足规范要求。

表3–1 燃料气体的分类

燃料		低位热值［MJ/m³（Btu/ft³）］	主要组分
天然气和液化天然气		30～45（800～1200）	甲烷
液化石油气		86～119（2300～3200）	丙烷、丁烷
气化气	吹空气煤气	3.7～5.6（100～150）	一氧化碳、氢、氮、水蒸气
	氧吹煤气	7.5～14.9（200～400）	一氧化碳、氢、水蒸气
工艺气		11.2～37.3（300～1000）	甲烷、氢、一氧化碳、二氧化碳

液化天然气（LNG）是经干燥、压缩，并冷却至1个大气压、–162℃的天然气产物。该产品在液态下运输，并且在升压、升温至大气温度后输送。它的组分中已没有惰性气体和水分，可以按高质量的天然气对待。LNG 能够吸收在管线中存在的水分湿气，但它本身不是湿气的根源。一般在35bar时碳氢化合物的露点是–23.3℃，但是由于在输送时的连续抽取，碳氢化合物会不断蒸发气化，使得露点会增加，这与流程以及储存箱的容量大小有关。为了避免这个问题，在流程中可以对蒸发物进行冷却和再压缩。

液化石油气（LPG）的热值很高，有很高的商业价值，通常它仅仅是作为燃气轮机用气的备用燃料来使用。由于LPG通常是液态储存，气体供给系统维持的温度要高于饱和温度，并应考虑要求的过热度，所以要求配备燃料的加热和管道的伴热设备。

用煤、石油焦或重油作为原料进行气化生产出燃料气，气化过程可以是氧吹法或吹空气法。通常气化燃料气的热值明显低于其他燃料气体，因此燃烧气化燃料气的燃气轮机燃料喷嘴的有效通流面积要比燃烧天然气时大得多。氧吹气化产生的燃料气的热值为7.5～14.9MJ/m³，这些燃料气中的含氢量（H_2）通常超过30%体积容量，H_2/CO的摩尔比为0.5～0.8。为了进行燃气轮机NO_x排放量控制，改善循环效率和增加功率，氧吹气化燃料常伴有蒸汽喷射。这样做时，蒸汽通过一独立的通道喷入燃烧室。由于这种燃料气中含有高氢气组分，因此以它作燃料的燃气轮机不适宜采用干式低NO_x燃烧室结构（DLN 燃烧室）。这是因为高氢燃料会造成很高的火焰速度，其结果会产生回火或在DLN 燃烧室的预混燃烧系统的初始燃烧区着火。

吹空气气化燃料气的热值为3.7～5.6MJ/m³，它的氢含量范围为8%～20%体积含量，H_2/CO 的摩尔比为0.3～3。此种燃料的使用和处理，与氧吹气化燃料类似，因为它们热值都很低，所以要求有专门的燃料系统和燃料喷嘴。

工艺气是许多化学工艺产生的过剩气，可用作燃气轮机的燃料，也就是俗称的尾气或炼厂气，它们通常由甲烷、氢气、一氧化碳、二氧化碳等组成，通常是石油化工流程的副产品。氢和一氧化碳的含量高，使得这种燃料的可燃性极限（着火浓度上限和下限的比值）高。使用这种类型的气体燃料，要求在机组停机或切换到另一种常用的燃料时，要对其燃料系统进行吹扫。当工艺气的可燃性极限超限时，则会在透平的流通部分自动爆燃，因此需要一种“更常规”的燃料作为点火燃料。

还有一种钢铁行业的副产品，高炉煤气和焦炉煤气也可以作为燃气轮机的燃料。

高炉煤气（BFG）的热值低于使用限值，这种气必须与其他燃料气，如焦炉煤气或天然气，或碳氢化合物（如丙烷或丁烷）混合，提高其热值到常规燃烧系统所要求的低极限，也可以设计专用的燃烧室和燃烧系统，以满足燃用高炉煤气的燃气轮机使用要求。

焦炉煤气含有氢和甲烷，可以用于非干式低 NO_x 燃烧室作为燃料。这种燃料气通常含有微量的重碳氢化合物，会导致燃料喷嘴积炭。这种燃料气必须经过“洗气”，从燃料气中去除重碳氢化合物后方可输送给燃气轮机使用。

二、气体燃料属性

1. 热值（又称比能）

热值是单位质量（或体积）燃料完全燃烧时所产生的能量大小，其单位可以是 kJ/m^3 或 kJ/kg。气体燃料的热值可在实验室确定，在一个存有空气的热量计中等压燃烧测定。完全燃烧后的燃烧产物允许冷却到初始温度，测定释放出的能量。作为燃烧产物，燃料中的氢释放出水蒸气，它将在热量计中冷凝，释放出汽化潜热，包括这部分释放热量的热值称为高热值（HHV）或称为总比能。从高热值中去除水的汽化潜热计算而得的热值，称为低热值（LHV），也称为净热值或净比能。在电站现场，天然气的高热值或低热值都是从燃料气的组分分析计算出来的。

2. 可燃性极限（又称爆炸极限）

表 3－2 列有各种碳氢化合物的燃烧特性，即可燃性气体的着火浓度上限和下限。每种可燃性气体的着火浓度上限和下限的比值称为可燃性极限。混合燃料气的可燃性极限是由混合燃料气各种组分各自的可燃性极限，按其所占百分比计算得到的。图 3－1 是气体燃料着火浓度与气体燃料自身温度的通用关系，随着混合燃料气自身温度的上升，可燃性极限会增加。

对于燃烧设计，可燃性极限反映在启动、点火、熄火性能和联焰性能上；在带负荷运行时，可燃性的影响因素包括熄火边界、CO 排放量、效率及可能的压力脉动等。

表3-2　　碳氢化合物的燃烧特性

组分名称	组分化学式	自燃温度	LEL①（%）	UEL②（%）
甲烷	CH_4	541℃（1005℉）	5.3	14.0
乙烷	C_2H_6	516℃（960℉）	3.0	12.5
丙烷	C_3H_8	450℃（842℉）	2.2	9.5
正丁烷	$n-C_4H_{10}$	405℃（761℉）	1.9	8.5
异丁烷	$i-C_4H_{10}$	461℃（861℉）	1.8	8.4
正戊烷	$n-C_5H_{12}$	260℃（500℉）	1.5	7.8
异戊烷	$i-C_5H_{12}$	无用的	1.4	7.6
正己烷	$n-C_6H_{14}$	225℃（437℉）	1.2	7.5
正庚烷	$n-C_7H_{16}$	215℃（419℉）	1.2	6.7
正辛烷	$n-C_8H_{18}$	217℃（422℉）	1.0	—
乙炔	C_2H_2	305℃（581℉）	2.5	70.0
乙烯	C_2H_4	491℃（915℉）	3.05	28.6
丙烯	C_3H_6	461℃（861℉）	2.4	10.3
丁烯	C_4H_8	385℃（725℉）	2.0	9.7
苯	C_6H_6	561℃（1041℉）	1.4	7.1
氢	H_2	400℃（752℉）	4.0	74.5
一氧化碳	CO	609℃（1128℉）	12.5	74.2

① 可燃容积浓度下限值；② 可燃容积浓度上限值。

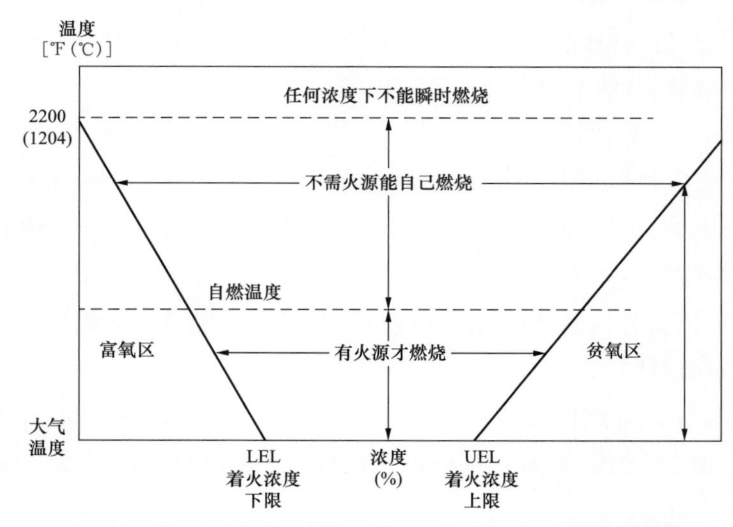

图3-1　气体燃料着火浓度与气体燃料自身温度的通用关系

含有氢气和一氧化碳的燃料气体的可燃性极限远大于天然气。通常燃气中氢气的体积百分比大于5%时，就会落入可点燃区域，有管道爆炸的危险，为此要求有单独的启动燃料。它和空气的预混物会在预混区产生爆燃或回火，不宜使用预混燃烧室。

若气体燃料含有惰性气体，如氮气和二氧化碳占有的百分比较大时，它的可燃性极限将小于天然气。经验表明，在ISO条件下，基于体积比的可燃性极限小于2.2时，在燃气轮机的全部运行范围内可能会遇到燃烧稳定性的问题。当使用低热值煤气，特别是其中含有大量惰性气体时，可燃性极限会小于2.2。对燃料气进行加温可以提高可燃性极限。由于爆炸危险取决于空气中燃料气的浓度和温度的组合状态，因此燃料气的可燃性极限往往是与安全防火要求联系在一起的。

3. 燃料气体组分的限值

燃料气体组分的限值是专门用来保证燃气轮机在所有负荷和各种运行方式下能稳定燃烧。对于天然气的组分限值，要求甲烷摩尔百分数不低于85 %，乙烷组分不大于15 %，丙烷组分不大于15 %，丁烷高阶石蜡类（C4+）不大于5 %，应在天然气进入燃气轮机前除去高阶碳氢化合物。

4. 韦伯指数（即华白指数）

由于近期投入使用的一些燃气轮机装置都需要燃用多种气体燃料，在燃气轮机启动过程中由一种气体燃料转到另一种气体燃料。燃用多种气体燃料，实现它们之间切换的关键问题是当母管和燃料系统确定以后如何确定哪几种气体燃料可用同一个燃料系统。

使用气体燃料的燃气轮机能够运行在一个很宽范围的热值内，但是对于能够提供的专门燃料系统的设计而言，它是受到限制的。燃料喷嘴被设计成运行在一个固定的压比范围之内，并且热量的变更靠增加或减少燃料喷嘴的面积或燃料气的温度来调节。在整个运行期间，燃料喷嘴的压比必须在可接受的范围内。对于一个已设计好的给定系统，度量气体燃料可互换性的测定值是韦伯指数 WI。这个术语被用来相对测定在固定的压比下喷入燃烧室的热量。所以，韦伯指数又被称为互换性因子。

韦伯指数被定义为燃料低热值与（相对于空气的）相对密度平方根之比。其数学表达式为

$$\mathrm{WI}=\frac{\mathrm{LHV}}{\sqrt{\rho_{\mathrm{gas}(p,T)}/\rho_{\mathrm{air}(p_{\mathrm{ref}},T_{\mathrm{ref}})}}} \tag{3-1}$$

式中 LHV——气体燃料的低热值，kJ/m^3；

p——燃料压力，kPa；

T——燃料温度，℃；

p_{ref}——参考气压，101.325kPa；

T_{ref}——参考温度，0℃；

ρ_{gas}——气体燃料密度；

ρ_{air}——空气密度。

在规定状态下从通过燃料控制阀的气体燃料得到的热量输入与韦伯指数成正比。

有的设备成套商（如 GE 公司）使用当量韦伯指数 MWI，来表示含有气体燃料不同的限定值。

当量韦伯指数的数学定义为

$$\mathrm{MWI}=\frac{\mathrm{LHV}}{\sqrt{SG_{gas}T_{gas}}} \tag{3-2}$$

相当于

$$\mathrm{MWI}=\frac{\mathrm{LHV}}{\sqrt{\frac{MW_{gas}}{28.9}T_{gas}}} \tag{3-2a}$$

式中 LHV——气体燃料的低热值，Btu/ft^3；

SG_{gas}——气体燃料相对于空气的比重；

MW_{gas}——气体燃料的分子量；

28.9——干空气的分子量；

T_{gas}——气体燃料的绝对温度（Rankine）。

所以，在使用时要注意设备成套商对韦伯指数的定义和单位。“Rankine”是兰氏温标，它是用华氏度数表示的绝对温标。$T=t+459.67$，其中 T 为兰氏绝对温标，t 为华氏温标。

三、气体燃料规范

为了使燃气轮机能更有效地无故障运行，在气体燃料规范中规定了其物理性能、组分和对污染杂质的允许范围。燃气轮机用户必须严格执行。

表 3–3 规定了适用于燃气轮机的气体燃料属性和燃料组分的限值。除非另有说明，从点火到基本负荷都必须满足对所有燃料性能的要求。表 3–3 中所规定的数值和限值都是指在燃料气控制模块进口处的，具体而言是指在用户的接口（FG1 处）。气体燃料的压力随机组和燃烧室的类型而变化。燃料气的最小供应温度，必须要求它们是过热气体，也随机组和燃烧室的类型而变化。热值仅仅是作为指导性的数据而提供的，用户必须向设备制造商提供专门的燃料分析。

表 3–3 气体燃料规范

燃料属性	大值	小值	备注
气体燃料的压力	随机组和燃烧室类型变化		
气体燃料的温度	未定义	随气体压力变化	
低热值（Btu/ft^3）	无规定	100～300	仅是指导性数值

续表

燃料属性		大值	小值	备注
当量韦伯指数（MWI）	绝对限值	54	40	
	变化范围	+5%	−5%	
可燃性极限		未定义	2.2	着火浓度上限和下限的比值
组分限值（%）	甲烷	100	85	
	乙烷	15	0	
	丙烷	15	0	
	丁烷高阶石蜡类（C4+）	5	0	
	氢	微量	0	
	一氧化碳	微量	0	
	氧	微量	0	
	总的惰性气体（N_2+CO_2+Ar）	15	0	
	芳香族（苯、甲苯等）	报告	0	
	硫	报告	0	

当量韦伯指数（MWI）的上、下限值说明在进行燃料系统设计时什么样的气体能被接受。对于干式低 NO_x 燃烧系统，还意味着如果超出此范围的燃料气体必须作一些附加的设计或采取其他设施，例如对燃料气进行加热，可以限制其当量韦伯指数在低的限值以上。GE 公司的规范规定当量韦伯指数变化率为±5%，说明使用其燃料系统，MWI 在±5%范围内变化是可以被接受的（不同的设备制造商规定的当量韦伯指数变化率可以是不同的），因为设备制造商在提供设备时已分析和鉴证所有的工况，以保证机组运行时不要超出规定的变化率。

规范中没有对可燃性极限的大值做出规定，对于可燃性极限远大于天然气的燃料气，启动时要求选用天然气或另一种燃料。

气体燃料中如果含有过量的芳香族时，当为了改善热效率而对燃料采用加热时[即 $T_{gas}>300℉$（149℃）]，有可能会有酸性物质形成。规范中未对气体燃料中硫的含量加以限制。经验告诉我们，燃料中硫含量在 1%（体积比）以内，对氧化或腐蚀率没有明显的影响。

热通道的热腐蚀由限定微量金属的限值加以控制。但是硫会造成余热锅炉、选择性催化还原装置（SCR）的低温硫腐蚀。原始的天然气内带有如 H_2S 这类硫的氢化合物和如 COS 这类的碳化物，硫通常以与这些物质的联合体存在于燃料气中。通常气体燃料供应者在处理过程中经脱硫后，将 H_2S 的体积百分含量限制在 20×10^{-6} 以下。

表 3–4 列出了对 GE 公司生产的各类产品，在透平进口处各类杂质的限值。

供应的气体燃料应该是 100%没有液态的。燃料中存在的任何液态碳氢化合物，当到达透平的燃烧系统后，会形成阻滞从而引起暂时过热，引起输入热量的巨大变化，造成燃气轮机操作失稳，管道变冷（液体蒸发引起）。严重时，未蒸发的燃料液滴在燃烧室中会使火焰超出正常的火焰区而危及燃烧室和热部件。在天然气中，水化物有时会覆盖和阻塞控制阀，造成难以平稳控制燃料气流动。因为天然气流经控制阀的节流作用，如果压力高，水的含量高而温度又低，则有可能形成一种冰状水化合物的固体结晶，这种物质的沉淀有可能引起堵塞，所以要保持低的水含量，使气态水化合物的形成少。

表 3–4　　　　　　GE 公司生产的产品允许的气体燃料杂质水准

<table>
<tr><th colspan="2" rowspan="4">微量金属</th><th colspan="2">透平进口限值 X_e（×10⁻⁶）</th><th colspan="4">燃料当量限值 X_{Fe}（×10⁻⁶）</th></tr>
<tr><th colspan="2">机组代号</th><th colspan="4">机组代号</th></tr>
<tr><th rowspan="2">MS3000
MS5000
B、E 和 F 级燃气轮机</th><th rowspan="2">FB、H 级燃气轮机</th><th colspan="3">MS3000
MS5000
B、E 和 F 级燃气轮机</th><th rowspan="3">FB、H 级燃气轮机</th></tr>
<tr><th colspan="3">透平进气流量/燃料流量</th></tr>
<tr><th colspan="2"></th><th></th><th></th><th>50</th><th>12</th><th>4</th></tr>
<tr><td colspan="2">铅（Pb）</td><td>20</td><td>20</td><td>1.00</td><td>0.24</td><td>0.08</td><td rowspan="4">对于 FB、H 级机组，Pb、Ca、V、Mg 的限值等同于其他机组</td></tr>
<tr><td colspan="2">钙（Ca）</td><td>40</td><td>40</td><td>2.00</td><td>0.48</td><td>0.16</td></tr>
<tr><td colspan="2">钒（V）</td><td>10</td><td>10</td><td>0.50</td><td>0.12</td><td>0.04</td></tr>
<tr><td colspan="2">镁（Mg）</td><td>40</td><td>40</td><td>2.00</td><td>0.48</td><td>0.16</td></tr>
<tr><td rowspan="3">钠
+
钾</td><td>Na/K＝28</td><td>20</td><td>3</td><td>1.00</td><td>0.24</td><td>0.08</td><td rowspan="3">见 GEI107230《FB 和 H 级机组气体燃料允许碱金属浓度》</td></tr>
<tr><td>Na/K＝3</td><td>10</td><td>3</td><td>0.50</td><td>0.12</td><td>0.04</td></tr>
<tr><td>Na/K≤1</td><td>6</td><td>3</td><td>0.30</td><td>0.072</td><td>0.024</td></tr>
<tr><td rowspan="2">颗
粒</td><td>总计</td><td>600</td><td>400</td><td>30</td><td>7.2</td><td>2.4</td><td rowspan="2">对颗粒的限值（向 GE 公司咨询）</td></tr>
<tr><td>超过 10μm</td><td>6</td><td>4</td><td>0.3</td><td>0.072</td><td>0.024</td></tr>
<tr><td colspan="8">不允许有液化的液滴，燃料气体必须是过热的</td></tr>
</table>

注　各公司生产的燃气轮机要求有差异。

通常在天然气中发现的钠和钾来自海水，是一种有腐蚀性的微量金属污染物。Na/K＝28 通常是海盐中的配比。

设计燃料气体输送系统，要防止固体颗粒进入燃气轮机的气体燃料系统。其措施不仅仅限于过滤固体颗粒，还应将从过滤器出口到燃气轮机入口那段管道选用无腐蚀的不锈钢管。在燃气轮机投运之前或修理后要对气体燃料管路系统做好清洁、冲洗和维护。表 3–5 列举了气体燃料的实验方法所依据的标准。

表 3-5　　气体燃料的实验方法所依据的标准

燃料属性	实验方法标准号	燃料属性	实验方法标准号
气体采样程序	GPA2166	硫	ASTMD3246
至 C6+的燃气组分（气体色谱）	ASTMD1945	比重	ASTM3588
延伸到 C14 的燃气组分	GPA2286	压缩因子	ASTM3588
热值	ASTM3588	露点	ASTMD1142

注　ASTM 为美国材料试验学会标准；GPA 为美国燃料气产品协会标准。

四、气体燃料供给压力和温度

1. 气体燃料供应压力

气体燃料供应压力取决于燃气轮机的型号、压气机的压比、燃烧系统的设计、燃料的气体分析和机组特定的现场条件。

对于一台正在运行的燃气轮机，最大可达到的输出功率是在最低环境温度条件下，由供气压力决定的。燃料气体供应压力要允许在最低的现场环境温度时，经过所有阀门、管道和燃料喷嘴进入燃烧室的燃料流量为最大流量。这就保证了燃料控制系统将不会限制燃气轮机的输出功率，这是因为此时燃料控制阀门位置在最大阀杆行程和最小压力上，同时燃气轮机处于最大流量和最低环境温度条件下。表 3-6 显示了 GE 燃气轮机在两个最小环境温度下，供应燃气轮机最小和最大的燃料压力。由于在干式低 NO_x 燃烧系统使用了分流用的附加的分流阀门来控制分级燃烧过程，这时要求的供气压力比标准型燃烧系统要略高一些。

表 3-6　　GE 燃气轮机机组系列气体燃料需要的最小和最大供应压力

GE 燃气轮机机组系列	供气压力［kPa（psig）］				
	要求的最小值				允许的最大值
	标准型燃烧室		DLN1 型燃烧室		
	15℃（59℉）	−17.8℃（0℉）	15℃（59℉）	−17.8℃（0℉）	
MS3002J	793（115）	896（130）			1413（205）
MS5001R	1000（145）	1103（160）			1551（225）
MS5002B	1551（225）	1551（225）			1896（275）
MS6001B	1655（240）	1862（270）	1965（285）	2069（300）	2413（350）
MS7001EA	1793（260）	2102（305）	2000（290）	2137（310）	2413（350）
MS7001FA	2137（310）	2379（345）	2413（350）	2551（370）	3103（450）

续表

GE 燃气轮机机组系列	供气压力［kPa（psig）］				
	要求的最小值				允许的最大值
	标准型燃烧室		DLN1 型燃烧室		
	15℃（59℉）	－17.8℃（0℉）	15℃（59℉）	－17.8℃（0℉）	
MS9001E，7 只阀	1896（275）	2206（320）	2241（325）	2413（350）	3103（450）
MS9001E，9 只阀	1723（250）	2102（305）	2069（300）	2241（325）	3103（450）
MS9001F	2069（300）	2275（330）	2275（330）	2379（345）	3103（450）
MS9001FA	2172（315）	2448（355）	2413（350）	2551（370）	3103（450）

注　1psig＝6.895kPa。

2. 气体燃料供气温度

为了确保燃料气体供给到燃气轮机时100%没有液滴，要求气体燃料供气温度有一定过热度要求。所谓过热度就是燃料气的温度与其自己的露点之间的温差，它取决于碳氢化合物（烃）和湿气的浓度。要求的过热度是这样规定的：当燃料气经过气体燃料控制阀膨胀时，它所下降的温度应该得到足够裕度的补偿。确定要求的燃料气过热度时，要计及燃料气的温度降，以及湿气或碳氢化合物露点线与燃料气压力的关系。此外，还要考虑燃料气通过控制阀的膨胀比。综合考虑过热度可以用燃料进入控制系统的压力的函数来表达。

对于具有标准型燃烧系统的 GE 燃气轮机机型，通常考虑以上因素就可以了。此时，天然气的供气温度高于供气压力下碳氢化合物的露点温度至少 15℃，但不超过70℃。

DLN 燃烧系统对供气温度和加热系统有特殊要求。从提高整个联合循环效率出发，为了充分利用余热，气体燃料供气温度在运行时选用 185℃。

第三节　天然气系统

一、燃料供应天然气系统

（一）组成与功能

如图 3－2 所示是西门子 SGT5－4000F 燃气轮机天然气前置模块系统，其功能是，一方面控制天然气流入燃气轮机燃烧室的质量流量，另一方面在某一条件下切断天然气到燃气轮机的流量。停机时、有故障时或运行在燃料油方式下时，通过停运程序使用快速的紧密关闭的截止阀切断天然气到燃气轮机的流量。表 3－7 表示图 3－2 所示燃气轮机天然气系统中重要阀门名称及常态下开关状态。图 3－3 是西门子 SGT5－4000F

燃气轮机天然气控制阀组及燃烧系统，表 3－8 是图 3－3 所示燃气轮机天然气控制阀组及燃烧系统对应阀门状态。

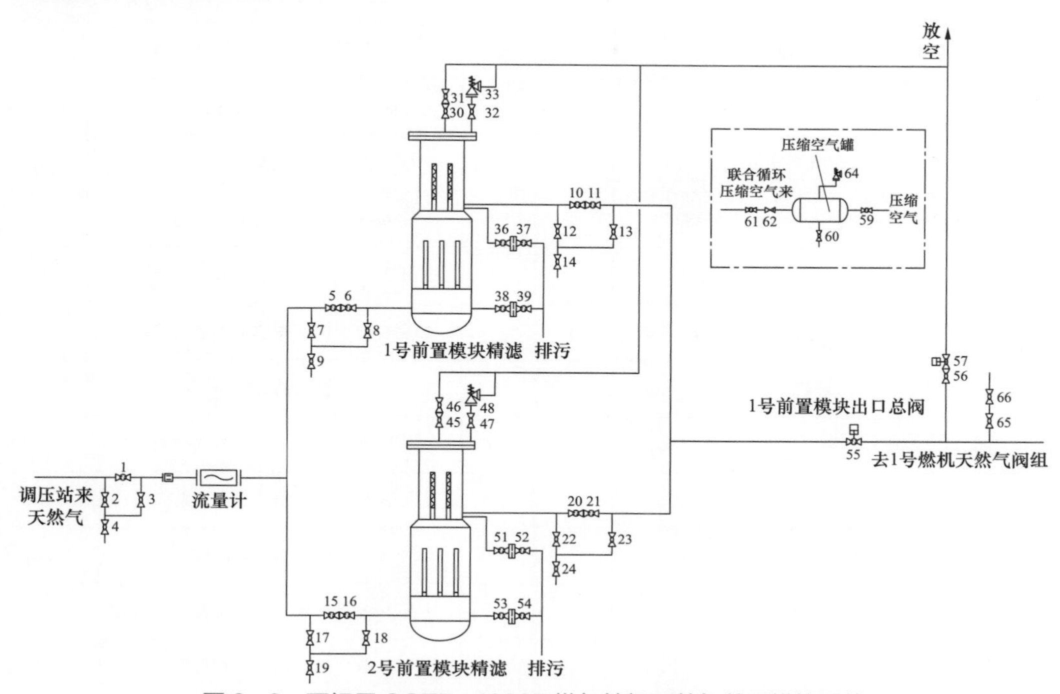

图 3－2　西门子 SGT5－4000F 燃气轮机天然气前置模块系统

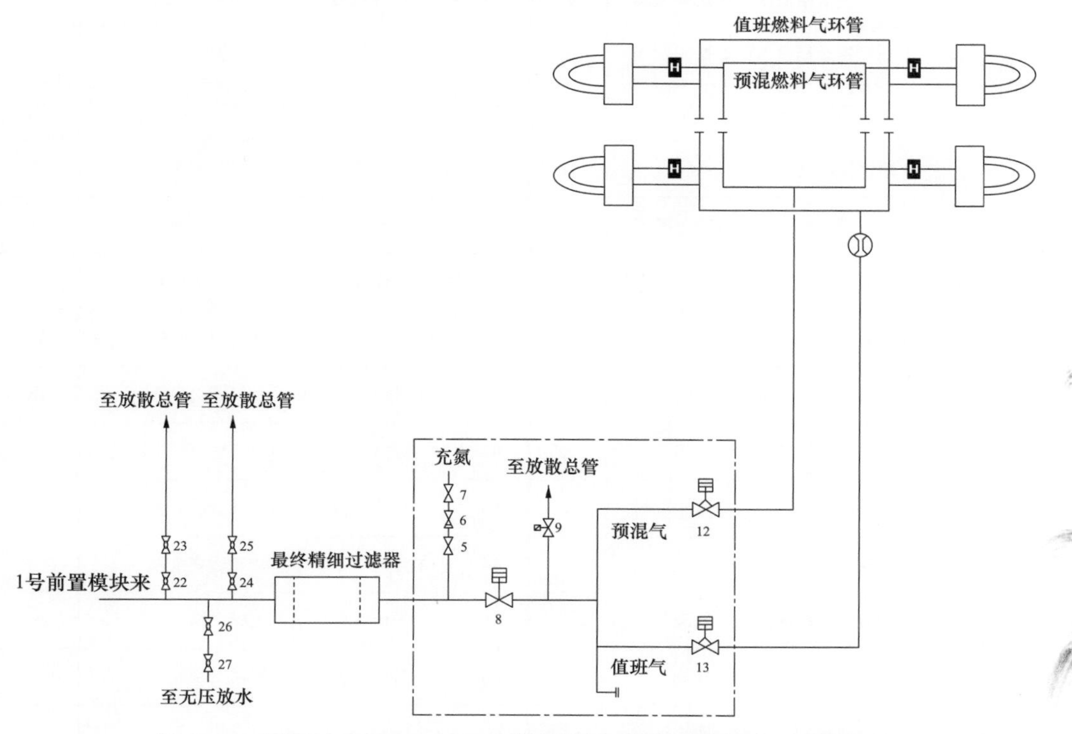

图 3－3　西门子 SGT5－4000F 燃气轮机天然气控制阀组及燃烧系统

表 3–7　图 3–2 中燃气轮机天然气系统重要阀门名称及常态下开关状态

编号	阀门名称	常态	编号	阀门名称	常态
1	1 号前置模块进气总阀	开	32	1 号 A 前置模块精滤过压阀前隔离阀	开
2	1 号前置模块进气旁路一次阀	关	33	1 号 A 前置模块精滤过压阀	自动
3	1 号前置模块进气旁路二次阀	关	36	1 号 A 前置模块精滤上部排污一次阀	关
4	1 号前置模块计量单元充氮隔离阀	关	37	1 号 A 前置模块精滤上部排污二次阀	关
5	1 号 A 前置模块精滤进气一次阀	开	38	1 号 A 前置模块精滤下部排污一次阀	关
6	1 号 A 前置模块精滤进气二次阀	开	39	1 号 A 前置模块精滤下部排污二次阀	关
7	1 号 A 前置模块精滤进气旁路一次阀	关	45	1 号 B 前置模块精滤放散一次阀	关
8	1 号 A 前置模块精滤进气旁路二次阀	关	46	1 号 B 前置模块精滤放散二次阀	关
9	1 号 A 前置模块精滤进口充氮阀	关	47	1 号 B 前置模块精滤过压阀前隔离阀	开
10	1 号 A 前置模块精滤出口一次阀	开	48	1 号 B 前置模块精滤过压阀	自动
11	1 号 A 前置模块精滤出口二次阀	开	51	1 号 B 前置模块精滤上部排污一次阀	关
12	1 号 A 前置模块精滤出口旁路一次阀	关	52	1 号 B 前置模块精滤上部排污二次阀	关
13	1 号 A 前置模块精滤出口旁路二次阀	关	53	1 号 B 前置模块精滤下部排污一次阀	关
14	1 号 A 前置模块精滤出口充氮阀	关	54	1 号 B 前置模块精滤下部排污二次阀	关
15	1 号 B 前置模块精滤进气一次阀	开	55	1 号前置模块出口总阀	开
16	1 号 B 前置模块精滤进气二次阀	开	56	1 号前置模块出口放散一次阀	开
17	1 号 B 前置模块精滤进气旁路一次阀	关	57	1 号前置模块出口放散二次阀	关
18	1 号 B 前置模块精滤进气旁路二次阀	关	59	1 号前置模块压缩空气罐出口阀	开
19	1 号 B 前置模块精滤进口充氮阀	关	60	1 号前置模块压缩空气罐底部排污阀	关
20	1 号 B 前置模块精滤出口一次阀	开	61	1 号前置模块压缩空气罐进口阀	开
21	1 号 B 前置模块精滤出口二次阀	开	62	1 号前置模块压缩空气罐进口止回阀	开
22	1 号 B 前置模块精滤出口旁路一次阀	关	63	1 号前置模块压缩空气罐压力表一次阀	开
23	1 号 B 前置模块精滤出口旁路二次阀	关	64	1 号前置模块压缩空气罐安全阀	自动
24	1 号 B 前置模块精滤出口充氮阀	关	65	1 号前置模块出口取样一次阀	关
30	1 号 A 前置模块精滤放散一次阀	关	66	1 号前置模块出口取样二次阀	关
31	1 号 A 前置模块精滤放散二次阀	关			

表3-8　图3-3中燃气轮机天然气控制阀组及燃烧系统对应阀门名称和状态

编号	阀门名称	常态
5	1号燃气轮机天然气 ESV 阀前充氮一次阀	关
6	1号燃气轮机天然气 ESV 阀前充氮止回阀	关
7	1号燃气轮机天然气 ESV 阀前充氮二次阀	关
8	1号燃气轮机天然气 ESV 阀	开
9	1号燃气轮机天然气 ESV 阀后放散阀	关
12	1号燃气轮机预混控制阀	开
13	1号燃气轮机值班控制阀	开
22	1号燃气轮机天然气管道主厂房外放散一次阀	关
23	1号燃气轮机天然气管道主厂房外放散二次阀	关
24	1号燃气轮机最终精滤前放散一次阀	关
25	1号燃气轮机最终精滤前放散二次阀	关
26	1号燃气轮机最终精滤前放水一次阀	关
27	1号燃气轮机最终精滤前放水二次阀	关

1. 天然气供应

上游天然气系统提供给天然气供应系统的燃料必须满足机组运行需要的数量和品质，对此本节不作说明。为了防止腐蚀、侵蚀和沉淀物在系统部件中的积聚，必须给天然气系统提供干燥的、清洁的天然气。不管天然气的流速是多少，天然气系统进口的天然气压力必须保持相对恒定。压力由天然气的成分所决定，其压力值按控制设定表单的设定值规定。

2. 天然气流量测量

通过安装在天然气供应模块接口点上游的流量计测量天然气的消耗量。流量计不属于天然气系统，因此这里不作说明。

3. 天然气过滤器

天然气过滤器位于天然气供应模块接口点的上游，它的任务是阻止在精滤和粗过滤器之间的管道内可能出现的粗糙物进入天然气紧急关断阀。一旦跳机，这些异物会妨碍紧急关断阀的正常关闭。精过滤器是天然气供应系统的一部分，这里不作说明。

4. 值班气流量测量

安装在值班气调节阀后面的测量仪用来测量和记录值班气的质量流量。值班气的供应数量对燃气轮机的humming效应（燃烧室压力波动）有重要的影响，因此为了燃烧的最优化设置和试车期间值班气数量的精确供给，须用值班气流量计测量值班气流量。

5. 放空后气体密封

在天然气系统里放空后的气体密封由第一级的天然气紧急关断阀和第二级的天然气扩散调节阀、天然气预混调节阀和值班气调节阀共同组成。天然气压力释放阀位于第一级和第二级截止阀之间。

当下游不工作时，放空后的气体密封可以可靠地隔离天然气系统。放空后的气体密封由一个关断紧密和双截止部件的设备组成，此阀门带自动防故障关闭装置。一旦打开阀门的驱动能量（例如液压油压力）有损失，这些阀门会自动关闭。此功能是通过使用一个弹簧来实现的，阀门靠液压油压力打开，同时弹簧压缩，当打开力失去后，弹簧释放促使阀门关闭。

当所有的截止阀关闭时，位于第一级和第二级截止阀之间的天然气压力释放阀应打开。这样可以降低截止阀之间管道部分的压力。

一旦天然气紧急关断阀阀座漏气，天然气调节阀前的压力不能建立，泄漏的天然气通过排气管线输送到安全的释放场所。这样可以有效阻止不受控的天然气进入燃烧室，同样可以阻止从压气机出口来的空气和燃烧气从入口处进入天然气供应网络。

当燃气轮机运行在天然气模式下时，天然气压力释放阀是关闭的。根据运行方式，第一级截止阀，以及第二级至少一个调节阀同时处于打开状态。

6. 天然气压力释放阀

天然气压力释放阀是放空后的天然气密封的一部分，当天然气系统不工作时，用来降低第一级和第二级截止阀之间管道部件的压力。

7. 天然气紧急关断阀（第一级截止部件）

天然气紧急关断阀（NG ESV）是一个快速关断、带自动防故障装置、无泄漏的截止阀。它具有在燃气轮机启动和停机过程中，开启和关断到燃烧室的天然气流量的功能。同样在双燃料向燃料油切换的过程中，也具有开启和关断天然气流量的功能。一旦发生故障需要紧急中断到燃气轮机的天然气供给时，它能迅速关断。天然气紧急关断阀（NG ESV）通过液压油打开，通过弹簧力（小于1s的动作时间）快速关断。

8. 天然气扩散调节阀（第二级截止部件）

天然气扩散调节阀（NG DM CV）是一个无泄漏、带自动防故障装置的截止阀，另外具有控制天然气质量流量和截止流量的功能。天然气扩散调节阀和天然气预混调节阀、值班气调节阀一起组成了放空后的气体密封的第二级截止部件。自动防故障装置是指阀门的驱动打开能量损失时自动关闭。同天然气紧急关断阀一样，此功能是通过使用一个弹簧来实现的，当阀门打开时，弹簧压缩；当打开力消失时，弹簧释放，阀门迅速关闭。

天然气扩散调节阀根据燃气轮机控制器的定值，调节流到扩散燃烧器的天然气流量。天然气扩散调节阀必备的执行机构是液压控制的。

9. 天然气预混调节阀（第二级截止部件）

天然气预混调节阀（NG PM CV）根据燃气轮机运行方式的需要而动作并调节去预混燃烧室的天然气质量流量。除了控制功能之外，它也是第二级截止部件的组成部分。天然气预混调节阀的功能和天然气扩散调节阀的功能是一样的。

10. 值班气调节阀（第二级截止部件）

同天然气扩散调节阀和天然气预混调节阀一样，值班气调节阀（PG CV）是一个无泄漏、带自动防故障装置的截止阀，除了具有控制值班气质量流量的功能之外，也是放空后的气体密封的一部分。

值班火焰是扩散燃烧，在天然气预混燃烧方式下，值班火焰起到稳定预混火焰的作用。

值班气调节阀调节到值班气燃烧器的天然气流量。值班气的流量是根据燃气轮机 NO_x 的排放数据、火焰的稳定性、燃烧室的 humming 效应（燃烧室压力波动）而设定的。储存在控制器内的数据用来确定相应工作方式下的值班气流量。同天然气扩散调节阀一样，值班气调节阀也是液压驱动的。

11. 去燃烧器的天然气管线

天然气紧急关断阀出口的主天然气供应管道分为扩散、预混及值班气三条支路。天然气调节阀位于距离分支点下游很短距离的天然气成套设备上。天然气成套设备的下游，三条相对独立的天然气供应管线中的每一条组成一个相应的环线，支路管线将环线和各个独立的燃烧器连接起来。

可选配的点火气管线接头直接安装在天然气扩散调节阀的下游。

所有的三个燃烧器组（扩散燃烧器、预混燃烧器、值班气燃烧器）在机组稳定运行期间几乎是很少同时工作的。在一种给定的运行方式下，通过放空后气体密封功能关闭的主管道和环线将慢慢地被压气机出口排气充满。由于密度差，压气机出口的排气经过天然气支路管线流到各自的环线里，如果没有相应的对策，这将造成天然气系统内潮湿的凝结气体的堆积。为了防止凝结气体的堆积，在天然气成套设备和各自天然气环线之间的每一条天然气管线上（预混燃烧器、扩散燃烧器和值班气燃烧器的天然气供应管线）布置了跟踪电加热器。任何时候管道内没有天然气流过时，相对应的跟踪加热器投入运行。

各自的调节阀的开度设定值不大于 0%，作为跟踪电加热器投入的依据。这样防止了三条天然气供应管线内潮湿空气的积聚。另外，一些从环线到扩散燃烧器的分支管线也被加热。

（二）监视

1. 天然气温度监视

在标准配置下，天然气系统在天然气紧急关断阀上游的天然气管线上安装有 3 个电阻式温度计。如果燃气轮机使用预加热的天然气运行，一旦预加热系统故障，天然气温度可能超出允许的限定值，会出现危险。一旦 2/3 以上的温度计指示温限超出 T. GAS. 01 设定值，发报警信号。如果片刻后（1s 后），更高级别的温度测点设定值 T. GAS. 02 被超出，天然气系统遮断。燃气轮机控制器用天然气温度来修正扩散、预混及值班气调节阀的打开设定点。

2. 天然气压力监视

在燃烧室中燃烧的天然气总量具有维持天然气压力、打开天然气调节阀、维持燃烧室压力的功能。用安装在天然气紧急关断阀上游的压力传感器和下游的压力传感器来测量天然气压力。

为了保证燃气轮机在每一种运行方式（扩散燃烧或预混燃烧）下可靠工作，天然气压力被规定在最大和最小压力范围之间。如果超限，各种运行方式下都将采取相应措施。

（三）运行模式

在所有的运行方式下，若天然气紧急关断阀下游的天然气压力开关超出设定值，则预遮断报警“天然气紧急关断阀出口天然气压力太高＞最大值”显示。

在天然气扩散燃烧方式下，当管道内通气时，若压力开关测得的天然气压力低于设定值以下 0.5bar（经过天然气紧急关断阀后有压降），则预遮断报警“天然气压力太低＜最低值”显示。从扩散燃烧方式切换到混合燃烧方式或预混燃烧方式被连锁禁止。

在天然气混合燃烧方式和预混燃烧方式下，天然气预混调节阀打开的前提下，若天然气压力超出设定值，则遮断天然气系统。同时，显示报警信息“天然气压力太低≪最低值”。

（四）启动、运行、停机、故障、燃料切换与跳机

在启动、运行及停机期间，天然气系统各设备的操作或动作顺序如下所述。

1. 稳态运行方式

（1）停运。

在停运阶段，放空后的气体密封部件关闭。也就是说天然气紧急关断阀、天然气扩散调节阀、天然气预混调节阀、值班气调节阀关闭，天然气压力释放阀打开。

（2）运行。

天然气扩散燃烧方式下，在启动和低负荷阶段扩散燃烧器运行，天然气预混调节阀和天然气压力释放阀关闭。

根据火焰的稳定性和燃烧振动缓解的需要，值班气可以通过值班气调节阀流入。值班气的数量由燃气轮机控制器根据储存的参数设定。

低于 25%基本负荷时所对应的透平排气温度，机组只工作在扩散燃烧方式下是可能的。例如只在扩散运行方式下，在这个温度以上，可能出现火焰的不稳定性。

当出力范围在单一的扩散燃烧方式和单一的预混燃烧方式之间时，采用混合燃烧方式运行。在混合燃烧运行方式下，扩散和预混燃烧器都运行。燃料通过天然气扩散调节阀和天然气预混调节阀相对应的预混份额分配到各自的燃烧器。在扩散和预混管道之间的燃料分配是自动控制的。参数包括天然气压力、天然气温度、阀门特性、管道和燃烧器的流动特性。

根据各个燃气轮机的运行状态需要，运行期间可以通或不通值班气。不使用值班气时，机组在运行期间值班气调节阀是关闭的。当使用值班气时，通过值班气调节阀调节需要的天然气质量流量。

通过温度控制器调节预混份额按规定变动。

当只工作在天然气预混运行方式下时，天然气扩散调节阀是关闭的。天然气预混调节阀调节流到主燃烧器燃料的质量流量。天然气值班气调节阀调节值班气的质量流量以稳定预混火焰。

达到 50%基本负荷时所对应的某一确定的、修正的燃气轮机出口温度时，机组只工作在预混燃烧方式下是可能的。例如，只有当燃空比在规定的范围内时，预混火焰才能燃烧稳定。修正的透平排气温度能很好地测量燃空比，因此可被用来详细说明预混燃烧器的工作范围。

2. 动态运行方式

（1）启动。

当燃气轮机接到启动命令之后，在天然气系统里的以下所述的开关操作要被执行。所有需要启动的系统已为燃气轮机的启动做好准备，满足燃气轮机启动的所有先决条件，且已实现：

1）天然气压力释放阀已关闭。

2）启动变频器（SFC）已激活，连续加速燃气轮机。天然气扩散调节阀触发打开，按 F.EGDB.01（天然气扩散调节阀启动打开设定值）的设定值，调节天然气的质量流量。F.EGDB.01 根据点火需要的天然气流量预设了天然气扩散调节阀的对应开度。

3）当燃气轮机升速到点火转速，天然气紧急关断阀打开，点火变压器带电。流到扩散燃烧器的天然气被扩散燃烧器下游的点火电极点燃。同时，值班气调节阀的闭环控制功能被激活。也就是说，值班气调节阀的电磁型先导阀通电，值班气调节阀根据需要打开。

4）向天然气紧急关断阀发出“开”命令之后大约 9s，点火变压器断电。若天然气紧急关断阀离开关位之后约 12s，火焰监视器没有探测到火焰，通过关闭天然气紧急关断阀终止启动。

5）若点火成功，当转速超过设定值之后，天然气扩散调节阀开始按时间函数打开，连续地增加天然气的质量流量。因此，燃气轮机产生更大的转矩，再加上 SFC 的拖动转矩，燃气轮机进一步升速。

6）当转速达到设定值后，天然气扩散调节阀进一步打开，第二级的、更陡峭的梯度为 JK. EGDB. 02 的设定值。

7）一旦燃气轮机加速到设定值后，也就是自持转速时，SFC 停运。

8）在达到额定转速设定值前不久，速度控制器从升速控制器接管天然气扩散调节阀的控制。在速度控制器的控制下，燃气轮机连续地运行在额定转速下，并和电网保持同步。

9）同期并网之后，负荷控制器规定了最小的天然气质量流量。

（2）从天然气扩散燃烧向混合燃烧运行方式切换。

当修正的排气温度超过 TT.ATK.01 设定值并且预混燃烧方式的所有条件已满足，则切换到混合燃烧运行方式，预混燃烧器开始激活（运行）。

天然气预混燃烧器的激活（运行）涉及以下阶段：

1）负荷设定点控制闭锁。

2）在切换过程开始阶段预混调节阀被快速地打开，然后预混管线充满燃料。

3）一旦管线充气过程结束，天然气调节阀连续地反向动作，以维持在整个燃烧器启动过程中天然气质量流量几乎恒定。

4）当期待的预混范围达到后，切换过程结束。燃气轮机处于天然气混合燃烧运行方式。

5）透平控制系统的负荷设定点和温度设定点功能重新激活，燃气轮机出力能被进一步增加。

（3）从天然气混合燃烧向天然气预混燃烧运行方式切换。

当排气温度超过 TT.ATK.13 设定值时，则开始从天然气混合燃烧向单一的天然气预混燃烧运行方式切换，然后执行下面的动作：

1）负荷设定点控制闭锁。

2）在单一的预混燃烧运行方式下，需要值班气来稳定预混火焰。控制器使用被保存的参数来设定值班气的流量。在切换前，值班气调节阀先打开到规定的开度设定点。也就是说，天然气扩散调节阀和预混调节阀反方向动作，这样做是为了满足值班气流量分配的需要。天然气扩散调节阀和预混调节阀相应地反向动作，是为了确保天然气供应总量保持恒定。

3）当值班气调节阀达到预混燃烧方式下开度的设定点后，开始反向调节扩散和预混流量份额。在切换期间，天然气质量流量保持几乎恒定。

4）当天然气扩散调节阀达到它的关断设定点时，然后被迅速地、突然地完全关闭到0%开度设定值，天然气预混调节阀对应地打开。此时，燃气轮机就运行在预混燃烧方式。

（4）从天然气预混燃烧向混合燃烧运行方式切换。

在预混燃烧运行方式下，当排气温度低于 TT.ATK.14 设定值并且燃空比因此而不能满足燃气轮机的稳定运行时，则执行预混燃烧向混合燃烧运行方式的切换。

当预混燃烧向混合燃烧运行方式切换的条件都满足时，按以下程序开始进行切换：

1）负荷设定点控制闭锁。

2）在切换过程开始阶段天然气扩散调节阀被快速地打开，然后扩散管线充满燃料。

3）一旦管线充气过程结束，分配器促使天然气扩散调节阀连续地、以特定切换梯度反向运行，以维持在切换过程中有一个几乎恒定的天然气质量流量。

4）减少预混燃烧份额。

5）当期望的预混份额达到后，值班气调节阀动作以供给在混合燃烧运行方式下需要的值班气质量流量。

6）一旦达到期望的值班气流量，则燃气轮机处于混合燃烧运行方式下，透平控制器的负荷设定点和温度设定点功能重新激活。

（5）从天然气混合燃烧向扩散燃烧运行方式切换。

当排气温度低于 TT.ATK.04 设定值时，开始从天然气混合燃烧向扩散燃烧运行方式切换。

当天然气混合燃烧向扩散燃烧运行方式切换的条件都满足时，按以下顺序开始切换：

1）负荷设定点控制闭锁。

2）分配器按切换梯度连续地、反向调节调节阀的开度。天然气扩散调节阀打开，天然气预混调节阀关闭。在切换过程中保持天然气质量流量几乎恒定。

3）当天然气预混调节阀达到它的“关断”设定流量值时，然后被迅速地、突然地完全关闭。

4）一旦天然气预混调节阀达到其运行点对应的“关闭”位置，天然气扩散调节阀达到其运行点对应的设定开度时，燃气轮机就工作在天然气扩散燃烧运行方式下了。

5）燃气轮机处于扩散燃烧运行方式下时，负荷设定点和温度设定点功能重新激活。

3. 停机

停机是指燃气轮机受控地从同步转速降到静止状态或盘车运行状态。从带负荷运行到燃料阀关闭的停机过程如下所述。当运行人员选中“停机”命令后，燃气轮机开始卸负荷，然后执行以下步骤：

1）根据运行条件，在减负荷期间，最终切换到扩散燃烧方式之前，燃气轮机运行在天然气预混或混合燃烧方式下。

2）随着燃气轮机减负荷的继续，天然气扩散调节阀逐步关闭。当出力降低到一定值时，厂用电切换，也就是说厂用电从电网上取。

3）当出力降到某设定值时，发电机开关或单元回路开关跳开。速度控制器接管燃气轮机的控制，并保持燃气轮机在额定转速。

4）一旦发电机已经从电网解列，天然气系统触发遮断，发电机励磁系统停止。天然气紧急关断阀和天然气扩散调节阀关闭。一旦燃料阀已经关闭，天然气压力释放阀打开，排空后气体密封关闭。

5）燃气轮机无燃烧地惰走到盘车转速。天然气系统为下次启动做准备。

4. 故障管理

以下阐述在运行期间，可能出现的故障，以及在故障期间，天然气系统须采取的开关操作。

（1）甩负荷到零负荷或厂用电负荷（出力不大于40%基本负荷）。

如果燃气轮机在带负荷运行期间，由于发电机开关打开，燃气轮机从电网解列，则发电机消耗的机械功率突然变为零，透平产生的动力则用来增加轴的旋转速度。

当检测到负荷突降到零或厂用电负荷后，燃气轮机控制器从负荷控制器切换到速度控制器。

由于电能转换的突然减少，引起超速的后果，必须尽可能快地通过控制手段进行纠正。在这种情况下，必须迅速地采取有效的措施防止超速保护动作，从而保证燃气轮机可以快速地再一次同期并网。

（2）在天然气扩散燃烧运行方式期间的甩负荷。

西门子 SGT5–4000F 机组运行在扩散燃烧方式下时，甩负荷不会触发天然气系统内的任何开关动作。发电机开关或电源回路开关跳开，燃气轮机控制器切换到速度控制器。

通过调节天然气扩散调节阀，任何出现的速度背离都会被抑制。

（3）在天然气混合燃烧运行方式期间的甩负荷。

1）当检测到甩负荷时，燃气轮机快速卸负荷。天然气调节阀动作到最小开度设定值。天然气扩散调节阀动作到扩散燃烧模式下的最小流量设定值，天然气预混调节阀调整到和 IGV 瞬时动作设定值对应的最小预混流量。

2）当达到额定转速时，速度控制器接管调节阀的控制。燃气轮机保持在混合燃烧方式下运行。当透平出口修正温度低于 TT.ATK.04 设定值时，开始切换到扩散燃烧方式。

（4）在天然气预混燃烧运行方式期间的甩负荷。

1）当检测到甩负荷后，燃气轮机快速卸负荷。天然气预混调节阀调整到和 IGV 瞬时动作设定值对应的最小预混质量流量。同时，值班气的质量流量被快速地增加到一个由 IGV 瞬时动作设定值决定的预选设定值。在甩负荷期间，火焰的稳定主要依赖于燃空比是否足够。

2）当达到额定转速时，速度控制器接管天然气预混调节阀的控制。燃气轮机工作在稳定的预混燃烧方式下，同时值班气份额相应增加。

3）时间继电器设定值时间到后，切换到混合燃烧运行方式。然后若要并网，则燃气轮机可以再次同期并网。

4）燃气轮机一旦切换到混合燃烧运行下，值班气调节阀就动作到和混合燃烧模式相对应的质量流量。

5）以后的运行方式（扩散、混合、预混）取决于负荷和燃气轮机出口修正温度。

5. 燃料切换

在天然气燃烧条件下基本负荷输出的 60%～75%范围内，天然气预混燃烧和加热的燃料油扩散燃烧之间的燃料切换是允许的。若燃气轮机工作在允许的负荷范围内，从天然气预混燃烧切换到燃料油扩散燃烧的过程是完全自动完成的，反之亦然。若燃气轮机不是工作在许可的负荷范围内，在切换前必须手动或通过机组协调控制系统增加或减小负荷。

6. 跳机

若出现直接影响燃气轮机的不利条件，触发遮断是必需的。如果天然气系统触发遮断，天然气紧急关断阀和所有的调节阀（天然气扩散调节阀、天然气预混调节阀、值班气调节阀）同时收到一个“关断”指令。液压驱动的阀门的控制回路遮断，回路打开，相应地发出“关”指令，这些阀门由弹簧力快速关断。遮断命令发出后，一旦天然气紧急关断阀和所有的调节阀关闭，天然气压力释放阀便打开。

二、厂区天然气处理系统

天然气到达电厂围墙外 1m 处的压力为 3.9MPa。厂区天然气处理系统具有紧急隔断、过滤、调压及计量等功能，其工艺流程如下：进入厂区的天然气先经过天然气紧急关断阀和超声波流量计，随后进入厂区一级过滤装置。紧急关断阀用于紧急情况下切断汽源；流量计（0.5 级精度）用于和厂外管网流量计的计量值进行贸易结算；一级过滤装置不设备用，主要用于除去直径较大的液体杂质及固体杂质，以保证下游设备的安全。一级粗过滤后是两台并联运行的二级过滤分离器，容量均为全厂流量的 100%，并留有余量。过滤装置主要用于除去 99.6%的大于 10μm 的液体粒子及大于 2μm 的固体粒子。过滤分离出的冷凝液排入调压站的冷凝液储罐中。二级过滤之后天然气进入 2×100%容量的加热系统（含 870kW 水浴炉式加热器），加热系统在低天然气温度时使用，把天然气加热到高于天然气露点温度 10K 及高于水露点温度 15K 以上，以使天然气的烃露点过热度和水露点过热度达到燃气轮机启动时的要求，同时满足管道安全输送和燃气轮机燃烧需要。接着天然气进入 2×50%或 2×100%容量调压器，两种调压器的配置方案均有一条线备用。

每条调压工作线设工作调压器、监控调压器和快速关断阀门，备用线上也同样设有监控调压器和快速关断阀门。天然气经过调压站调压后分两个支路进入每台燃气轮机的天然气前置模块。

为保证调压器运行和备用之间的可靠切换，根据 SEC－SIEMENS 联合体的要求，介于调压器和前置模块间的缓冲气体容积大约需要设置 70m^3。

天然气输送管道输送的是易燃、易爆气体，一旦发生事故，后果极其严重。因此，埋地管道外部采用三层 PE 防腐，即环氧树脂＋中间层黏结剂＋聚乙烯外层的复合防腐工艺，综合了环氧树脂抗土壤应力好、黏结力强和聚乙烯抗水性好、机械强度高的优良性能。同时，还应考虑配置一台埋地管道外防腐层状况检测仪，对管道防腐层状况进行定期评估，并有计划地进行检漏和补漏以预防和避免因防腐层劣化而引发管线腐蚀。

在安全方面，可采取如下措施：

（1）厂区天然气管道设氮气吹扫系统，设若干手动吹扫连接阀以便检修时可对整个燃料供应系统进行氮气人工吹扫。天然气管道上设置的放散阀可以在两个自动关闭阀之间排出天然气至放散塔后排入大气，以保证燃气轮机发生紧急停机时天然气不被封闭住。

（2）考虑在调压站和主厂房处设置可燃气体浓度探测器，可以连续检测环境空气中存在的微量可燃性气体，当环境空气中可燃性气体的含量达到警戒值时，即能发出报警信号。

三、天然气系统自动排水系统

1. 概述

在使用天然气（NG）运行中，当没有介质流经时，在天然气模块和天然气环形管道之间的天然气连接管道中，以及天然气调节阀中可能会形成凝结水。这些凝结水由电动排水阀排入水箱中。

在排水过程中，天然气可能和凝结水一起被带入排水箱。在排水箱中将气体与液体分离，气体通过通风阀排入大气，液体在箱中收集。

排水箱底部的电磁阀可以让收集的凝结水流出排水箱，流入下游系统等待处理。

在天然气运行中，作为运行模式的一种功能，该排水阀在每次启动前以及每次燃气轮机跳闸后自动动作。

天然气系统中的凝结水积聚原因分析：当燃气轮机以天然气预混燃烧模式运行时，燃烧室内较低的局部压差引起空气从压气机出口流经天然气扩散燃烧器，形成联合分支管道以及天然气扩散燃烧器环形管道的交叉气流。在该过程中，来自压气机出口的较小空气流量渐渐冷却，根据周围环境和现场工况，这种状况会引起温度低于露点，并因此导致凝结水在分支管道中以及在与天然气扩散调节阀相通的天然气连接管道中积聚。当天然气扩散燃烧器在天然气预混燃烧模式运行持续一段时间后重新激活时，积聚的凝结水量会大到使火焰熄灭。

2. 排水系统组成

（1）排水阀。

电动排水阀用来将凝结水从天然气扩散连接管道和天然气扩散调节阀中排入排水箱。该排水阀和排水箱的排水以及通风阀一起组成一个双要素关闭装置。排水阀电路断开时关闭，它还为“已关闭”设定值配有限位开关。

这些阀门通过排水程序控制，每次排水周期、排水时间的限制以及通过监控关联阀门的设定值而具有防高温保护。

（2）排水箱。

排水箱用来收集和分离液体和气体。通风阀用来排出箱中的空气，该箱配有安全阀。

排水箱装配有液位传感器，用来控制水箱排水阀。在箱内保持最低液面可确保气体不会从排水口逸出，排水箱设计是基于假定每天约有 2L 凝结水形成。

压力传感器用来监控排水箱内压力和关联阀门的密封性。

测量点监控排水箱内温度，因为气体蒸发可能导致箱内结冰。该温度指示液化气体有无闪燃，凝结水有无冷结。

（3）安全阀。

安全阀防止排水箱压力过高。如果系统压力超过容许的最高运行压力，安全阀开启，使排水箱减压。

（4）通风阀。

带入排水箱的气体经由通风阀排入大气，通风阀电路断开时关闭，它还为“已关闭”设定值配有限位开关。在每次天然气管道排水时或排水过程后，以及在排水箱自身排水时，通风阀按一定时间间隔和限定时间开启。

（5）排水箱排水阀。

电动排水箱排水阀用来控制从排水箱排水。排水箱排水阀电路断开时关闭，它还为“已关闭”设定值配有限位开关。排水箱排水阀仅在为排水箱排水时才开启。

3. 运行模式

天然气排水管道的自动排水程序开始：

（1）在燃气轮机启动前。

（2）每次燃气轮机停机后。

（3）每 2h 运行一次。

（4）对压气机进行离线清洁后。

排水程序：排水系统所有阀门在开始排水前必须规定一个初始设置，即管道排水阀和排水箱排水阀必须关闭。根据燃气轮机的工况，通风阀可开启也可关闭。如果燃气轮机正在运行，在排水过程中通风阀保持关闭状态。完成排水运行后，排水箱通风阀开启，将箱中气体排入大气，当燃气轮机静止时进行排水时，通风阀开启。当燃气轮机正在运行时，通风阀在排水开始时开启，使排水箱减压。然后通风阀关闭以检查排水阀的密封性。当燃气轮机静止时，通风阀总是开启的。

根据燃气轮机的运行模式，在天然气排水管道中积聚的液体和气体通过排水阀导入排水箱。在燃气轮机运行中，排水系统的任何故障都会引发预跳闸警报。燃气轮机静止时，也可手动启动排水程序。

4. 监控和故障考虑事项

（1）排水箱水位控制。

如果排水箱水位超过其上限，排水箱排水阀开启，通风阀也同时开启。如果排水箱水位继续上升，会引发预跳闸警报。

如果通风阀开启，排水箱内压力低于某一级值时，排水箱排水阀开启功能激活。

排水箱排水阀只可在排水箱水位高于某一点时开启。这样能确保在排水阀开启时，气体不能通过排水箱排水管道逸出。

当排水箱水位降到低于下限时，排水箱排水阀关闭。如果排水箱水位进一步下降，会引发报警。这种情况存在着气体通过排水管道逸出的危险。

如发生排水系统停止运转的情况，此时仍可启动或运行天然气系统。但是，可能启动会失败。

（2）排水阀极限位置监控。

排水阀为“已关闭”设定值配有限位开关。如果天然气排水管道排水阀和通风阀或者排水箱排水阀没有同时发出“已关闭”信号，来自压气机出口的不受控制的空气流量或天然气会进入排水系统，并逃逸到大气中去。这种情况会引发燃气轮机跳闸。

如果要在燃气轮机正在运行时开启管道排水阀，则必须关闭排水箱上的通风阀。如果管道排水阀因故障而无法开启，此时无法保证天然气管道的正确排水。这种故障发生后，在下次天然气管道排水燃烧器激活时，火焰会有熄灭的危险。

（3）排水箱排水阀和通风阀极限位置监控。

排水箱排水阀为“已关闭”设定值配有限位开关。只有在排水箱内还有足够液体时，才可开启排水箱排水阀。这样可确保在排水阀开启时，没有气体通过排水箱排水管道逃逸。

通风阀为“已关闭”设定值配有限位开关。如果通风阀因故障而无法关闭，一种联锁装置会在燃气轮机正在运行时防止排水阀开启。如果通风阀因故障无法开启，会引发预跳闸警报。

（4）排水箱水位监控。

如果排水箱水位太高或太低，天然气管道的自动排水功能都会闭锁。如果排水箱水位低于“MIN”，而且排水箱排水阀没有关闭，联锁功能激活，防止排水阀开启。

水位监控故障会引发相应的警报。在设备的初始调试中，当排水箱水位降到低于下限时（如因流体的蒸发），可使用一种注水装置，以相应的压力在排水箱排水阀开启时向排水箱注水。这样做时，要确保通风阀开启。

（5）排水箱温度监控。

如果液化点火气体流入排水箱，这种气体的汽化可能导致结冰，从而引起故障。相关的温度监控功能在温度降到低于限定值时，闭锁排水系统某一级，同时发出警报，指示操作人员手动开启通风阀。

如果温度超过排水箱设计温度，也会发出警报，此时排水系统闭锁，同时向排水阀发出“关闭”命令。

第四节　液压油系统及控制设备

一、磷酸酯抗燃油基础知识

对于纯磷酸酯抗燃油，难燃性是磷酸酯最突出的特性之一，在极高温度下才会燃烧，但它不传播火焰，或着火后能很快自灭。因此，磷酸酯具有高的热氧化稳定性。

其外观透明、均匀，新油略呈淡黄色，无沉淀物，挥发性低，抗磨性好，安定性好，物理性质稳定。

抗燃油是有毒或低毒的，大量接触后神经、肌肉器官受损，会呈现出四肢麻痹现象，此外对皮肤、眼睛和呼吸道也有一定的刺激作用。

各项油质指标的维护与控制如下所述。

1. 酸值（重要指标）

（1）概念及含义：每克抗燃油样品所含的酸可以中和0.03mg以下的氢氧化钾。新油指标：≤0.03mg KOH/g；运行指标：0.1～0.2mg KOH/g。

（2）超标原因：① 混入矿物油；② 自身高温分解；③ 溶入水分。

（3）超标影响：导致抗燃油起泡、空气间隔、引起系统金属腐蚀、加速油水解、释放出凝胶状固体沉淀、缩短油的使用寿命。

酸值在0.1mg KOH/g以下时，油质比较稳定，如果接近或大于0.2mg KOH/g时，说明油变质，劣化产物形成。抗燃油劣化是氧化反应、热裂解和水解反应的共同反应的结果。酸值升高不仅会进一步催化抗燃油的水解，使酸值更高，而且还会不同程度地影响油的水分、电阻率、颗粒度、泡沫和空气释放值性能，导致阀门、金属部件发生酸性腐蚀和电化学腐蚀。如果运行中的油达到 0.1mg KOH/g 以上但达不到 0.2mg

KOH/g 的这种较低的情况下，即使其他指标仍在合格范围内，也应投入在线再生装置进行油处理，将酸值指标降到 0.1mg KOH/g 以下，防止高酸值引起油质的连锁效应，威胁机组调速系统的安全运行。

2. 颗粒度（重要指标）

（1）概念：油液颗粒度是油品中颗粒性的客观量度，它反映油液中颗粒的分布情况、大小尺寸和数量。

（2）超标原因：① 取样是否具有代表性；② 系统内部的油质劣化；③ 来源于系统外部的污染（不正确的冲洗和经常更换过滤滤芯），系统内部构件的检修或运行期间系统不严密（如油箱呼吸孔等）细小颗粒物的侵入，投入硅藻土会析出钙、镁、钠金属离子，这些离子会与油中的劣化物生成金属盐等物质。

（3）超标影响：引起控制元件卡涩，节流孔堵塞及加速液压元件的磨损，加速抗燃油老化。

（4）处理方法：① 在系统中合理地布置过滤器；② 新油过滤合格后才能加入到系统中；③ 经常开启滤油泵旁路滤油，每次更换过滤器滤芯后应装上冲洗板进行冲洗，建议每三个月检测一次。

3. 电阻率（重要指标）

（1）概念：电阻率是磷酸酯抗燃油的一项重要油质控制指标，电阻率过低会加快元件的电化学腐蚀。

（2）超标原因：劣化极性产物、水分、氯化物、污染物及金属离子。

（3）超标影响：同颗粒度超标影响。

（4）处理方法：超标应检查酸值、水分、氯含量、颗粒污染度和油的颜色等项目，分析导致电阻率降低的原因。

补充说明：温度对电阻率影响很大，温度降低时电阻率升高，温度升高时电阻率降低。（抗燃油系统存在局部过热的现象，尤其是夏季伺服阀某点存在过热而使电阻率降低至小于指标范围内，通过正常取样口化验得出的实验数据只能反映抗燃油系统的整体情况）

注意事项：保持良好工作环境，经常更换滤芯，防止矿物油、冷却水和湿空气的污染，建议每月检测一次。

4. 水分（重要指标）

（1）概念：水分是指油品中的含水量，以质量百分数表示。

（2）超标原因：水是引起磷酸酯分解的最主要原因，水解所产生的酸性物又催化产生进一步的水解，促进敏感部件的腐蚀。

（3）水分主要来源于以下两方面：① 三芳基磷酸酯的内在分子结构特性，决定其容易吸潮，使油中的水含量上升，这一点在空气湿度较大的时候，显得较明显；② 自身的劣化水解产生，当水含量超标时，会发生水解，同时磷酸酯的水解是自动催化降解的过程，即水分的存在尤其在超标的情况下加速抗燃油的水解，水含量越大水解越迅速。

（4）超标影响：使酸值升高；电阻率、泡沫特性指标降低；油品加速劣化；伺服阀内部产生酸性腐蚀和电化学腐蚀。

（5）处理方法：当含水量不是很大（＜0.2%）时，可使用过滤介质吸附或检查更换油箱呼吸器上的干燥过滤器；当抗燃油中水含量很大时，需使用真空脱水（硅藻土滤芯有一定的吸水作用，需在使用前用于 120℃ 烘干 8h，并在干燥箱中冷却到 20～30℃，立即装入过滤筒中），建议每一个月检测一次。

5. 黏度（相对重要指标）

（1）概念：黏度就是润滑液体的内摩擦阻力。

（2）超标原因及状态：① 抗燃油的黏度指标是比较稳定的，只有在当抗燃油中混入了其他液体时，它的黏度才发生变化。② 不同温度下抗燃油的黏度是不同的，一般来说温度升高时黏度下降，因此在说明其黏度指标时要标示温度。通常是在 40℃条件下测试黏度。③ 黏度过高或过低都不利于液压油发挥作用，所以说，监视抗燃油的黏度是为了监视污染。

（3）超标影响：自燃点、闪点降低，泡沫特性和空气释放值指标变差。

（4）处理方法：黏度不合格时换油，建议每六个月检测一次。

6. 氯含量（相对重要指标）

磷酸酯抗燃油中氯含量过高，会对伺服阀等油系统部件产生腐蚀，并可能损坏某些密封材料。如果发现运行油中氯含量超标，说明磷酸酯抗燃油可能受到含氯物质的污染，应查明原因，采取措施进行处理。

提示：禁止使用含氯清洗剂清洗各零部件，可以使用无水酒精和清洁的抗燃油清洗剂，建议每六个月检测一次。

7. 泡沫特性（较重要指标）

（1）概念：泡沫特性指油品生成泡沫的倾向及泡沫的稳定性。泡沫越少，油的抗（消）泡性越好。

（2）超标原因：系统的空气污染；回流速度过快；系统液体量不够；油液降解造成泡沫性能下降；油液与过滤介质反应产生凝胶状磷酸盐。

（3）超标影响：产生气泡造成系统不稳定，响应速度减慢；流体温度升高加速抗燃油分解老化；气蚀导致泵等液压元件损坏；加速油液氧化，建议每六个月检测一次。

8. 外观颜色

抗燃油颜色的变化是油质改变的综合反映，当油液出现老化、水解等现象时，油液的颜色会变深。新油表现为浅黄色，且澄清透明，当颜色表现为深棕色时，可能表示油质已经老化。

抗燃油的其他品质指标还有密度、闪点、燃点、流动点等。

二、液压油系统

1. 功能

图 3－4 是西门子 SGT5－4000F 燃气轮机液压油供应模块系统，表 3－9 是图 3－4 所示主要阀门名称及常态开关状态。高压液压系统是用来控制燃料阀的阀门盘位置和打开紧急关断阀。

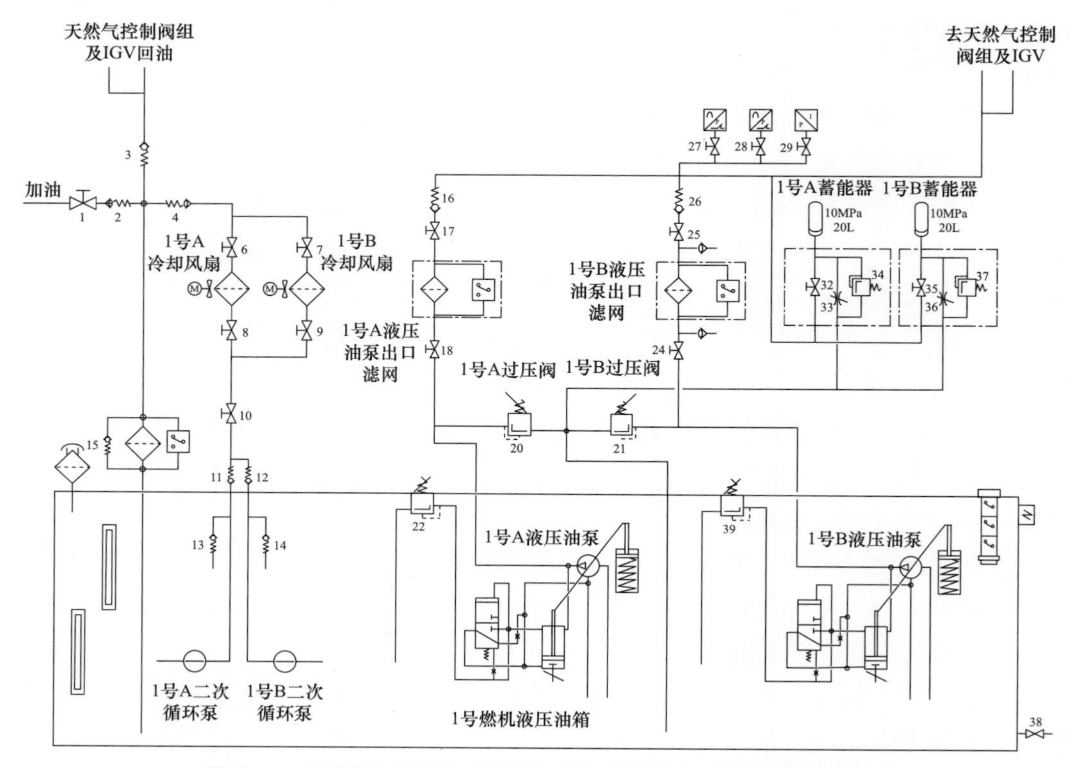

图 3－4　西门子 SGT5－4000F 燃气轮机液压油供应模块系统

表 3－9　　图 3－4 中主要阀门名称及常态开关状态

编号	设备名称	常态	编号	设备名称	常态
1	1 号燃气轮机液压油箱加油隔离阀	开	8	1 号 A 燃气轮机液压油空冷器进口隔离阀	开
2	1 号燃气轮机液压油箱加油止回阀	自动	9	1 号 B 燃气轮机液压油空冷器进口隔离阀	开
3	1 号燃气轮机液压油回油母管止回阀	自动	10	1 号燃气轮机液压油二次循环泵出口母管隔离阀	开
4	1 号燃气轮机液压油空冷器出口止回阀	自动	11	1 号 A 燃气轮机液压油二次循环泵出口止回阀	自动
5	1 号燃气轮机液压油空冷器出口压力开关隔离阀	开	12	1 号 B 燃气轮机液压油二次循环泵出口止回阀	自动
6	1 号 A 燃气轮机液压油空冷器出口隔离阀	开	13	1 号 A 燃气轮机液压油二次循环泵出口过压阀	自动
7	1 号 B 燃气轮机液压油空冷器出口隔离阀	开	14	1 号 B 燃气轮机液压油二次循环泵出口过压阀	自动

续表

编号	设备名称	常态	编号	设备名称	常态
15	1号燃气轮机液压油回油过滤器过压阀	自动	26	1号B燃气轮机液压油泵出口止回阀	自动
16	1号A燃气轮机液压油泵出口止回阀	自动	27	1号燃气轮机液压油供油母管压力开关1隔离阀	开
17	1号A燃气轮机液压油泵出口滤网后隔离阀	开	28	1号燃气轮机液压油供油母管压力开关2隔离阀	开
18	1号A燃气轮机液压油泵出口滤网前隔离阀	开	32	1号A燃气轮机液压油蓄能器进口隔离阀	开
19	1号A燃气轮机液压油泵出口压力表隔离阀	开	33	1号A燃气轮机液压油蓄能器回油节流阀	调节
20	1号A燃气轮机液压油泵出口过压阀	自动	34	1号A燃气轮机液压油蓄能器进口过压阀	自动
21	1号B燃气轮机液压油泵出口过压阀	自动	35	1号B燃气轮机液压油蓄能器进口隔离阀	开
22	1号A燃气轮机液压油泵内部可调过压阀	自动	36	1号B燃气轮机液压油蓄能器回油节流阀	调节
23	1号B燃气轮机液压油泵出口压力表隔离阀	开	37	1号B燃气轮机液压油蓄能器进口过压阀	自动
24	1号B燃气轮机液压油泵出口滤网前隔离阀	开	38	1号燃气轮机液压油箱放油阀	关
25	1号B燃气轮机液压油泵出口滤网后隔离阀	开	39	1号B燃气轮机液压油泵内部可调过压阀	自动

本节涵盖了液压油供应单元，它在功能上作为高压液压系统的一部分。液压油供应单元的任务是提供需要压力的、足够数量的、最佳温度的和足够清洁的液压油，去操控阀门的执行机构。液压油供应站仅由完成此任务所必需的设备单元组成。

实际负责向燃料调节阀和紧急关断阀的执行机构供给液压油量的调节控制设备，直接安装在阀门执行机构的缸体上，这使得执行机构结构紧凑。执行机构通过一根供油钢管、一根回油钢管与液压油供应站相连。若有需要，还可连接一根铬镍钢疏油管。通过将燃料供应系统的部件和中央液压站的部件组合成一个成套控制单元，使得液压管线很短。

2. 液压油供应站的结构及运行

中央液压油供应单元由所有必不可少的液压油供应部件组成，例如泵、过滤器和蓄能器。所有部件都安装在液压油箱上，形成了一个紧凑的、便于运输的单元模块。液压油箱全部由不锈钢制成。为避免腐蚀，油箱内壁有防腐涂层，箱上配有呼吸器。根据型号，液压油箱的容积约为250L或400L。

液压油供应站的主要部件有液压油箱、液压油泵、两个液压油压力蓄能器、供油管线过滤器、带油－气冷却器的组合式冷却、清洗回路（二次回路）和初步过滤液压油的回油管线过滤器。液压油供应站还包含安装在液压油箱构架上的指示和监测装置。

两台浸入油箱中的液压油泵分别直接与两台二次循环泵相连，从正上方插入油箱。液压油泵一台按工作泵一台按备用泵设计。这些泵都是按照旋转斜盘原理等同设计的轴向活塞泵。这些泵装备有压力跟踪控制系统，它连续调节供油量与液压系统消耗的油量保持平衡。根据液压油系统液压油压力，通过改变泵体内圆盘的倾斜角度来调节泵的输送油量。因此，实际消耗的油量和供给的油量保持最优化的平衡，减少了从系统中移走多余油的需要。泵的输出压力大约为160bar。

泵装配有可调的两只内部安全阀。这些阀门保护泵防止超压。可调压力限制阀安装在泵下游的供油管线上。如果泵出口油压超过规定值，这些阀门会转移部分输出油量去油箱，这样就防止了在液压系统中存在不允许的高压。轴向活塞油泵下游供油管线内压力直接由压力表指示。

每台泵出口供油管线都分别配有供应管线过滤器，它们都含有一个污垢监视器。压差开关监视油滤的结垢情况，并配有就地可读显示器。如果两个压差开关中至少一个大于设定值的时间超过10min，则预遮断报警显示“液压油滤网结垢”。供油管线过滤器可由阀门单独隔离。当过滤器正在更换时，备用液压油泵暂时接管液压油供应任务。因为供油管线油滤趋向于作为简单保护设备的功能，所以在运行期间禁止任何结垢。

两台液压油泵的输油管在供油管线过滤器的下游合并，当停机时，止回阀可以防止液压油倒流入泵。两个带就地压力测点的液压油蓄能器，以及系统压力监视器、系统压力显示表、压力传感器都连到液压油过滤器下游的供油管线上。

每个液压油蓄能器配有截止阀组，截止阀组由各自的截止阀及安全阀组成。

液压油供应管从液压油过滤器出口，将液压油供给到可调阀的执行机构。执行机构在后续相关小节中描述。

阀门执行机构的回油管在液压油供给站前（上游）合并，并经过过滤器返回到油箱。由于这个过滤器在高压液压油系统是主过滤器，因此它比其他过滤器大很多。滤网网孔为5μm。回油过滤器的结垢不仅可以从背压开关监测到，而且也可以从过滤器上的就地指示器上观察到。如果压力超过背压开关的设定值 10min 以上，则预遮断报警显示“液压油滤网结垢”。此油滤同时并行安装一个止回阀，起到防止油滤机械损坏的作用。若油滤上游点的压力超过某一个压力值，该阀打开。

阀门 MBX08AA251 用于液压油箱充油。当通过此阀向油箱充油时，原油在流入油箱的路上必须经过油滤 MBX08AT001。当油箱充油时，这样确保没有碎屑进入液压油系统。

3. 二次液压油回路

油滤器也是二次液压油回路的一部分。二次液压油回路维持最佳的液压油温度，并使油连续地、循环流过油－空冷却器和液压油滤，使液压油中无碎屑。二次液压油循环与高压液压油系统的运行周期相关。二次液压油循环泵首先供液压油到空冷器。空冷器的启停取决于液压油箱中的液压油温度（也可以参考液压油温度监视部分）。二次液压油流和回油管在空冷器的下游会合并流入过滤器。止回阀既阻止了液压二次油从回油管线进入到阀门的执行机构，又阻止了从执行机构来的回油进入到二次液压油回路。液压二次循环泵装配有安全阀。液压二次油可通过截止阀来关断，那么油经过压力限定阀直接流回到油箱。切断二次液压油回路是不需要的，例如：更换滤芯时。通常回油压力非常低，以至于更换滤芯时，没有必要关断回油管。用电子式压力开关监视二次回路液压油油压，此压力开关带压力表显示。压力开关一送电，就地显示的二次回路油压就能被读出。假设液压油循环泵或空冷器故障，当二次油压下降到低于规定的限定值，并超过 5s 时，预遮断报警显示“液压二次油回路故障”。

4. 监测

（1）液压油温度监测。

在燃气轮机运行或停运期间，液压油温度监测设备总是处于准备运行状态。

油箱中的液压油温度由电阻式温度计来测量。电阻式温度计的输出信号设有不同级别的报警点来监视油温。

当燃气轮机处于停运状态时，若需要，液压油是通过启动油泵来加热的。如果油温降到低于 T.HYD.01 的限定值时（约 300℃），启动两台液压油泵使油循环；如果油温超过 T.HYD.02 的限定值时（约 350℃），两台液压油泵停运。如果油箱中油位保护系统没有响应时，油温控制系统才起作用。

如果油温高于 T.HYD.04 的设定值时（约 55℃），二次液压油回路中的油－空冷却器的冷却风扇启动。油温降到低于 T.HYD.03 的设定值时（约 45℃），二次液压油回路中的油－空冷却器的冷却风扇停运。油温高于 T.HYD.05 的设定值时（约 70℃），则预遮断报警显示“液压油温度高”。

液压油箱中的油温可以从就地温度表上观察到。

（2）油位监控。

在燃气轮机停运和运行期间，油位监控设备总是处于准备运行状态。

液压油油箱中的油位通过可视的玻璃管式液位计和油位监控器监控。三个不同的开关点整定在液位监控器上。其中两个开关动作点是相同的。若油箱油位低于设定值，则故障报警显示“液压油油箱油位低”。若油箱油位低于设定值中的至少 2 个（3 取 2 逻辑），则两台主液压油泵（如果正在运行）和二次循环泵停运，并报警显示“液压油油箱油位太低”。随着泵的停运，液压油压力慢慢降低，当油压低于最小压力时导致燃气轮机遮断。

（3）压力监控。

供油管线过滤器下游的集油管安装有电子式压力开关和压力传感器。压力开关带有各自的就地压力显示器。压力开关一送电，系统压力就可以就地显示。这些压力仪表的任务是去监控液压油系统的油压。限定值 P.HYD.02 和 P.HYD.04 从压力传感器获得信号。

当启动燃气轮机时，工作泵启动。如果系统压力低于运行压力（例如 150bar），则备用泵也启动，加快系统压力的增加，并对蓄能器充压。用压力开关和压力传感器监控的系统压力，能够和液压泵的启动保持一致。当压力开关的上限或 P.HYD.02 的限定值被超越（3 取 2 逻辑），工作压力已经达到，如果备用泵正在运行，则其被停运。

液压油系统应为燃气轮机的运行做好准备。在备用泵不工作及所有正常运行的工况下，工作泵具有维持约 160bar 的系统压力的能力。

燃气轮机在运行期间，若液压油压力低于压力开关或 P.HYD.02 的设定值（例如 150bar），一个启动命令就会发送给备用油泵。不管工作泵是否在运行，备用泵的启动命令都会发出。不管压力是否已经建立或运行泵是否正在运行，备用泵都保持运行。一旦故障原因被确定，工作泵或备用泵能够手动停运。直到工作压力已经被超过（例如大于 145bar），两台泵中的任意一台才允许手动停运。

在备用泵运行时，报警显示“备用液压油泵运行”。

要进行运行泵到备用泵的切换操作，必须先启动备用泵。当两台泵都在运行而且系统压力远大于工作压力（例如大于 145bar）时，工作泵才能停运。由备用泵切换到工作泵的操作是类似的。

一旦工作压力被超越（例如大于 145bar），燃料安全截止阀，以及包括在天然气和燃油系统中的紧急关断阀和调节阀才允许打开。

如果压力降低到两个压力开关设定值及 P.HYD.04 的限定值，也就是 100bar（最小压力，3 取 2 逻辑），则燃气轮机遮断。

（4）液压油蓄能器。

这里使用的液压油蓄能器是冗余的球胆蓄能器，用氮气预充 90bar 的压力（50℃）。蓄能器的设计是使蓄能器能在工作泵故障的情况下（从工作泵到备用泵的切换期间）迅速地、突然地、协调一致地控制燃料调节阀的位置。液压油系统内的这种不希望的反应不应导致系统压力下降较多，也就是说从 125bar 到 145bar。在这个范围内，一只蓄能器就能供应必需的液压油流量，不会触发最小压力监控回路的 3 取 2 逻辑和遮断燃气轮机。

三、天然气系统阀组和液压油阀门执行机构

1. 概述

本小节主要描述天然气系统中安全关断设备（紧急关断阀）和调节阀的执行机构。

阀门的执行机构基本上由液压缸和直接集成在执行机构机架上的相关控制设备组成。这样就形成了一个紧凑的执行机构单元。

在燃气轮机的不同工作运行方式下，根据适当的主要条件，通过调节阀门执行机构的液压油供应量来开关阀门和进行阀门的定位。

紧急关断阀和调节阀的配置如图 3－5 所示。

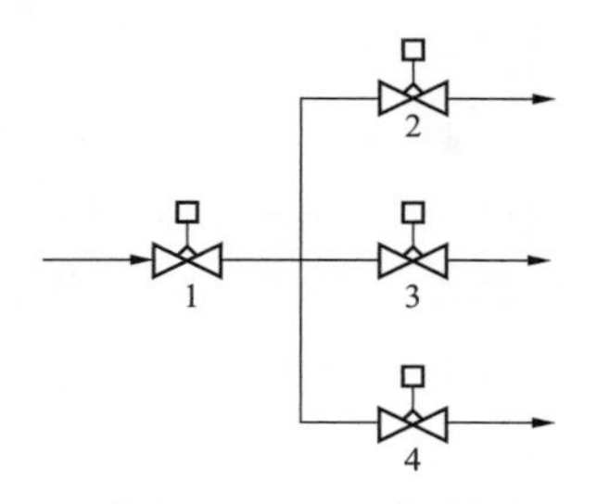

图 3－5　天然气阀组

1—NG ESV 天然气紧急关断阀；2—NG DM CV/ESV 带紧急关断功能的天然气扩散调节阀；
3—NG PM CV/ESV 带紧急关断功能的天然气预混调节阀；
4—NG PG CV/ESV 带紧急关断功能的天然气值班气调节阀

紧急关断阀一般安装在三个调节阀的上游，串联连接的每一对截止阀组成了一个双部件隔离设备。

固有的控制系统，也就是速度控制器、负荷控制器、温限控制器、启动和停机控制器以及阀门执行机构需要的液压油供应站等，这里不再赘述。

图 3－6 是西门子 SGT5－4000F 燃气轮机天然气阀组及液压控制系统。

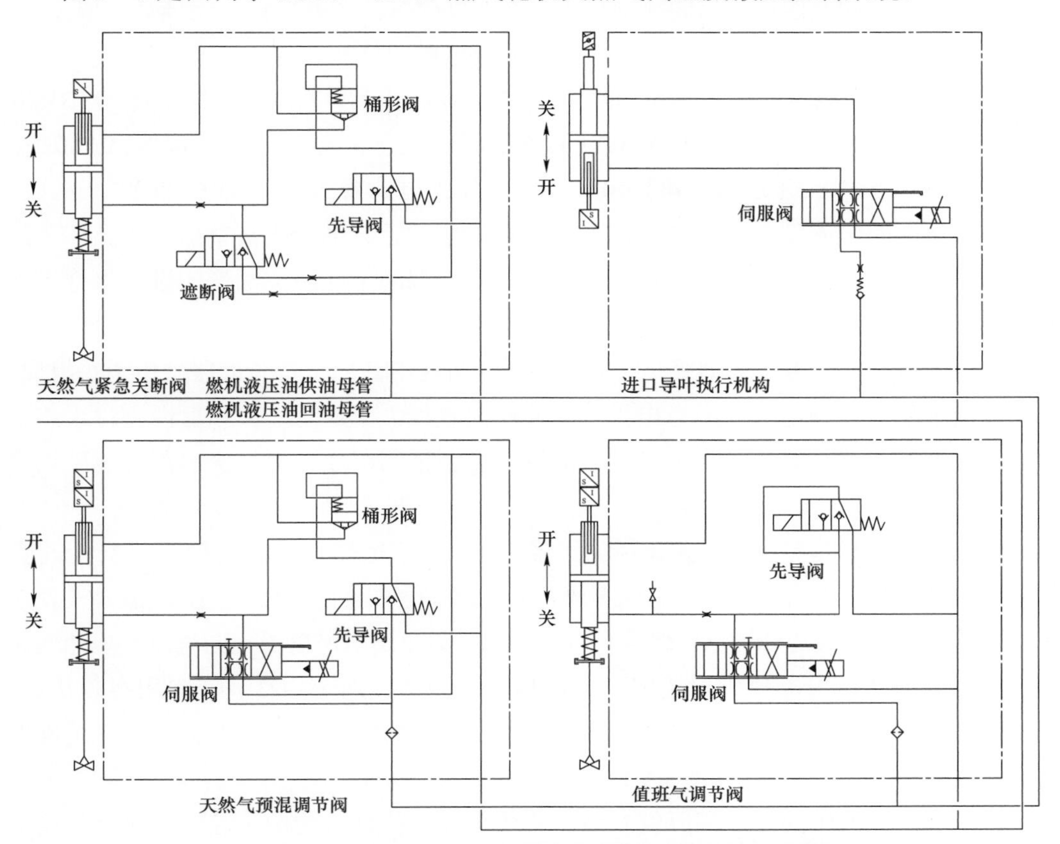

图 3－6　西门子 SGT5－4000F 燃气轮机天然气阀组及液压控制系统

2. 阀门执行机构通则

这三个调节阀和一个紧急关断阀的执行机构的原理结构、材质都是相同的。

执行机构安装在阀杆的法兰上，基本上由集成到执行机构单元的液压油缸和关闭阀门的一个盘形弹簧组构成。液压执行机构油缸的活塞两边的区域是相同的，但压力油仅从一侧供给。当执行机构流入一定压力的液压油时，阀门才能被打开。执行机构内的盘形弹簧组用一定的压力去关闭阀门。活塞杆用硬铬镀层磨光处理的不锈钢制成。

在每一个执行机构的活塞杆上装有电子电路集成的、插头连接的感应式位置传感器。

通过安装在紧急关断阀执行机构单元上的两个感应式限位开关来监测阀门的开、关位置。在执行机构机架上的控制设备线性地执行各自的任务。

3. 控制设备通则

每个执行机构（控制设备）通过一根供油管、一根回油管连接到液压油供应站。

每个控制设备（执行机构）由一个专用的压力过滤器来保护。每个过滤器由一个可视的显示器来监视过滤器的结垢情况。若超过结垢相对应的压力，彩色码指示器就地显示。

天然气扩散和预混调节阀的控制设备具有相同的紧急关断功能，功能如下所述。

（1）带紧急关断功能的天然气扩散和预混调节阀的控制设备。

带紧急关断功能的天然气调节阀的控制设备（执行机构）基本上由伺服阀（MBX80/81AA10）、2 位桶形先导阀（MBX80/81AA052）、电磁型先导阀（MBX80/81AA002）、压力测量点（MBX80/81CP401/402/403/404）和压力过滤器（MBX80/81AT002）组成。

正常运行时电磁型先导阀带电，桶形先导阀里的弹簧加载式活塞的上腔充压，因此桶形先导阀关闭，从而阻止了液压油流从执行机构的下腔经过桶形阀进入执行机构的上腔/或再到回油管至油箱。

在这种情况下，用两级伺服阀可以控制执行机构活塞的位置。伺服阀由两级组成：第一级由永磁性控制电机（力矩电机）及液压前置放大（使用一个喷射冲击盘系统）的导向阀组成；第二级由带四个测量边的绕线型调节阀组成，第二级也具有液压放大的功能。

阀门的执行机构和控制设备是控制回路的一个集成组件。位置控制器发出一个与负荷无关的电流信号作为位置信号给伺服阀，按照和信号电流的比例关系，伺服阀改变从液压油供应站来的液压油流量，但是有较大的放大。控制器输出的正向电流使天然气调节阀打开，而负向电流使阀门关闭。电流越大，天然气调节阀打开或关闭得越快。

伺服阀的液压整定是这样的，一旦电源失去（例如断线），天然气调节阀总是确保在关的位置。

打开阀门：液压油经过伺服阀二级的测量边流入执行机构的下腔，活塞上升压缩关闭弹簧，将上腔中的液压油挤压到油箱的回油管。

关闭阀门：通过伺服阀二级的测量边，执行机构的上腔和下腔之间和（或）油箱的回油管之间的连接接通，阀门被弹簧力关闭，强迫液压油从执行机构的下腔经过伺服阀进入执行机构的上腔或油箱的回油管。执行机构活塞的运动被非接触式位置传感器记录。这个传感器输出一个模拟电流信号作为实际位置信号并被反馈到位置控制器。

带紧急关闭功能的天然气扩散和预混调节阀是双重截止阀的组件。除了控制天然气供应的数量，当需要时也可以快速、可靠地切断到燃烧器的燃料的质量流量。

一旦触发遮断信号，电磁型先导阀（失电遮断原理）失电，调节阀关闭。电磁型先导阀失电使执行机构下腔压力降低，盘形弹簧组迅速关闭紧急关断阀。作用于 2 位先导阀活塞上的控制油被减压，并流回到油箱。由液压油缸里的盘形弹簧组建立的液压油压打开 2 位先导阀的弹簧加载式控制活塞。执行机构下腔中的液压油经过 2 位先导阀流入活塞上方（上腔）的减压空间。作用于控制活塞上的预置弹簧力非常低，导致仅仅在接头 A 和 B 之间的一个轻微的压力差就能使 2 位先导阀关闭。因此，2 位先导阀具有在低压力降下切换大流量的能力，从而确保了天然气调节阀的执行机构能在短时间内关闭阀门。盘形弹簧组能可靠地关闭调节阀。

（2）值班气调节阀的控制设备。

与带紧急关断功能的值班气调节阀（MBP23AA151）的执行机构相关的控制设备 MBX82AS001，基本上由伺服阀 MBX82AA101、电磁型先导阀 MBX82AA002、压力过滤器 MBX82AT002 和压力测量点 MBX82CP401/402/404 组成。正常运行时，电磁型先导阀带电，这样阻止了液压油流从执行机构的下腔经电磁型先导阀进入执行机构的上腔/（或）再经过回油管返回到油箱。

活塞的动作由伺服阀控制。伺服阀由两级组成：第一级由带力矩电机和液压前置放大的导向阀组成；第二级由一个先导阀组成，第二级也具有液压能放大的功能。

阀门的执行机构和控制设备是控制回路的一个集成组件。位置控制器发出一个与负荷无关的电流信号作为位置信号给伺服阀，按照和信号电流的比例关系，伺服阀改变从液压油供应站来的液压油流量，但是有较大的放大。

控制器输出的正向电流打开值班气调节阀，而负向电流关闭阀门。电流越大，值班气调节阀打开或关闭得越快。

伺服阀的液压整定是这样的，一旦电源失去（例如断线），值班气调节阀总是确保在开的位置。

为了增加调节阀的提升力，液压油直接跨过伺服阀第二级的测量边到达执行机构的下腔。活塞向上运动压缩弹簧并将上腔的液压油压回到油箱。液压执行机构的关断动力来自弹簧力，也就是说伺服阀动作，液压油在弹簧力的作用下从执行机构的下腔经过伺服阀到执行机构的上腔。执行机构活塞的运动被非接触式位置传感器记录。这个传感器输出一个模拟电流信号作为实际位置信号，并被反馈到位置控制器。

一旦触发遮断信号，电磁型先导阀（失电关闭原理）失电，调节阀关闭。

电磁型先导阀失电使执行机构下腔压力降低，弹簧组迅速关闭值班气调节阀。一旦遮断，执行机构下腔中的液压油经过电磁型先导阀流入活塞上方（上腔）的减压空间/或再经过回油管流回油箱。

（3）天然气紧急关断阀的控制设备。

天然气紧急关断阀的执行机构的控制设备（MBX70AS001），基本上由电磁阀 MBX70AA031、2 位先导阀（桶形）MBX70AA052、电磁型先导阀 MBX70AA001、压力过滤器 MBX70AT002 和压力测量点 MBX70CP401/402/403/404 组成。

电磁型先导阀 MBX70AA001 和电磁阀 MBX70AA031 送电，延迟片刻后，天然气紧急关断阀打开。

电磁型先导阀 MBX70AA001 送电，桶形先导阀（MBX70AA052）里的弹簧加载式活塞的上腔加压，从而关闭桶形先导阀，阻止了液压油流从执行机构的下腔经桶形先导阀进入执行机构的上腔/或再经过回油管返回到油箱。

电磁阀 MBX70AA031 同时送电，供应液压油到阀门执行机构的下缸。执行机构内的活塞向上运动压缩关闭弹簧，使活塞上腔的液压油挤压到回油管至油箱。

一旦触发遮断，电磁型先导阀 MBX70AA001 失电（失电关闭原理），天然气紧急关断阀关闭。

电磁型先导阀 MBX70AA001 失电使执行机构的下缸减压，造成盘形弹簧组快速关闭天然气紧急关断阀。

作用于 2 位先导阀的执行机构上腔里的控制油减压流回到油箱。由液压油缸里的盘形弹簧组建立的液压油压打开 2 位先导阀的弹簧加载式的控制活塞，执行机构下腔中的液压油经过 2 位先导阀流入活塞上方（上腔）的减压空间。

作用在控制活塞上的预加载关闭弹簧力非常低，导致仅仅在接点 A 和 B 之间的一个轻微的压力差就能使 2 位先导阀关闭。因此，2 位先导阀具有在低压力降下切换大流量的能力，从而确保了天然气紧急关断阀的执行机构能在短时间内关闭阀门。盘形弹簧组能可靠地关闭紧急关断阀。

当接收到遮断信号时，电磁型先导阀和电磁型通电打开阀的同时失电。这样就中断了和有压管路的连接。然而电磁型先导阀的失电独自地确保了阀门可靠、迅速地关断。

第五节 润滑油供应系统

一、系统概述

润滑油系统向燃气轮机、发电机/励磁、盘车装置提供温度、压力符合要求的，过滤后的清洁润滑油。另外，润滑油系统向发电机氢气密封油系统供油，冷却透平支撑并维持超速跳闸系统的压力。在润滑油压不足或油温过高时，燃气轮机/发电机机组会受到保护。燃气轮机启动设备是具有电气联锁的，因此在润滑油没有满足压力和温度要求的情况下，燃气轮机不能启动。绝大部分润滑油系统的设备位于润滑油箱顶部。

燃气轮机制造商一般不提供单轴联合循环燃气轮发电机的润滑油系统以及关联的I&C 设备。燃气轮机和蒸汽轮机有分离的盘车装置。在发电机和蒸汽轮机之间的 SSS 离合器使燃气轮机和蒸汽轮机以不同的转速旋转成为可能。

燃气轮机制造商为燃气轮机提供盘车装置。本部分仅介绍燃气轮机盘车装置及其常规功能。

润滑油和顶轴油泵的开环控制设备不属于燃气轮机制造商的供货范围。这里假定润滑油和顶轴油泵的开环控制系统考虑了燃气轮机盘车装置的要求。

二、转轴的盘车装置及顶轴油系统

图 3－7 是带摇臂的燃气轮机盘车装置。燃气轮机停机后，在盘车运行期间，转轴（燃气轮机和发电机部分）以低速转动（例如 120r/min）。流经机组的空气流均匀冷却燃气轮机，避免了外壳和轴的弯曲（无充足空气流通过机组的自然冷却，使外壳下部和轴区域冷却得更快），轴保持自由转动，燃气轮发电机为下一次启动做好准备。

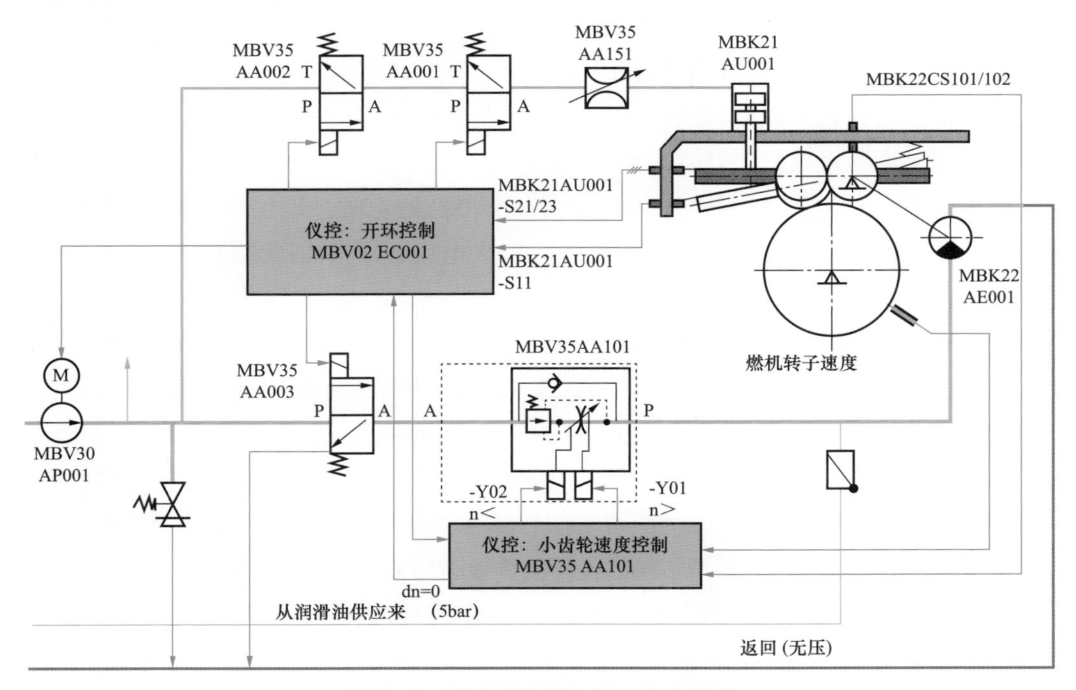

图 3－7 带摇臂的燃气轮机盘车装置

燃气轮机保持在盘车运行状态，直到充足时间达到（如 24h）才允许机组停运。这种运行也称为低盘（冷盘）运行。出于机械设计原因，透平叶片在室温下松散地安装在转子轮盘槽中。当转速非常低时，可看到叶片根部在槽中轻微移动并发出可听见的咔嗒咔嗒声。当超过某一转速时，离心力将叶片根部牢牢固定住。

因此，盘车转速的选择，应确保此速度使全过程自始至终能产生足够的空气量来完全冷却机壳以及防止透平叶片发出可听见的咔嗒咔嗒声。

冷盘结束后，盘车装置停运。当转轴转速达到静止转速，转速低于有关的设定值（如 6r/min）的时间超过有关的设定值（如 10min）时，可以关闭顶轴油泵和润滑油泵。

然后转轴必须处于静止状态。为了防止透平叶片发出可听见的咔嗒咔嗒声，从而磨损叶根和/或 Hirth 齿，必须防止蒸汽轮机侧的盘车带动燃气轮机侧轴的转动。

长期停运期间，燃气轮机转轴应每隔有关的设定值（如每 6h），短时盘动一下，以确认转轴仍能自由转动。在这种情况，不会达到盘车转速。这种运行方式被称为间隔盘车（周期盘车）。

燃气轮机既可以从静止状态也可以从惰走状态下启动。如果盘车装置正在运转，应在启动燃气轮机前先停运盘车装置。

盘车装置安装在压气机轴承箱内，它由与主动小齿轮连接的液压电机组成。主动小齿轮与一个旋转小齿轮永久啮合。旋转小齿轮安装在旋臂上。一个液压活塞通过一个齿轮毂与旋转齿轮啮合。齿轮毂安装在连接燃气轮机和发电机的中间轴上。弹簧力使旋臂回复到脱离状态位置。液压电机转速由转速传感器测得。在修正齿轮传动比之后，液压电机转速与燃气轮机轴转速匹配。

顶轴油供给液压电机和啮合齿轮。在盘车装置运行、顶轴油泵停运期间，润滑油通过止回阀供给液压电机，以防止停运时的损坏。

当电磁啮合阀 MBV35AA001 和 MBV35AA002 通电时，压力油供给液压油缸。旋臂向内运动，啮合盘车装置。如果电磁啮合阀失电或者顶轴油压力降低，旋臂因弹簧力回复到脱离位置。

顶轴油通过电磁切断阀和流量调节阀供给液压电机。通过调节流量调节阀的开度，可以在近乎静止到刚刚超过盘车转速的范围内改变液压电机转速。调速通过激励电磁阀 1（当顶轴油流量很大，转速很高时）或激励电磁阀 2（当顶轴油流量较小，转速较低时）进行。

当燃气轮机转轴静止或惰走时，盘车装置可以啮合。当燃气轮机转轴静止时，旋臂上的小齿轮与燃气轮机发电机轴上的齿轮孔啮合，此时液压电机停运（电磁切断阀关闭）。随后，电磁切断阀开启，流量调节阀的执行机构逐渐调节到盘车转速，开始盘车运行。

当燃气轮机停机期间，盘车运行开始时，燃气轮机正处于惰走状态。打开电磁切断阀可将脱离啮合的液压电机加速到啮合转速（例如 10～20r/min）。当燃气轮机转轴转速等于液压电机转速时，电磁啮合阀通电，旋臂转到啮合位置。一旦盘车装置啮合，流量调节阀的执行机构逐渐调节到盘车转速，盘车运行开始。

关闭电磁啮合阀和电磁切断阀可以终止盘车运行。旋臂回复到非啮合状态位置，液压电机恢复到静止状态。流量调节阀整定到它的最小开度设定位。

图 3－8 是西门子 SGT5－4000F 燃气轮机组润滑油供油模块系统。

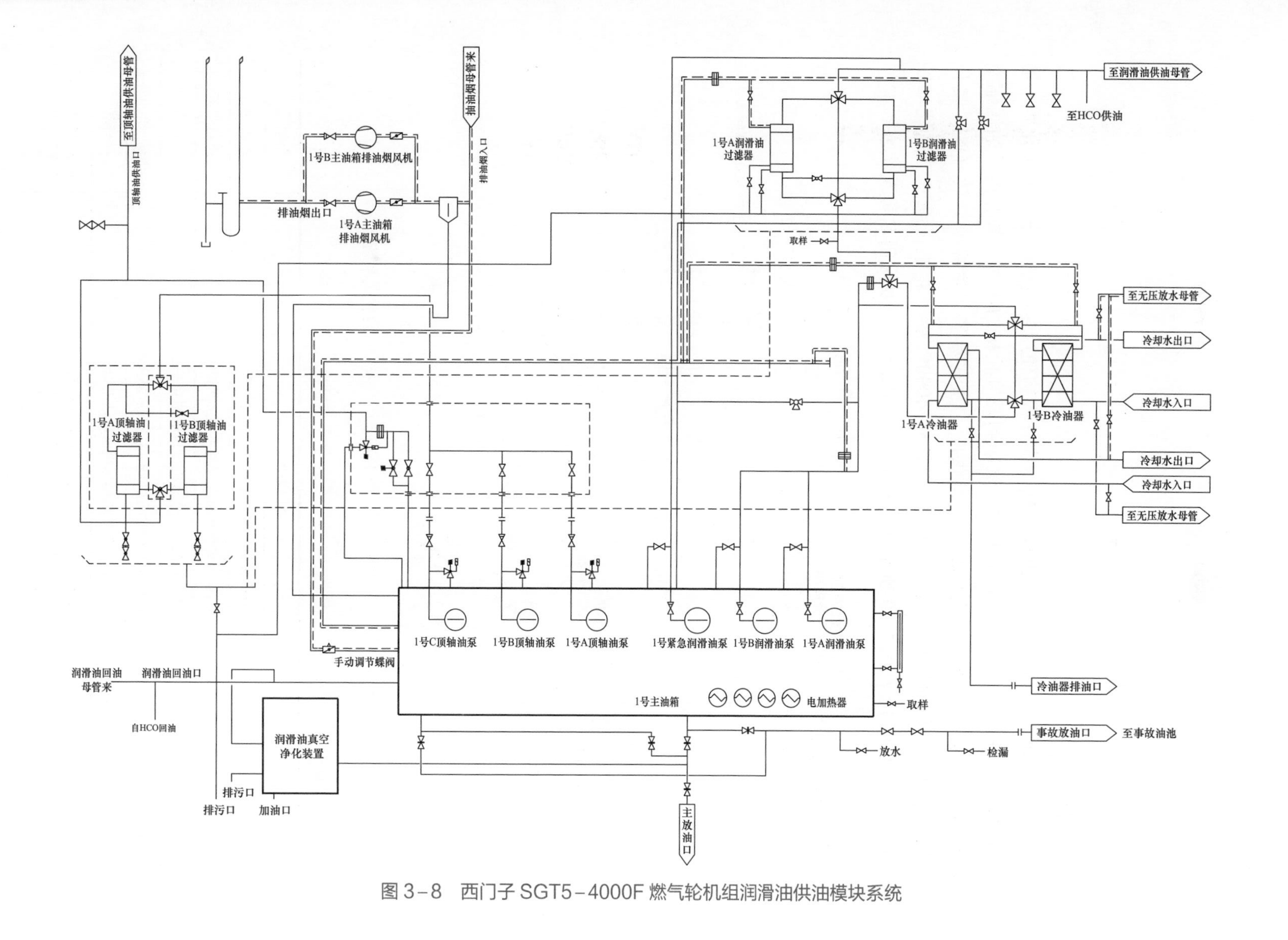

图 3-8　西门子 SGT5-4000F 燃气轮机组润滑油供油模块系统

第六节 压缩空气系统

一、压缩空气系统概述

1. 说明

燃气轮机辅助系统内的不同组件的气动执行机构使用压缩空气作为工作介质。通常气动阀相对比较安全。出于安全考虑，供应到燃气轮机的压缩空气和电厂的压缩空气网络是独立的，压缩空气由压缩空气站供应。通常除了（防喘振）放气阀，其他系统内的阀门也使用压缩空气。西门子 SGT5－4000F 燃气轮机压缩空气系统如图 3－9 所示，表 3－10 是图 3－9 所示燃气轮机压缩空气系统重要阀门名称及状态。

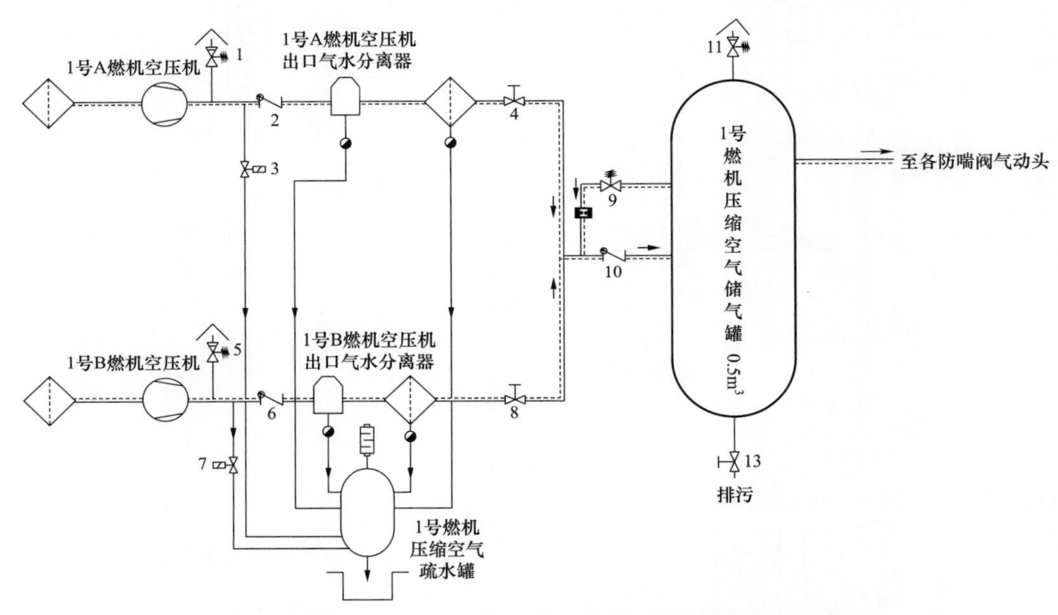

图 3－9 西门子 SGT5－4000F 燃气轮机压缩空气系统

表 3－10 图 3－9 中燃气轮机压缩空气系统重要阀门名称及状态

编号	阀门名称	常态
1	1 号 A 燃气轮机空压机出口过压阀	自动
2	1 号 A 燃气轮机空压机出口止回阀	自动
3	1 号 A 燃气轮机空压机出口电磁泄压阀	自动
4	1 号 A 燃气轮机空压机出口滤网后隔离阀	开
5	1 号 B 燃气轮机空压机出口过压阀	自动
6	1 号 B 燃气轮机空压机出口止回阀	自动
7	1 号 B 燃气轮机空压机出口电磁泄压阀	自动

续表

编号	阀门名称	常态
8	1 号 B 燃气轮机空压机出口滤网后隔离阀	开
9	1 号燃气轮机空压机出口母管止回阀旁路压力调节阀	自动
10	1 号燃气轮机空压机出口母管止回阀	自动
11	1 号燃气轮机压缩空气储气罐过压阀	自动
13	1 号燃气轮机压缩空气储气罐疏水阀	关

2. 空压机站的结构和功能

空压机站按双冗余设计。每组基本上由一台空压机、一台冷却器和一台过滤器组成。系统有充足的富余量，也就是说每套压缩空气系统向辅助系统提供充足的、可靠的压缩空气量（2×100%）。两套设备具有相同的结构，因此以下部分就仅仅描述一套设备。

电力驱动的压缩机压缩空气。若过滤器投入系统运行，则此过滤器用来预先过滤空气。安全阀用来保护空压机防止超压。

安装在空压机下游的电磁型压力释放阀是为了防止活塞式空压机的启动阻力（协助启动）。当相对应的空压机在停运状态时，电磁阀打开；当空压机运行之后，阀门关闭。

逃逸的压缩空气和其他浓缩形成的凝结物被送到浓缩物收集箱。浓缩物收集箱装配有消声器，当排放压缩空气到大气时，消声器用来降低噪声。

聚集在凝结水收集箱里的浓缩物被输送到处于大气压力下的处理罐。由于浓缩物中可能含有油，因此处理罐必须满足油处理的要求。

当空压机停运时，旋启式止回阀用来防止压缩空气排放。

压缩空气在下一级干燥，压缩空气在冷干机中冷却。压缩空气达到指定压力露点，成为潮湿的浓缩气。冷干机内的分离器系统将压缩空气流中的水和油分离出来，浓缩物通过疏水分离器排出。

压缩空气里仍然存在的细小污垢和油滴由过滤器除去。过滤器上安装有带差压开关的可视差压指示器。若超出开关的差压设定值，一个组故障报警信号会发出。然后需要更换滤芯，通过疏水分离器疏水。截止阀用于检修或运行期间隔离管路。

两套设备在截止阀出口合并。若一套设备出现泄漏，旋启式止回阀可以防止压缩空气逃逸。储气罐用来储藏已经被干燥和清洁过的压缩空气，压力表用来显示储气罐压力，系统压力由安全阀限定。储气罐若需要疏水，截止阀用来疏水。

3. 开环控制

压缩空气站的开环控制系统由用于燃气轮机仪表控制系统的一个黑箱子组成。一旦通过手动打开主回路电源开关，空压机站就会启动，在燃气轮机仪表控制系统的压缩空气站控制部分，不需要其他的开关操作。

每一台空压机子系统的开环控制设备和电气设备的电源开关位于单独的接线箱内。

两个压力开关用于空压机的启动和停运。这两个压力开关具有相同的压力设定值。当达到启动压力时，两台空压机都启动。当达到停运压力时，两台空压机都停运。当储气罐里的压缩空气被消耗后，压力降低到所有压力开关的设定值，从而两台空压机都启动。通常，当压缩空气的消耗量非常少时，例如由于泄漏，仅一个压力开关的设定值被超出时，仅一台空压机启动。运行的空压机提高了系统压力从而防止了另一台空压机的压力开关动作。

4. 监控

由压缩空气站产生的运行状态信号“压力低 1”“压力低 2”“压力太低 1”“压力太低 2”“1 号空压机运行”“2 号空压机运行”“1 号空压机单元故障”“2 号空压机单元故障”，被发送到燃气轮机的仪表及控制系统进行处理，然后在运行和监控系统中进行显示。

储气罐压力由压力开关进行监控。若储气罐压力降低到压力开关的设定值，则预遮断报警显示“压力低”。若储气罐压力连续降低，压力开关动作，燃气轮机触发遮断（2/3 逻辑门）同时报警显示“压力太低”。

“1 号空压机运行”和“2 号空压机运行”信号显示在运行和监控系统。这些显示信号说明如果空压机超出运行周期运行，可以确定系统不再严密。压缩空气系统，包括所有的管道必须要检查是否泄漏。

“1 号空压机单元故障”“2 号空压机单元故障”报警是一个组故障报警，在运行和监控系统中显示。各种故障出现都能造成此报警显示。这些故障包括：空压机回路开关动作，冷干机回路开关动作，控制电压回路开关动作，协助启动电磁阀没有关闭或差压开关动作。

二、气动阀和放气阀用管路

通过气动执行机构打开和关闭放气阀，触发执行机构需要的电磁阀直接安装在各自的执行机构上。从压缩空气站来的控制气源通过接点“EH”供应。

由于 3 个放气阀的驱动设备是相同的，仅描述一个（防喘振）放气阀的功能。

一旦电源故障，必须确保（防喘振）放气阀打开。出于这个原因，因此当电磁阀失电时，放气阀打开。

通过气动执行机构打开或关闭放气阀。执行机构的气缸内有一个活塞，压缩空气和活塞的上下腔连接。一个机械装置使活塞的直线运动转变为阀门的旋转运动。

当电磁阀失电时，执行机构活塞的“打开阀门”腔室便注满压缩空气，打开放气阀。同时，相对的执行机构活塞腔室（“关闭阀门”腔室）泄压。压缩空气通过消声器排出。阀门执行机构的设计使其能快速开启阀门。

电磁阀必须通电，才能关闭（防喘振）放气阀（并使阀门保持在关闭状态）。其结果是，压缩空气被引导到执行机构活塞的“关闭阀门”腔室。相对的执行机构活塞（“打开阀门”）腔室通过消声器排气。

放气阀阀盘的位置由两个限位开关来监控“开启”位置，一个限位开关来监控“关闭”位置。

第七节　防喘振放气系统

一、压气机喘振现象及危害

燃气轮机的轴流式压气机按燃气轮发电机额定转速下运行设计。在低于额定转速的一定转速范围内，压气机前几级受到高的空气动力负荷，以至于过低减速而在压气机叶片表面出现气流脱离现象。结果，受到过负荷的压气机级就不再具有必需的升压能力，出现了称为压气机“喘振”的现象，并且输送速率也变得不稳定。气流的阻塞引起周期性倒流，外观上明显地表现为：压气机出口压力明显的周期性波动，燃气轮发电机组发生严重振动，以及与这些压力波动同步出现的脉动噪声。这样就使压气机叶片同时遭受到高的交变弯曲应力和高的温度。

当达到喘振的临界转速范围时，通过从压气机的某些部位放气来防止压气机喘振。图 3－10 是西门子 SGT5－4000F 燃气轮机压气机防喘振放气及阀组控制系统。

二、工作原理

如图 3－10 所示，将防喘振放气管线连接至压气机机壳来进行放气，即在抽气点 5 级顶部接 2 根管线，在抽气点 5 级底部和 9 级底部各接 1 根管线。放气管线通向燃气轮机透平下游的排气通道。这样，排气消声器也起到为放出的空气消声的作用。

每根放气管线都配有一个蝶阀，当空气从压气机中抽出时，蝶阀打开。这些放气阀靠压缩空气推动至“打开”和“关闭”位置。

由于放气管线的铺设路径处在机组中心线之下具有虹吸作用，排放管道就安装在放气管线的最低点。在压气机进行清洗期间，可能积聚在此地的水将通过这些排放管排放掉。

三、开环控制

放气阀的打开和关闭可随电厂运行工况而自动进行控制。

（1）天然气运行的启动。

在启动起始时所有的（防喘振）放气阀都打开，在达到 80%的额定转速时依次将它们关闭。这样就使温度和输出功率的相关突变减至最小。

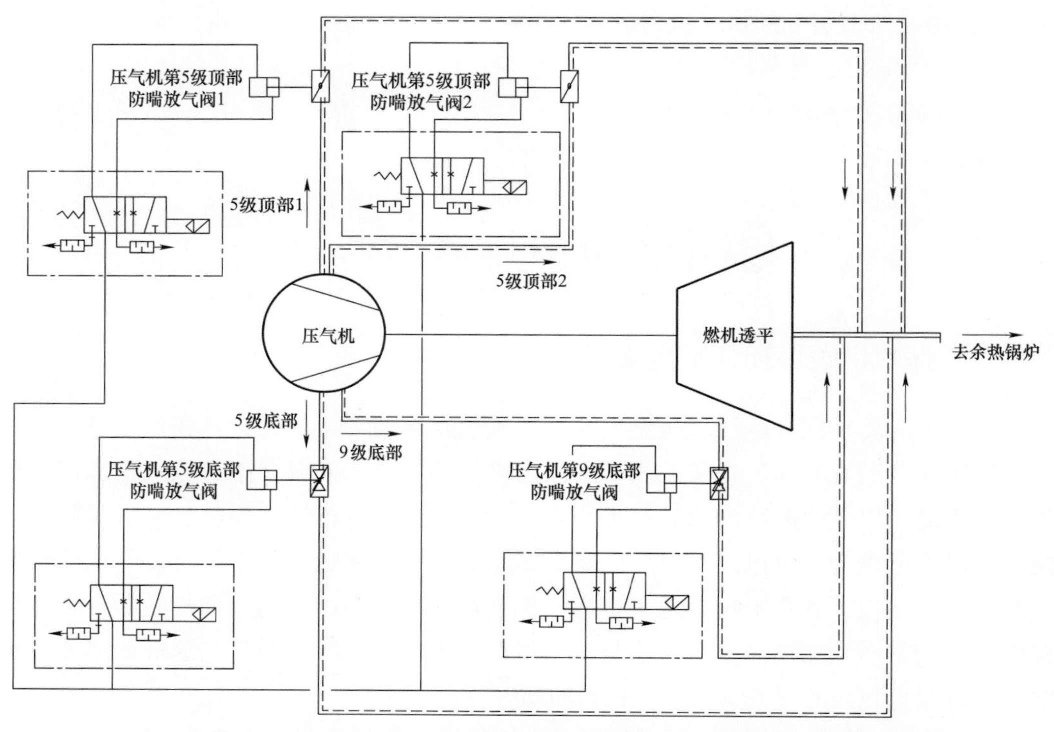

图 3–10　西门子 SGT5–4000F 燃气轮机压气机防喘振放气及阀组控制系统

（2）燃油运行的启动。

在启动起始时所有的（防喘振）放气阀都打开，在达到 S. TURB. 70 的速度设定值之后，（防喘振）放气阀依次关闭。

（3）在额定转速下的运行。

当机组运行在额定转速期间，（防喘振）放气阀总是保持在关闭状态。

（4）转速下降。

在发电运行期间，如果转速降到设定值以下，（防喘振）放气阀打开。为了尽可能快地恢复到额定转速，当这些（防喘振）放气阀打开时，发电机同时与电网解列。当转速再次上升时，用燃气轮机的启动程序依次关闭（防喘振）放气阀。

如果转速进一步下降，并且降到设定值以下，就触发燃气轮机遮断，此时所有的（防喘振）放气阀都打开。

（5）停机。

在燃气轮机正常停机期间，当紧急关断阀已关闭时，所有四只（防喘振）放气阀同时打开。

（6）燃气轮机跳闸。

一旦燃气轮机触发遮断，所有的（防喘振）放气阀都立即打开，因为此时轴流式压气机必然会通过临界振动的转速范围。

四、保护功能

（1）如果在启动时（防喘振）放气阀都未打开，启动就会放弃。

（2）运行在压气机喘振的临界转速范围内，若任何一只（防喘振）放气阀的“打开”位置没有被检测到，就触发燃气轮机遮断。

（3）在达到额定转速以后，如果有任何一只（防喘振）放气阀仍然打开并且不能在短时间内关闭，燃气轮机就要停机。

第八节　压气机水洗及排放系统

一、压气机水洗系统

1. 功能

图 3－11 是西门子 SGT5－4000F 燃气轮机进气及水洗系统，表 3－11 是图 3－11 所示燃气轮机压气机进气及水洗系统阀门编号及状态。这个系统通过使用清洗液来去除压气机叶片上的沉淀物，然后使用除盐水来漂洗压气机。叶片的沉淀物降低了出力和装置效率。叶片的清洗是必需的，因为进口滤网仅仅清除了大的颗粒。

表 3－11　　图 3－11 中压气机进气及水洗系统阀门编号及状态

编号	设备名称	常态
1	1 号压气机防冰冻装置进气隔离阀	关
2	1 号压气机防冰冻装置进气电动调节阀	关
3	1 号压气机进气挡板	开
4	1 号机压气机水洗水箱液位计上部隔离阀	开
5	1 号机压气机水洗水箱液位计下部隔离阀	开
6	1 号压气机水洗箱放水阀	关
7	1 号压气机水洗加压泵再循环阀	开
8	1 号压气机水洗泵出口隔离阀	开
9	1 号压气机水洗泵出口压力表隔离阀	开
10	1 号压气机水洗在线喷嘴隔离阀	关
11	1 号压气机水洗离线喷嘴隔离阀	关
12	1 号压气机进气道疏水阀	关

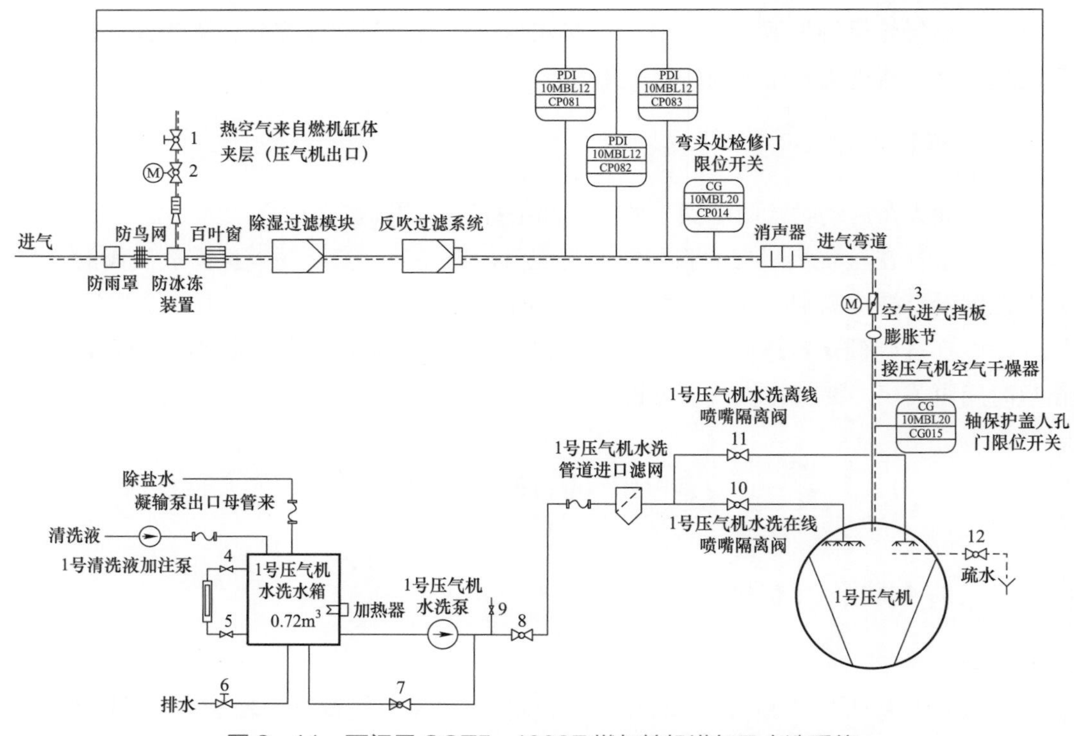

图 3－11　西门子 SGT5－4000F 燃气轮机进气及水洗系统

2. 主要设备及运行

（1）射流式喷嘴。

每个射流式喷嘴有一个狭长形喷口，这确保可以产生一个集中的、细的、带状的喷射流。

这些喷嘴以交叉的方式布置在压气机可调进口导叶的上游，这样这些喷嘴喷射出的水可以覆盖整个叶片的长度。

（2）喷雾式喷嘴。

每个喷雾式喷嘴产生一个低强度的、圆锥形的、雾状喷射流。20 个喷嘴呈圆周形的、均匀布置在压气机可调进口导叶的周围。这样可以覆盖整个的交叉部分。

（3）系统结构。

离心泵从水槽中抽取清洗液或除盐水，经过一个软管送到过滤器。经手动截止阀到射流式喷嘴，经手动截止阀到喷雾式喷嘴。供应到软管接头的清洗液或水必须在 6bar 左右。过滤器是需要的，可以防止喷嘴堵塞。截止阀可以保证在射流式喷嘴和喷雾式喷嘴之间切换。清洗液经过一组喷嘴同时注入。

（4）清洗操作的执行。

作为一个标准配置，所有的西门子燃气轮机提供一套燃气轮机叶片清洗系统，此系统可以在 SFC 拖动燃气轮机启动时或燃气轮机运行在工作转速时进行操作。当燃气轮机停机后，经大约6h的盘车冷却方可允许离线水洗。打开排放阀，通过打开截止阀，启动离心泵，用清洗液浸湿叶片。射流式喷嘴直接将清洗液喷射到压气机动叶的前两排。当喷射了大约 25%的清洗液时，停运泵。启动变频装置拖动燃气轮机加速到设定值（即600r/min)。当达到这个转速时，截止阀打开，泵再次启动。清洗液经过喷雾式喷嘴喷射到空气流中，空气流带着清洗液进入压气机。当水槽中的清洗液被用完，关闭截止阀，停运泵。

然后水槽中充满除盐水，漂洗操作开始执行。漂洗操作中，阀门和泵的操作和前面所述相同，通过第一步操作去除软化的沉淀物。漂洗结束，必须关闭所有的排放阀。然后燃气轮机被加速到额定转速进行烘干。从控制室打开压气机（防喘振）放气阀，燃气轮机运转在零负荷或以上，保持大约10min。10min过后，从控制室关闭所有的（防喘振）放气阀，然后燃气轮机根据需要可以带更多的负荷，或者一旦规定的盘车周期时间没有到，可以返回到盘车运行状态。

在所有的环境条件下，只有所有的排放阀关闭，使用喷雾式喷嘴才允许在线水洗。用除盐水或清洗液充满水槽。打开喷雾式喷嘴进口截止阀，启动离心泵。当水槽中的水用完后，停运泵，关闭截止阀。如果使用了某种清洗剂（见制造商手册说明），漂洗操作是必需的。漂洗操作和前面所述的过程相同。

二、进气系统

1. 进气系统功能

进气系统用于向燃气轮机提供所需的燃烧空气，并防止燃气轮机压气机叶片遭到过早磨损。压气机所吸入的燃烧空气需经过滤器的清洁净化。

在运行期间，压气机经过滤器室从外界吸入空气，过滤器室由百叶窗、防鸟网、粗过滤器、细过滤器、防风雨百叶窗组成。空气从三面进入过滤器室，再从过滤器出发，通过消声器（抑制噪声）、进气弯头和进气道进入压气机进口锥形区。

在过滤器中，用机械方法去除进气中的灰尘，以便不超过灰尘浓度许可范围。压气机进口上游的压降必须在规定的限值以内。在运行期间，测量位于粗过滤器滤芯、细过滤器滤芯，以及从进气口至细目过滤器下游空间（进气室）的整个流道上的压降，压降由就地指示仪表来指示。在整个过滤段两端的总压降由就地测量点和远程测量点上的仪表自动记录下来。

粗过滤器、细过滤器和进气道由整装式防冰冻系统来防止结冰。防冰冻系统由输送管、关断阀、控制阀、消声器以及分配管道组成。分配管道位于粗过滤器的上游，管子上配有孔口，由此，喷出的热空气与进气相混合。热空气由压气机出口提供，需要的热空气数量可通过控制阀来调节。

为防止进气压降低于最小限度时，利用保护设备防止进气系统承受不容许的压差，保护设备装在过滤器的下游。

为此，在净化后的空气管道平面上布置可自动打开的重锤式内爆门。内爆门配有百叶窗、防鸟网以及限位开关。

应在压气机进口的上游配置用于进气道的全截面隔离装置。如果燃气轮机停止运行，关闭隔离装置，防止在电厂停机期间通风和潮气进入压气机进口，并且确保干风吹扫的效果。隔离装置配有电动执行机构和限位开关，这样就可以进行远方控制和监视。限位开关直接固定在挡板的轴上。

在压气机进口对面的进气锥形区域安装有多个雾化喷嘴组成叶片冲洗装置，喷嘴通过环形管线相连接。

2. 运行模式

（1）准备。

1）内爆门必须关闭；

2）进气挡板必须打开。

（2）启动和停运。

这个模块不使用。

（3）正常运行。

如果以下要求都满足，就可以进行正常运行：

1）由进气系统经各级过滤后将大气吸入压气机。

2）在整个进气系统上的压降小于 10mbar。

3）内爆探测设备不处于故障位置。

4）进气道中的挡板打开。

5）防冰冻系统不运行。

（4）异常运行。

为了防止进气系统免受异常真空度的损害（例如，当过滤器都不能再用时），配重内爆门在 16mbar 真空度时应打开。

在内爆门打开时燃气轮机不允许运行。如有一扇内爆门打开，燃气轮机就会跳闸。

三、防冰冻系统

为了防止在进气系统内部结冰，来自压气机的热空气在过滤器上游进行混合。所需的热空气数量由连续可调的调节阀进行测量记录。

整装式防冰冻系统的投入运行取决于标准环境空气露点温度以及压气机进口温度。如果该系统处于运行状态，控制室内会有信号指示。

四、排放系统

1. 功能

在水洗过程中，喷在压气机或燃气轮机透平内的清洗液聚集在燃气轮机的多个部位上。在燃气轮机重新启动之前，这些液体应通过排放系统去除掉。

在排放操作过程中，有烫伤危险。压气机的清洗作业，还有排放作业都为手动进行，即相关的阀门必须手动操作。所有在进行排放时打开的阀门，一旦排放结束就必须严密地关闭。如果这些阀门仍然打开，从排放管道中逃逸出的热空气就会伤害人身或损坏设备。此外，在各个燃气轮机排放接头之间可能还会出现交叉流动。

2. 结构配置

图 3－12 为燃气轮机排放系统，表 3－12 为图 3－12 所示燃气轮机疏水排放系统阀门编号及状态。

表 3－12　　图 3－12 中燃气轮机疏水排放系统阀门编号及状态

编号	阀门名称	常态
1	1 号压气机 9 级防喘振放气管疏水阀	关
2	1 号压气机 13 级 1 号冷却空气管疏水阀	关
3	1 号压气机进口疏水阀	关
4	1 号压气机出口疏水阀	关
5	1 号压气机 5 级冷却空气管疏水阀	关
6	1 号压气机 9 级后疏水阀	关
7	1 号压气机 13 级后疏水阀	关
8	1 号压气机 5 级抽气环疏水阀	关
9	1 号压气机 13 级 2 号冷却空气管疏水阀	关
10	1 号压气机 5 级底部防喘振放气管疏水阀	关
11	1 号燃气轮机透平出口扩压段疏水阀	关
12	1 号燃气轮机透平 3 级后疏水阀	关
13	1 号燃气轮机透平 2 级后疏水阀	关
14	1 号压气机 9 级底部冷却空气管疏水阀	关
15	1 号燃气轮机本体疏水排放罐进水阀	关
16	1 号燃气轮机本体疏水排放罐排气阀	关
17	1 号燃气轮机本体疏水排放罐排水阀	关

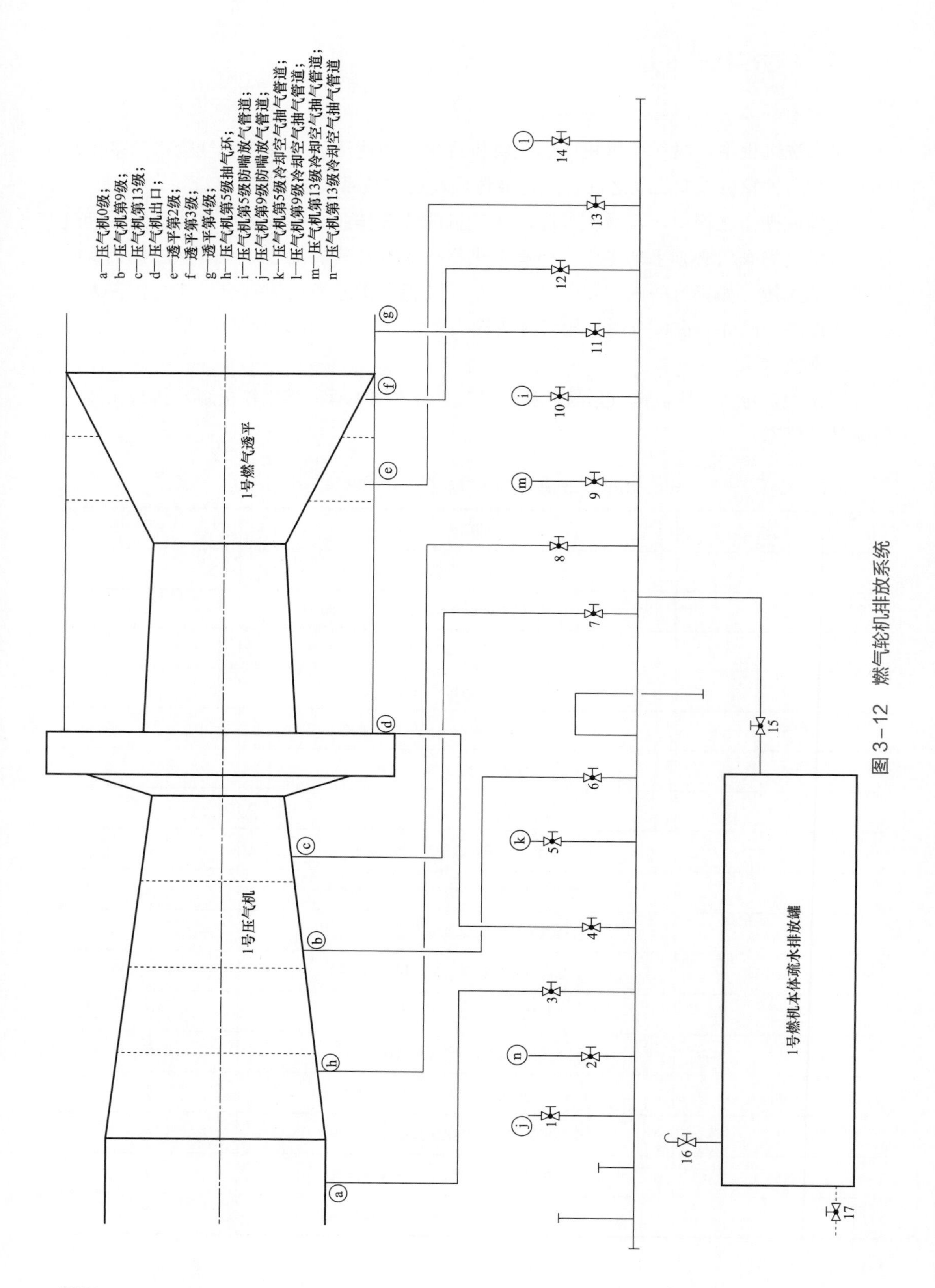

图 3－12　燃气轮机排放系统

清洗液在燃气轮机的排放位置如表 3－13 所示。

表 3－13　清洗液排放位置

序号	燃气轮机部位	序号	燃气轮机部位
1	压气机第 0 级	8	压气机第 5 级抽气环 E1/A1
2	压气机第 0 级	9	压气机第 5 级放气管线
3	压气机第 0 级	10	压气机第 9 级放气管线
4	压气机出口	11	压气机第 5 级冷却空气管线
5	燃气轮机透平第 2 级	12	压气机第 9 级冷却空气管线
6	燃气轮机透平第 3 级	13	压气机第 13 级冷却空气管线
7	燃气轮机透平第 4 级	14	压气机第 13 级冷却空气管线

由管道将这些部位连至集箱。这些管线中的截止阀必须手动打开以排放清洗液，并在排放结束以后关闭。清洗液必须从集箱起，经过接头 30A 和软管流向废液处置罐（它必须就地提供）。集箱的容量小，所以不能当作收集容器。为此，必须确保在所有时间内清洗液都能够自由地从集箱流向处置罐。排气口可防止在集箱内出现压力的积聚。

在清洗压气机时，有些清洗液流至压气机进气部件的最低点，这在管道与仪表图中未加说明。该最低点通过管道连至处置罐，中间未装截止阀。此管道具有水封功能，在燃气轮机启动之前，水封必须要注水。在燃气轮机运行期间，此水封可防止压气机上游产生的负压将空气从废液处置罐抽吸到压气机中去。

第九节　燃气轮机罩壳通风系统

一、系统概述

包括气体燃料模块隔声罩在内的燃气轮机隔声罩的通风系统，如图 3－13 所示。

取自周围大气的空气通过罩壳底部区域进气口进入隔声罩。排气通过管道系统抽出，并借助排气处理单元直接排放到室外大气。

二、运行模式

在运行模式中，该系统会在隔声罩范围内形成相对外界压力的轻微的负压。

通风系统由以下各部分组成：

（1）防护网和电动（由回复弹簧闭合）进气口挡板。

（2）罩壳进气口消声器。

（3）1 个罩壳排气口消声器。

（4）2 个电动（由回复弹簧闭合）排气口挡板。

（5）排气管道系统。

（6）包括 2×100%/3×50%机械冗余风机装置在内的排气处理单元；在风机上游安装止回门和消声器，在风机下游安装消声器。

（7）运行和控制用的仪表。包括每台风机压差Δp 测量仪、3 台独立的流量变送器以及罩壳内温度测量仪。

实现以下运行模式（仅适用于 3×50%设计）：

“正常运行”：环境温度（约 35℃）以下的运行；1×50%风机（约 20m³/s）的运行。

“持久运行”：设计环境温度（约 45℃）以下运行；2×50%风机（约 40m³/s）的运行；辅助风机根据隔声罩内的温度抽投入或退出。

通风系统在隔声罩内形成最大的负压（2×50%风机运行）。

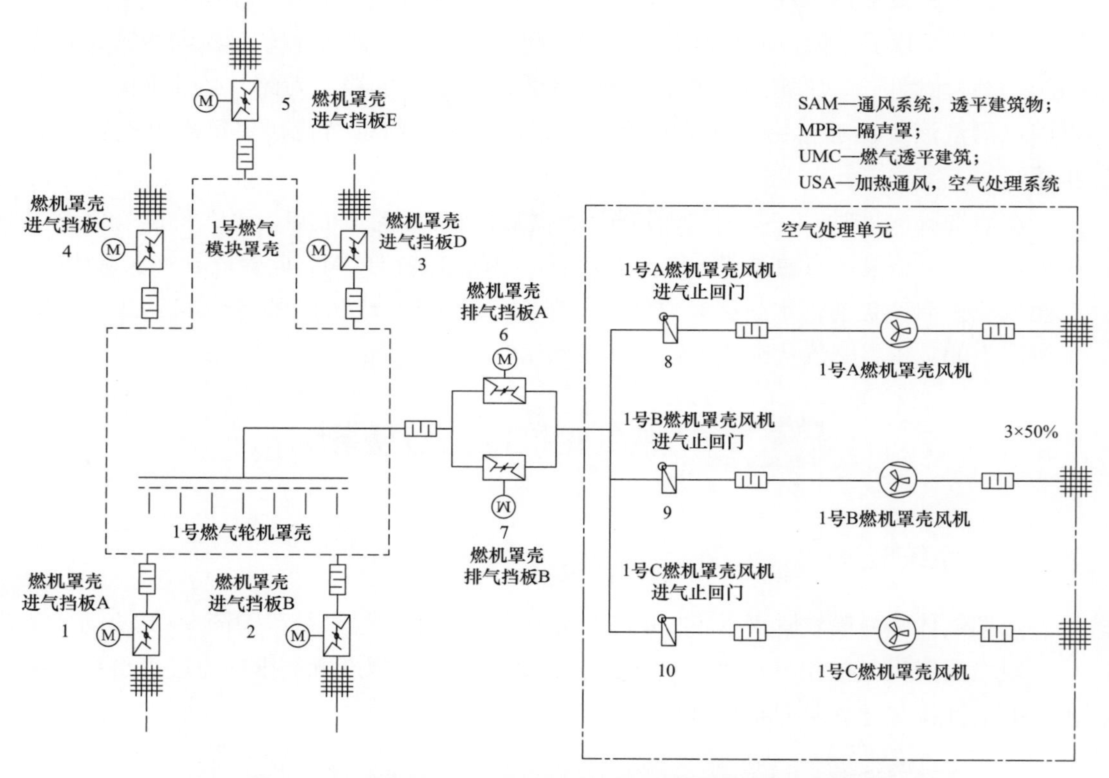

图 3–13　西门子 SGT5–4000F 燃气轮机罩壳通风系统

第四章

余 热 锅 炉

第一节 余热锅炉概述

余热锅炉（heat recovery steam generator，HRSG），是大型燃气－蒸汽联合循环装置的关键设备之一，处于燃气轮机发电循环和蒸汽轮机发电循环中间结合点位置，用以接收燃气轮机做功后排出的温度较高（600℃左右）的乏气并回收其余热来加热给水，生产蒸汽用于发电、供热或作为其他工艺用汽，从而实现热量回收，提高整个联合循环装置的出力和效率。也可以说，余热锅炉本质上是一个以对流换热为主要热交换方式的大型热交换器。而在燃气－蒸汽联合循环电厂中，燃气轮机是工作在高温区域的一种热机，利用燃气高品位的热值；蒸汽轮机是工作在低温区域的一种热机，利用蒸汽低品位的热值；通过余热锅炉将燃气轮机和蒸汽轮机结合起来，将高品位和低品位的热值同时利用起来，从而提高了整个机组的能量利用效率。

余热锅炉型联合循环是将燃气轮机布雷顿（Brayton）循环和蒸汽轮机朗肯（Rankine）循环组合在一起，按照能量等级进行分级综合利用。一般把其中的燃气轮机循环称为顶部循环或前置循环，把朗肯循环称为底部循环或后置循环。

一、余热锅炉工作原理

众所周知，简单循环燃气轮机的排气温度是相当高的，且燃气工质的流量又非常大（对于功率较大的机组，燃气流量往往在 300kg/s 以上），因而，这股排气蕴储着大量的能量。倘若在燃气轮机的后面安装一台余热锅炉，利用燃气透平高温排气中的余热来加热蒸汽轮机系统的给水，使其产生高温高压的水蒸气并送到蒸汽轮机中去做功，这样就能多产生一部分机械功，不仅能增大机组的功率，而且能提高燃料的化学能转化为机械能的效率。这就是余热锅炉型燃气－蒸汽联合循环方案的创意基础。燃气轮机余热锅炉就是回收燃气轮机排气中的余热，从而产生蒸汽，推动蒸汽轮机发电的换热装置。图 4－1 所示为某余热锅炉（双压无再热）燃气侧流程示意图，图 4－2 所示为某余热锅炉（单压无再热）汽水侧流程示意图。

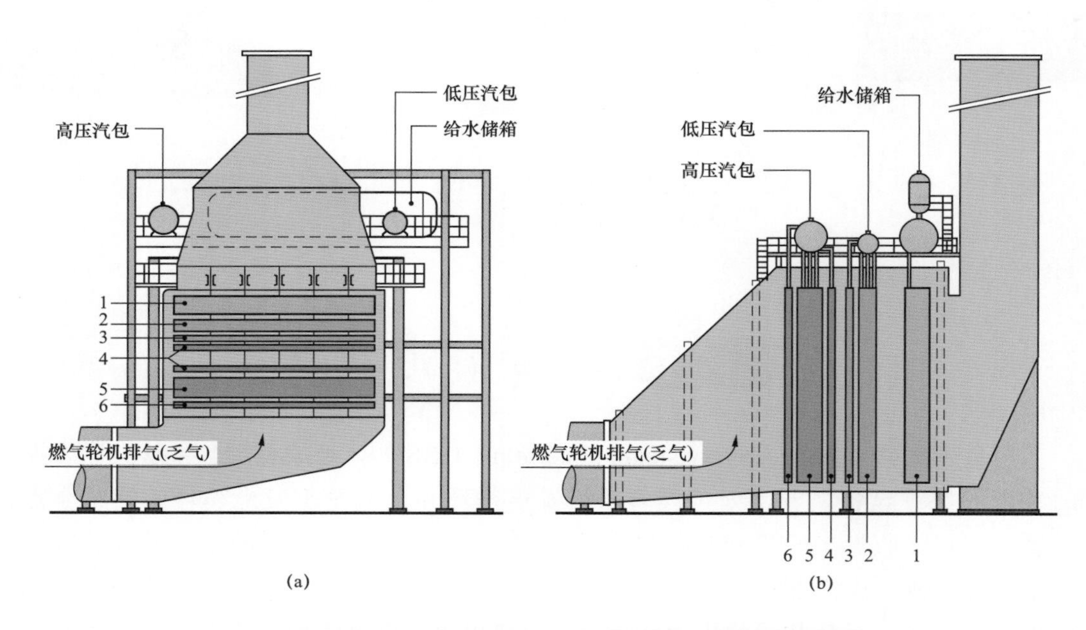

图 4–1　联合循环余热锅炉（双压无再热）燃气侧流程示意图

（a）立式余热锅炉；（b）卧式余热锅炉

1—省煤器；2—低压蒸发器；3—低压过热器；4—高压省煤器；5—高压蒸发器；6—高压过热器

如图 4–1 所示，在燃气轮机内做功后排出的燃气，仍具有比较高的温度，一般在600℃左右。随着燃气轮机入口气温的提高，排气温度也会增加。通过余热锅炉回收利用这部分气体的热量，可以大大提高整个装置的出力和效率。如图 4–2 所示，进入余热锅炉的水，即给水，其温度大多低于锅炉压力下的饱和温度，而从余热锅炉产生的蒸汽都是过热蒸汽。因此，水在锅炉中的汽化过程，实际上要经过预热、汽化、过热三个阶段。为了提高蒸汽动力循环效率，还可以增加再过热阶段，这就是：余热锅炉产生的过热蒸汽送到汽轮机高压缸膨胀做功后，蒸汽的压力和温度都降低了，再将这些蒸汽送回余热锅炉中加热，即再热，然后再送到汽轮机低压缸继续膨胀做功。

通常，余热锅炉的受热面是由省煤器、蒸发器、过热器以及联箱和锅筒等换热管簇和容器等组成的，在有再热的蒸汽循环中，还可以加装再热器。在省煤器中，完成对锅炉给水的预热任务，使给水温度升高到接近于饱和温度的水平；在蒸发器中，使给水相变成为饱和蒸汽；在过热器中，饱和蒸汽被加热升温成为过热蒸汽；在再热器中，再热蒸汽被加热升温到所设定的再热温度。

为了使燃气轮机的排气余热能够在余热锅炉中被充分利用，应尽可能地降低排气离开余热锅炉时的温度水平。但排气温度是不可能降得很低的，因为在余热锅炉的设计中，总得保证锅炉给水的饱和蒸发段的起始点与燃气侧之间具有一定的温差δ（通常称为节点温差），否则余热锅炉的受热面积将增至无穷大。如图 4–3 所示，燃气与汽水流程总体为逆流模式。随着锅炉中燃气放热量的增加，燃气温度逐步降低（由进口 t_4 降低到出口 t_{A2} ），汽水侧温度则由进口给水温度 t_{w0} 升高到饱和蒸发段温度 t_s 并继续过热到过热蒸汽出口温度 t_{so} 。

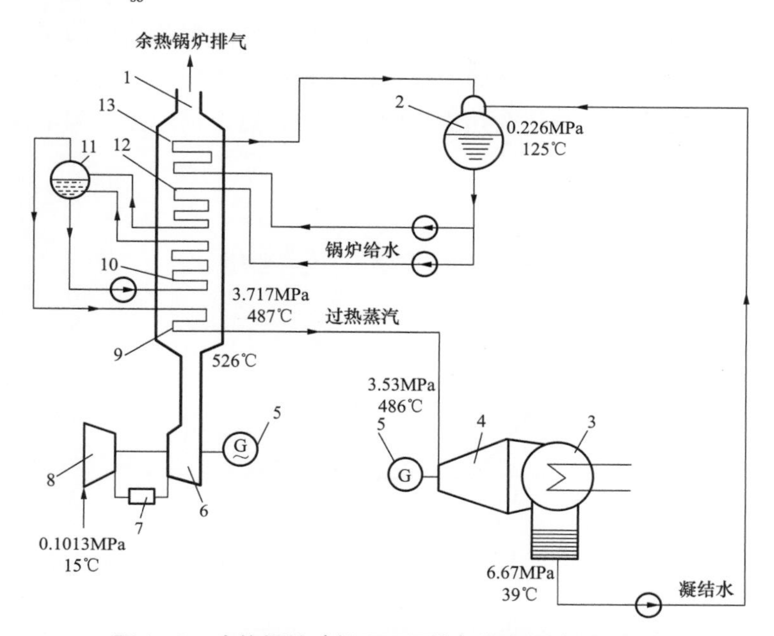

图 4－2　余热锅炉（单压无再热）汽水侧流程示意图

1—余热锅炉；2—除氧器；3—凝汽器；4—蒸汽透平；5—发电机；6—燃气透平；7—燃烧室；8—压气机；9—高压过热器；10—高压蒸发器；11—锅筒；12—高压省煤器；13—低压蒸发器

在单压余热锅炉中，仅能把排气温度 t_{A2} 降到 160～200℃。为进一步降低温度 t_{A2}，以充分利用燃气的余热，在设计余热锅炉时，可以采用双压或三压的汽水系统。此时，余热锅炉中将产生两种或三种压力水平的过热蒸汽供蒸汽透平使用。在这种情况下，燃气轮机的排气温度和余热锅炉中给水以及蒸汽的温度与换热量之间的变化关系，如图 4－4 所示。

这种措施可以把余热锅炉的排气温度 t_{A2} 降低到 110～120℃的水平。对于燃烧含硫量极少的天然气和人工合成煤气来说，由于不会发生硫的低温腐蚀问题，则温度 t_{A2} 可以进一步降低到 80～90℃。但这种方案的主要缺点是，锅炉、管道以及蒸汽轮机的基本投资费用会相应增高。

总之，余热锅炉的设计应满足：

（1）余热锅炉的当量效率 η_h 要尽量高；

（2）燃气侧的压力损失低，以防燃气轮机的功率和效率降低；

（3）必须防止换热管簇的低温腐蚀；

（4）启动过程中，升压速度快。

事实上，前两个目标很难同时满足。因为余热锅炉内的换热过程属于低温换热范畴，辐射换热效应可以忽略不计，几乎全部依靠对流换热效应的作用。为了提高余热锅炉的当量效率η_h，必须尽可能地减小排气温度t_{A2}，即必须尽可能地减小燃气轮机的排气与给水和水蒸气工质之间的温差。这样就会导致换热面积增大，燃气侧的流阻损失增加。为了减小流阻损失，燃气的流速应取得低一些。但是，低的燃气流速会导致对流换热过程的换热系数降低，从而促使换热面积进一步增大。为了解决这对矛盾，可以选择小直径的翅片管来制作余热锅炉的换热面，这个措施也有利于改善余热锅炉的负荷快速响应的能力。

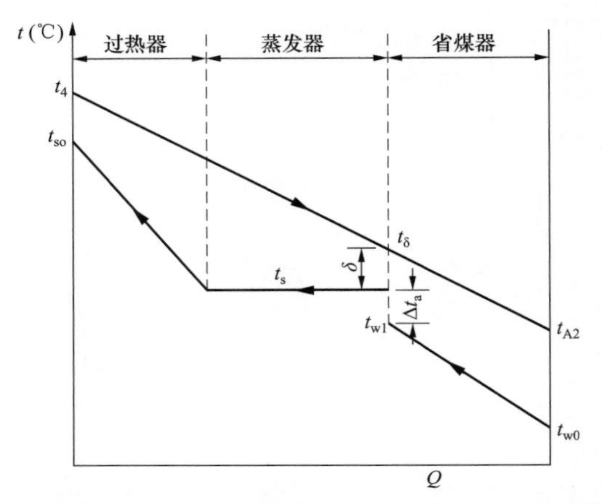

图 4–3　单压余热锅炉换热量 Q 与燃气和汽水温度 t 的关系

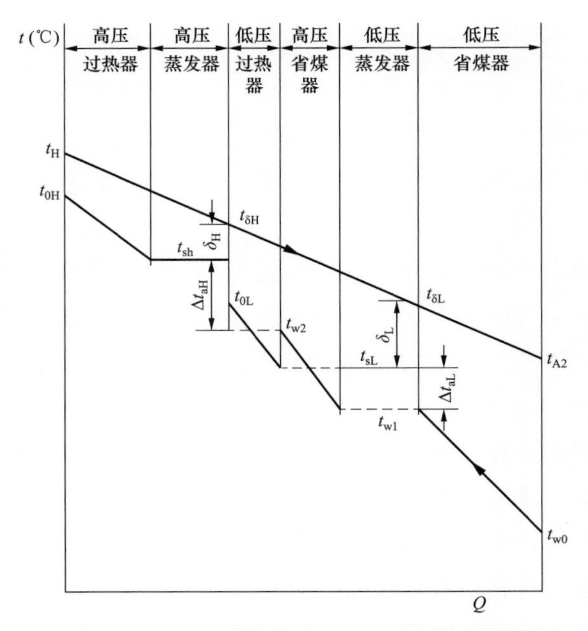

图 4–4　在双压余热锅炉中 $Q=f(t)$ 的变化关系

总之，在设计联合循环使用的余热锅炉时，应采取各种措施，力争实现以下要求：

（1）系统具有较低热惯性，以使余热锅炉能够随燃气轮机的快速启动而很快地达到满负荷。通常要求其冷态启动时间为20～30min。此外，余热锅炉应能充分适应联合循环机组调峰的需要，满足负荷快速变化的需要。

（2）热工参数的稳定性，希望由余热锅炉提供的蒸汽参数不会大幅度偏离各负荷工况下的设定值。

（3）在技术经济条件合理的情况下，尽可能多地回收热能，既提高余热炉当量效率η_h。

（4）合理选择余热炉的汽水系统，优化匹配主蒸汽参数，力求联合循环机组的循环效率为最高。

（5）尽可能减少余热锅炉的流阻损失。

（6）结构设计模块化。使模块组件能集成出厂，简化和满足现场安装，以满足联合循环电厂建设周期短的要求。

由此可见，余热锅炉是进行传热和汽化的综合装置，其内部过程比较复杂，其设计优化要综合考虑各种因素及其影响。

表4－1中给出了某些发电用简单循环燃气轮机及其联合循环机组功率和效率的对比关系，可以看出采用联合循环对机组功率和效率的影响。由表4－1所示数据可知：当简单循环燃气轮机加装余热锅炉和蒸汽轮机而组合成为余热锅炉型的联合循环机组后，机组的总发电容量和热效率都有大幅度提高。一般来说，在不增加燃料耗量的前提下，机组的发电容量和热效率可相对提升50%左右。

表4－1　某些发电用简单循环燃气轮机及其联合循环机组功率和效率的对比关系

机组	型号	燃气轮机进气温度（℃）	燃气轮机空气流量（kg/s）	燃气轮机排气温度（℃）	简单循环机组功率（MW）	简单循环机组效率（%）	联合循环机组功率（MW）	联合循环机组效率（%）
E型机组	PG9171E/S109E	1124	417.8	542.8	126.10	33.79	189.2	52.0
	M701D/MPCP（M701D）	1250*	440.9	542.2	144.09	34.75	212.5	51.4
	V94.2/1.V94.2	1105	508.9	547.2	159.40	34.29	239.4	52.2
	GT13E2/KA13E2.2	1100	532.0	524.0	165.10	35.69	480.0**	52.9
F型机组	PG9351FA/S109 FA	1327	640.5	602.2	255.60	36.89	390.8	56.7
	M701F/MPCP1（M701F）	1400*	650.9	586.1	270.30	38.21	397.7	57.0
	V94.3A/1S.V94.3A	1310	655.9	584.4	265.9	38.60	392.2	57.3
	GT26/KA26－1	1235	607.4	615.0	263.0	37.00	392.5	56.3

*　透平第一级静叶前的燃气温度。

**　“2+2+1”多轴布置方案的联合循环机组。

二、余热锅炉型式与分类

余热锅炉的型式、种类有很多。按照汽水系统的特点，常用的联合循环余热锅炉可分为单压式、多压式、再热多压式三种类型；按照锅内汽水流程的特点，可分为汽包式、直流式两种类型；按照汽水循环方式的不同，可分为自然循环、强制循环两种类型；按照炉内烟气的流动方向，可分为卧式、立式两种类型；按照有无补燃装置，可分为补燃式、无补燃式两种类型；按照余热锅炉布置位置，可分为露天布置和室内布置等。上述各种类型交叉组合，形成了多种型式的余热锅炉。概括如下：

（1）由于燃气轮机排气中含有 14%～18%（体积百分比）的氧，可在余热锅炉的适当位置安装补燃燃烧器，使天然气和燃油等燃料进行充分燃烧，提高烟气温度；还可以保持蒸汽参数和负荷稳定，相应提高蒸汽参数和产量，改善联合循环的变工况特性。从烟气侧的热源形式考虑，有无补燃的余热锅炉和有补燃的余热锅炉之分。前者仅单纯地回收燃气轮机排气的余热，以产生蒸汽，蒸汽的压力、温度和流量严格地受控于燃气透平排气温度和流量的限制。后者除了回收燃气轮机排气的余热外，还喷入一定数量的燃料进行燃烧，使燃气温度升高，以增大蒸汽的产量并提高其压力和温度参数。有补燃的余热锅炉还有部分补燃型和完全补燃型之分。所谓部分补燃型余热锅炉，是指向余热锅炉加喷的燃料量有限，燃料的燃烧只能消耗掉一部分燃气透平排气中的含氧量，使进入余热锅炉受热面段的燃气温度只能提高到 700～1000℃，像无补燃的余热锅炉那样，余热锅炉中无需敷设辐射换热面。这种余热锅炉的蒸发量大约可比无补燃余热锅炉的增大 1 倍。目前，在热电联产型联合循环中常用的就是部分补燃型的余热锅炉。所谓完全补燃型余热锅炉，是指向余热锅炉喷入大量燃料，在余气系数（又称过量空气系数）$\alpha \approx 1.1$的条件下，把从燃气透平送来的高温燃气含有的氧气几乎完全燃烧掉。如果这部分氧气全部利用，蒸汽循环所占的发电份额将上升为联合循环总功率的 70%左右。在这种余热锅炉中需要敷设辐射换热面，而其蒸汽产量则可以达到无补燃的余热锅炉的 6～7 倍。

一般来说，采用无补燃的余热锅炉的联合循环效率相对较高。目前，大型联合循环大多采用无补燃的余热锅炉。

（2）按蒸发器中汽/水工质的循环方式划分，有强制循环余热锅炉和自然循环余热锅炉之分。

图 4－5 所示为强制循环余热锅炉的示意图。强制循环余热锅炉是在自然循环锅炉基础上发展起来的。在这种余热锅炉中，从锅筒（又称汽包）下部引出的水经循环水泵加压后，分两路进入蒸发器Ⅰ和蒸发器Ⅱ。水在蒸发器内吸收燃气的热量，一部分水变成蒸汽。此后，在蒸发器内的汽水混合物经导管流回锅筒。这种依靠循环水泵产生动力使水循环流动的锅炉称为强制循环余热锅炉。

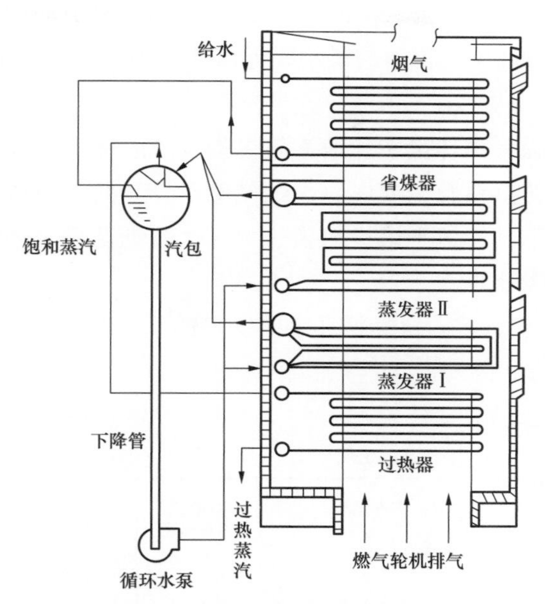

图 4－5　强制循环余热锅炉示意图

通常，这种锅炉中各受热面组件的管簇是水平布置的，受热面则沿着高度方向敷设，这样有利于利用厂房的空间，使烟囱高度缩短，节省占地面积。

强制循环余热锅炉具有如下优点：① 管径小，重量轻，尺寸小，结构紧凑。② 常布置于立式烟道，烟囱与锅炉合二为一，节省空间，占地面积小。③ 蒸发受热面中循环倍率为 3～5，工质靠强制循环进行流动，可以采用较小的汽包直径以及上升和下降管管径。④ 由于在启动或低负荷时可用强制循环的工质来使各承压部件得到均匀加热，锅炉水容量小，升温、升压速率高，启动快，机动性好，负荷调节范围大，适应调峰运行。冷态启动的时间约为 20～25min，比自然循环余热锅炉（25～30min）略短些。⑤ 燃气的阻力容易控制。⑥ 利用炉水循环泵能快速和彻底地进行水冷壁酸洗，周期短、费用低；⑦ 结构上便于采用标准化元件和大型模块组件，制造成本和安装费用都较低。

强制循环余热锅炉具有如下不足：① 必须装设高温炉水循环泵，增加了电耗，提高了运行费用，且可靠性差（97.5%），而自然循环余热锅炉可靠性为 99.95%。② 锅炉重心较高，稳定性较差，不利于抗风抗震。③ 强制循环余热锅炉必须支承较重的设备，基础强度要求高，需要耗费更多的结构支承钢。为了便于维护和修理，它需要多层平台（自然循环余热锅炉一般只需要一层平台），阀门和辅件必须布置在不同的标高上，导致操作和维护都很困难。④ 由于在强制循环余热锅炉中，管簇不像自然循环那样垂直布置，而改为水平布置，因而容易发生汽水分层现象，而且沉结在水平管子底部的结垢要比含有蒸汽的管子顶部少。这种沿管子周围结垢的差异会造成温度梯度以及不同程度的传热和膨胀，其结果将使强制循环余热锅炉容易发生腐蚀、烧坏、塑性形变和事故。为了避免出现这种现象，就需要采用大循环倍率的循环泵。⑤ 为了避免在水平管簇中发生汽水分层现象，流体的最小临界流速约为2.1～3.0m/s。⑥ 采用小弯头，制造工艺复杂。

总体上看，采用强制循环虽能加速管簇内的水流速度，对改善水侧的换热系数是有利的，但是锅炉的传热系数主要取决于烟气侧对管壁的表面传热系数，因而在烟气流动情况相似的情况下，相对于同样的换热负荷，强制循环余热锅炉与自然循环余热锅炉的换热面积是很接近的。

图4－6所示为卧式布置的自然循环余热锅炉的示意图。这种锅炉一般是卧式布置的，但也可以立式布置。

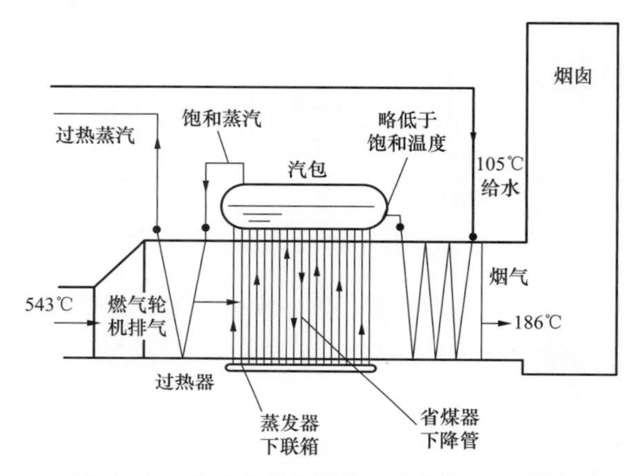

图4－6　卧式布置自然循环余热锅炉示意图

在卧式布置的自然循环余热锅炉中，全部受热面组件的管簇是垂直布置的，锅筒下部装有下降管，下降管与蒸发器的下联箱相连。有些余热锅炉的下降管设置在烟道的外面，不吸收烟气的热量。烟道内的直立管簇吸收烟气的热量，使管簇内的水部分变成蒸汽。由于直立管簇内汽水混合物的平均密度要比下降管中水的密度小，故可以利用密度差从而形成水循环，即下降管内的水由于比较重而向下流动，直立管簇内的汽水混合物由于比较轻而向上流动，这样就能形成连续的产汽过程。在这种情况下，进入蒸发器的水不需要依靠循环水泵的动力，而是依靠流体工质的密度差而流动，这就是自然循环余热锅炉的特点。因此，可以省去循环用水泵，使运行维护简化。

图4－7所示为立式布置的自然循环余热锅炉中汽水循环的形成过程。它与强制循环的区别在于：用一个带高压喷射器的启动泵来取代强制循环中的循环水泵。在连续运行时，它依靠省煤器中的高压水，通过高压喷射器形成射流，把与高位锅筒相连的下降管中的水抽吸进入喷射器，然后通过水平布置的上升管返回到高位锅筒中去，形成稳定的循环流动。这种型式的余热锅炉宜用于携带基本负荷的机组，而且蒸汽压力应低于12.5MPa。高于这个压力时则宜采用强制循环余热锅炉或直流式余热锅炉。

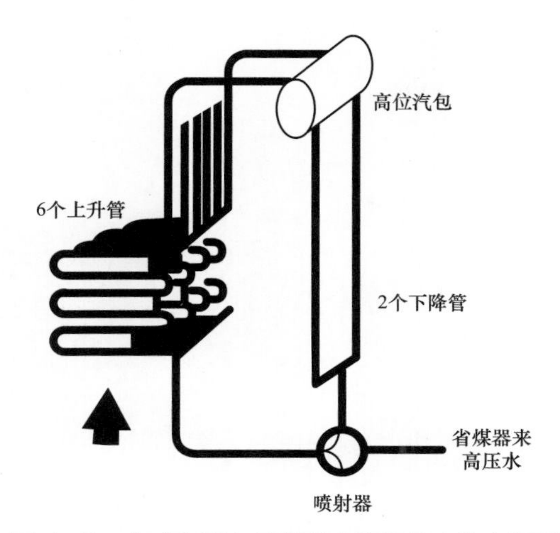

图 4－7　立式布置自然循环余热锅炉中汽水循环

自然循环余热锅炉通常具有如下优点：① 锅炉重心低，稳定性好，抗风、抗震性强；② 垂直管束结垢情况比水平管束均匀，不易造成塑性形变和故障，同时也缓解了结垢量而使锅炉性能下降的问题等；③ 锅炉水容量大，有较大的蓄热能力，适应负荷变化能力强，热流量不易超过临界值，对燃气轮机排气热力波动的适应性和自平衡能力都很强；④ 自动控制要求相对不高。

自然循环余热锅炉也具有如下不足：① 蒸发受热面为立式水管，常布置于卧式烟道，因此占地面积大；② 锅炉水容量大，启停及变负荷速度慢；③ 自然循环余热锅炉有时不能采用直通烟，而需要加一些挡板，因而会增加燃气的流动阻力，对燃气轮机的工作不利。

（3）从余热锅炉产生的蒸汽压力等级的角度考虑，余热锅炉可以分为单压余热锅炉和双压或三压余热锅炉。前者只生产一种压力的蒸汽供蒸汽轮机使用，后者则产生两种或三种不同压力的蒸汽供蒸汽轮机使用，甚至可以采用再热蒸汽循环方式，它能确保从燃气透平的排气中更多份额地回收热能，以提高联合循环的效率。但是，这种余热锅炉的系统复杂、造价高，一般适用于燃气透平排气温度较高、单机功率较大的机组。

（4）从本体结构布置方式上看，有卧式布置余热锅炉和立式布置余热锅炉之分。图 4－8 和图 4－9 分别给出了这两种余热锅炉的模块式结构。

通常，卧式布置余热锅炉都是自然循环方式的，其中各级受热面部件（省煤器、蒸发器、过热器和再热器）的管簇都是直立布置的，烟气横向流过各级受热面。这种余热锅炉的占地面积比较大，烟囱也比较高，但锅炉本体较低，有利于抗震。

立式布置余热锅炉大多是强制循环方式的，其中各级受热面部件的管簇都沿高度方向水平布置，烟气自下而上地流过各级受热面。这种锅炉的占地面积小，烟囱也比较低，适宜在现场面积狭窄的电厂中使用。

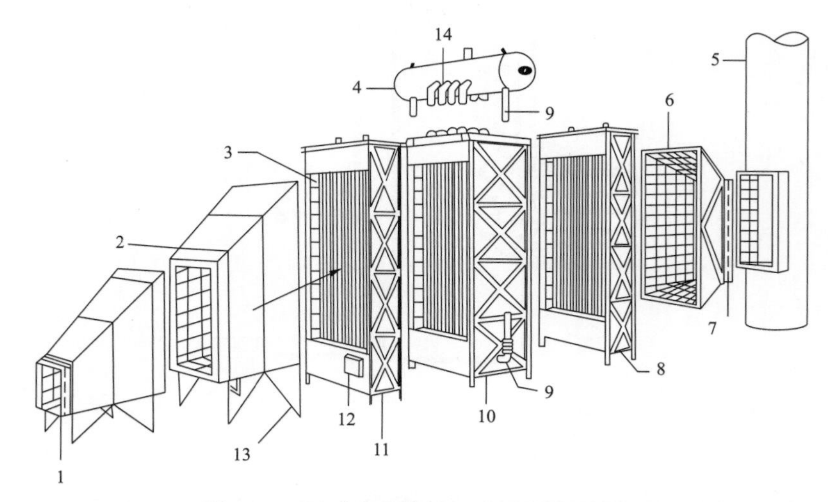

图 4-8 卧式布置余热锅炉的模块式结构

1—膨胀节；2—进口烟道；3—内部保温材料；4—汽包；5—烟囱；6—出口烟道；7—膨胀节；8—省煤器；9—下降管；10—蒸发器；11—过热器；12—人孔；13—钢结构；14—上升管

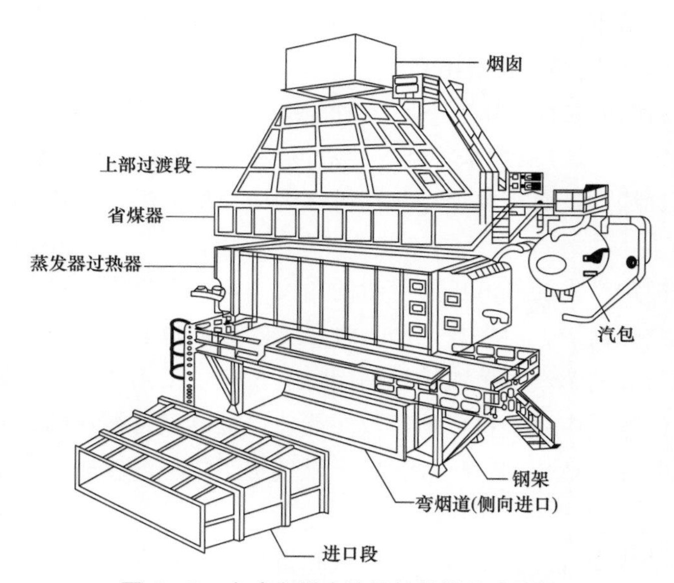

图 4-9 立式布置余热锅炉的模块式结构

（5）从余热锅炉所处的自然环境条件看，有露天布置余热锅炉和室内布置余热锅炉之分。前者设计时要考虑风、雨、冰冻等自然条件对余热锅炉的影响，我国现有的联合循环电厂大多采用露天布置方式，其建厂投资比较经济。对于自然环境恶劣的地区而言，余热锅炉宜布置在室内，这样能改善运行的安全性和可靠性，并便于维护，但建厂投资较大。

（6）按余热锅炉是否有锅筒装置区分，有直流式余热锅炉和锅筒式余热锅炉之分。

随着燃气轮机参数的增高，燃气透平的排气温度也越来越高。为了进一步提高联合循环的效率，可以采用超临界参数的蒸汽循环系统。直流式余热锅炉就是为这个目标而设计的，直流式余热锅炉靠给水泵的压头将给水一次性地通过各受热面变成过热蒸汽。由于没有汽包，在蒸发和过热受热面之间无固定分界点。在蒸发受热面中，工质的流动不像自然循环那样靠密度差来推动，而是由给水泵压头来实现，可以认为循环倍率为 1，即是一次性经过的强制流动。

图 4－10 所示为直流式余热锅炉中汽水管簇布置的示意图。其中，省煤器和蒸发器是合二为一的，它不设循环泵和锅筒。这种结构型式的余热锅炉蒸发受热面布置自由，加工制造较方便，金属耗量较少。由于热容量小，故调节反应快、负荷适应性强、启停迅速，最低负荷一般可比汽包锅炉低，具有高度灵活的负荷响应特性，适宜于新一代燃气－蒸汽联合循环机组选用。但对给水品质和自动调节要求高，给水泵耗电量大，并且要用高级合金材料，成本较高，经济性方面不一定有利。

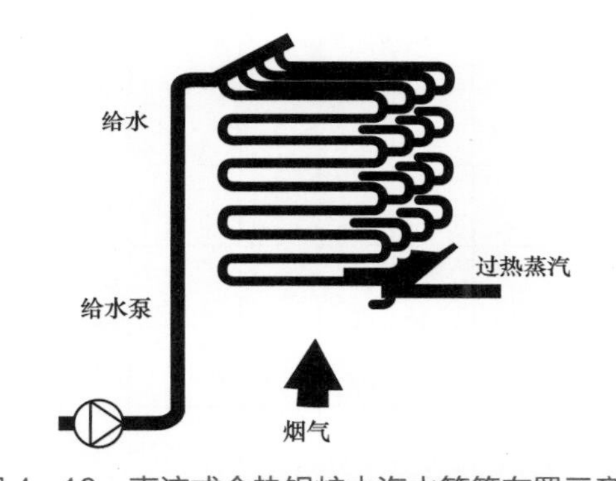

图 4－10　直流式余热锅炉中汽水管簇布置示意图

三、余热锅炉特点

由于余热锅炉在联合循环中与燃气轮机和蒸汽轮机的联系很密切，相互影响很大，所以有很多常规燃煤电厂锅炉所不具备的特点：

（1）采用温度适中流量很大的燃气热源作为余热锅炉生产蒸汽的热源。一般来说，燃气轮机排向余热锅炉的燃气温度为 600℃左右；即使采用燃气部分补燃方法，进入余热锅炉的燃气温度也只有 700～1000℃。但燃气的流量却很大，燃气与蒸汽的质量流量比为 4～10，而常规的蒸汽锅炉中这一比值仅为 1～1.2，这必然使余热锅炉的体积、质量远大于常规锅炉，而且燃气温度和流量都将随大气参数和燃气轮机负荷的改变而改变，因而：

1）余热锅炉中的换热方式主要是对流换热，而并非像常规蒸汽锅炉中的蒸发受热面那样，以辐射换热方式为主。为了避免余热锅炉中的受热面积过大，通常受热管排需要采用能扩展受热面积的翅片管簇结构。

2）余热锅炉中的汽水系统一般应设计成多压力级或多压力级再热式的循环方式，以便可以有效降低离开余热锅炉时的燃气温度，使燃气的显热得以充分利用，它不像常规蒸汽锅炉中的汽水系统那样，采用一个压力级或一个压力级再热式的循环系统。

3）变工况时烟气侧和蒸汽侧的热力参数需仔细协调。

随着联合循环机组负荷的降低，余热锅炉的蒸汽参数宜按滑压方式变化，如图 4－11 所示，即蒸汽的压力 p_s 和温度 t_{so} 都应随机组负荷（$P_\Sigma = P_{gt} + P_{st}$）的减小而降低，这样才能适应燃气轮机的排气温度随负荷的减小而降低的变化特点，以免蒸汽在高压、低温的条件下，在蒸汽轮机中膨胀时湿度超标，以致影响蒸汽透平的内效率，并使叶片因水击而被侵蚀。

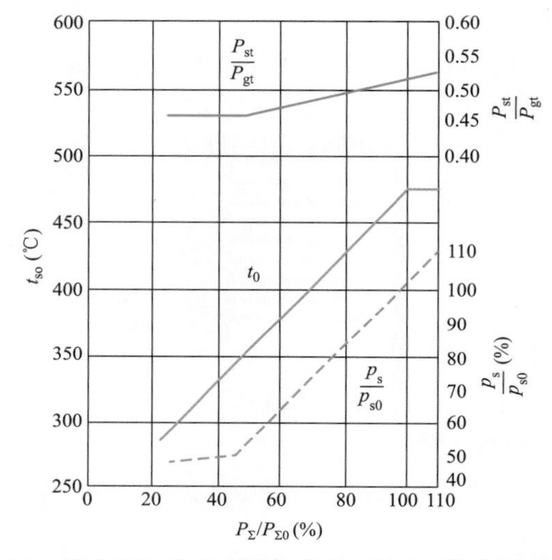

图 4－11　联合循环的功率比和蒸汽参数随机组负荷变化关系

在蒸汽轮机电厂中，随着机组负荷的变化，常规蒸汽锅炉的蒸汽压力和温度是力求维持恒定不变的。为了提高联合循环机组在部分负荷工况下的效率，可以通过关小燃气轮机压气机的进口可调导叶的办法。在某个特定的负荷区段内（如 50%～100%或 80%～100%的负荷范围内），使燃气透平的排气温度恒定不变。显然，在这个负荷范围内，余热锅炉的蒸汽参数可以力求维持不变。当负荷进一步降低时，蒸汽参数则仍然需要按滑压方式运行。

4）机组变工况时，进入余热锅炉的烟气温度和流量有变化，致使气侧与汽/水侧的温度匹配不协调。当余热锅炉换热面积设计值已经确定时，随着机组负荷的降低，容易发生传递给省煤器的燃气热量相对增大，以致在省煤器管簇内发生部分给水蒸发成为蒸汽，使省煤器管簇产生因超温而损坏的危险。因此，在设计余热锅炉时，必须保证在任何负荷工况下省煤器出口的给水温度都低于饱和温度。

5）在联合循环的汽/水循环系统中，一般都不从蒸汽轮机中抽取蒸汽来使给水预热和除氧。除氧器和给水预热器所需的加热用蒸汽应力争从余热锅炉中直接产生，这样就能降低余热锅炉的排气温度，提高燃气透平排气的利用效率。

6）炉内烟气的速度和温度分布很不均匀。余热锅炉进口截面上的烟温、烟速都很不均匀，烟速变化可达±400%，烟温变化可达±55℃。不均匀的烟气会给受热面带来膨胀不均、振动、磨损等诸多问题，同时也会使流动阻力增加导致燃气轮机背压升高、效率降低。而进入余热锅炉的燃气流量大的特点可以使余热锅炉中进行的对流换热过程在高流速和高湍流度的条件下进行，有利于改善换热效应，但也会引起某些不良现象，如烟道挡板和换热构件的振动、烟气偏流、换热不均匀等，这就会导致烟道及挡板等热部件的变形和磨损。为此，在设计余热锅炉时，有必要进行烟道流场的模化试验。为使流场和温度场均匀，必要时应加设整流装置，特别是当燃气轮机的排气方向与余热锅炉烟道的布置方向不一致时，更需要采取相应措施。

（2）余热锅炉必须具备系统惯性小、膨胀补偿能力强、能够承受热冲击的能力，以适应燃气轮机启停迅速、调峰频繁的特点。通常，燃气轮机可在 15～20min 内从启动状态迅速进入满负荷运行工况。为此，在余热锅炉的结构设计方面需要采取下面一系列措施：

1）采用小直径联箱，联箱内无中间隔板，上联箱与下联箱之间的管簇采用单管排连接方式，翅片管无弯头，这样可以减小 60%的热应力。

2）强化汽水系统的疏水布置，以使机组启动时在燃气轮机的吹扫过程中，过热器和再热器内不会存留凝结水。

3）采用抗蠕变强度高的材料（T91、T92）制作受热元件，可承受启动过程中的干烧条件。

4）适量地选择锅筒的尺寸和容积，配置量程宽的水位表，以适应快速启动过程中水位的波动和蒸汽的冲击。

5）合理设计余热锅炉的顶部吊挂结构，保证管簇之间的柔性连接，以降低附加应力。

6）使用先进的应力分析软件，按不同启动过程的要求，对余热锅炉的低频疲劳和寿命折损进行定量控制。

上述这些结构优化措施非常有利于改善联合循环中使用的余热锅炉的快速启动和调峰运行。

（3）燃气透平的排气阻力对联合循环机组功率和热效率都有一定影响（燃气轮机的背压每增高 1%，机组的功率会下降 0.5%～0.8%），一般来说，在燃气轮机之后加装余热锅炉，会使燃气轮机的功率下降 1.2%～1.5%。为此，在设计余热锅炉时，应采取各种措施来限定余热锅炉的流阻损失，以满足联合循环整体性能的要求。

（4）通过汽水系统及其设计参数的优化选择，力求更多地回收透平排气的余热，提高余热锅炉的热效率。

（5）余热锅炉应采用模块化设计。根据用户的现场条件和运输手段的可能，最大限度地提高在工厂内的组装率，以缩短安装周期，适应联合循环电厂建设速度快的特点。

随着燃气轮机、余热锅炉和蒸汽轮机组成的联合循环发电技术的不断发展，余热锅炉已逐步向大型化、多流程高参数方向发展。

第二节 余热锅炉本体

余热锅炉由烟道系统和余热锅炉本体两大部分组成。余热锅炉本体包括入口过渡段烟道、受热面组件（低压蒸发器、省煤器、蒸发器、过热器和再热器组件）、锅筒（又称汽包）、构架、平台、楼梯以及箱体等部件。每种受热面组件由管簇组、支吊架和联箱组成。此外，余热锅炉还装配有压力表、温度计、水位计、安全阀、吹灰器等主要附件。

一、余热锅炉整体布置

图 4－12 所示为某自然循环余热锅炉（设旁路烟道）的布置图。由图 4－12 可知，从燃气轮机排出的高温烟气有两路出口：一路进入余热锅炉，流过各级受热面从主烟囱排入大气；另一路进入旁通烟囱，排入大气。每路烟道上都装有挡板，余热锅炉入口烟道上的挡板称为入口挡板，旁通烟道上装的挡板称为旁通挡板。在有些余热锅炉上，把入口挡板和旁通挡板合二为一，称为烟道挡板。当燃气轮机工作而余热锅炉不工作时，旁通挡板开启，入口挡板关闭。燃气轮机和余热锅炉同时工作时，旁通挡板关闭，入口挡板开启。有些余热锅炉，在余热锅炉入口烟道处还装有插板。在燃气轮机工作而余热锅炉较长时期不工作时，可以把插板插入烟道，使燃气轮机和余热锅炉完全隔离。有些立式布置的余热锅炉，在主烟囱处装有挡板，称为烟囱挡板。对于启停频繁的余热锅炉，当余热锅炉短时间停炉时，可关闭烟囱挡板，以防止余热锅炉内的热量损失。由于余热锅炉内温度比较高，周围冷空气可以进入余热锅炉形成自然对流而将热量带走，关闭烟囱挡板就能防止外界气流进入余热锅炉，以保存热量，有利于随时启动余热锅炉。如果余热锅炉要停炉检修，希望冷却速度快些，则可以开启烟囱挡板。

入口烟道和旁通烟道都装有膨胀节，这是由于烟道受热后会膨胀伸长，会对烟道的支架产生热应力，采用膨胀节就能吸收烟道的伸长量，从而减小热应力。需说明的是，新建燃气－蒸汽联合循环机组很多已不再设旁路烟道，图 4－13 为其三维总体图。

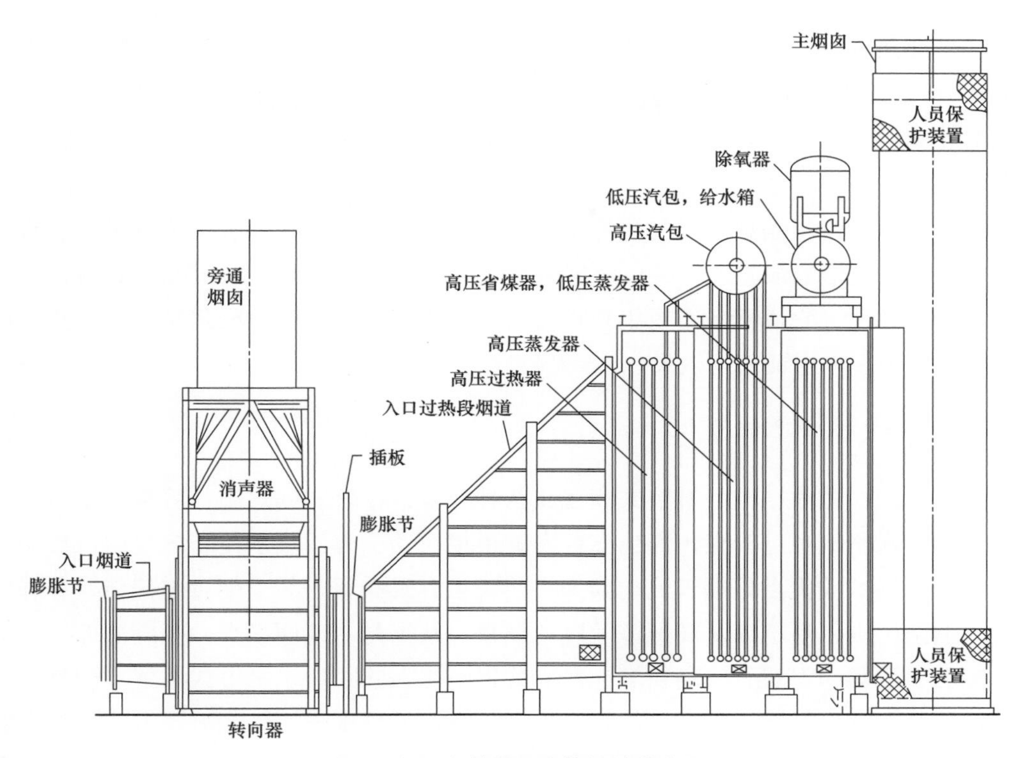

图 4－12　自然循环余热锅炉的布置

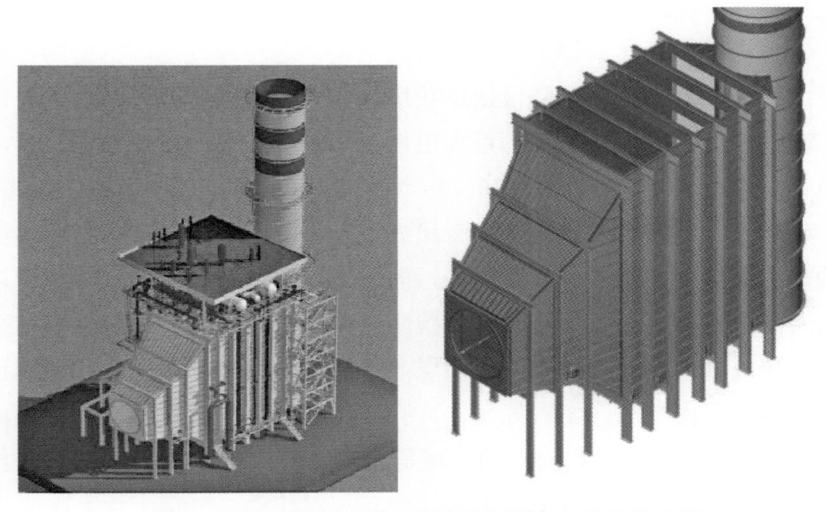

图 4－13　余热锅炉（不设旁路烟道）三维总体布置

在设计时，主烟囱和旁通烟囱还应考虑避雷和防雨措施。

目前，在许多燃气轮机联合循环装置中还有一定量的机组采用旁通烟道，其作用有：

（1）增加了联合循环装置运行的灵活性。正常情况下，以联合循环方式运行；特殊情况下，燃气轮机可以单独运行。

（2）余热锅炉和燃气轮机匹配性好。燃气轮机从冷态启动到额定负荷只需不到20min，而余热锅炉和汽轮机的升温（压）和升负荷速度取决于金属允许的热应力，从冷态启动到额定负荷约需 2h。调节挡板开度可以使余热锅炉、汽轮机和燃气轮机很好匹配。

（3）能减小余热锅炉经受的热冲击。旁通挡板或入口挡板在全关位置时，要求密封性好，以避免烟气泄漏。如某台余热锅炉，设计的最大泄漏率为 0.2%，挡板每一边上装有密封装置，它由两条不锈钢弹性板组成，中间由风机供给密封空气，其压力应高于燃气压力，以保证密封效果。

二、余热锅炉本体组件

余热锅炉在总体结构上有卧式和立式两种类型，在卧式锅炉中，管束以垂直方式布置，烟气水平地掠过管束，汽包布置在管束模块的上方，汽水循环多采用自然循环方式。卧式锅炉的优点是烟气流动损失小、管束容易布置、易于配置脱硝装置和补燃系统、钢结构少，易于满足高地震地区的要求。缺点是占地面积大，且因部件尺寸大而对制造、运输和安装有较高要求。在立式锅炉中，管束以水平方式布置，烟气垂直地掠过管束，汽包吊装在管束旁的钢结构上，汽水循环多采用强制循环方式，但也有自然循环式的。立式锅炉的优点是占地面积小，部件尺寸小；缺点是钢结构件多，配置脱硝装置和补燃系统困难。

为便于快速安装，余热锅炉多采用模块式结构，这种经过工厂试验的各模块，便于装运，可缩短现场安装工期，降低建造费用。整个余热锅炉分成几个大组件，每个大组件均在制造厂组合好，在现场可将各组件直接组合安装为余热锅炉整体，故可缩短安装时间。组件有烟道、膨胀节、90° 转弯段、支承框架、汽包、烟囱、烟囱挡板、烟囱缩口、过热器、蒸发器、省煤器、旁路烟道及其挡板和膨胀节等。有热烟气流过的组件，均设置管箱板，以减少散热损失，同时也保证运行人员的安全。管箱板由金属板与保温层组成，与高温烟气接触的内壁采用耐热合金钢的钢板，外壁则采用碳钢钢板。两块金属板之间是矿物纤维的保温层，外壁与内壁用螺栓连接。螺栓预先焊在外壁钢板的内侧，在内壁相应位置处预先冲孔眼。孔的直径要比螺栓直径大，多余的孔隙量可以允许内壁和外壁有相对移动。这是因为内壁和外壁的温度不同、材料不同，受热后的膨胀伸长量也不同，致使两壁之间会有相对移动。外壁上焊有加强框架，可保证管箱板的强度和刚度，外壁的两端焊有法兰，可以用来连接组件。

随着烟气在余热锅炉中的流动，烟温逐渐降低，所以管箱也可以逐渐减薄，省煤器出口的烟气温度不超过 200℃，可以直接用碳钢板制造烟道，以替代管箱板。

为了降低燃气轮机排气中的氮氧化物，锅炉内往往还设有脱硝装置。

1. 过渡段烟道

要求烟气均匀地流入过热器段，因此入口过渡段烟道内常常装有导流板。此外，要求它能经受热冲击和烟气压力。

入口过渡段烟道由内壁面耐热不锈钢板、中间保温层和箱体钢板、外壁铝合金护板组成。内壁耐热不锈钢钢板之间的接缝处，必须考虑膨胀和密封的要求。

2. 受热面

燃气轮机的排烟温度通常为 400～600℃，由于余热锅炉进口烟气温度比常规锅炉低，所以获取同样热量时，其受热面比常规锅炉要大许多。要适应机组的快速启停及调峰能力，以及强化传热减小热惯性，余热锅炉的受热面常使用小管径薄壁翅片管，管束采用错列布置。翅片管一般用连续高频焊接工艺将薄片状的翅片材料以螺旋状焊接在钢管上制成，按照翅片形状又分为环片状和锯齿状两种类型。

翅片的高度和密度则根据联合循环所用燃料的种类和管束在余热锅炉中所处的烟温区域来选择。为了适应联合循环快速启动的要求，余热锅炉一般应具备一定的耐干烧能力，所以其受热面需采用耐高温、抗氧化、抗蠕变的材料制造，受热面模块管道及集箱管材均常采用 P91、T91、T22 等新型高强耐热钢种，炉管外部缠绕等节距开齿翅片，提高传热效果，解决了小温差、大流量、低阻力传热困难等问题。在其结构特性参数中，翅片高度和翅片节距通常被作为衡量翅化程度大小的标志，其中开齿螺旋翅片与不开齿翅片相比，受热面积增加约 10%，传热效率提高 5%～10%，可节约金属耗量 15%～20%。图 4－14 为某垂直布置的顺列螺旋翅片管受热面管束局部示意图。

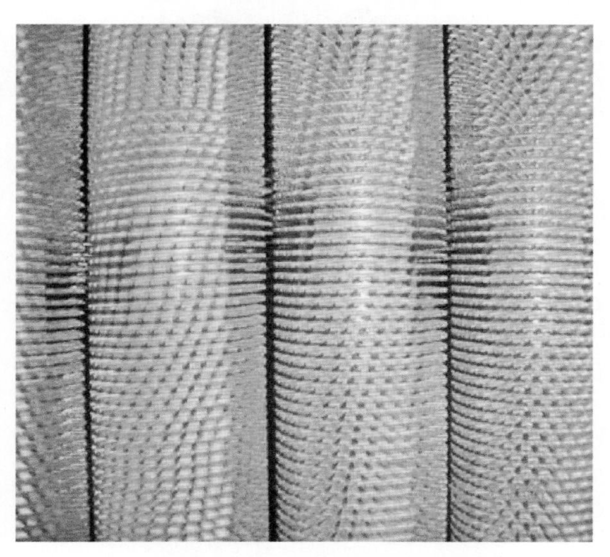

图 4－14　垂直布置的顺列螺旋翅片管受热面管束

联合循环余热锅炉的受热面一般包括过热器、再热器、蒸发器、省煤器（给水加热器）等。每个受热面担负着不同的角色，在热力系统具有举足轻重的作用。优化它们的设计，选择合理的水循环、良好的传热效果将关系蒸汽品质和整套燃气－蒸汽联合循环效率。

过热器的作用是将饱和蒸汽温度加热到最终的设计温度。

再热器的作用是将蒸汽轮机高压缸排出的蒸汽重新加热到最终的设计温度，并进入蒸汽轮机的中低压缸，这是提高整个联合循环效率的一种方法。

蒸发器的作用是产生蒸汽。整个蒸发系统由汽包（汽包内置一次惯性分离器及二次分离器）、下降管（将水通到蒸发器底部再到入口集箱）、蒸发器管子（产生汽水混合物）、出口集箱（用作为集汽管）和上升管（将汽水混合物导入汽包）组成。此部件一般由翅片管组成。

省煤器的作用是将给水温度提高到比汽包内对应饱和温度低几度的范围。此部件一般由翅片管组成，为避免发生冷端腐蚀，在低压省煤器（即给水加热器）处还设计有再循环及旁路系统，以保证凝结水进口处的管壁温度高于烟气的酸露点。

翅片管是换热器中常用的一种传热组件，由于扩展了管外传热面积，故可使光管的传热阻力大大下降，特别适宜用于强化气体侧换热的场合。而开齿螺旋翅片更能减少烟气分布不均性，阻滞局部烟气温度过高的发生，同时又能降低烟气流量和温度不均性。在翅片伸展方向上有表面的对流换热及辐射换热，其中辐射换热可忽略不计。

余热锅炉受热面可采用模块化设计。在工厂生产，现场吊装。以达到节约安装工期，提高产品质量的目的。图 4–15 为余热锅炉各受热面模块的排列示意。

图 4–15　余热锅炉各受热面模块的排列

（1）管组。

每个受热面组件的管组包括几十根管子，管子是带翅片的，组成蛇形管组。翅片管是用一定厚度（如 1mm）和一定宽度如（12～20mm）的薄钢绕在光管外壁上，绕线型式为旋线。由此可以增加翅片管的传热面积，从而增加单位管长的传热量，并使布置紧凑，从而减小余热锅炉的体积。薄钢带与光管外壁是用电阻焊接法焊在一起的，以使钢带与管外壁紧密结合，保证良好的传热效果。

图 4-16 所示整个受热面组件的装配过程，两根直的翅片管用一个 180° 弯头连接，连接方式采用焊接，最后组成一根蛇形管。几十根并联的蛇形管可以组成一组管。管子弯头采用光管，处在高温烟道以外，使翅片管和弯头（光管）之间的焊缝不与高温烟气接触。有些制造厂规定，带翅片的管段不允许用两段管子拼接而成，以提高可靠性。

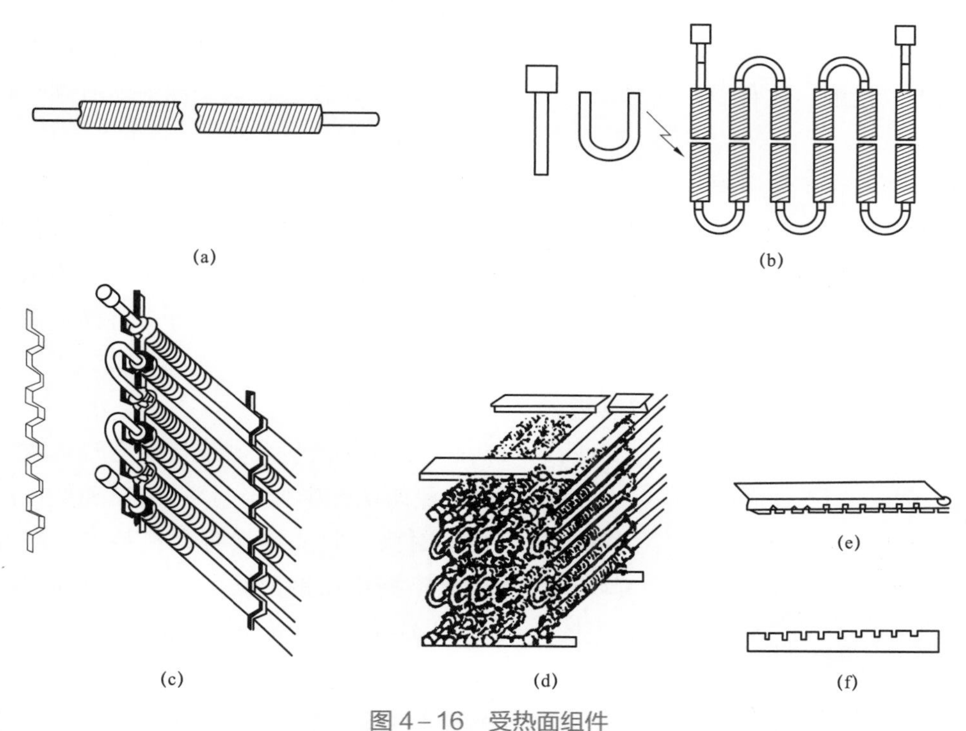

图 4-16　受热面组件

（a）翅片管；（b）焊接成一根蛇形管；（c）装支吊架；（d）成套的蛇形管组件；（e）吊装顶板；（f）吊架底板

（2）支吊架。

采用“蜂窝状”吊架，用两块凸凹板可以组成一个“蜂窝状”吊架，凸凹的形状是一个等六边形，像蜂窝的形状，所以称“蜂窝状”吊架。图 4-16（c）中所示为一根水平蛇形管的吊架，如果管子沿水平方向很长，则需要多装吊架，大约每隔 1m 需一个吊架，如并联的管子数目是 30 根，在同一距离上就有 30 个吊架。采用吊架顶板和底板可以将此 30 个吊架组合起来，最后组成如图 4-16（d）中所示的一个大的坚固的管组。顶板和底板用厚的碳钢钢板制造，能够承受管组的重量。

管子的翅片部分和吊架板接触，翅片外形是圆的，而吊架板形状是六角形。除了接触点以外，两者之间有足够的空隙。吊架本身又有挠性，可以微微移动。所以，当管子受热而膨胀时，不易被吊架卡住，同时管壁不会被磨损。

这种形式的吊架对于联箱也是有好处的，因为管组的进口联箱和出口联箱都是固定不动的，采用这种吊架，管子膨胀伸长是自由的，能减少膨胀热应力作用到联箱上去。

（3）联箱。

在整个管组和支吊架装配后，最后安装联箱。省煤器和过热器出口联箱的型式是相同的，而蒸发器联箱的型式往往是不同的。蒸发器进口联箱的直径要比出口联箱的小，这是由于蒸发器入口是水，而出口是汽水混合物的缘故。

上述组成的蛇形管的两端可以自由伸长。全部弯头都在高温烟道以外，即焊缝不与高温烟气接触。这种受热面结构对快速启动有利，所以余热锅炉能够随着燃气轮机快速启动。

受热面的管子采用翅片管，可以增加传热量，反过来说，在传热量相同的情况下，可以减少受热面，使余热锅炉体积小，布置紧凑。所以，目前不论是水平蛇形管还是直立式管，都趋向于采用翅片管。例如，省煤器中 1kg 水需吸收热量 314kJ，若采用光管，需 0.497m 的管子；若采用相同管径的翅片管，只需 0.05m 的管子，显然后者可以缩小余热锅炉的尺寸。

（4）锅筒（汽包）及其连接管道。

图 4－17 展示了锅炉汽包及其连接管道的立体图。

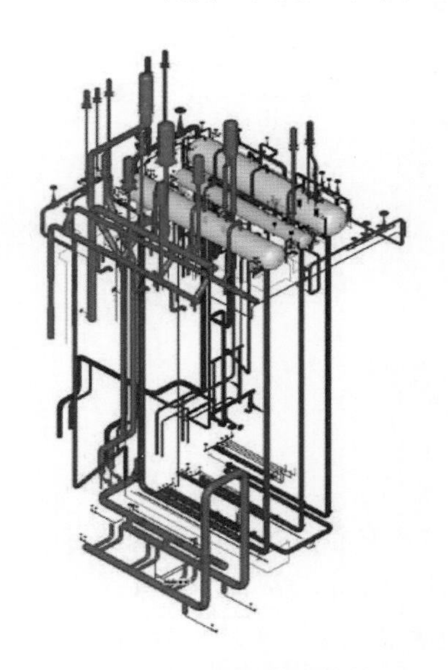

图 4－17　汽包及其连接管道

高压汽包一般两端配半球形封头，中压和低压汽包两端配半椭球形封头，封头均设有人孔装置。汽包均可以通过活动支座搁置在钢架梁上。汽包内部结构示意见图 4－18。图 4－19 为上锅 9F 级联合循环三压系统余热锅炉锅筒与管排连接方式。

余热锅炉的蒸汽压力相对较低，汽包一般为卧式。立式余热锅炉的汽包一般设置于前（或后）侧的钢架上，卧式余热锅炉的汽包则多放置在蒸发器上部。余热锅炉汽包的功能和结构与常规电站锅炉的汽包相同，内部设有汽水分离器、给水分配管、连续排污管、调整水质的加药管等，每只下降管座入口处均设有消旋十字架。汽水混合物经导管引入锅筒的连通箱内，在分离器中进行汽水分离，分离出的水下落到水空间，汽向上流动，经洗涤器和除雾器进一步分离，蒸汽经蒸汽出口管通往过热器。锅筒下部有下降管，在下降管入口处装有旋涡破坏器，以防止将蒸汽带入下降管。

锅筒内还有来自省煤器的进水管、连续和定期排污管以及加药管等。对于卧式布置的余热锅炉来说，定期排污管位于蒸发器下部联箱的底部。锅筒端部封头上装有人孔装置，允许人进入锅筒内安装和检查。锅筒顶部装有安全阀及消声器。锅筒上还装有水位计，以监视锅筒中水位的高低。通常锅筒采用悬吊方式固定在构架的梁上，采用挠性支架，以减少各连接管受热膨胀后对锅筒施加的附加应力。

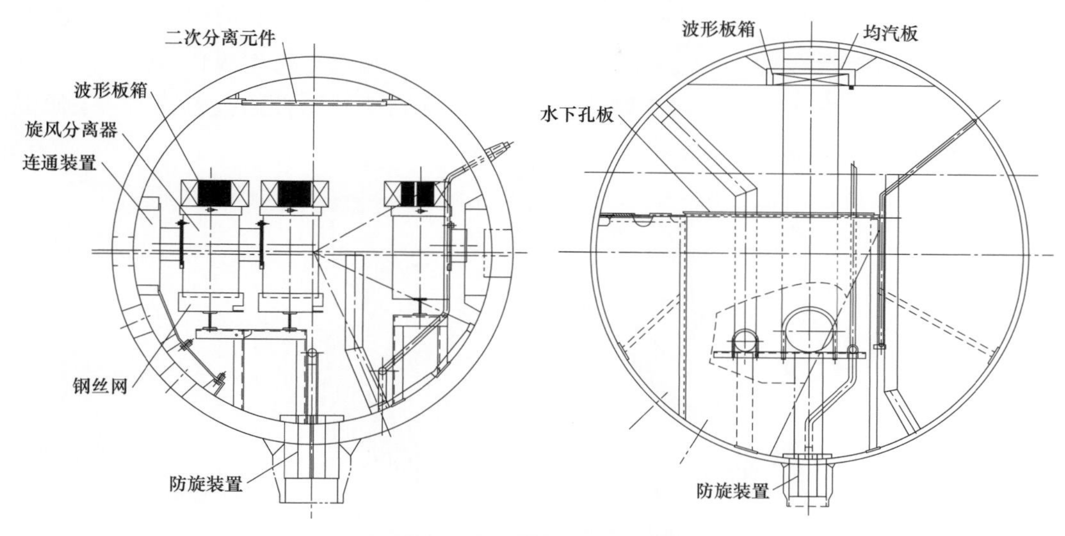

图 4－18　余热锅炉锅筒（汽包）内部结构示意图

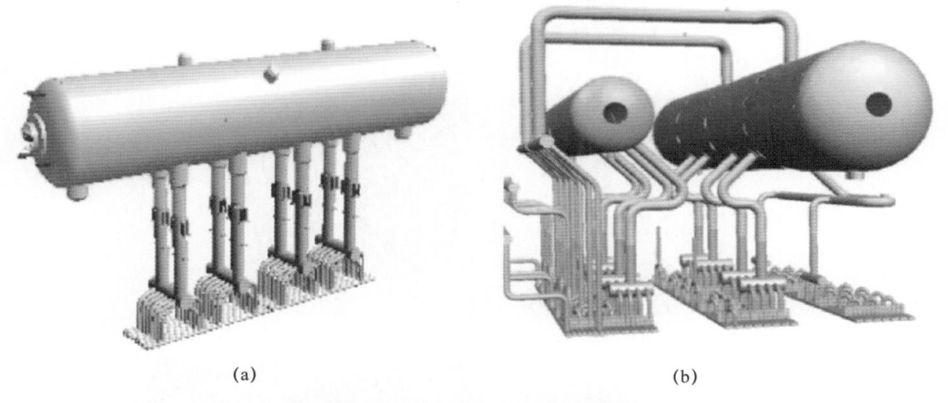

图 4－19　上锅 9F 级联合循环三压系统余热锅炉锅筒与管排连接

（a）高压锅筒；（b）中、低压锅筒

由于联合循环机组启动速度快，运行时负荷波动大且频繁，所以在满足安全要求的前提下，余热锅炉的汽包壁应尽可能地薄一些，以降低其热应力和热惯性。另外，由于压力不高时水和蒸汽的比体积差别比较大，所以余热锅炉在启动过程中其蒸发器内会有大量的水被排挤出来，汽包容量应能容纳得下这一过程所排挤出的水量，否则将需要紧急排水从而造成损失。

（5）联箱与翅片管的连接。

余热锅炉的联箱与管屏有单管排连接和多管排连接两种方式，如图 4－20 所示。传统的余热锅炉一般采用多管排连接方式，即把两排、三排或更多排的翅片管（图 4－21 为翅片管外观）与联箱直接相连，使受热面内的工质在联箱内混合后进入汽包。采用这种连接方式的翅片管在与联箱相连接处有弯头，联箱直径也比较大，运行时连接处的热应力比较大且工质混合不均匀。现代新型余热锅炉多采用单管排连接方式，即先将一排排翅片管与一个个小联箱相连，再将小联箱与直径较大的联箱相连，使受热面内的工质经小联箱混合后，再进入下一组较大直径的联箱进行二次混合，最后进入汽包。采用这种连接方式时，翅片管与小联箱连接处无弯头，运行热应力较小，工质混合也比较均匀。

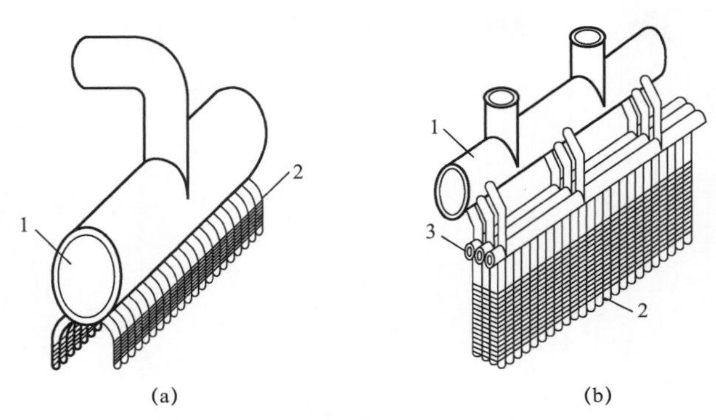

图 4–20　联箱与管屏的连接方式

（a）多管排连接方式；（b）单管排连接方式

1—汇集联箱；2—螺旋翅片管；3—小联箱

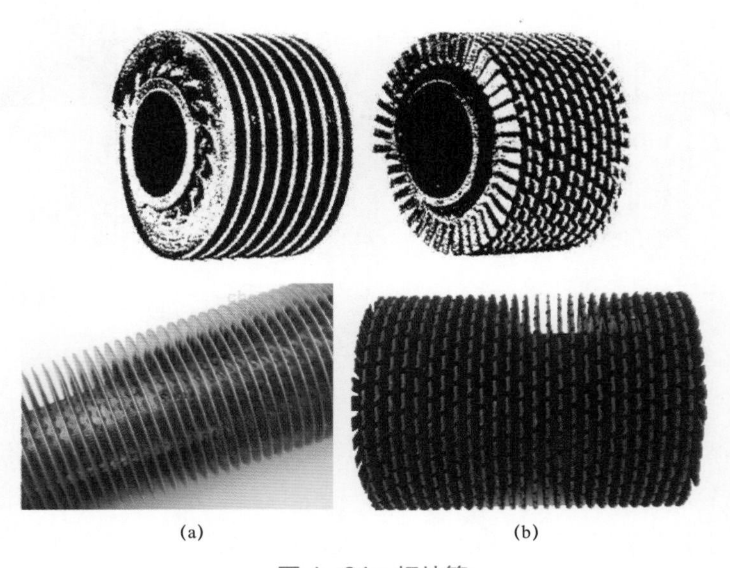

图 4–21　翅片管

（a）环片状翅片管；（b）锯齿状翅片管

3. 炉墙

余热锅炉大多采用轻型炉墙，墙板一般由内护板、保温层和外护板构成，如图 4–22 所示。外护板上按一定的纵、横节距焊有螺柱，内护板则通过螺柱上的螺母及特制的垫圈固定在外护板上，保温材料填充在内、外护板之间。对于不设置膨胀中心的余热锅炉而言，每一个区间的膨胀都相对独立。

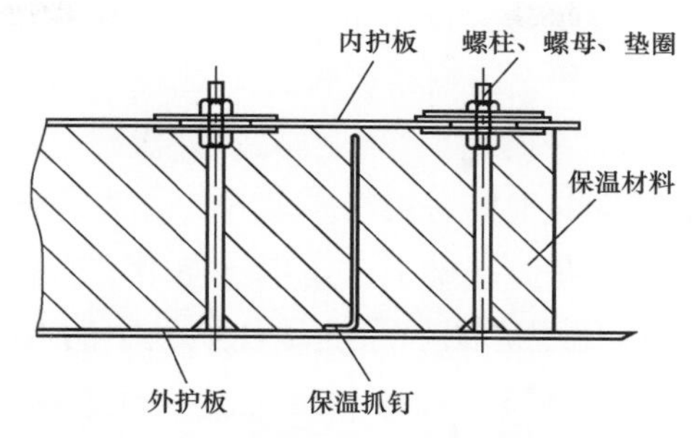

图 4－22　余热锅炉墙板的一般构成

因此，每一个区间内护板的膨胀都是自由多向的，这给内护板之间的连接带来了一定的困难。为此，设计时应对每一块内护板设置膨胀中心。

图 4－23 为上海 9F 级联合循环三压系统余热锅炉［SG－273.1（61.3）（53.8）/12.91（3.28）（0.29）－Q8102］冷态炉墙结构。

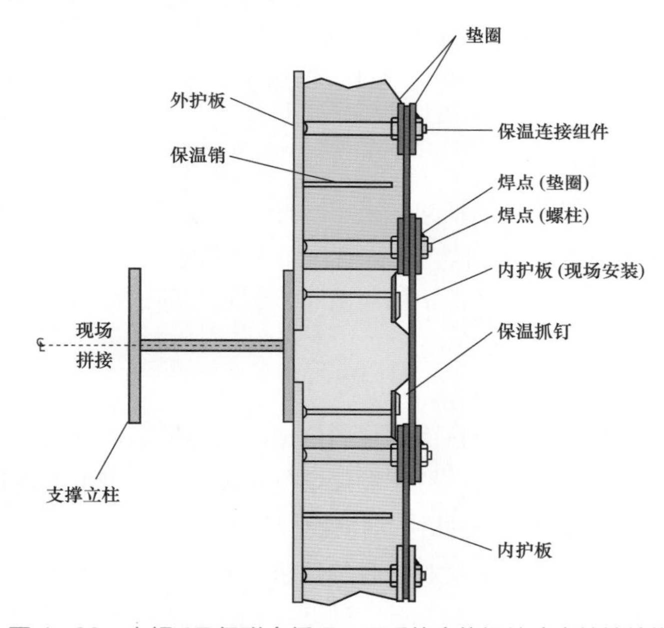

图 4－23　上锅 9F 级联合循环三压系统余热锅炉冷态炉墙结构

4. 膨胀节

联合循环系统中通常布置两个非金属膨胀节，分别位于燃气轮机排气扩散段出口与余热锅炉进口烟道之间和余热锅炉出口与烟囱进口之间（见图 4－12），其主要功能是吸收前后设备之间的膨胀位移。膨胀节是一个由法兰、蒙皮和保温层构成的柔性连接结构，能吸收较大的位移量。这种柔性的密封连接结构能有效地阻隔燃气轮机、余热锅炉和烟囱作用力的相互传递，当出现一些不可预见的破坏性因素时，可使这些设备（或部件）处于相互不受干扰的状态中，避免产生连锁性的破坏。除此之外，余热锅炉本体上还有为数众多的管道需穿出墙板，对于这些穿墙管，必须量身定制大小不等的金属膨胀节，以起到密封和不影响其膨胀的作用。

5. 烟气脱硝装置

联合循环机组运行中产生的主要污染物质是 NO_x 。为降低 NO_x 排放，燃气轮机大多已采用了低污染燃烧技术。在此基础上，还广泛使用了选择性催化还原法（SCR）的烟气脱硝技术。选择性催化还原法的原理是使烟气中的 NO_x 在催化剂的作用下与 NH_3 发生反应，生成无害的 N_2 和 H_2O ，其主要化学反应方程式为

$$4NH_3 + 4NO + O_2 \rightarrow 4N_2 + 6H_2O$$

$$4NH_3 + 6NO + O_2 \rightarrow 5N_2 + 6H_2O$$

$$2NH_3 + NO_2 + NO \rightarrow 2N_2 + 3H_2O$$

具体的实施方法是预先在余热锅炉烟道中布置一套催化反应床，然后在余热锅炉运行过程中，从烟道一定截面处将雾化过的氨水均匀地喷入烟道，使烟气中的氮氧化物在催化反应床的作用下与氨气进行化学反应。需要指出的是，催化反应床在余热锅炉烟道中的位置必须精心选择，以保证其处在280～410℃的反应温度窗口内。

6. 构架、平台和楼梯

构架是用金属柱和梁组成的框架，采用螺栓连接或焊接连接。构架用来支撑余热锅炉。多数余热锅炉采用悬吊结构，允许受热面向下膨胀。

为了检查和维修需要，余热锅炉的周围布置有几层固定在构架上的平台楼梯，以通往各级受热面的检修门和锅筒等处。

7. 箱体

各箱体构成了布置有相应受热面组件的烟道。箱体壁由内壁衬板、中间保温层和箱体钢板、外壁铝合金护板组成。位于高温烟气区域的箱体钢板采用耐热不锈钢钢板位于低温烟气区域的箱体钢板可采用碳钢钢板。

设计箱体时，要考虑快速启动和密封等要求，允许内壁衬板自由热膨胀，应使多层保温材料的接缝错开。

8. 出口过渡段烟道

出口过渡段烟道的壁面由内壁碳钢衬板、中间保温层、箱体钢板和外壁铝合金护板组成，与入口过渡段烟道相似。

三、余热锅炉主要附件

余热锅炉的安全和经济运行，在很大程度上是由一系列指示仪表和设备附件来保证的。主要附件一般有压力表和温度计、水位计、安全阀以及吹灰器等。

第三节　余热锅炉系统与辅机

一、余热锅炉汽水系统

（一）余热锅炉汽水系统的特点

汽水系统是余热锅炉的主要组成部分，其作用是将凝结水加热生成合格的过热蒸汽并向蒸汽轮机供汽。不同机组配置的余热锅炉虽然有型式、结构、系统配置上的差异，但是汽水系统的组成、流程、操作要点基本一致。

图 4－24 所示为一台最简单的无补燃、单压余热锅炉的汽水系统，它由省煤器、蒸发器、过热器等换热面和汽包等部件组成。该锅炉的传热量 Q 与烟气和汽水温度 t 之间的关系如图 4－3 所示。在烟气侧，由于比热容近似等于常数，所以烟气的温度与放热量之间近似呈线性关系。在汽水侧，给水在省煤器中和蒸汽在过热器中被加热时，温度与吸热量之间呈线性关系，但在蒸发器中发生相变时，温度保持不变。

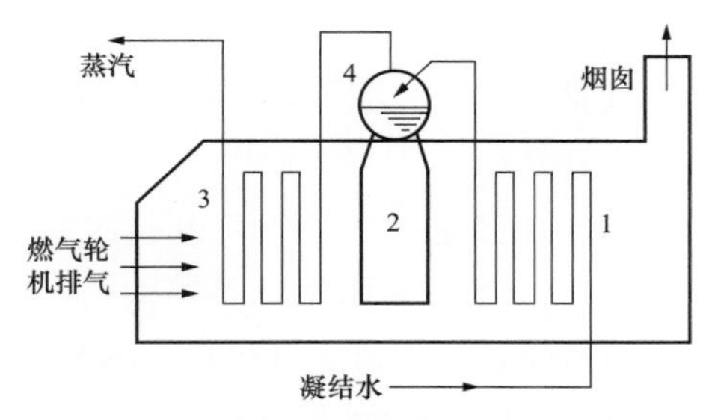

图 4－24　单压余热锅炉的汽水系统

1—省煤器；2—蒸发器；3—过热器；4—汽包

由于余热锅炉在联合循环中与燃气轮机和汽轮机的联系很密切，相互影响很大，所以有很多常规燃煤锅炉所不具备的特点。

（1）运行参数变化大，且无法独立控制。常规燃煤锅炉的热源由燃料燃烧产生，可独立控制，所以其运行参数也可独立控制。而余热锅炉的热源是上游燃气轮机的排气，由于燃气轮机的负荷经常处在变动之中，且排气温度和流量经常有较大变化，所以其运行参数既经常变化，也无法独立控制。

（2）传热温差小，体积和质量大。常规锅炉的烟气温度高、传热温差大，且辐射换热量占到全部换热量的 40%～50%，甚至更多，所以受热面相对较小；而联合循环的余热锅炉由于进口烟气温度仅为 600℃左右，主要依靠对流换热，且传热温差较小，所以其受热面较大，体积、质量也较大。换一个角度也可以理解这个问题：一般来说，常规锅炉的烟气流量与蒸汽流量之比只有 1～1.2，而余热锅炉这一比值则高达 4～10，这必然使余热锅炉的体积、质量远大于常规锅炉。

（3）炉内烟气的速度和温度分布很不均匀。不均匀的烟气会给受热面带来膨胀不均、振动、磨损等诸多问题，同时也会使流动阻力增加导致燃气轮机背压升高、效率降低。

（4）汽水系统形式多样。当组成联合循环的燃气轮机已经选定时，余热锅炉的汽水系根据技术经济比较，有多种类型（单压、双压、双压再热、三压、三压再热等）可供选择，这一点与常规锅炉有很大不同。

（5）变工况时烟气侧和蒸汽侧的热力参数需仔细协调。

（6）需要适应燃气轮机快速启动的要求。要具备快速启动特性，余热锅炉的汽包、换热管束、烟道、护板等在结构上都要进行特殊设计。

（二）汽水系统的压力分级

余热锅炉的等效效率可以表示为

$$\eta_{\mathrm{h}}=\frac{c_{pg}(t_4-t_{\mathrm{A2}})}{c_{pg}(t_4-t_{\mathrm{g1}})}=\frac{t_4-t_{\mathrm{A2}}}{t_4-t_{\mathrm{g1}}}$$

式中　t_{g1}——环境温度；

c_{pg}——烟气的比定压热容。

可见，在燃气轮机的排气温度t_4一定的情况下，为了提高余热锅炉的效率η_{h}，应尽可能地降低余热锅炉的排烟温度t_{A2}。但是，由图4－3可以看出，在蒸汽压力、温度和给水温度一定时，汽水的升温曲线是一定的。所以，在确定蒸汽的压力、温度、给水温度、节点温差δ等参数后，t_{A2}的值基本上就是确定的。而一般来说，按照最佳值选取蒸汽参数时，单压余热锅炉的排烟温度t_{A2}只能降低到 200℃左右。那么，怎样进一步降低t_{A2}呢？现代大功率燃气－蒸汽联合循环机组一般采用双压或三压蒸汽系统来解决这个问题，即在余热锅炉中除了产生高压过热蒸汽外，还产生低压或中压和低压蒸汽，补入汽轮机的中、低压缸中做功。

图4－25给出了双压无再热余热锅炉的$t-Q$曲线。将其与图4－3对比可以看出，双压余热锅炉之所以可将排烟温度降得更低，是因为它相当于在第一台余热锅炉之后又串联了一台压力等级低一些的余热锅炉（当然，实际情况并非如此简单，一般来说，采用双压余热锅炉时，蒸汽侧的压力是要重新优化的），后者以前者的排烟为热源，使烟气的温度降到更低后才排放。目前，多压系统可以把余热锅炉的排气温度降低到110～120℃的水平，对于燃用天然气的机组，其排烟温度可降至 80～90℃。

研究表明，三压联合循环的效率比双压联合循环的效率大约可提高 1 个百分点；双压和三压采用再热后，联合循环效率均能再提高 0.8～0.9 个百分点。在实际应用中，究竟选择哪一种系统，应结合效率、可靠性、投资等几方面因素综合考虑。一般根据燃气轮机排烟流量和进入余热锅炉的烟气温度来确定汽水系统是单压还是多压以及是否再热，其中烟气温度的影响更大一些。多数情况下，若进入余热锅炉的烟气温度高于 510℃时，可选择双压或三压汽水系统；若进入余热锅炉的烟温高于 560℃时，可考虑采用三压再热系统。近年来，采用三压再热式余热锅炉已成为联合循环机组发展的主流。

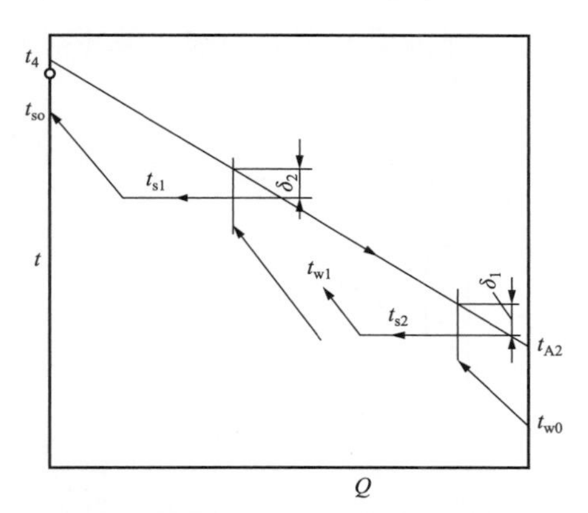

图 4－25　双压无再热余热锅炉的 $t-Q$ 曲线

（三）典型汽水系统简介

1. 不同循环方式的汽水系统

余热锅炉可以设计成自然循环的，也可以设计成强制循环的，两者各有其优点和局限性。一般来说，自然循环余热锅炉较为简单，运行维护简便，无额外功率消耗，可用率高，但启动时间要长一些；强制循环余热锅炉冷启动比较快，但是运行维护相对复杂，而且因为循环泵可能会发生故障，致使余热锅炉的可用率降低 2 个百分点左右。所以一般倾向于选用自然循环形式的余热锅炉。

图 4－26 所示为一台三压、再热、自然循环、带整体式除氧器、卧式布置余热锅炉的汽水系统。其低压汽水循环系统由凝结水加热器（即低压省煤器）、整体除氧器（与低压汽包合为一体）、低压蒸发器和低压过热器构成；中压汽水循环系统由带有中间抽头的水泵、中压省煤器、中压汽包、中压蒸发器、中压过热器和再热器构成；高压汽水循环系统由第一级高压省煤器、第二级高压省煤器、高压汽包、高压蒸发器、高压过热器和再热器构成。烟气自左至右依次掠过再热器、高压过热器、高压蒸发器、中压过热器、第二级高压省煤器、中压蒸发器、第一级高压省煤器、中压省煤器、低压过热器、低压蒸发器、凝结水加热器后，从烟囱排向大气。高压过热蒸汽进入汽轮机高压缸做功后，与中压过热蒸汽汇合进入再热器；再热蒸汽进入汽轮机中压缸做功后，与低压过热蒸汽一起进入汽轮机低压缸。

图 4－27 所示为一台三压、无再热、强制循环、立式布置余热锅炉的汽水系统，其除氧器独立设置。除氧器水循环系统由凝结水加热器、除氧器循环水泵、除氧蒸发器和除氧器、除氧水箱构成。余热锅炉的低压汽水循环系统由低压循环泵、低压省煤器、低压汽包、低压蒸发器和低压过热器构成；高压汽水循环系统由高压循环泵、三级高压省煤器、高压汽包、两级高压蒸发器、高压过热器构成。烟气自下而上依次掠过高压过热器、高压蒸发器、低压过热器、高压省煤器、低压蒸发器、低压省煤器、除氧

蒸发器、凝结水加热器后，从烟囱排向大气。该锅炉虽然产生三个压力的蒸汽，但只有两个压力的蒸汽进入汽轮机做功，另外一个压力的蒸汽仅供除氧使用。各级水循环的动力都由循环泵提供，为确保水循环可靠，每级水循环都配有一开一备两套循环泵。

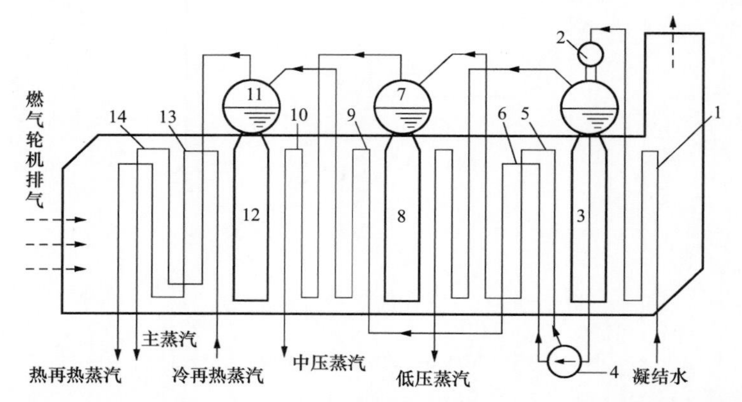

图 4－26　三压、再热、自然循环、带整体式除氧器、卧式余热锅炉的汽水系统

1—凝结水加热器；2—整体除氧器；3—低压蒸发器；4—水泵；5—中压省煤器；6—高压省煤器（Ⅰ）；
7—中压汽包；8—中压蒸发器；9—高压省煤器（Ⅱ）；10—中压过热器；
11—高压汽包；12—高压蒸发器；13—再热器；14—高压过热器

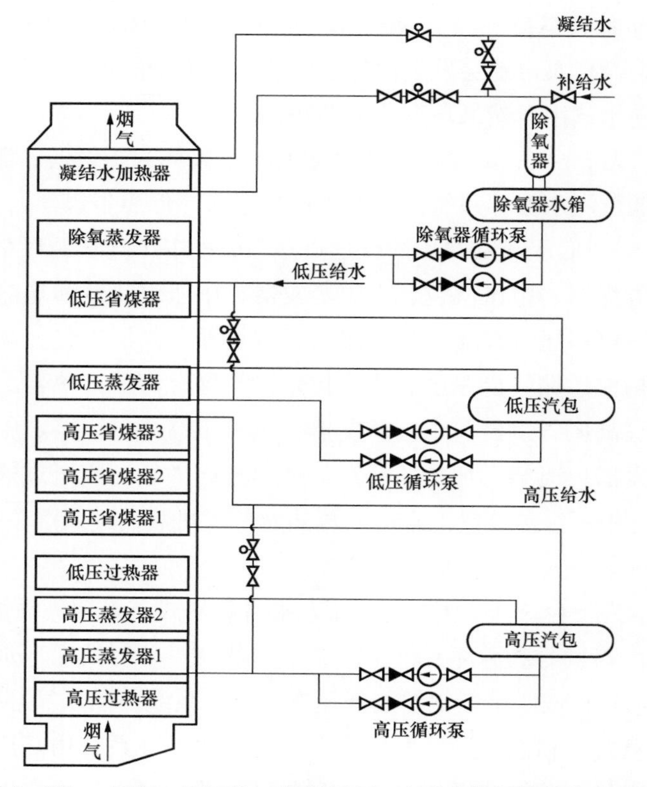

图 4－27　三压、无再热、强制循环、立式余热锅炉的汽水系统

以上两台锅炉分别采用了自然循环与卧式布置匹配、强制循环与立式布置匹配的组合方式，这是水循环方式与受热面布置之间最常用的组合方式。但是，自然循环余热锅炉也有立式的。图 4－28 所示的一台三压、再热、自然循环锅炉就采用了立式布置，而且其除氧器也独立设置。除水循环方式之外，这台锅炉与图 4－27 所示的余热锅炉的不同点还有：除氧蒸汽从汽轮机低压缸抽取，余热锅炉三个压力的蒸汽都通向汽轮机做功。

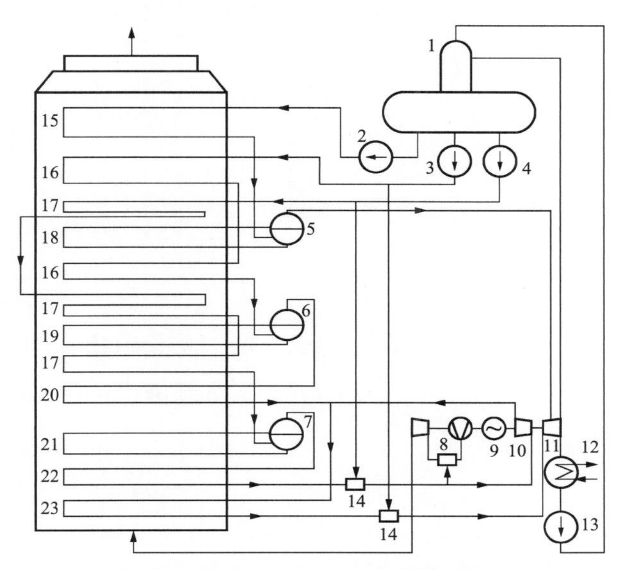

图 4－28　三压、再热、立式、自然循环余热锅炉热力系统

1—真空除氧器；2—低压给水泵；3—中压给水泵；4—高压给水泵；5—低压汽包；6—中压汽包；7—高压汽包；8—燃气轮机；9—发电机；10 —汽轮机高压缸；11—汽轮机中低压缸；12—凝汽器；13—凝结水泵；14—减温器；15—低压省煤器；16—中压省煤器；17—高压省煤器；18—低压蒸发器；19—中压蒸发器；20—中压过热器；21—高压蒸发器；22—高压过热器；23—再热器

2. 不同压力等级的汽水系统

（1）以杭州锅炉厂 NG－901FA－R 余热锅炉为例，对不同压力等级的汽水系统进行说明。图 4－29 为 NG－901FA－R 余热锅炉汽水流程。

图 4－30 给出了高压锅炉汽水系统图。由图 4－30 可见，高压给水经高压给水调节阀，依次流过高压省煤器 1、高压省煤器 2，接近饱和温度的水进入高压汽包。高压汽包炉水通过两根集中下降管进入下集箱，由连接短管引至蒸发器被烟气加热，产生的汽水混合物回到高压汽包。来自高压汽包的饱和蒸汽通过连接管进入高压过热器 1 进口集箱，依次流经 4 排翅片管，进入高压过热器 1 出口集箱，再由连接管引至喷水减温器，根据高压主蒸汽集箱出口汽温进行喷水减温后，进入高压过热器 2 进口集箱，再依次流经 2 排翅片管进入高压过热器 2 出口集箱，由连接管引至高压主蒸汽集汽集箱，引入主蒸汽截止和控制组合阀。

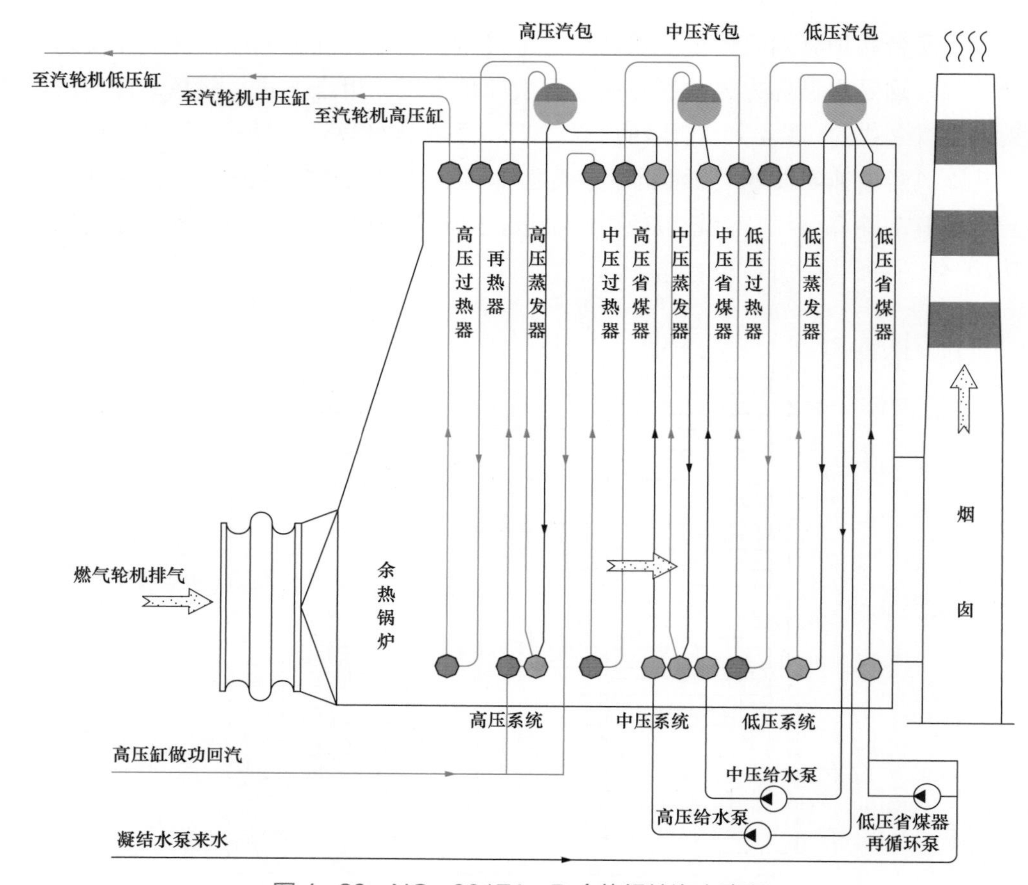

图 4–29 NG–901FA–R 余热锅炉汽水流程

高压过热器汽温调节采用喷水减温形式，减温迅速，调节灵敏。

图 4–31 给出了中压锅炉汽水系统图。中压给水先进入中压省煤器，经过中压给水调节阀进入中压汽包；中压汽包炉水通过一根集中下降管进入分配集箱，在蒸发器内被烟气加热，产生的汽水混合物回到中压汽包；分离出的中压饱和蒸汽在中压过热器中获得一定的过热度后，与再热冷段蒸汽混合，进入再热器。再热器 1 与再热器 2 之间设置了喷水减温器，用于调节再热汽温。

图 4–32 给出了低压锅炉汽水系统图。凝结水给水操作台过来的给水由后至前依次流经低压省煤器 1、低压省煤器 2 各个管排，经加热后以接近饱和的温度引出进入低压汽包。其中，低压省煤器 1 出口部分工质由再循环泵打回低压省煤器 1 入口与操作台来的凝结水混合，以满足入口水温的要求，确保余热锅炉排烟温度基本不变；低压汽包炉水通过一根集中下降管进入分配集箱，在蒸发器内被烟气加热，产生的汽水混合物回到低压汽包；分离出的低压饱和蒸汽经过低压过热器 1 和低压过热器 2 之后进入蒸汽轮机低压缸。

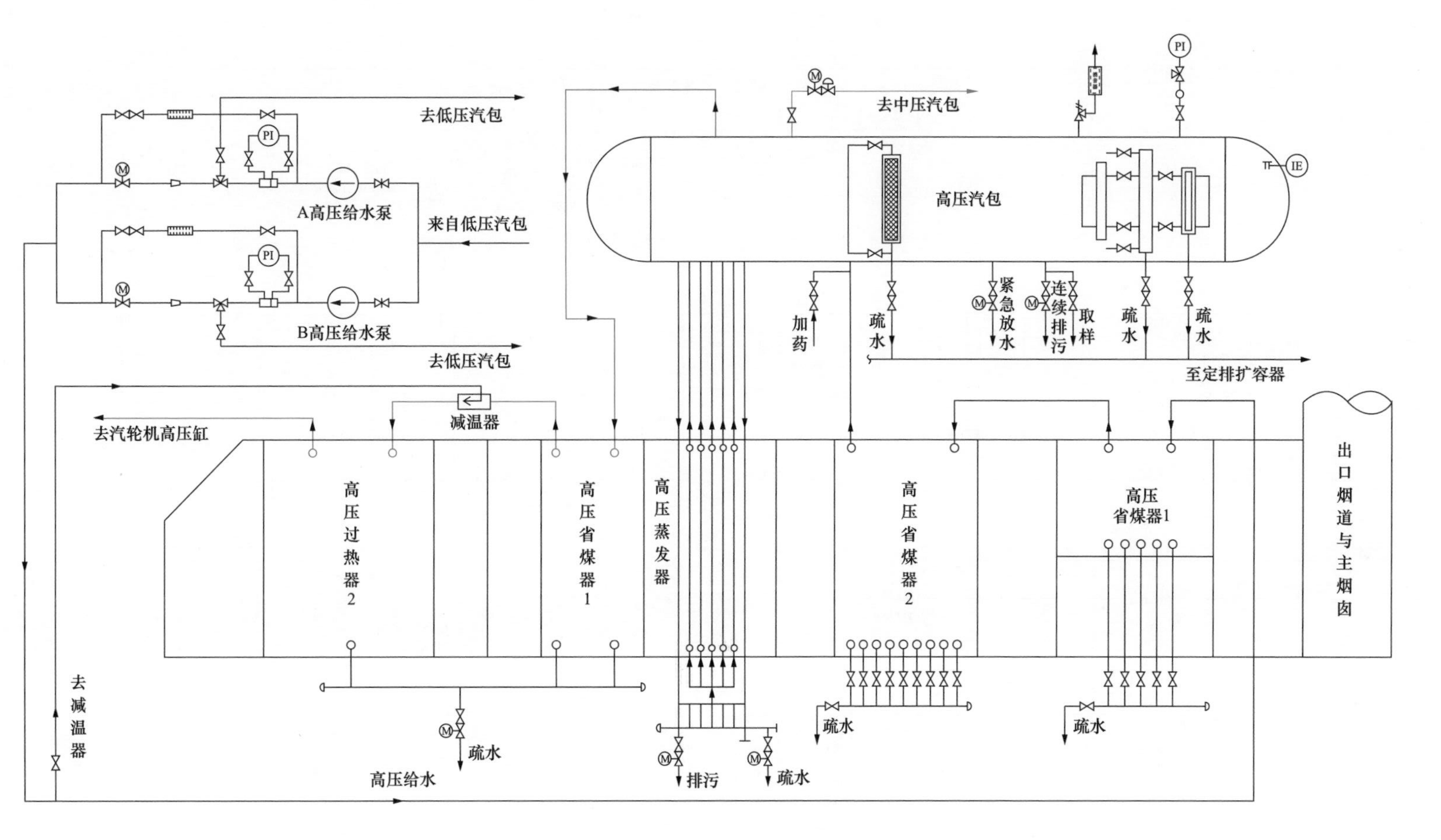

图 4－30　高压锅炉汽水系统

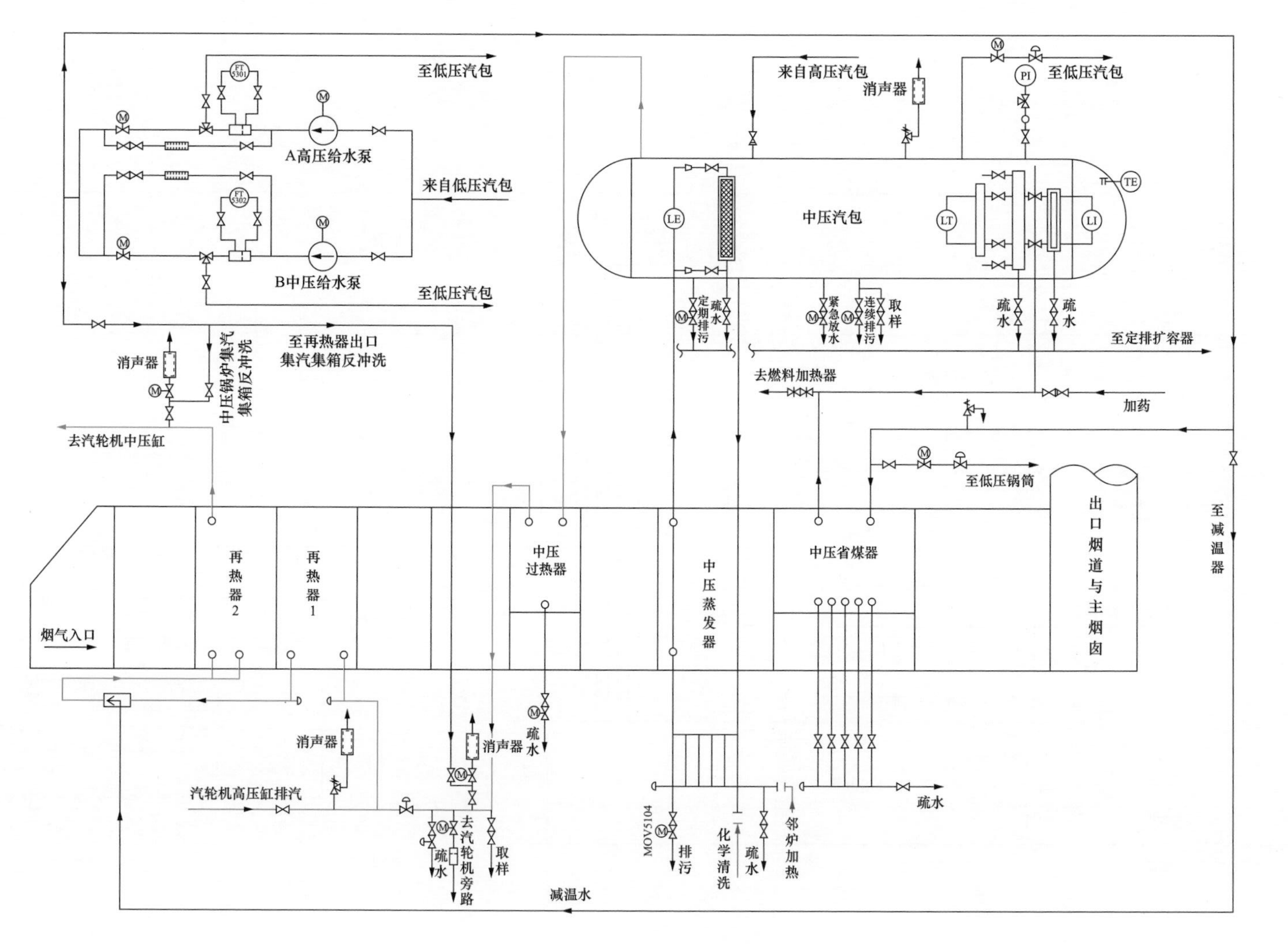

图 4－31 中压锅炉汽水系统

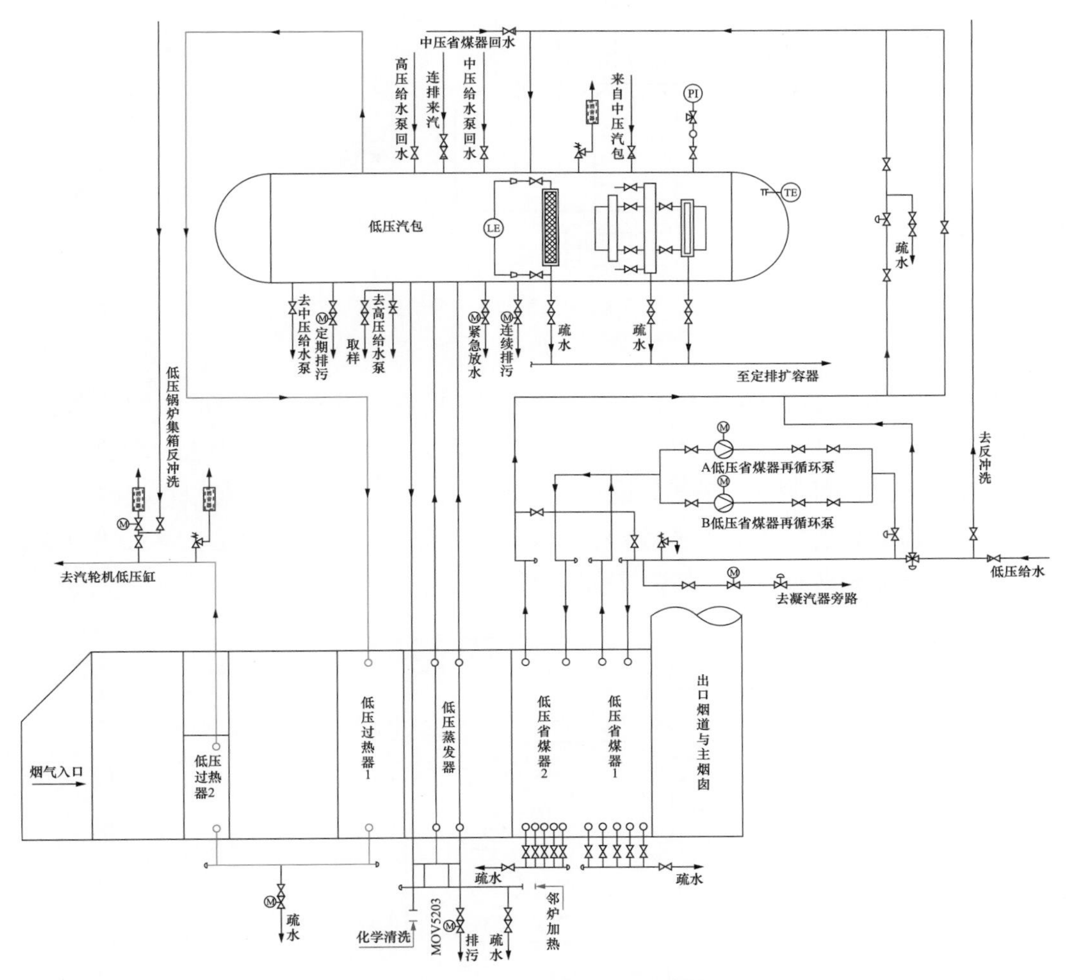

图 4－32　低压锅炉汽水系统

（2）以 GE 公司余热锅炉为例，对不同压力等级的汽水系统进行说明。

联合循环中使用的 GE 公司余热锅炉汽水系统有单压循环、双压循环、三压循环以及无再热和有再热循环等。为适应上述这些循环的需要，汽水布置方式各不相同。

图 4－33 所示为单压无再热循环余热锅炉的汽水系统。由图 4－33 可知：冷凝水被泵送到余热锅炉内的省煤器中加热，使其温度升高到比饱和温度低一个接近点温差的温度水平，随后进到锅筒，通过自然循环，使水在蒸发器中循环加热，达到饱和温度，并产生一部分饱和蒸汽。饱和蒸汽从锅筒中引出，使之在余热锅炉的过热器中加热，成为满足一定条件的过热蒸汽后，送到蒸汽轮机中去做功。在这个系统中，冷凝水是在凝汽器中除氧的。

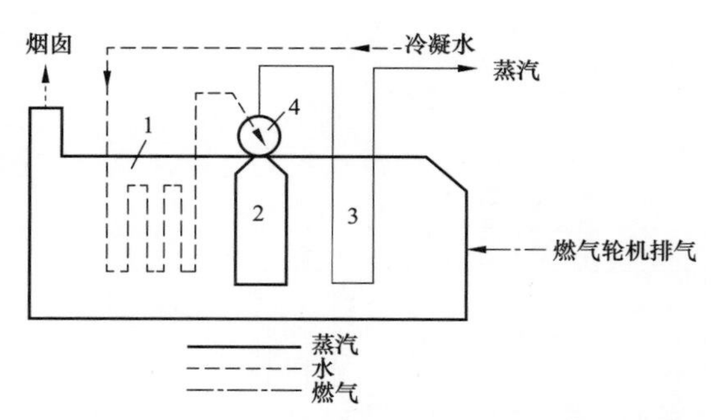

图 4－33　单压无再热循环余热锅炉的汽水系统

1—省煤器；2—蒸发器；3—过热器；4—锅筒

图 4－34 所示为双压无再热强制循环余热锅炉的汽水系统图。由图 4－34 可知：在这个系统中，二次（低压）蒸汽是以饱和蒸汽的状态送到蒸汽轮机中去做功的。如果在低压蒸发器之后再加设一个低压过热器，则二次（低压）蒸汽就可以以过热蒸汽的状态送到蒸汽轮机的低压缸中去做功了。在这个系统中，冷凝水也是在凝汽器中除氧的。低压蒸发器和高压蒸发器都采用强制循环的方式。

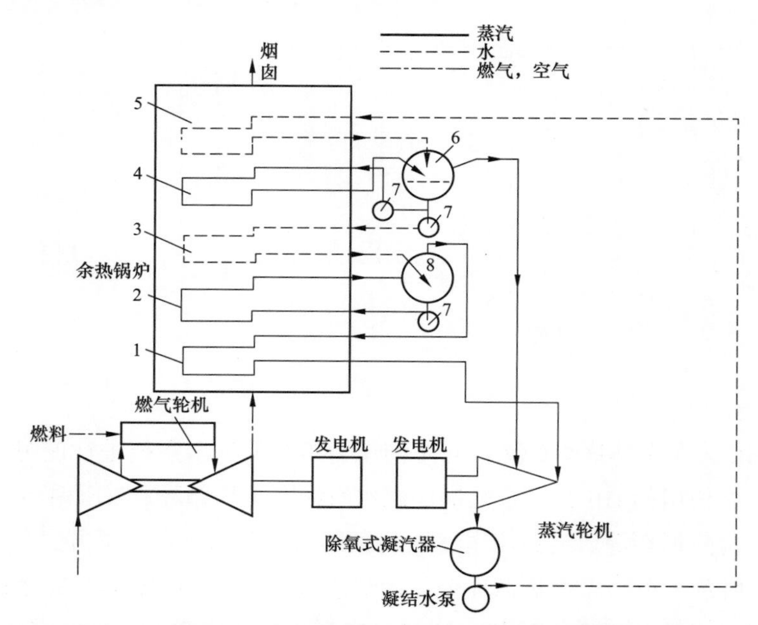

图 4－34　强制循环的余热锅炉中双压无再热循环的汽水系统

1—高压过热器；2—高压蒸发器；3—高压省煤器；4—低压蒸发器；5—低压省煤器；6—低压锅筒；7—给水传送泵；8—高压锅筒

图 4－35 中给出了强制循环的余热锅炉中双压有再热循环的汽水系统。与图 4－34 相比，多了一个低压过热器和一个再热器。

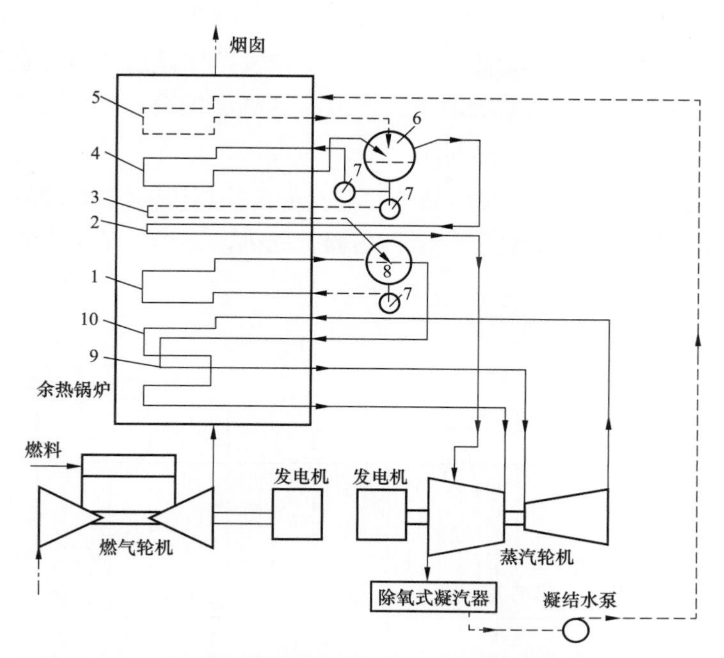

图 4-35　强制循环的余热锅炉中双压有再热循环的汽水系统

1—高压蒸发器；2—低压过热器；3—高压省煤器；4—低压蒸发器；5—低压省煤器；6—低压锅筒；7—给水传送泵；8—高压锅筒；9—高压过热器；10—再热器

图 4-36 所示为三压无再热但带整体除氧器的余热锅炉的汽水系统图。在这种余热锅炉中，自带一个整体除氧器，它同时也是低压锅筒。低压蒸发器、中压蒸发器和高压蒸发器都是自然循环方式。

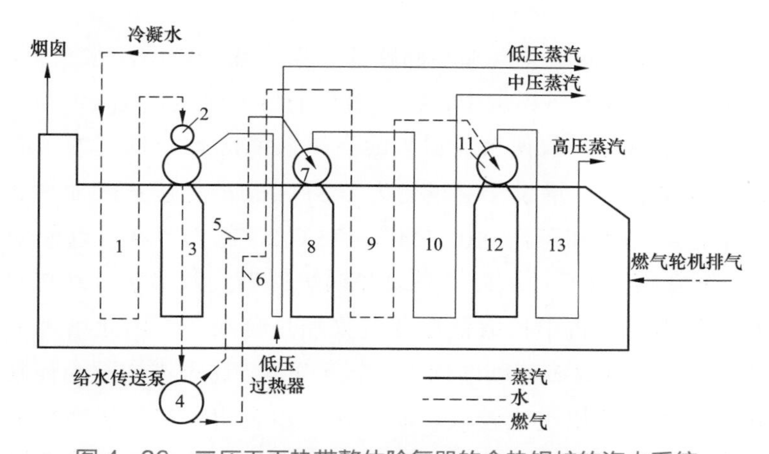

图 4-36　三压无再热带整体除氧器的余热锅炉的汽水系统

1—冷凝水加热器；2—整体除氧器；3—低压蒸发器；4—给水传送泵；5—中压省煤器；6—高压省煤器；7—中压锅筒；8—中压蒸发器；9—高压省煤器；10—中压过热器；11—高压锅筒；12—高压蒸发器；13—高压过热器

显然，上述双压和三压的汽水系统都可以较大幅度地改善余热锅炉的当量效率 η_h ，但它们都需要增大余热锅炉的受热面积，并使系统复杂化，致使投资费用有相当程度的增大。另一种改善单压汽水系统余热锅炉当量效率 η_h 的简单方法是在单压汽水系统余热锅炉的尾部增设低压蒸汽加热回路。

图 4－37 所示为三压有再热也带整体除氧器的余热锅炉的汽水系统图。与图 4－36 相比，它在高压蒸发器之后加设了一个再热器。此外，还增加了一个喷水式的温度控制器（减温器）。

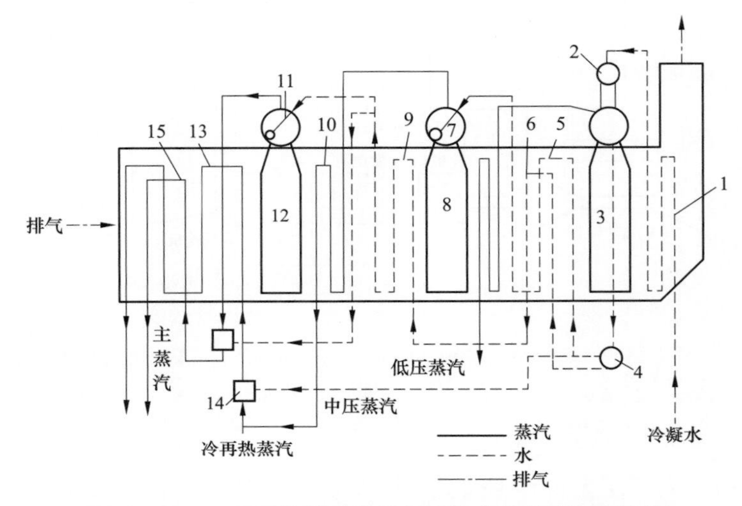

图 4－37 三压再热带整体除氧器的余热锅炉汽水系统

1—冷凝水加热器；2—整体除氧器；3—低压蒸发器；4—给水传送泵；5—中压省煤器；6—高压省煤器（第一级）；7—中压锅筒；8—中压蒸发器；9—高压省煤器（第二级）；10—中压过热器；11—高压锅筒；12—高压蒸发器；13—再热器；14—温度控制器；15—高压过热器

图 4－38 所示为设有低压蒸汽加热回路的单压余热锅炉的汽水系统，从图 4－38 可以看出：在原来的单压余热锅炉中，省煤器后的烟气温度高达 205℃，显然这股排气会带走很大一部分热能，致使余热锅炉的当量效率 η_h 比较低。为了改善热能的利用程度，可以在省煤器后，增设一套压力为 0.31MPa 的低压蒸汽加热回路，利用它来产生除氧器所需要的饱和蒸汽（0.31MPa/135℃）。这样，就可以使余热锅炉的排气温度从 205℃下降到 156℃，从而提高余热锅炉的当量效率 η_h 。通过这个方法，除氧器就不再需要从蒸汽轮机中抽取低压蒸汽来加热给水了，由此增大了蒸汽轮机的做功量，使联合循环的总效率可以增加 2.5 个百分点。这类措施不会使联合循环的系统复杂化，相应的投资费用也比较低。研究进一步表明：在加热回路中，低压锅筒和加热回路的水泵也是可以省略不用的。可以利用低压给水泵把除氧器中饱和水直接泵送到加热回路的蒸发器来加热产生蒸汽，并回送到除氧器中去使用。这种方案的 $Q=f(t)$ 关系曲线如图 4－39 所示。但必须注意余热锅炉的排气温度不能低于烟气的酸露点。

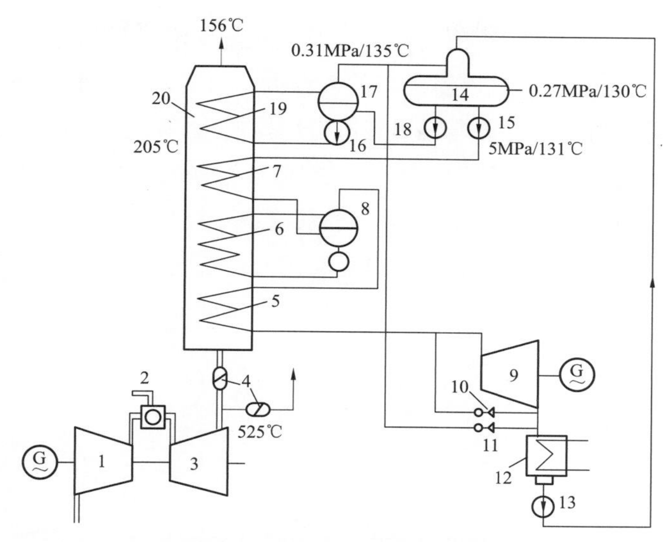

图 4-38　设有低压蒸汽加热回路的单压余热锅炉的汽水系统

1—压气机；2—燃烧室；3—燃气透平；4—烟道旁通阀；5—过热器；6—蒸发器；7—省煤器；8—单压锅筒；9—蒸汽轮机；10—高压蒸汽旁通阀；11—低压蒸汽旁通网；12—凝汽器；13—水泵；14—除氧器；15—高压给水泵；16—加热回路的水泵；17—低压锅筒；18—低压给水泵；19—加热回路的蒸发器；20—余热锅炉

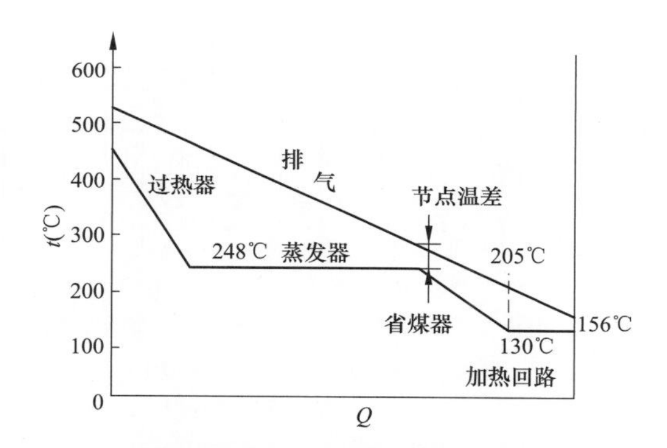

图 4-39　设有加热回路的单压余热锅炉中的 $Q=f(t)$ 关系曲线

（3）联合循环余热锅炉汽水系统实际案例剖析。

1）案例一：燃烧天然气的三压再热循环余热锅炉的汽水系统。该余热锅炉的汽水系统如图 4-40 所示，它是由一级低压省煤器、一级低压蒸发器、一级低压过热器，一级中压省煤器、一级中压蒸发器、二级中压再热器以及三级高压省煤器、一级高压蒸发器和二级高压过热器组成的。从低压汽水系统中产生的压力为 0.308MPa、温度为 228℃的过热蒸汽 6.035kg/s，供到蒸汽透平低压缸的中段去做功，从中压汽水系统中产生的蒸汽与从蒸汽透平高压缸抽出的蒸汽相混后，经二级中压再热器的再热，生成压力为 2.517MPa、温度为 540℃的再热蒸汽 50.022kg/s，供到蒸汽透平的低压缸中去做功，从高压汽水系统中产生的压力为 13.107MPa、温度为 542℃的主汽 50.652kg/s，则被供到蒸汽透平的高压缸中做功。由燃气轮机排入余热锅炉的燃气温度为 583.3℃，流量为

434.83kg/s。余热锅炉内部燃气流道的温度以及汽水温度沿流程的分布关系，如图 4–41 所示。由图 4–41 可知，低压省煤器进口的水温为 31.1℃，它的来水是凝汽器的凝结水与系统补充水的混合物。中压省煤器和高压省煤器的入口水温为 136.6℃，它都来自除氧器，低压汽水系统的节点温差为 12.7℃，接近点温差为 14.5℃；中压汽水系统的节点温差为 9℃，接近点温差为 6℃；高压汽水系统点温差为 10℃，接近点温差为 5.2℃；该余热锅炉的热效率为 86.5%；燃气侧的流阻损失系数为 3.29%。

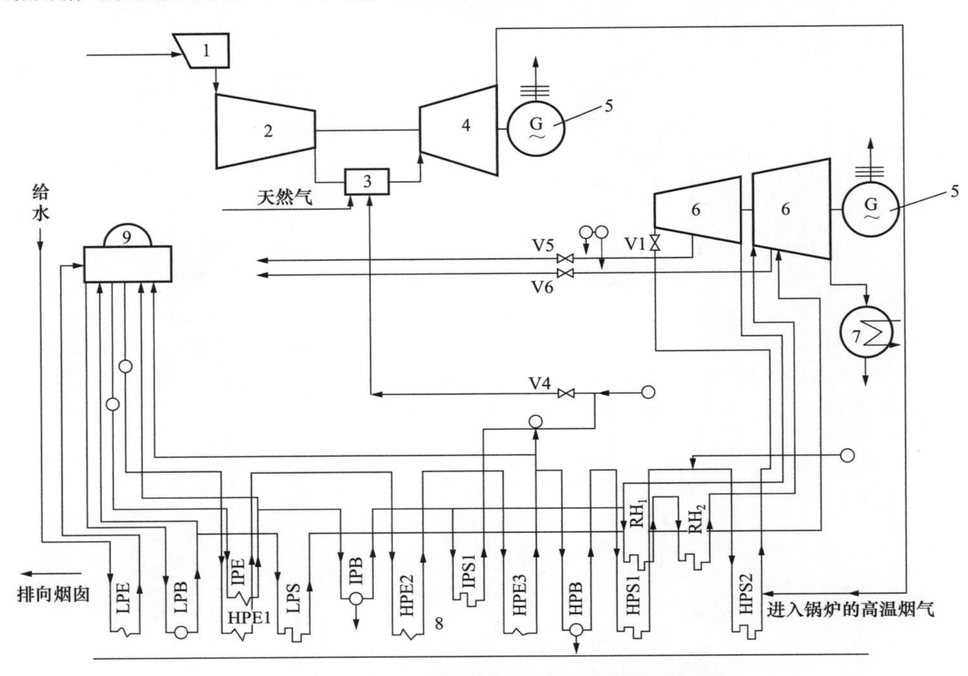

图 4–40　三压再热循环余热锅炉的汽水系统

1—空气滤清器；2—压气机；3—燃烧室；4—燃气透平；5—发电机；6—蒸汽轮机；7—凝汽器；8—余热锅炉；9—除氧器；LP—低压；IP—中压；HP—高压；E—省煤器；B—蒸发器；S—过热器；RH—再热器

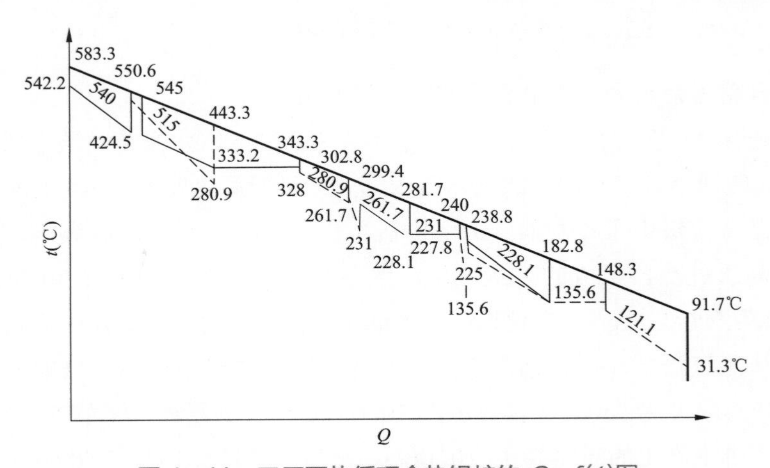

图 4–41　三压再热循环余热锅炉的 $Q=f(t)$图

2）案例二：可以燃用柴油和天然气的三压再热循环余热锅炉的汽水系统。图 4－42 所示为葡萄牙 Tapada do Outeiro 电厂中使用的联合循环机组的汽水系统。它采用三压再热循环的余热锅炉，该机组可以燃用天然气，也可以燃用有一定含硫量的液体燃料。

在燃用天然气时，由于烟气中的含硫量很少，因而可以把低压省煤器后烟气的温度降低到 90℃，从而提高余热锅炉的当量效率 η_h 。此时，进入余热锅炉低压省煤器时的给水温度被控制在 60℃，这种情况下，在低压蒸发器中可以产生 32.8t/h 的低压蒸汽，经低压过热器加热后，变成 0.45MPa/233℃的过热蒸汽，供低压蒸汽透平使用。少量 0.45MPa 的饱和蒸汽则由低压锅筒直接供给除氧器使用。与此同时，在中压蒸发器和中压过热器中产生 3.03MPa/319℃的过热蒸汽，它与从高压蒸汽透平排气口流来的 3.05MPa/350℃/248.8t/h 的冷再热蒸汽相混合，经两级再热器再热后，变成 2.91MPa/550℃/297.7t/h 的再热蒸汽，送到中压蒸汽透平中去膨胀做功。在高压蒸发器和两级高压过热器中则产生 11.33MPa/550℃/252.4t/h 的主蒸汽，送到高压蒸汽透平中去膨胀做功。从图 4－42 中可以看出：中压省煤器和高压省煤器的给水则是由除氧器经除氧器泵和锅炉的给水泵供给的。从中压省煤器出来高温饱和水，除大部分供到中压锅筒中去参与

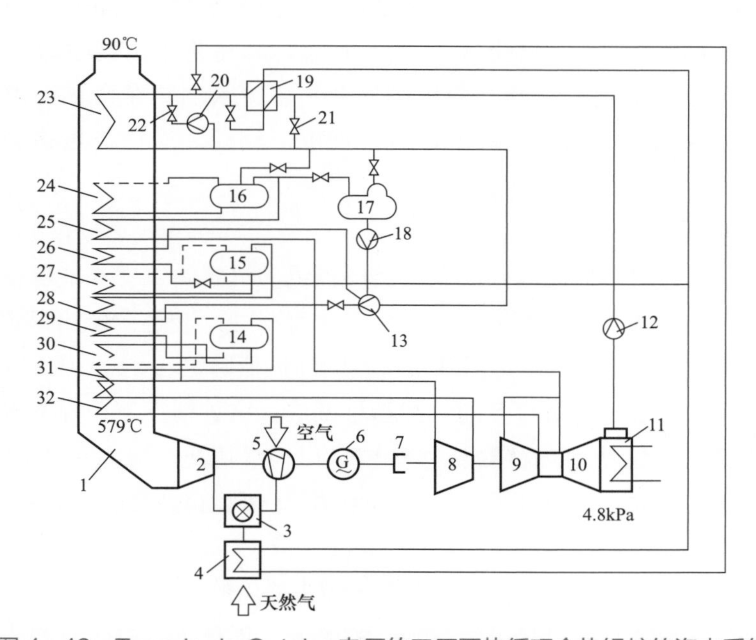

图 4－42　Tapada do Outeiro 电厂的三压再热循环余热锅炉的汽水系统

1—余热锅炉；2—燃气透平；3—燃烧室；4—天然气预热器；5—压气机；6—发电机；7—SSS 离合器；8—高压蒸汽透平；9—中压蒸汽透平；10—低压蒸汽透平；11—凝汽器；12—凝结水泵；13—锅炉的给水泵；14—高压锅筒；15—中压锅筒；16—低压锅筒；17—除氧器；18—除氧器泵；19—外凝结水预热器；20—凝结水的循环泵；21—凝结水旁通阀；22—凝结水调节阀；23—低压省煤器；24—低压蒸发器；25—低压过热器；26—中压省煤器；27—中压蒸发器；28—中压过热器；29—高压省煤器；30—高压蒸发器；31—高压过热器；32—再热器

循环外，一部分则被用来送到天然气预热器中去加热天然气，以防天然气中高价的碳氢化合物凝析出来，另一部分高温饱和水则被送到外凝结水预热器中去预热由凝汽器供来的低温凝结水。由天然气预热器和外凝结水预热器回流来的冷凝水，则都汇集到余热锅炉低压省煤器之前，与经过外凝结水预热器加热升温后的凝结水混合在一起，成为供入低压省煤器的60℃的给水。

当机组改烧含硫量较多的液体燃料时，余热锅炉的排气温度必须提高到排气酸露点以上（一般为150℃左右）。为此，就必须把供入低压省煤器的给水温度提高到120℃。为了达到这个目的，可以打开凝结水旁通阀，使一部分低温的凝结水由旁路回到除氧器中去。以减少直接供向低压省煤器的给水量；同时打开凝结水调节阀，利用增大从低压省煤器出口再循环回流高温水流量的方法，把供到低压省煤器中去的给水温度提高到120℃。

二、余热锅炉给水加热及除氧

（一）蒸汽循环的给水加热

联合循环电厂与常规燃煤电厂的蒸汽循环显著的不同点在于给水加热。常规电厂通过汽轮机多级抽汽加热给水，使给水温度达到较高的水平，以获得较高的蒸汽循环效率。而在联合循环电厂中余热锅炉一般不补燃，其尾部不需要安装常规锅炉的空气预热器。为了尽可能地利用燃气轮机排气余热，给水加热在余热锅炉中进行。为了尽可能地降低余热锅炉的排烟温度，与常规电厂相反，送往余热锅炉的给水温度一般较低。

（二）给水除氧

由于汽轮机没有回热抽汽，因此联合循环机组的汽水除氧就不能像常规机组一样采用回热抽汽。目前联合循环中常用的除氧方式有三种：一是在余热锅炉中除氧；二是在凝汽器中进行真空除氧；三是用独立设置的除氧器除氧。

余热锅炉除氧是目前应用较多的一种除氧方式。这种情况下，除氧水箱通常也作为余热锅炉的低压汽包使用，称为整体除氧器。正常情况下除氧所用的蒸汽直接由余热锅炉低压汽包提供，启停和低负荷时所用的蒸汽则由辅助锅炉和中压或高压汽包提供。

将凝汽器兼用作真空除氧器也是联合循环经常采用的一种除氧方式。这种情况下，系统提供给余热锅炉的是除过氧、温度较低的给水，不仅不再有除氧损失，而且还可以使余热锅炉的排烟温度降低到 80～90℃。但为了确保启停和低负荷时的除氧效果，需要采取一定的辅助措施。

当然，也有一些机组仍然采用了独立于余热锅炉和凝汽器之外的除氧器。

1. 单压带整体除氧器的余热锅炉蒸汽系统

对于燃用含硫量较高的重燃料油的联合循环电厂，较低的给水温度有可能引起锅炉受热面的酸腐蚀。单压采用带整体除氧器的余热锅炉汽水系统是很好的解决办法。即在单压余热锅炉高压省煤器后增加一套压力为0.226～0.33MPa的低压蒸发器，产生除氧器所需的加热蒸汽 0.226～0.33MPa、125～137℃饱和蒸汽，而除氧水箱就作为余热锅炉的低压汽包，两者合二而一。这样做，一是降低了余热锅炉的排烟温度；二是除氧器不再需要从汽轮机抽汽，增大了汽轮机的做功能力，致使联合循环的效率增大2.5个百分点；三是除氧给水系统与锅炉一体化，降低了总体投资，布置也更紧凑。

2. 凝汽器真空除氧

燃用几乎不含硫的天然气时，理想的方案是选用带除氧功能的凝汽器，在凝汽器中进行真空除氧，这就给余热锅炉提供了除过氧的、低温度的给水。这些低温给水在余热锅炉尾部的给水预热器中进一步吸收低温烟气的热量，致使锅炉排烟温度降到80～90℃。GE公司推荐的三压再热带除氧凝汽器的热力系统如图4－43所示。

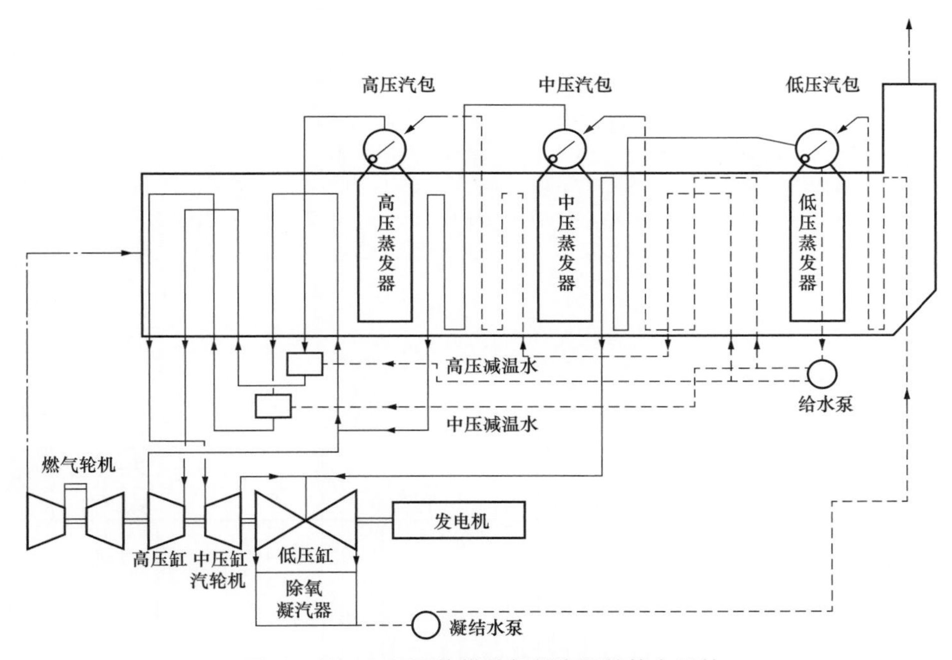

图4－43　三压再热带除氧凝汽器的热力系统

西门子公司也推荐采用三压再热带除氧凝汽器的热力系统。正常运行时凝结水的除氧在凝汽器中进行，在启动阶段，该公司在凝结水预热器的下游还配备了旁路除氧器，用来除去启动阶段凝结水中较多的O_2和CO_2。

3. 独立的真空除氧器

Alstom 公司采用独立的真空除氧器来除氧，除氧器的工作压力为0.02MPa，工作温度为60℃。其热力系统如图4－44所示。当然，大型天然气联合循环电厂的给水除氧的功能也可以在三压再热带整体除氧器的余热锅炉中进行，其汽水系统如图4－45所示。

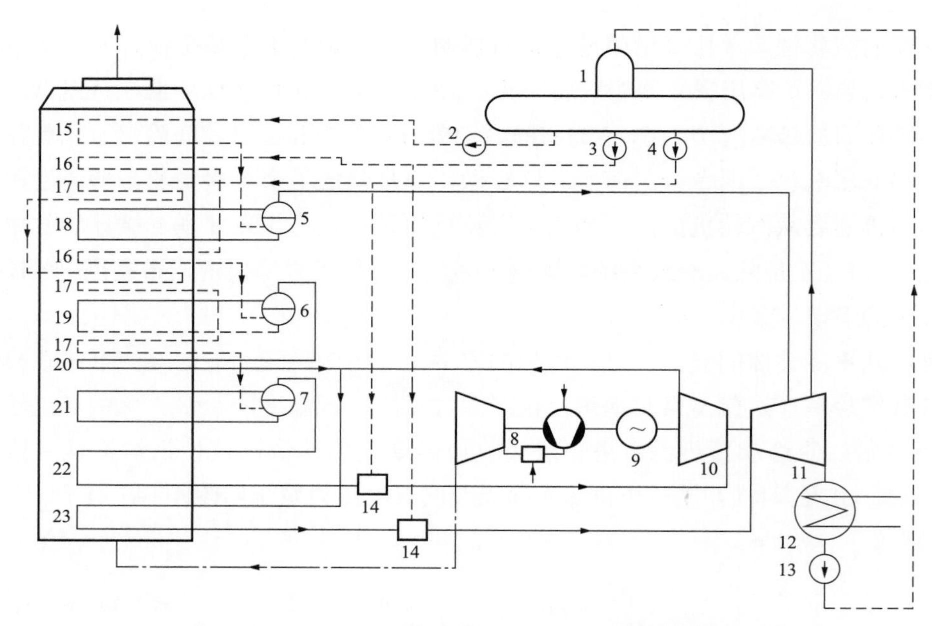

图4－44　Alstom公司KA26－1联合循环热力系统

1—真空除氧器；2—低压给水泵；3—中压给水泵；4—高压给水泵；5—低压汽包；6—中压汽包；7—高压汽包；8—燃气轮机；9—发电机；10—汽轮机高压缸；11—汽轮机中低压缸；12—凝汽器；13—凝结水泵；14—减温器；15—低压省煤器；16—中压省煤器；17—高压省煤器；18—低压蒸发器；19—中压蒸发器；20—中压过热器；21—高压蒸发器；22—高压过热器；23—再热器

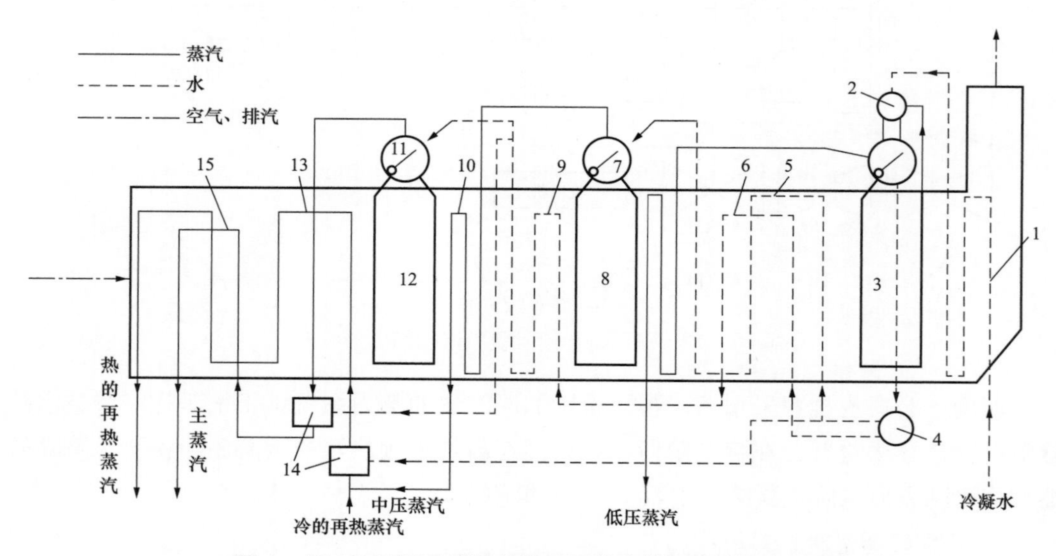

图4－45　三压再热带整体除氧器的余热锅炉的汽水系统

1—凝结水加热器；2—整体除氧器；3—低压蒸发器；4—给水泵；5—中压省煤器；6—高压省煤器（第一级）；7—中压汽包；8—中压蒸发器；9—高压省煤器（第二级）；10—中压过热器；11—高压汽包；12—高压蒸发器；13—再热器；14—温度控制器；15—高压过热器

三、余热锅炉给水、疏水排污及脱硝系统

以下将以NG－901FA－R余热锅炉为例对余热锅炉给水、疏水及排污系统加以说明。

余热锅炉给水、疏水及排污系统属于余热锅炉的辅助系统和附属设备。同常规燃煤机组锅炉相比，辅助系统和附属设备要少得多，减少了煤粉制备系统、通风系统、除灰除尘系统等辅助系统。

（一）余热锅炉给水系统

NG－901FA－R余热锅炉根据所属压力等级，配备高压（HP）、中压（IP）和低压（LP）压力等级的给水系统及水泵。

1. 高压给水泵

高压给水泵为100%容量的水平截段式HGC5/7泵，采用电机带液力耦合器可调速的驱动方式。一般布置于余热锅炉中压系统下部零米层，一用一备。同时，配置了相应的阀门、仪表、流量测量装置、过滤器、小流量装置及再循环管路等。高压给水泵本体结构见图4－46。高压给水泵参数见表4－2。

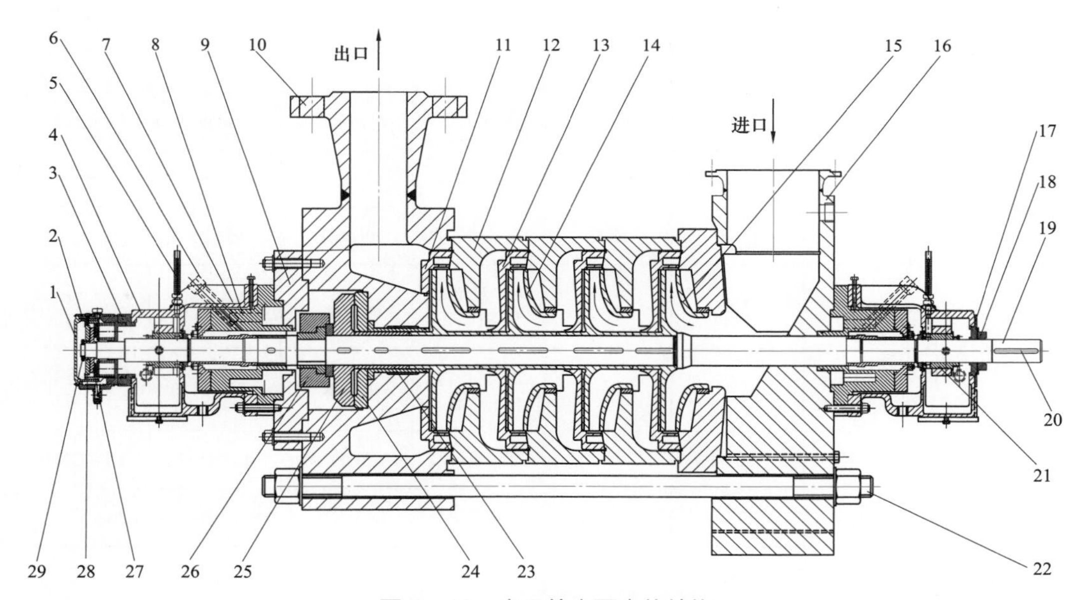

图4－46　高压给水泵本体结构

1—端盖；2—推力轴承座；3—过渡段；4—轴承座；5—温度计；6—机械密封座冲洗管；7—机械密封座；8—机械密封；9—壳体；10—排出端；11—末级导叶；12—级段壳体；13—导叶；14—叶轮；15—首级叶轮；16—吸入端；17—机械密封；18—轴承室端盖；19—轴；20—键；21—滑动轴承；22—拉杆；23—轴套（组）；24—平衡盘座；25—平衡盘；26—平衡盘压紧环；27—推力轴承盘；28—键；29—推力轴承

高压锅炉给水调节和控制分别由水泵通过液力耦合器变速（结构示意见图 4－47）实现 30%～100%的流量调节，并且通过给水操纵台旁路实现 0%～40%的流量调节。高压给水操作台布置在高压省煤器 1 前。

表 4－2　　　　　　　　　　　　高压给水泵参数

参数名称	单位	设计工况	小流量	参数名称	单位	设计工况	小流量
温度	℃	152	152	出口压力（零流量，冷水）	MPa	15.01（±3%）	—
密度	kg/m³	0.9149	0.9149	允许最小转速	r/min	1011	—
低压汽包压力	MPa	0.5029	—	进口法兰	DN200	PN16	垂直向上
气蚀余量	m	23.75	—	出口法兰	DN150	PN160	垂直向上
	MPa	0.2131	—	机械密封	CRANE	57B－BP	—
吸入级压力	MPa	0.616	—	冷却器	KSB	DWK10	—
出口流量	t/h	311.07	—	轴向推力平衡	平衡盘	—	—
最大流量	m³/h	340.0	89.87	径向轴承	滑动	强制油循环 6L/min	
总压	m	1255	1508.0	推力轴承	无	—	—
	MPa	11.26	13.53	Lift－off 装置	可倾瓦	强制油循环 0.95L/min	
出口压力	MPa	11.87	—	泵－液耦联轴器	RENK	LBLK70	0.77kg 油脂润滑
效率	%	81.47	—	液耦－电机联轴器	RENK	LBRkn110	0.55kg 油脂润滑
输入功率	kW	1305.4	—	最小流量阀	SCHROEDAHL	TDM137	支路 DN65
转速	r/min	2925	2925	工质要求：除盐水，pH＞9.0，溶氧≤0.02mg/L			
转动方向	电机方向望去顺时针						

液力耦合器是一种利用液体介质传递转速的机械设备，其主动输入轴端与原传动机相联结，从动输出轴端与负载轴端联结，通过调节液体介质的压力，使输出轴的转速得以改变。理想状态下，当压力趋于无穷大时，输出转速与输入转速相等，相当于刚性联轴器。当压力减小时，输出转速相应降低，连续改变介质压力，输出转速可以得到低于输入转速的无级调节。功率控制调速原理表明，传动速度的改变，实质是机

械功率调节的结果。因此，液力耦合器输出转速的降低，实际是输出功率减小。在调速过程中，液力耦合器的原传动转速没有发生变化，假设负载转矩不变，原传动的机械功率也不变，那么输入与输出功率的差值功率显然是被液力耦合器以热能形式损耗掉了。这部分损失的热量将由工作冷油器吸收。因此，液力耦合器调速在实际上是存在有很大的功率损失的。

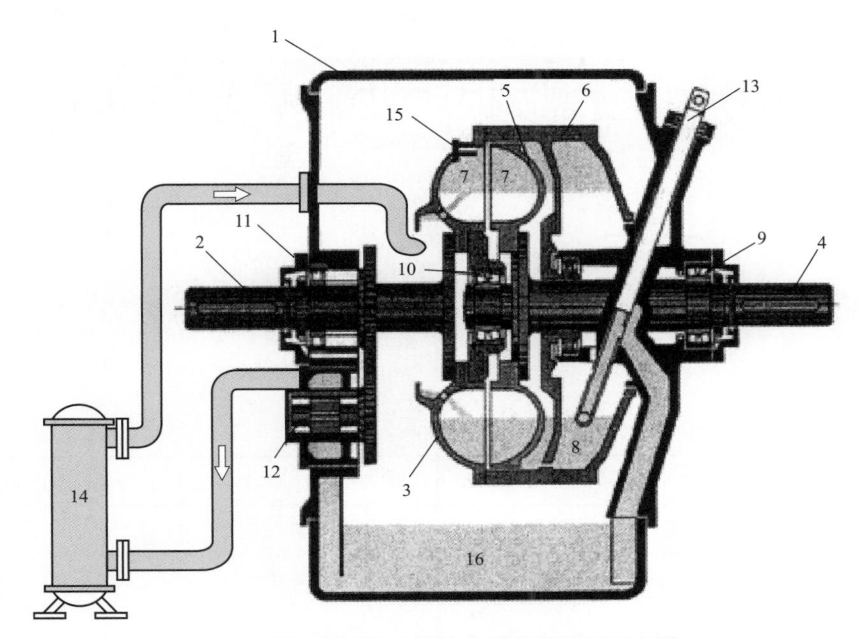

图 4－47　高压给水泵液力耦合器结构示意图

1—外壳连油箱；2—输入轴；3—输入轮；4—输出轴；5—输出轮；6—壳体；7—工作腔；8—勺管腔；9—径向推力轴承；10—径向轴承；11—球和滚柱轴承；12—主油泵；13—勺管；14—工作冷油器；15—易熔塞；16—油箱

液力耦合器是一种耗能型的机械调速装置。转速越低，损耗越大。特别是恒转矩负载，由于原传动输入功率不变，损耗功率将转速损失成比例增大。对于风机泵类负载，由于负载转矩按转速平方率变化，原传动输入功率则按转速的平方率降低，损耗功率相对小一些，但输出功率是按转速的立方率减小，调速效率仍然很低。

2. 中压给水泵

选用 KSB 公司生产的水平吸入端驱动 MTCD100/06－07.122.64 锅炉中压给水泵，100%容量，布置于余热锅炉中压系统下部零米层，一用一备。中压给水泵为定速泵。同时配置了相应的阀门、仪表、流量测量装置、过滤器、小流量装置及再循环管路等。结构见图 4－48。参数见表 4－3。

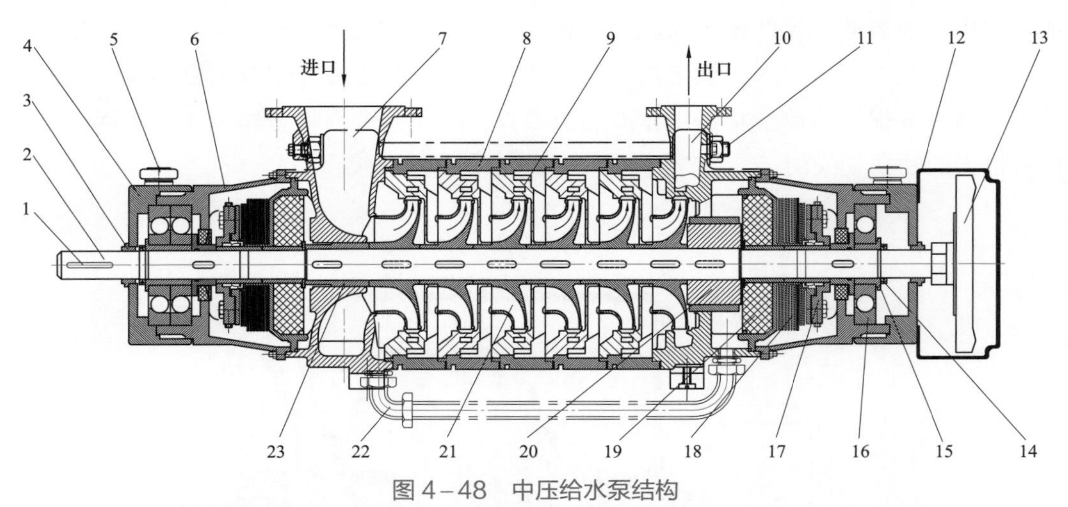

图 4–48　中压给水泵结构

1—键；2—轴；3—油封；4—端盖；5—堵头；6—轴承座；7—吸入端；8—2 级壳体；9—导叶；10—排出端；11—拉杆；12—风扇罩；13—风扇；14—圆螺母；15—紧定套；16—轴承；17—机械密封；18—轴封座；19—隔热盘；20—平衡鼓；21—叶轮；22—平衡管；23—轴套

表 4–3　　中压给水泵参数

参数名称	单位	设计工况	参数名称	单位	设计工况
温度	℃	150	效率	%	68.6
密度	kg/m³	0.916	输入功率	kW	1305.4
黏度	mm²/s	0.2	转速	r/min	2980
低压汽包压力	MPa	0.476	转动方向	电机方向望去	逆时钟
气蚀余量	m	26.7	进口法兰	5in	垂直向上
小气蚀余量（额定流量）	m	3.26	出口法兰	4in	垂直向上
吸入级压力	MPa	0.616	机械密封	空气冷却	—
出口流量	t/h	98.9	轴向推力平衡	平衡鼓	—
小流量	m³/h	30.8	推力径向轴承	滚动	油瓶供油
总压	m	445	联轴器	Eupex	N180
出口压力	MPa	11.87	最小流量阀		TDM

工质要求：除盐水 pH＞9.0。

中压锅炉给水的调节和控制由中压给水操作台实现，中压给水操纵台设有主路 0%～100%的全流量调节，并设有 50%的手动旁路；另外还配置了相应的阀门和仪表。中压给水操纵台布置在中压省煤器后，再热器减温水从中压省煤器前引出至再热蒸汽减温器。

3. 低压省煤器再循环水泵

低压给水操纵台布置在低压省煤器 2 后。低压省煤器 1 出口布置再循环回路，配置 2 台 RG 型热水循环泵，一用一备。同时配置了相应的阀门、仪表、流量测量装置、过滤器及再循环管路等。参数见表 4–4。

表 4–4　低压省煤器再循环水泵参数

参数名称	单位	设计工况	参数名称	单位	设计工况
型号		GR320–60	转速	r/min	2950
流量	m^3/h	320	效率	%	90
扬程	m	60	质量	kg	1200
气蚀余量	m	4.8	电机型号		MD1C280S–2
轴功率	kW	65			

（二）余热锅炉疏水及排污系统

余热锅炉刚启动时，未投入正常运行前，运行中炉水浑浊或质量超标，其蒸汽质量会发生恶化，给水水质也会发生超标。通过连续排污和定期排污排至炉外，可以达到减轻或防止锅炉结垢和腐蚀的目的。

连续排污是驱除循环回路中杂质的主要方法，正确选择合适的排污率能有利于保持合格的炉水品质。所有非挥发物（固体）进入锅炉将会出现下列几种情况：① 在锅炉中聚积；② 被蒸汽带出；③ 通过排污排出。出现前两种情况是我们所不希望的，因此力争加大排污去除效率是避免因水而产生问题的一个重要因素。当软化补给水占给水量比例很大时，排污显得更为重要。在这种情况下，给水中钠盐浓度可能是在 100mg/kg 左右。钠盐可以完全溶解，但是溶解度过高的话会导致被蒸汽携带。连续排污与给水的比率取决于锅炉炉水浓缩循环倍率。如 10%的排污率即对应 10 倍的浓缩倍率，给水中盐溶解度 100mg/kg 对应于炉水 1000mg/kg 的盐溶解度。

连续排污系统满足所需容量以除去固体物。沿汽包长度方向进入汽包的连续排污管路及炉水的排出应不影响锅炉的水循环。管路上布置适合的调节阀或孔板。采用电导率测量来自动控制流量，确保炉水溶解度在合理范围内。连续排污扩容器参数见表 4–5。过多的排污将损失热效率，并增加水处理药品的消耗。排污率必须保证以维持蒸汽和炉水的纯度。当给水主要是由凝结水和/或除盐补给水组成时，在正常运行时只需要较小的排污。如果给水杂质增加，连续排污流量应相应增加以除去杂质并维持所希望的炉水质量。

下集箱疏水定期排污阀应定期开启（压力不大于 0.07MPa）以排出不溶解杂质。定期排污开启时间和频率根据某些特殊不溶解物（如氧化铁等杂质）排量而定。在运行中排出大量的水会对水化学控制，汽包水位和其他运行参数产生负面影响。运行中过多地从下集箱排出炉水可能会使某些产生蒸汽管子的水流量减少从而导致管子损害。

余热锅炉排污系统见图 4–49，定期排污扩容器参数见表 4–6。图 4–50 为上锅 9F 级联合循环三压系统余热锅炉过热器疏水系统。

表 4–5　　　　连续排污扩容器参数

名称	数值	单位	名称	数值	单位
高工作压力	0.65	MPa	筒体壁厚	12	mm
使用温度	320	℃	容积	5.5	m^3
工作介质	水/蒸汽		设计压力	0.69	MPa
筒体内径	1500	mm	设计温度	300	℃
封头	12	mm	材质	16MnR	

表 4–6　　　　定期排污扩容器参数

名称	数值	单位	名称	数值	单位
高工作压力	0.65	MPa	筒体壁厚	12	mm
使用温度	320	℃	容积	12	m^3
工作介质	水/蒸汽		设计压力	0.69	MPa
筒体内径	2000	mm	设计温度	300	℃
封头	12	mm	材质	16MnR	

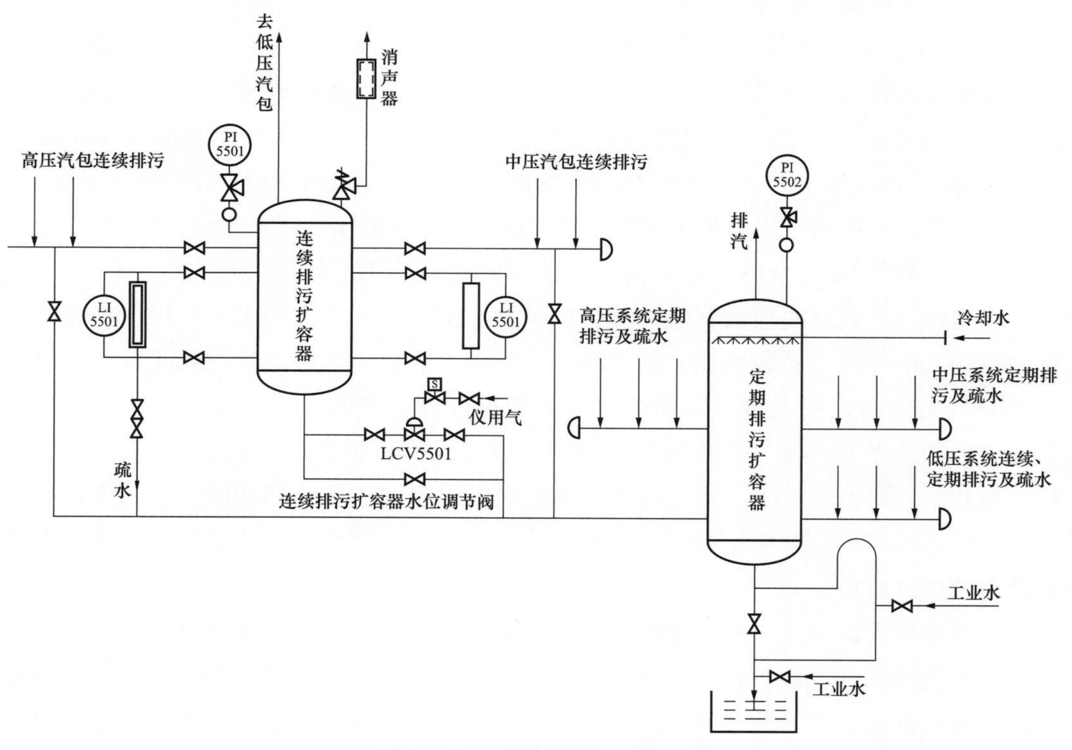

图 4–49　余热锅炉排污系统

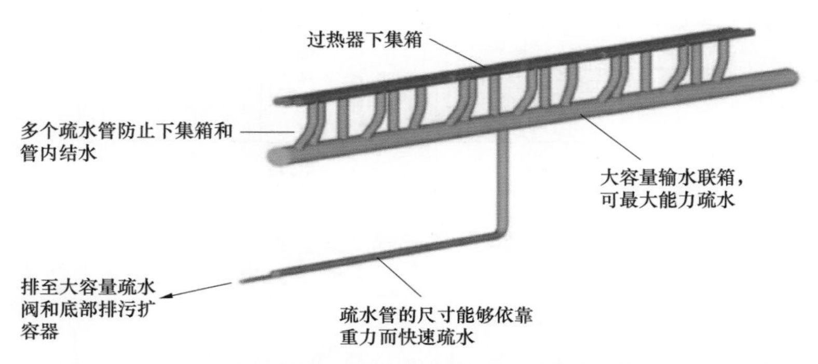

图 4－50　上锅 9F 级联合循环三压系统余热锅炉过热器疏水系统

（三）余热锅炉脱硝系统

近年来国家出台了非常严格的污染排放控制法规，要求联合循环机组的 NO_x 排放低于 50mg/m^3，见表 4－7。许多地方也针对性地提出了更为严格的标准，北京市地方标准要求燃气轮机余热锅炉联合循环机组的 NO_x 浓度不超过 30mg/m^3。《2018 年“深圳蓝”可持续行动计划》中要求燃气轮机余热锅炉联合循环机组进行燃烧器改造或加装烟气脱硝设备，以控制 NO_x 排放浓度在 15mg/m^3 以下。

表 4－7　　燃气轮机余热锅炉联合循环机组 NO_x 排放限值

排放标准	使用条件	排放限值（mg/m^3）
GB 13223—2003	燃油的燃气轮机组	150
	燃气的燃气轮机组	80
GB 13223—2011	以油为燃料的燃气轮机组	120
	以天然气为燃料的燃气轮机组	50

目前 IGCC 电厂控制 NO_x 排放的方式主要有两种：燃烧过程中控制和燃烧后控制。很多 IGCC 示范电站都采用向燃气轮机燃烧室回注氮气或蒸汽来降低燃烧温度以控制 NO_x 生成，若要达到更低的 NO_x 排放量，需与余热锅炉加 SCR 装置相结合。国外新建燃气－蒸汽联合循环机组最普遍采用的控制 NO_x 排放方法是低 NO_x 燃烧器加 SCR 尾部烟气脱硝，可控制 NO_x 排放量低于 5μg/g。

余热锅炉 SCR 脱硝可采用两种工艺路线：氨气直喷法和尿素直喷法。图 4－51 为 SCR 脱硝化学反应原理及流程示意图，图 4－52 和图 4－53 是两种工艺路线的示意图。氨气直喷工艺路线主要是在烟道外通过引接高温的燃气轮机烟气，再通过高温风机带入热解炉进行尿素的热解过程。在热解产生氨气后，再通过喷氨控制管线，分配到各个喷氨管嘴中，通过喷氨格栅上布置的喷嘴进入烟道，再与烟气混合均匀后，到达催化剂层，通过 SCR 反应，降低 NO_x 浓度实现减排的目标。

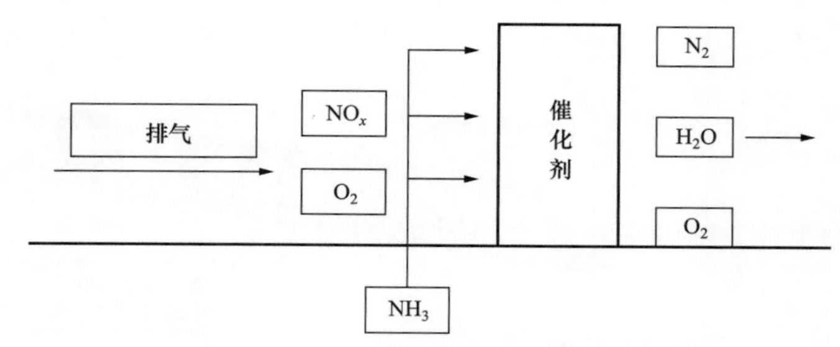

图 4－51　SCR 脱硝化学反应及流程示意图

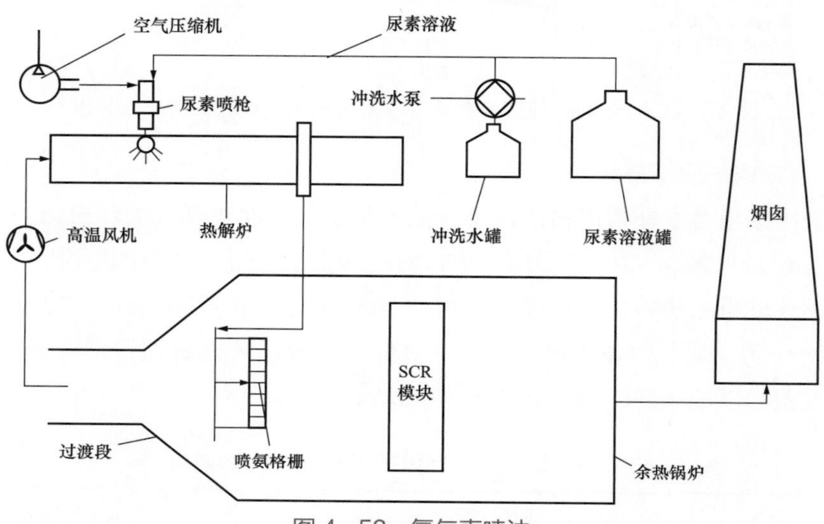

图 4－52　氨气直喷法

NH_3 直接喷入烟道中，和 NO_x 烟气混合后经过催化剂层，通过催化还原反应，转化脱除 NO_x。该工艺中的氨气由尿素热解法制取。通过热解炉制取氨气，氨气产量取决于热解温度、尿素浓度和停留时间。喷氨格栅的布置需考虑流场优化、烟气的不均匀性及烟气中 NO_x 的变化情况等。

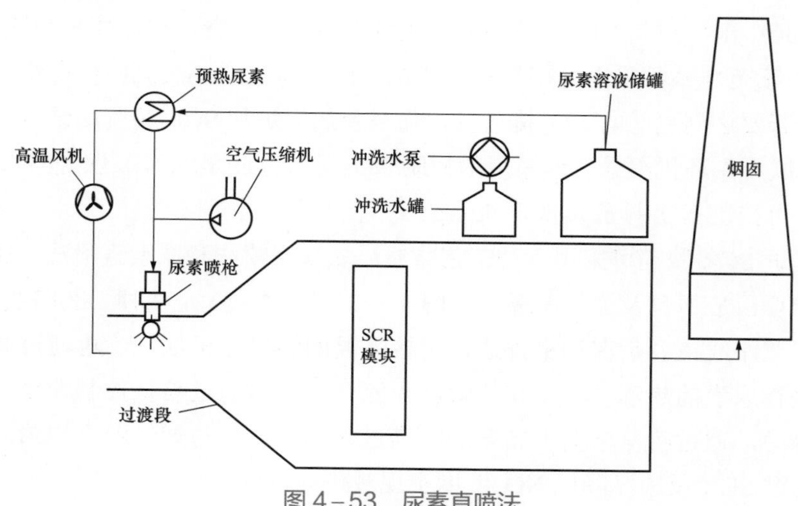

图 4－53　尿素直喷法

尿素直喷工艺则是通过高温风机引高温烟气对尿素溶液进行预热，通过空压机将预热后的尿素溶液带入尿素喷枪中，尿素喷枪会对尿素溶液进行雾化，粒径细化到要求后，喷淋入高温烟道中。在高温环境下，尿素热解完成，产生氨气。利用烟气的自混性，与烟气混合。到达催化剂层，通过 SCR 反应，实现控制氮氧化物排放的目标。

由于燃气轮机燃烧产生的尾气温度很高，具有很强的旋流速度，符合尿素快速热解需要的高温等条件，如果在过渡段采用尿素喷枪将尿素直接喷入烟道，可以提高 SCR 系统的紧凑性，热解过程在烟道中利用高温烟气完成，减少了系统所需的设备和能耗，节省设备和系统成本，效益显著。

燃气轮机余热锅炉联合循环发电机组的 SCR 工艺系统及主要装置的设计，需适应排气条件及余热利用的结构特点，工艺模型的关键影响因素和参数设置与燃煤机组有较大差异，对反应区域流场控制、高活性催化剂配置参数、脱硝还原剂的喷射位置及方式等有极高的要求。目前的 SCR 工艺主要是利用燃气轮机的高温烟气在烟道外的热解炉中对尿素溶液进行热解，制取的氨气通过喷氨格栅喷入烟道中进行脱硝。工艺需要布置氨气制取设备，氨气喷射装置，耗费较多的能源，不符合燃气轮机整体的紧凑型布置。但优点是更易控制尿素的热解过程，氨气和烟气的混合更为均匀，不受烟气流场条件的制约。采用尿素直喷的方式，即利用引出的部分高温烟气，将尿素溶液预热到一定温度后直接喷入烟道内，在烟道中实现蒸发热解，产生氨气来实现降低 NO_x 排放的目标。这种工艺方式可以节省出氨气制取装置及喷氨格栅，可以满足燃气轮机脱硝的紧凑型要求。但尿素在燃气轮机－余热锅炉烟道内的热解不充分，整体的流场混乱，难以保证热解产生的氨气与烟气充分混合。

第四节　余热锅炉性能与停备用维护

一、余热锅炉参数及性能

1. 效率

余热锅炉效率通常是指输出的热量与输入的热量之比。对于无补燃的余热锅炉，输出的热量是水和水蒸气在余热锅炉中吸收的热量，输入的热量是燃气轮机排气中可供给余热锅炉使用的热量。设燃气轮机排气的比焓为 h_{g4}，环境温度下烟气的比焓为 h_{g1}，则无补燃余热锅炉效率应为

$$\eta_h = \frac{Q_{st}}{h_{g4} - h_{g1}} \tag{4-1}$$

式中　Q_{st}——单位质量燃气轮机排气所产生的水蒸气在余热锅炉中吸收的热量。

在散热量可忽略不计的情况下，热量 Q_{st} 就等于烟气在余热锅炉中实际放出的热量 $(h_{g4} - h_{g5})$，于是，无补燃余热锅炉的效率可近似表示为

$$\eta_{\mathrm{h}}=\frac{h_{\mathrm{g4}}-h_{\mathrm{g5}}}{h_{\mathrm{g4}}-h_{\mathrm{g1}}} \tag{4-2}$$

此外，输入的热量也有包含和不包含燃气轮机排气中所含水蒸气的潜热之分，按前者计算的效率称为高热值效率，按后者计算的效率称为低热值效率。在联合循环电厂中，采用低热值计算余热锅炉效率的情况居多，如果再忽略烟气比定压热容随温度的变化，则无补燃余热锅炉的效率可进一步简化为

$$\eta_{\mathrm{h}}=\frac{c_{pg}(t_4-t_{\mathrm{A2}})}{c_{pg}(t_4-t_{\mathrm{g1}})}=\frac{t_4-t_{\mathrm{A2}}}{t_4-t_{\mathrm{g1}}} \tag{4-3}$$

式中　t_4——燃气轮机排气温度；

t_{g1}——环境温度；

t_{A2}——余热锅炉的排烟温度；

c_{pg}——烟气的比定压热容。

由式（4-3）可见，余热锅炉效率不仅取决于余热锅炉排烟温度t_{A2}，而且还在很大程度上取决于燃气轮机的排气温度t_4，所以，余热锅炉效率高低并不一定可以代表锅炉的设计制造水平。η_{h}的值一般为0.70～0.90。

2. 端差、节点温差和接近点温差

进入余热锅炉的烟气的温度与流出余热锅炉的过热蒸汽的温度之差称为余热锅炉的端差，记为Δt_{gw}，即

$$\Delta t_{\mathrm{gw}}=t_4-t_{\mathrm{so}} \tag{4-4}$$

蒸发器起始点处燃气的温度与给水饱和温度之差称为余热锅炉的节点温差（有的称为窄点温差），记为δ，即

$$\delta=t_{\delta}-t_{\mathrm{s}} \tag{4-5}$$

锅炉汽包压力下饱和水的温度与省煤器出口处的给水温度之差称为余热锅炉的接近点温差（又称为欠温），记为Δt_{a}，即

$$\Delta t_{\mathrm{a}}=t_{\mathrm{s}}-t_{\mathrm{w1}} \tag{4-6}$$

这三个温差均可直接表示在传热量与烟气和汽水温度之间的关系图上，如图4-25所示。

显然，节点温差是不允许等于零的，否则余热锅炉的换热面积将增为无穷大，这完全是不现实的。当然，随着节点温差的减小，余热锅炉的排气温度t_{A2}就会相应降低，这将有利于改善余热锅炉的效率，对提高整个联合循环的热效率也是有好处的。但这个措施必将导致余热锅炉换热面积和燃气侧流阻损失的增大，还会增加余热锅炉的投资费用，并使燃气轮机的功率减小。也就是说，它会导致联合循环的热效率有下降的趋势。由此可见，从投资费用以及联合循环最佳效率的角度来综合考虑，必然存在一个如何合理选择余热锅炉节点温差的问题。

接近点温差是指余热锅炉中省煤器出口的水温t_{w1}与相应压力下饱和水温t_{s}之间的

差值，即$\Delta t_a = t_a - t_{w1}$。通常，在设计余热锅炉时，总是使$t_{w1}$略低于$t_s$。这是由于尺寸已定的余热锅炉，当进入的燃气温度$t_4$随着机组负荷的减小而降低时，接近点温差也会随之而减小的缘故。如果设计时接近点温差取得过小，或者未予考虑，那么在部分负荷工况下，省煤器内就会发生部分给水蒸发汽化的问题，这会导致部分省煤器管壁过热，甚至出现故障。此外，接近点温差的选取对省煤器和蒸发器换热面积的设计也是有影响的。因而，在设计余热锅炉时，必然还存在一个如何合理选择接近点温差的问题。

图4－54和图4－55中给出了当接近点温差选定后，随着节点温差δ的变化，余热锅炉的相对总换热面积$\overline{A}$、相对排气温度$\overline{t}_{A2}$、相对蒸汽产量$\overline{q}_s$、相对总投资费用以及相对单位热回收费用的变化规律。上述所有相对值都是以节点温差δ选定为10℃时的数值作为基础进行比较的。

图4－56中给出了当接近点温差选定后，余热锅炉的相对总换热面积$\overline{A}$随接近点温差Δt_a变化的关系。图4－57则给出了在单压的余热锅炉中，当量热效率η_h与节点温差δ和相对总换热面积$\overline{A}$值之间的变化关系。

如果特意增大余热锅炉内燃气侧的流动速度，则必然会因换热效应的强化而使总换热面积有所减小，但这种措施却会导致燃气侧流阻损失的增大。图4－58中给出了相对燃气流阻$\Delta\overline{p}$与相对总换热面积$\overline{A}$之间的变化关系。

通过对图4－54～图4－58的分析，可以得到以下一些有益的结论：

（1）由图4－54可知：当节点温差减小时，余热锅炉的排气温度会下降，燃气的放热量将加大，蒸汽产量会增加，而总的换热面积也会增大。计算表明，此时的传热系数基本不变，但省煤器与蒸发器的对数平均温差将大幅度减小，余热锅炉的总换热面

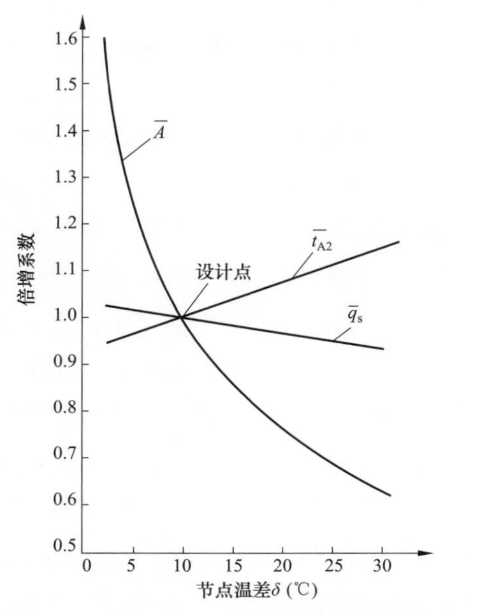

图4－54　$\overline{A}$、$\overline{t}_{A2}$、$\overline{q}_s$随节点温差的变化关系

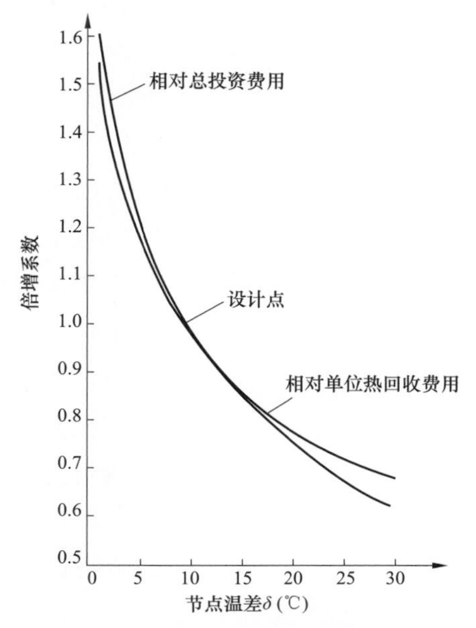

图4－55　相对总投资费用和相对单位热回收费用随节点温差的变化关系

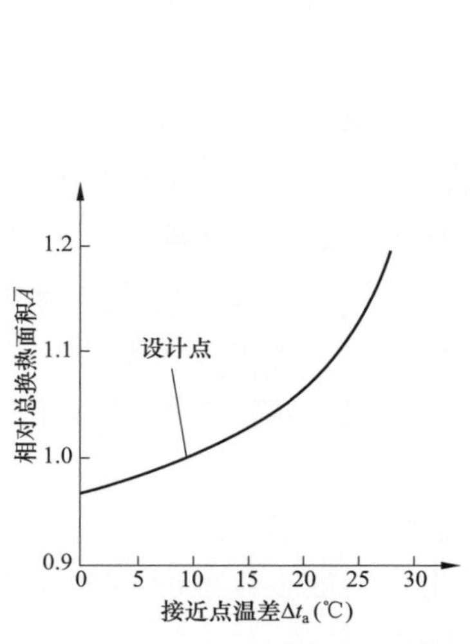

图 4–56　Δt_a对 $\bar{A}$ 的影响关系

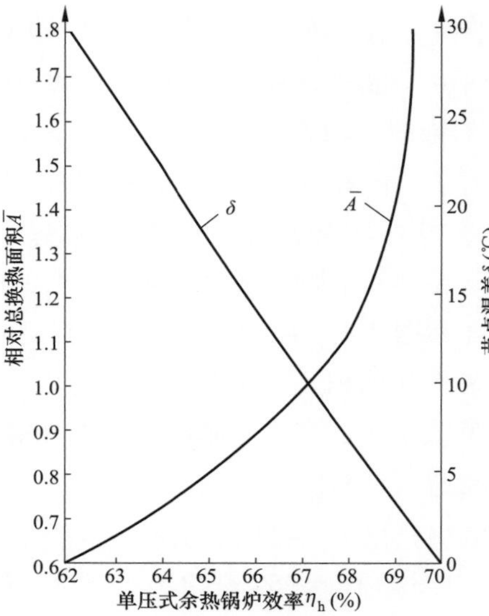

图 4–57　单压余热锅炉中当量热效率η_h与 $\bar{A}$ 和 δ的影响关系

积增大，余热锅炉排气温度的下降以及蒸汽产量的增加表明余热锅炉热效率的提高，而换热面积的增大则表明余热锅炉投资费用的增大，由此可见，效率的增大是以加大换热面积为代价的，这一点在图 4–57 中表示得更为明显。

（2）由 4–55 可知：当节点温差减小时，余热锅炉总投资费用和单位回收费用都会增大。为了减少投资费用，节点温差应取得大些，为了提高余热锅炉的热效率，节点温差应取得小些。从图 4–57 所示曲线的斜率上可以看出：节点温差取得比设计点值（δ=10℃）小时，由于余热锅换热面积的增加幅度较大，锅炉的投资费用就会增大很多。但当取得比设计点值大时，总投资费用和单位热回收费用的减少程度却要缓和一些。因而，在设计余热锅炉时，通常取节点温差为 10～20℃比较合理。

（3）由图 4–56 中可以看出：当接近点温差增大时，余热锅炉的总换热面积会增加。这是由于省煤器的对数平均温差虽然有所增大，使其换热面积有所减小，但蒸发器的对数平均温差却会减小很多，致使蒸发器的换热面积增大更多的缘故。此时，过热器的换热面积保持不变，结果使余热锅炉的总换热面积增大。由此可见，当 δ选定后，减小接近点温差有利于减小余热锅炉的总换热面积和投资费用。但是，为了防止低负荷工况或启动期间省煤器内可能发生汽化现象，有必要在设计时使接近点温差取得大些。由图 4–56 所示曲线的斜率变化趋势中可以看出，接近点温差在 5～20℃范围内选取是合适的。

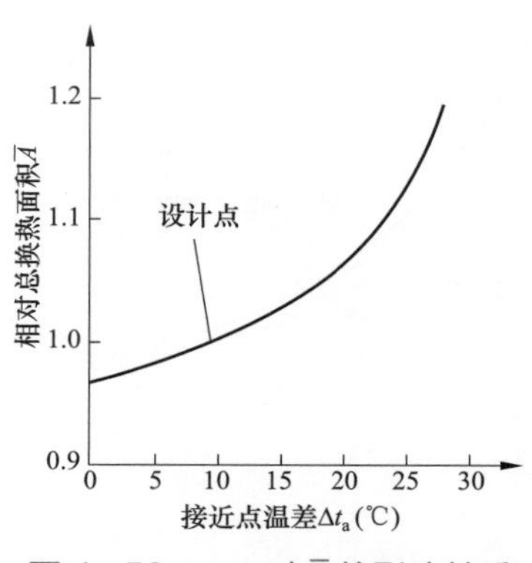

图 4–58　$\Delta \bar{p}$ 对 $\bar{A}$ 的影响关系

（4）图 4–58 所示为燃气侧阻力与余热锅炉总换热面积之间的影响关系。显然，加大燃气的流速（流阻损失会随之加大），可以使余热锅炉的总换热面积减小，但燃气轮机的功率就会降低。计算表明 1kPa 的压降会使燃气轮机的功率和效率降低 0.8%，因此要综合地加以考虑。

由此可见，在设计余热锅炉时，应按照使联合循环的效率或投资费用最优化的设计原则来考虑节点温差、接近点温差以及流阻损失对换热面积的影响。

实践表明：当节点温差减小时，蒸发器面积将按指数曲线关系增加，而蒸汽的产量只按线性关系增加。因而，选择节点温差是决定换热面积的关键因素，这一点也可以从图 4－54 中得到印证。同样，选择接近点温差也是决定换热面积的关键。

余热锅炉的投资费用主要取决于换热面积。通常，换热面积的费用占余热锅炉总投资费用的 40%～50%，而其余投资费用的 50%～60%则不受换热面积大小的影响。

3. 排气温度范围

在单压汽水系统的余热锅炉，排气温度可降低至 160～200℃。为了进一步降低 t_{A2}，可以采用双压或三压汽水系统，那时，可以把它降至 110～120℃。对于燃用含硫极小的天然气或合成煤气燃料，由于不会产生酸腐蚀，t_{A2} 可以进一步降低至 80～90℃，但设备投资相应增加。因而，在选用余热锅炉时，应按联合循环效率和投资进行优化选择。燃用几乎不含硫的天然气时，因燃料成本相对较高，需要也有可能进一步降低排烟温度，采用三压蒸汽系统，可使排烟温度降到 80～90℃。

4. 余热锅炉烟气阻力

随着余热锅炉换热面积的增加，余热锅炉烟气侧的阻力将有所提高，也就是燃气轮机排气背压将有所提高，这将引起燃气轮机功率和效率有所下降。计算表明：1kPa 的压降会使燃气轮机的功率下降 0.8%，因此在联合循环设计优化时要综合考虑这一因素。余热锅炉及烟道的阻力按联合循环设备采用国际标准规定，对于单压、双压和三压余热锅炉分别为 2.5、3.0、3.3kPa。

5. 再热系统

由于材料与冷却技术的进步，燃气轮机进气温度不断提高，循环效率与功率逐渐增加，早年的燃气轮机排气温度 t_4 大多低于 538℃，配置的蒸汽系统不宜采用再热系统。近年来大型高效燃气轮机燃气温度 t_3 大于1300 ℃，排气温度 t_4 大于584 ℃，具备了为余热锅炉提供足够的高温热量用以实现双压或三压再热蒸汽系统的可能性。

6. 快速启动性能

设计要求尽量减少高温部件（再热器、过热器）的应力集中，比如受热面管子与集箱的连接采用直插式结构，避免角焊工艺；新型膨胀吸收结构使用 N/E 公司先进的三维设计软件，合理布置管道走向及支撑，设置必需的防震装置等有效措施。

安全操作规定应适应燃气轮机在快速启停和负荷变化率大于 5%的运行特殊性的要求。

二、余热锅炉热力参数选取

余热锅炉的一大特点是热力系统形式多样，且每种形式的热力参数都有多种选择，而无论是形式还是热力参数的选择，都需要从经济和技术两个方面进行优化。优化的原则是使整个联合循环系统在技术可行、整体投资费用较低的前提下获得最大的热效率。这里先讨论热力参数的优化选取问题。

对于非补燃式余热锅炉型联合循环来说，其供电效率的数学关系式为

$$\begin{aligned}\eta_{cc}^{N} &= (\eta_{gt} + C\eta_{st})(1-\eta_{e}) \\ &= \eta_{gt}\left(1+\frac{P_{st}}{P_{gt}}\right)(1-\eta_{e}) \\ &= \left[\eta_{gt} + \left(\eta_{rl} + \frac{\eta_{gt}}{\eta_{mgt}\eta_{Ggt}}\right)\eta_{h}\eta_{st}\right](1+\eta_{e})\end{aligned} \tag{4-7}$$

从式（4–7）中可以清楚地看到，在选用联合循环时，当燃气轮机已经选定后，如不考虑由于余热锅炉结构的少量差异（由于余热锅炉的排气温度$\overline{t}_{A2}$不同，会使余热锅炉的总受热面积略有差别）而引起的流阻损失的微量变化，即认为η_{gt}、η_{rl}、η_{mgt}、η_{Ggt}、P_{gt}和t_4可恒定不变，同时忽略厂用电耗率η_e可能发生的微量变化，则为了使联合循环的供电效率η_{cc}^{N}为最大，就应该使所选的余热锅炉的当量效率η_h与蒸汽轮机循环有效效率η_{st}的乘积（$\eta_h\eta_{st}$）为最大，也就是说，应该使在蒸汽轮机发电机轴端测定的功率P_{st}为最大。

显然，可以根据$\eta_h\eta_{st}$的乘积为最大或P_{st}为最大的原则来确定余热锅炉和蒸汽轮机中使用的蒸汽主要参数。这样，才能保证所设计的非补燃式联合循环的供电效率为最佳。下面将用实例来显示余热锅炉蒸汽参数的优化选择问题。

现有一台西门子公司生产的燃气轮机，拟使其组成一台双压有再热、无补燃余热锅炉型联合循环。该燃气透平的排气温度$t_4=548℃$，燃气质量流量$q_g=352.9\text{kg/s}$。现拟设计一台余热锅炉，首先应根据$\eta_h\eta_{st}$为最大的原则来优化选择余热锅炉蒸汽的参数。

根据有关文献的研究得知：双压再热式余热锅炉的排气温度t_{A2}是以下各参数的函数，即

$$t_{A2}=f(p_{sho}、t_{sho}、p_{slo}、t_{slo}、p_{sro}、t_{sro}、\delta_H、\delta_L、\Delta t_{aH}、\Delta t_{aL}、p_k、t_4) \tag{4-8}$$

式中 p_{sho}——高压蒸汽的压力；

t_{sho}——高压蒸汽的温度；

p_{slo}——低压蒸汽的压力；

t_{slo}——低压蒸汽的温度；

p_{sro}——再热蒸汽的压力；

t_{sro} ——再热蒸汽的温度；

δ_H —— 高压端的节点温差；

δ_L —— 低压端的节点温差；

Δt_{aH} —— 高压端的接近点温差；

Δt_{aL} —— 低压端的接近点温差；

p_k ——凝汽器的背压；

t_4 ——进入余热锅炉的燃气透平的排气温度。

1. 锅炉排烟温度的选取

由式（4－3）可见，在燃气轮机排烟温度和环境温度一定的条件下，排烟温度 t_{A2} 越低，余热锅炉的效率就越高。但要达到较低的排烟温度 t_{A2}，余热锅炉就要有更多的换热面积，这一方面会使制造费用上升（换热面积费用通常占余热锅炉总费用的 40%～50%），另一方面还会使烟气侧的流动阻力增大，从而导致燃气轮机功率和效率的下降。因此，对余热锅炉排烟温度的选取，不仅要考虑余热锅炉的效率，还要考虑联合循环的总效率；不仅要考虑热经济性，更要考虑包括投资因素在内的技术经济性。从经济上来看，应该存在着最佳的排烟温度。

从技术上看，对排烟温度的选取还受到烟气酸露点温度的限制。因为当烟气中含有 SO_2 时，如果排烟温度过低，烟气中的 SO_2 会转化成 SO_3 并使锅炉尾部受热面受到硫酸腐蚀；当烟气中不含有 SO_2 时，则存在着碳酸腐蚀的问题。目前，在燃烧含有硫分的气体燃料或液体燃料的联合循环中 t_{A2} 的取值范围一般为 150～200℃；在燃烧天然气的联合循环中，余热锅炉的排烟温度 t_{A2} 一般选取 100℃以下。

2. 主蒸汽温度的选取

从经济性上看，主蒸汽温度 t_{so} 选取得高，会使汽轮机的出力增大，从而使联合循环机组的出力和效率提高；但 t_{so} 选取得高，会使余热锅炉的平均传热温差减小，从而增加余热锅炉的换热面积，使设备制造费增加。因此，在经济上存在一个最佳主蒸汽温度。

从技术上看，t_{so} 的选取还需要与蒸汽压力以及汽轮机的容量相匹配。在无补燃的联合循环中，余热锅炉高压蒸汽的温度要受到燃气轮机排烟温度的限制。考虑到变工况下汽轮机的安全性，还要求 $t_4 - t_{so} \geqslant 30℃$。所以，一般要在 $\Delta t_{gw} \geqslant 30℃$ 的范围内，通过优化选取主蒸汽温度 t_{so}。

对于多压余热锅炉，中压蒸汽和低压蒸汽的温度则比它们各自所在的余热锅炉受热面上游的燃气温度低 11℃左右。在确定低压蒸汽温度时，还要使高、中压蒸汽膨胀做功后与补入的低压蒸汽混合时的温差不能太大，否则将引起汽轮机内的热应力过大。

3. 主蒸汽压力的选取

选取主蒸汽压力 p_{so} 时，同样也要考虑经济和技术两方面的因素。其他条件不变时，如果主蒸汽压力提高，余热锅炉的排烟温度就会升高，效率就会下降，余热锅炉中产生的蒸汽也会因此而减少。但由于工质在余热锅炉中的平均吸热温度升高，蒸汽循环的效率会因此而有所提高。研究表明，随着蒸汽压力的提高，联合循环的效率先是有一定程度的提高，但升至一个最佳值后又开始下降。从技术上看，主蒸汽压力的高低还会影响汽轮机的排汽湿度，从而影响汽轮机工作的安全性。所以，主蒸汽压力的高低还要与主蒸汽温度、汽轮机容量等参数相匹配。

对于多压锅炉，低压蒸汽过程的效率与其压力的关系是随着低压蒸汽压力的升高而下降的，所以低压蒸汽的压力应取一个较低值。但压力过低，其在汽轮机中的焓降会很小，容积流量会很大，对汽轮机不利。因此，低压蒸汽压力也有一个最佳取值的问题。

4. 节点温差的选取

节点温差δ的大小对余热锅炉的造价和热效率有较大影响。由图 4－3 可见，在其他条件不变时，节点温差δ增大，排烟温度t_{A2}就要升高，余热锅炉的效率就会因此而降低。但是，减小节点温差，余热锅炉各换热面的传热温差都减小，换热面积就要增大，从而使锅炉造价升高；同时，烟气侧阻力增加，燃气轮机效率下降。所以，从经济上看，存在着最佳的节点温差。研究表明，δ的最佳值一般为 8～20℃。

5. 接近点温差的选取

为余热锅炉设置一定的接近点温差Δt_a，主要目的是防止低负荷工况下或机组启停期间给水在省煤器中汽化，因为低负荷下燃气轮机的排气温度会降低，这会引起省煤器换热量的相对增大。而给水在省煤器中汽化则会导致省煤器管壁过热、振动等安全问题。所以，从安全角度看，接近点温差Δt_a应选得大一些，但Δt_a过大时，锅炉的循环倍率就要提高，蒸发器的换热面积会因此而增大，余热锅炉的效率也会因此而降低。所以，从安全和设备造价两个因素综合考虑，Δt_a也有一个最佳取值问题。研究表明，较为合适的Δt_a值为 5～20℃。

上述关于节点温差和接近点温差的选取是针对单压余热锅炉而言的，对于多压余热锅炉则需要对多个节点温差和接近点温差进行优化。

6. 烟气侧流速的选取

在管束间的对流换热过程当中，烟气侧流速的变化对传热和流动都会产生影响。烟气流速增大时，余热锅炉的换热系数会增大，但烟气侧的流动阻力也会增加。前者可使换热面减小或传热量增加；后者则会使燃气轮机的排气压力升高，导致其出力和效率下降。计算表明，1kPa 的压降会使燃气轮机的功率下降 0.8%左右。因此，对余热锅炉烟气流速也要按照整体经济性最优的要求来取值。

三、余热锅炉变工况特性

由于外界环境温度和负荷工况的变化，燃气轮机总是处于变工况状态下运行，因而了解与其匹配的余热锅炉的变工况特性是很重要的。

在联合循环中，蒸汽轮机是按滑压方式运行的，即随着机组负荷的降低，蒸汽轮机的进汽压力、温度和流量都会相应地减小。一般来说，主蒸汽压力首先线性地下降，当达到某一个合适的最低压力限值 p_{min} 后，它将维持恒压工况运行，如图 4－59 所示。相应的蒸汽流量 q_s 的变化关系则如图 4－60 所示。

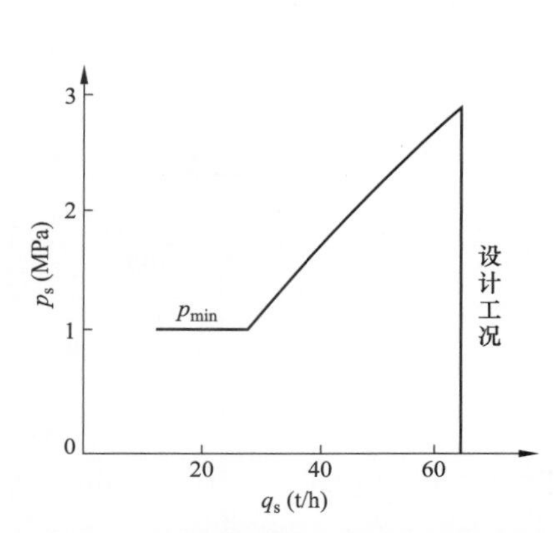

图 4－59　滑压运行时蒸汽压力的变化关系

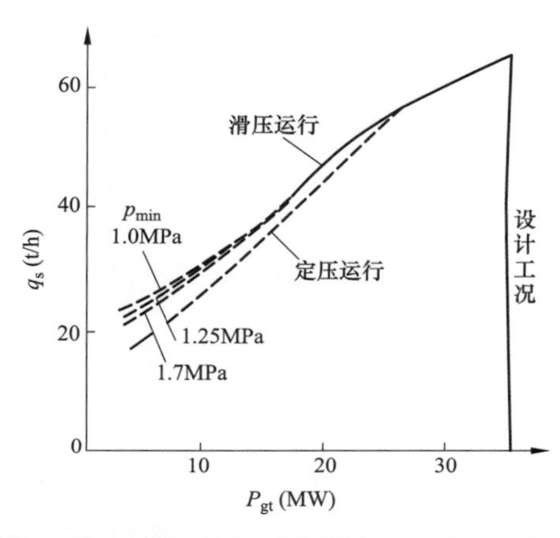

图 4－60　滑压运行时蒸汽流量 q_s 的变化关系

显然，余热锅炉的产汽量 q_s 将随燃气轮机排气流量和排气温度 t_s 的升高而增高，这是由于排气中可以回收的热能随之增大的缘故。此外，随着饱和蒸汽压力的降低，蒸汽流量也会略有增大的趋势，这是因为相应的饱和蒸汽温度会有所降低，而传热温差有所增大。

至于余热锅炉出口的过热蒸汽温度，则主要随燃气轮机排气温度 t_s 而变，它受燃气流量和饱和蒸汽压力的影响较小。图 4－61 所示为余热锅炉中当蒸汽压力恒定不变时，过热蒸汽温度的变工况特性。由图 4－61 可知：过热蒸汽的温度 t_{so} 将随燃气轮机排气流量 q_g 的减小和排气温度 t_4 的增高而上升。

图 4－62 所示为余热锅炉中蒸汽压力恒定不变时，接近点温差 Δt_a 的变工况特性。由图 4－62 可知，燃气轮机燃气流量 $\overline{q}_g$ 的变化对接近点温差 Δt_a 的影响不大，但 Δt_a 的值随燃气轮机排气温度 t_4 的下降而明显地减小，这正是与单轴燃气轮机匹配的余热锅炉在大气温度较低时以及在启动和低负荷工况下容易发生汽化的原因。

此外，还必须注意余热锅炉的启动特性对其运行经济性和安全性的影响。图 4－63 所示为某台余热锅炉启动过程中蒸汽流量和蒸汽温度随时间而变化的动态特性。由于启动过程中这些热力参数的急剧变化，会使余热锅炉的部件承受很大的热应力。若不能合理地控制启动过程及其参数的变化程序，则会使余热锅炉发生低周疲劳的疲劳破坏。

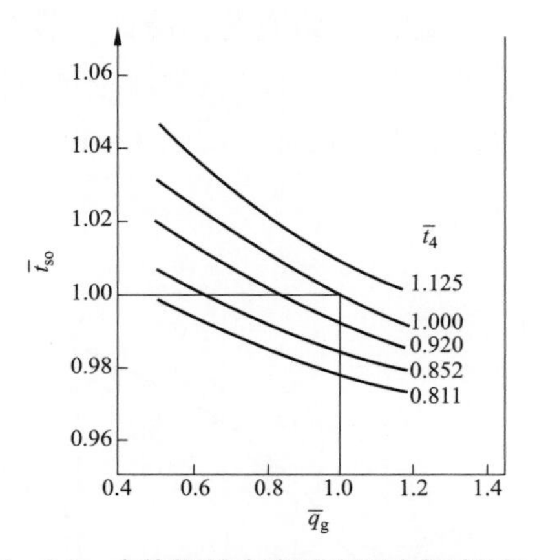

图 4-61　余热锅炉中当蒸汽压力恒定时过热蒸汽温度的变工况特性

$\bar{q}_g = \frac{q_g}{q_{g0}}$；$\bar{t}_4 = \frac{t_4}{t_{40}}$；$\bar{t}_{so} = \frac{t_{so}}{t_{so0}}$；下角 0—设计值

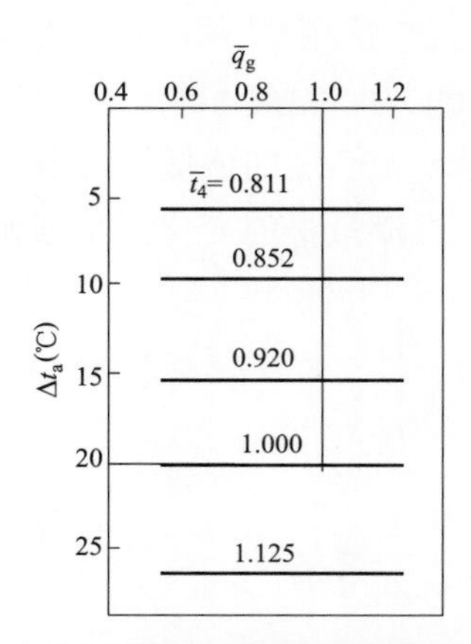

图 4-62　余热锅炉中接近点温差的变工况特性

$\bar{q}_g = \frac{q_g}{q_{g0}}$；$\bar{t}_4 = \frac{t_4}{t_{40}}$；下角 0—设计值

联合循环装置中，三大部件的典型冷态启动时间为燃气轮机 $\tau_{gt} = 0 \sim 20\text{min}$；余热锅炉 $\tau_{HRSG} = 30 \sim 90\text{min}$；蒸汽轮机 $\tau_{st} = 90 \sim 120\text{min}$。虽然蒸汽轮机的启动时间最长，但其暖机所需要的蒸汽参数比较低，可以在燃气轮机启动前利用其他蒸汽源提前暖机，因而为了缩短整个联合循环系统的启动时间，关键在于余热锅炉的启动特性和启动时间上。

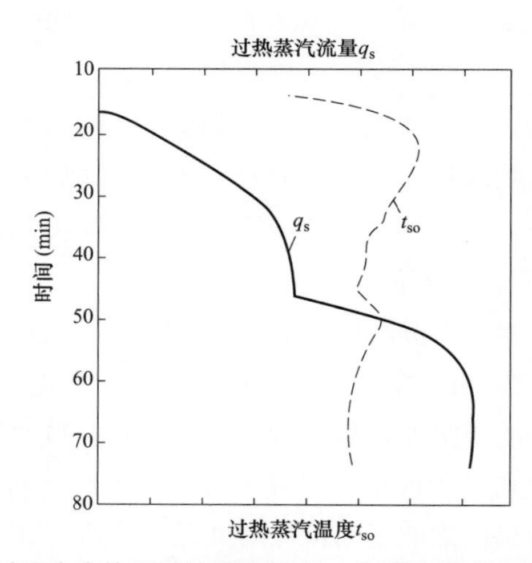

图 4-63　启动过程中余热锅炉的蒸汽流量 q_s 和蒸汽温度 $\bar{t}_{so}$ 随时间的变化关系

四、余热锅炉停备用维护

当联合循环电厂在机组停备用期间，应对余热锅炉采取的防腐措施。这些措施可以根据停炉备用时间的长短，合理地选用。

（1）保持压力法。余热锅炉停运后，关闭各汽水阀门，利用锅炉的残余压力，防止空气漏入锅筒和管簇内，同时控制炉水的pH值在9.8～10.4之间，使其保持一定的碱度。这种方法操作简单、方便。但常会由于系统的严密性差，无法长期维持压力。一般来说，停炉后的压力只能维持20h左右。因而，这种方法只宜用于机组短期停用的场合。

（2）磷酸三钠碱式保护法。停炉后，向给水系统注入磷酸三钠溶液，控制炉水的磷酸根含量在1000～1200mg/L之间，使金属表面形成保护膜。这一方法能使水侧保护良好，但不能对汽侧进行防腐保护。该法的另一缺点是：在对锅炉解除保养拟再行启用时，必须提前1～2d对锅炉进行水冲洗。通常，需要换水、冲洗三次以上，否则，水质会长期无法符合控制标准。

（3）热炉放水余热烘干法。停炉后，在锅炉压力降低到0.5MPa、炉膛温度低于120℃时进行排水，利用余热将炉内湿气除去，从而达到防腐的目的。这一方法对系统的水侧和汽侧均能起到保护作用，保养过程的维护工作量小，而且系统可以进行检修。但是，有些锅炉锅筒内装有加强肋，致使炉水不能排尽，在锅筒内仍然可能积存一定的炉水，这就会造成氧化腐蚀。为了解决该问题，可以在炉内温度低于40℃时，进入锅筒内清除积水，并根据停用时间的长短，可以放入干燥剂吸湿。此法对水侧和汽侧均有保护作用。

（4）干燥剂吸湿法。停炉后，在锅炉压力降至0.5 MPa、炉膛温度低于120℃时进行排水，利用余热达到烘干的目的，同时在锅筒温度低于40℃后，进入锅筒内进行清洁处理，并放入干燥剂。干燥剂量可按1～2kg/m^3（锅炉汽水体积）加以控制。此法的保养效果良好，但常会由于环境湿度大，系统不严密，从而致使干燥剂容易吸湿而失效。为此，需要勤换干燥剂。

（5）汽侧充氮、水侧碱式保养法。停炉后，向系统加注磷酸三钠保养液，控制磷酸根含量在1000～1200mL/L之内，当锅炉压力降低到0.5MPa时，向系统注氮气，并维持系统压力在0.13MPa以上，以防空气渗入。但此法常会因系统不够严密，致使无法维持氮气的压力。为此，就要增加氮气的补给量。

（6）氨–联氨药液法。停炉后，锅炉压力降至零时，排干炉内存水，向系统注氨–联氨保养液，控制保养液中联氨含量在200mg/L以上。水的pH值在10～10.5之间。该方法适合于停用时间长的场合。为了防止因系统严密性差而从外界渗入空气，应每天进行一次给水顶压，以维持锅内具有一定的压力。

此外，在余热锅炉停用前，还应做好锅炉的吹灰工作，以防受热面积灰吸湿而引起设备的管外腐蚀。

总的来说，可以根据停炉备用时间的长短，按以下经验来选择保养方法：

（1）停炉时间在3d以内，系统不需要检修的，可以采用保压法。系统需检修的，则不宜采用保压法。

（2）停用时间在 4～7d，系统不需检修的，可以采用碱式保养法。系统需检修的，则宜采用热炉放水余热烘干法。

（3）停用时间在 8～30d 的，宜采用干燥剂吸湿法。

（4）停用时间在 30d 以上而且属于正常停运的，宜采用干燥剂吸湿法。属于锅炉大修后启动前保养的，宜采用氨－联氨药液法，同时需用给水进行辅助顶压。

第五章

汽 轮 机 本 体

汽轮机是一种以蒸汽为工质，并将蒸汽的热能转变为机械能的旋转机械，是现代火力发电厂中应用最广泛的原动机。它具有单机功率大、效率高、运转平稳和使用寿命长等优点。无论是在常规的火电厂还是在核电站中，都采用以汽轮机为原动机的汽轮发电机组。全世界由汽轮发电机组发出的电量约占各种形式发电总量的 80%。汽轮机是联合循环发电厂中的主要设备之一，汽轮机设备及系统包括汽轮机本体、调节保护系统、辅助设备及热力系统等。

第一节 联合循环汽轮机概述

一、汽轮机工作原理

汽轮机的级是最基本的做功单元。这些级中供蒸汽流动的通道构成了汽轮机的通流部分。现代大型发电厂汽轮机由多级组成，总输出功率是各级输出功率之和。

汽轮机的级由喷嘴叶栅和动叶栅串联组成，如图 5－1 所示。喷嘴叶栅是由一系列

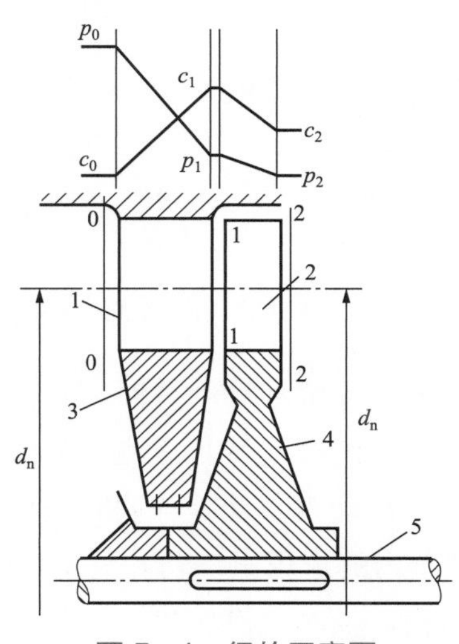

图 5－1 级的示意图

1—喷嘴组；2—动叶片；3—隔板；4—叶轮；5—主轴

安装在隔板上的喷嘴叶片构成，又称静叶栅。动叶栅是由一系列安装在叶轮外缘上的动叶片构成。为了分析方便，选取三个特征截面：喷嘴叶栅进口截面 0—0，喷嘴叶栅出口截面 1—1，动叶出口截面 2—2。各截面上的压力与流速分别用 p 和 c 表示，各截面参数下标用 0、1 和 2 表示。

汽轮机级的做功过程是蒸汽不断膨胀，压力逐渐降低的过程。当蒸汽通过汽轮机时，首先在喷嘴叶栅中压力从 p_0 降低到 p_1，温度从 T_0 降低到 T_1，蒸汽的比焓降降低，蒸汽流速从 c_0 升高到 c_1，完成热能到动能的转变；然后在动叶栅中，高速蒸汽冲转叶轮，蒸汽流速从 c_1 增加到 c_2，将蒸汽动能转变为叶轮旋转的机械能。

二、汽轮机分类

1. 按工作原理分类

根据蒸汽在动、静叶片中做功原理不同，汽轮机可分为冲动式和反动式两种。

冲动式汽轮机工作原理如图 5–2 所示。具有一定压力和温度的蒸汽首先在固定不动的喷嘴中膨胀加速，使蒸汽压力和温度降低，部分热能变为动能。从喷嘴喷出的高速汽流以一定的方向进入装在叶轮上的动叶片流道，在动叶片流道中改变速度，产生作用力，推动叶轮和轴转动，使蒸汽的动能转变为轴的机械能。

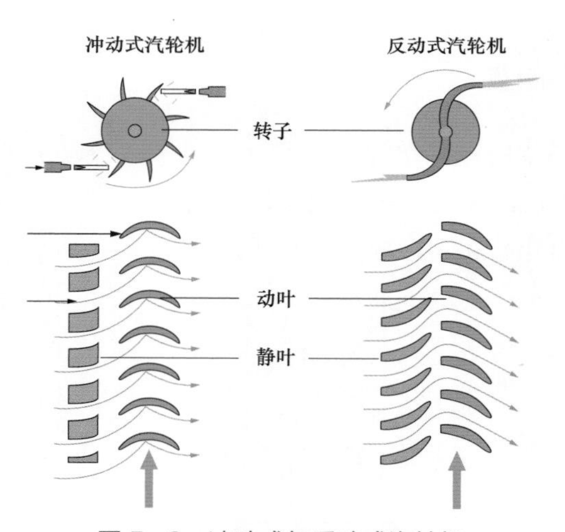

图 5–2　冲动式与反动式汽轮机

在反动式汽轮机中，蒸汽流过喷嘴和动叶片时，蒸汽不仅在喷嘴中膨胀加速，而且在动叶片中也要继续膨胀，使蒸汽在动叶片流道中的流速提高。当由动叶片流道出口喷出时，蒸汽便给动叶片一个反动力。动叶片同时受到喷嘴出口汽流的冲动力和自身出口汽流的反动力。在这两个力的作用下，动叶片带动叶轮和轴高速旋转。

冲动式汽轮机为叶轮式结构，反动式汽轮机为转鼓式结构，两种形式汽轮机的叶片与整机结构分别如图 5–3～图 5–6 所示。

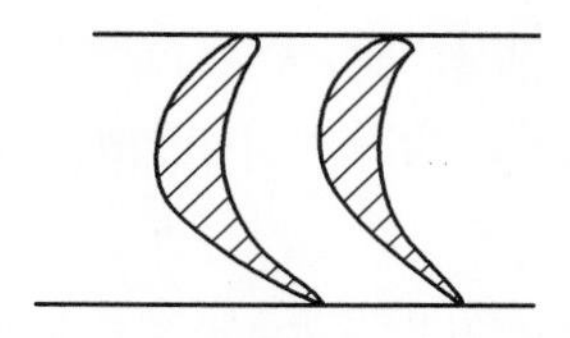

图 5-3 冲动式叶片形式

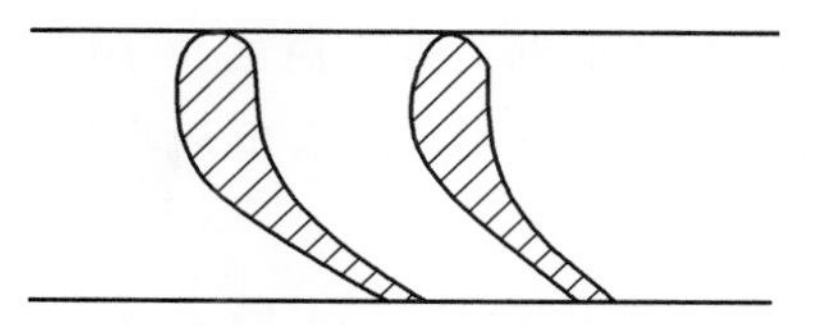

图 5-4 反动式叶片形式

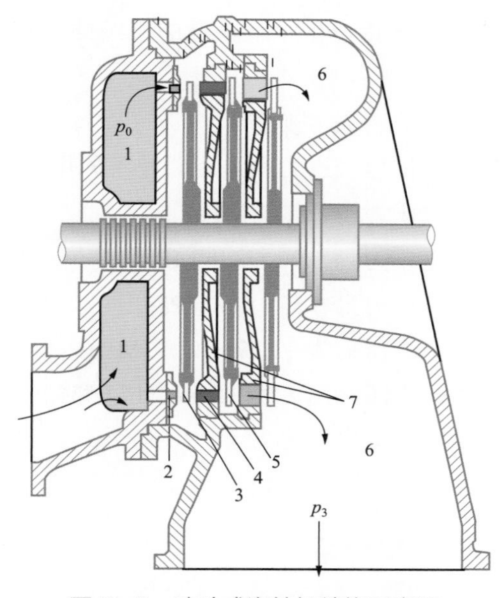

图 5-5 冲动式汽轮机结构示意图

1—新蒸汽室；2—第一级喷嘴；3—第一级动叶栅；4—第二级喷嘴；5—第二级动叶栅；6—排汽管；7—隔板

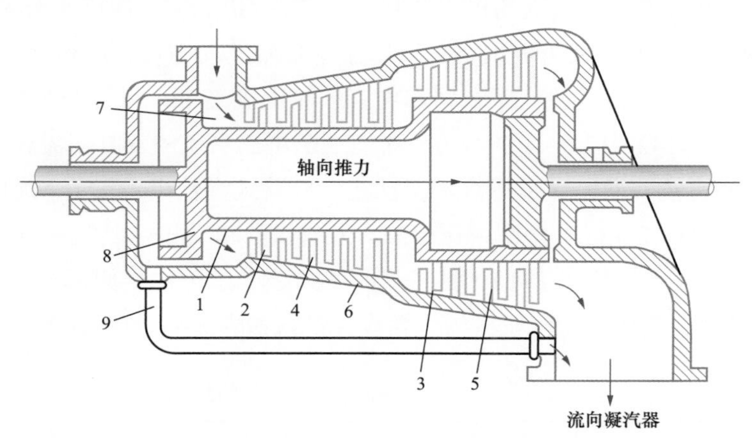

图 5-6 反动式汽轮机结构示意图

1—转鼓；2、3—动叶栅；4、5—喷嘴叶栅；6—汽缸；7—环形进汽室；8—平衡活塞；9—联络蒸汽管

2. 按热力过程特性分类

按照热力过程特性的不同，汽轮机可分为下面四种：

（1）凝汽式汽轮机。其特点是在汽轮机中做功后的排汽，在低于大气压力的真空状态下进入凝汽器凝结成水。

（2）背压式汽轮机。其特点是在排汽压力高于大气压力的情况下，将排汽供给热用户。有的将高压排汽用作中、低压汽轮机的工作蒸汽，这种汽轮机常称作前置式汽轮机。

（3）中间再热式汽轮机。其特点是在汽轮机高压部分做功后蒸汽全部抽出，送到锅炉再热器中加热，然后回到汽轮机中压部分继续做功。

（4）调整抽汽式汽轮机。其特点是从汽轮机的某级抽出部分具有一定压力的蒸汽供做功用，排汽仍进入凝汽器。

3. 按主蒸汽参数分类

进入汽轮机的蒸汽参数是指蒸汽压力和温度。按不同压力等级可分为：

（1）低压汽轮机，主蒸汽压力小于 1.47MPa；

（2）中压汽轮机，主蒸汽压力为 1.96～3.92MPa；

（3）高压汽轮机，主蒸汽压力为 5.88～9.8MPa；

（4）超高压汽轮机，主蒸汽压力为 11.77～13.93MPa；

（5）亚临界压力汽轮机，主蒸汽压力为 15.69～17.65MPa；

（6）超临界压力汽轮机，主蒸汽压力大于 22.15MPa。

目前还没有用于联合循环的超临界汽轮机。

三、典型联合循环汽轮机介绍

1. 典型 9F 级联合循环配套汽轮机设备规范

目前，国外联合循环配套汽轮机主要制造厂家有 GE 公司、西门子公司和日本三菱公司。国内联合循环配套汽轮机主要制造厂家有哈尔滨动力设备股份有限公司、东方汽轮机有限公司、上海汽轮机有限公司和南京汽轮电机集团。西门子 SGT–400F 配套汽轮机型式为 LZN142–12.6–3.094–0.364 型三压再热系统的双缸双流式汽轮机，型式为超高压、中间再热、双缸、单排汽、反动式、冷凝式汽轮机。三菱 M701F 配套东方汽轮机厂生产的 TC2F–35.4 型高中压合缸、双排汽、单轴再热凝汽式汽轮机。GE 公司 9F 燃气轮机配套汽轮机为 D–10 型、三压、向下排汽、一次中间再热冲动式汽轮机。三种典型 9F 级联合循环配套汽轮机的主要设计参数如表 5–1 所示。

表 5–1　典型 9F 级联合循环配套汽轮机设备规范

项目	单位	内容		
配套燃气轮机		SGT–400F	GE9F.05	M701F4
型号		LZN142–12.6–3.094–0.364	D–10	TC2F–35.4
额定功率	MW	142.1	141	153.7
额定转速	r/min	3000	3000	3000
高压蒸汽压力	MPa	12.626	9.6	13.42

续表

项目	单位	内容		
高压蒸汽温度	℃	550	565.5	560
高压蒸汽流量	t/h	269.1	283.2	297.5
高压缸排汽压力	MPa	3.437	2.23	4.16
高压缸排汽温度	℃	362.7	323	392.1
中压缸进口压力	MPa	3.094	1.94	3.75
中压缸进口温度	℃	550	565.5	560
中压进口流量	t/h	313.4	311.8	354.8
低压缸进口压力	MPa	0.365	0.366	0.482
低压缸进口温度	℃	240.8	313.5	272.4
低压进口流量	t/h	350.9	363.7	411.2
排汽压力	kPa	6.38	5.37	5
冷却水温度	℃	23.8	22	20.7
排汽方向		轴向	向下	向下
排汽口面积	m^2	12.5	13.51	
末级叶片高度	mm	976.6	851	899.4

D－10 型汽轮机由高中压缸合缸和双流低压缸组成，其中高压 12 级、中压 9 级、低压 2×6 级。TC2F－35.4 型汽轮机高压级为 8 个冲动级，汽轮机中压级为 8 个冲动级，汽轮机低压级采用双流反向布置，共 6×2 个反动级组成。LZN142 型汽轮机采用双缸单排汽设计，配有一个高压缸和一个单排汽的中低压缸，其中高压 28 级、中压 17 级、低压 6 级。

2. 典型 9F 级联合循环配套汽轮机总体布置（HE 型汽轮机）

由前述所知，联合循环配套汽轮机均采用三压式设计，图 5－7 给出了蒸汽主要流程：从余热锅炉高压过热器来的高压蒸汽经过高压主汽门和高压调门的组合汽门进入高压缸，在高压缸中做过功的排汽汇同中压过热器的补汽进入余热锅炉再热器加热，经两个中压主汽门和中压调门的组合汽门进入中压缸，在高压缸中做过功的排汽汇同由低压主汽门和低压调门供给的低压补汽进入到低压缸，低压缸排汽汇入到凝汽器中。

（1）单轴布置。

HE 型汽轮机为单层同轴布置的双缸、三压再热型汽轮机。该汽轮机采用了模块化的设计，即采用了 H 和 E 两个模块（亦称 H 缸和 E 缸）。除了这两个模块之外，该机组还配置了一个自同步离合器，这使得整套联合循环机组自前到后由燃气轮机、发电机、自同步离合器、汽轮机 H 缸、汽轮机 E 缸几大部分构成同轴布置，如图 5－8 所示。

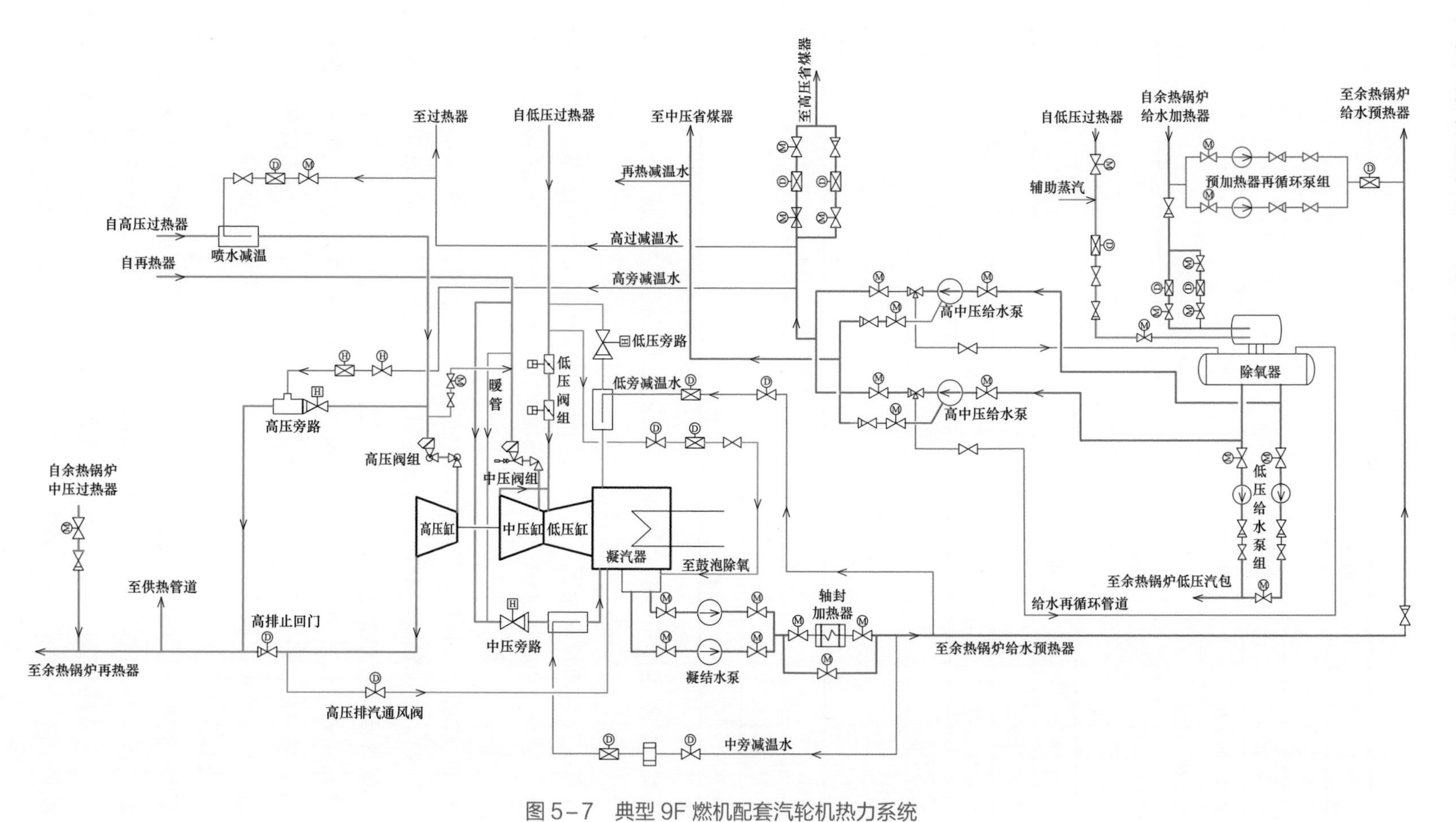

图5-7 典型9F燃机配套汽轮机热力系统

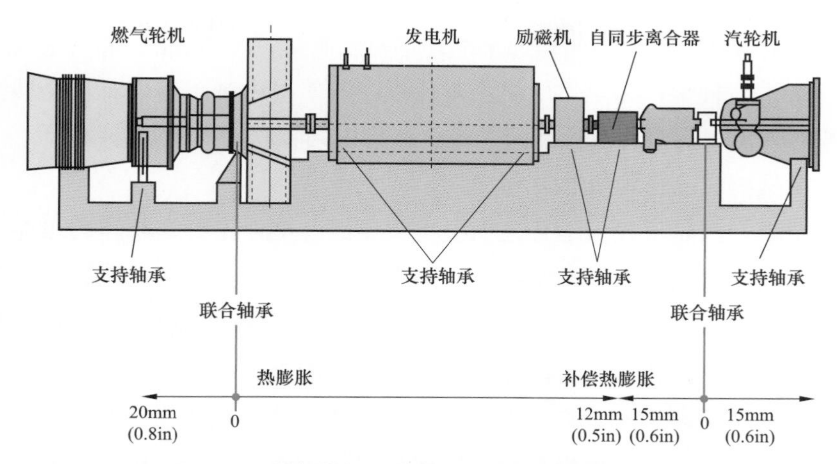

图 5-8　燃气轮机、发电机、汽轮机布置示意图

由于汽轮机为双缸结构，汽轮机转子由高压和中低压 2 根转子组成，两者之间刚性连接，采用三支点支承方式。考虑了自同步离合器的支承后，汽轮机部分共有 4 个轴承，分别装在落地式的前轴承座、中轴承座和座缸式的后轴承座内。其中，中轴承为袋式轴承，集径向轴承和推力轴承于一体，为机组相对死点；汽轮机的绝对死点也设在中轴承座处。

HE 型汽轮机配备了三组阀门：主汽阀组、再热阀组和补汽阀组。它们有着共同的特点，都是直接固定在汽缸上，其间无导汽管连接。其中主汽阀组为焊接式，其他阀组为法兰连接式；下方都用支架支撑自身重量，以利于汽缸热胀。阀门与汽缸直接连接，无导汽管，因此它具有蒸汽压损极小、效率高的特点；加之采用了中低压合缸模块，没有中低压联通管，因而实现了本体无导汽管布置，使整个机组结构更加简洁和高效。

（2）采用 SSS 离合器。

燃气轮机和汽轮机分别置于发电机的两端，燃气轮机端采用传统的联轴器连接，汽轮机端采用具有自动离合功能的同步联轴器（SSS 离合器）。燃气轮机和发电机的连接是刚性的，其运转是完全同步的。汽轮机端的同步联轴器，只有当汽轮机转速超过发电机转速时才逐渐啮合，并逐渐传递负荷。当汽轮机转速低于发电机转速时，同步联轴器脱开。采用同步联轴器，可以实现汽轮机在联合循环时滞后启动、强迫停机、提前停机等功能。

为了达到高速下动态啮合并传递巨大力矩，啮合分两步进行。第一步，当汽轮机转速达到约 3000r/min 时，棘爪在离心力的作用下张开，如果汽轮机的转速略微超过了电机转速，则棘爪啮合。第二步，棘爪啮合后推动螺纹的啮合，靠螺纹传递力矩。同步联轴器的脱离过程则相反，首先螺纹段脱出，如果转速进一步降低，则靠弹簧收回棘爪，汽轮机完全脱离轴系。两步啮合的过程，大大减少了啮合过程中的冲击，并配合精心设计的润滑油和冷却油系统，同步联轴器在汽轮机的使用寿命期内一般不需要修整。吸收从电机端和汽轮机端传递来的转子热膨胀量，约 20mm。整套装置中，燃气轮机端有一个推力轴承，为燃气轮机相对死点；汽轮机中轴承座内有一个推力轴承，为汽轮机相对死点，两个相对死点间的热位移均由同步联轴器吸收补偿。

（3）不设机械式危急遮断器。

一般情况下，汽轮机投入运行之前发电机已经并网，不存在超速的可能。而汽轮机停机解列时发电机仍处于并网状态，也不存在超速的可能。在燃气轮机紧急停机的情况下，可由 DCS 直接发信号关闭主汽门和再热汽门，并同时打开旁路门。超速跳机不是一个必需功能，汽轮机不可能超速。按西门子的设计，汽轮机的临界转速避开工作转速的 10%即为合格，和我们传统设计的要求 20%存在较大差距，其理由恐怕正在于联合循环单轴系结构汽轮机极不容易出现超速的可能。当然，机组保留了电子式测速装置，主要用于开机过程控制，也可以作为超速跳机保护。

（4）轴向排汽。

HE 型汽轮机采用轴向排汽，以降低排汽压损，提高效率，这给机组整体布置带来了很大好处。为了简化运行，往往不设回热加热器，而轴向排汽的结构设计，使单层布置得以实现。单层布置可以大大简化基础设计，降低厂房布置高度，减少电站项目投资。单轴系的联合循环机组一般采用轴向排汽和单层布置。如果采用传统的向下排汽，则要考虑凝汽器需要巨大的空间，燃气轮机的标高将随整个轴系的标高一起提升，其进气系统及燃料系统的设计、建造将十分困难。分轴系的联合循环机组可以将燃气轮机布置在地表面，汽轮机根据实际需要，可作单层或多层布置。

在轴向排汽的设计中，汽轮机中低压转子末端的轴承必然在排汽缸内部。为了防止润滑油被吸入真空系统，需要设置油封和汽封。为了防止汽封系统中的蒸汽进入润滑油或者润滑油进入汽封系统，需要在油封和汽封之间引入大气。一般向下排汽的汽轮机设计中，汽封和油封之间总是存在着天然大气，而轴向排汽的设计中，油封和汽封都在真空密闭系统中，大气需要另外接入。

轴向排汽的凝汽器灌水试验比较困难。西门子以严格的焊缝质量检查来确保凝汽器的严密性。一般不进行灌水试验。

3. 典型双缸双排汽汽轮机总体布置

某 F 级联合循环汽轮机为超高压、三压、再热、反动式、双缸双排汽、低压缸可解列、抽汽凝汽式。机组采用高中压合缸、低压缸双流的双缸布置方式。高中压部分为双层结构，高中压整体内缸，叶片反流布置，高压 24 级、无调节级，中压 14 级、第一级为斜置静叶。低压部分为分流结构，向下排汽，采用了三层缸的设计，即外缸、内缸、持环，低压叶片 2×6 级。汽轮机高中压模块位于发电机和汽轮机低压模块之间，汽轮机中压端出轴。图 5–9 为该机组的纵剖面图。

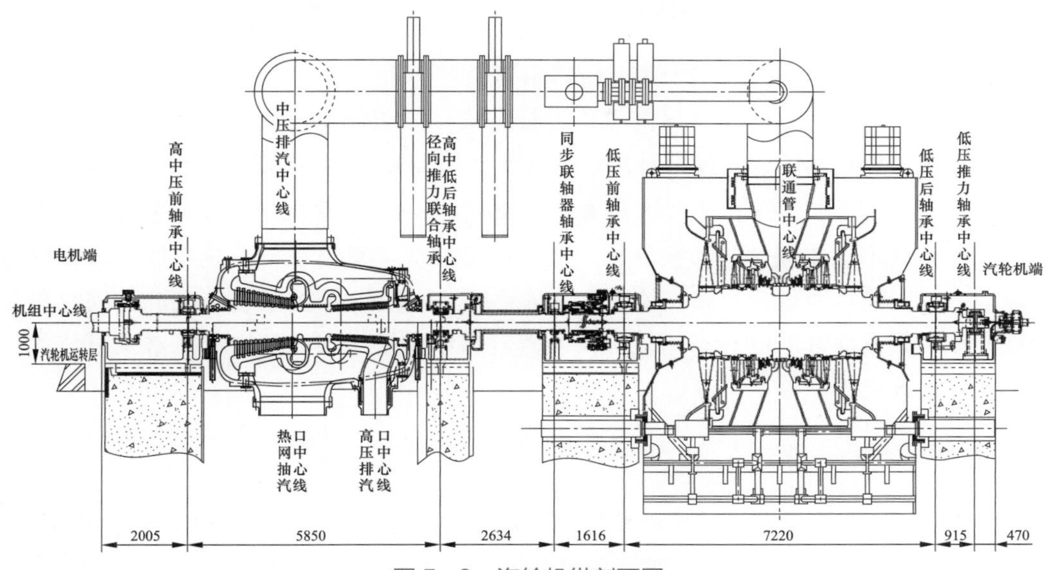

图 5-9　汽轮机纵剖面图

机组一共有 4 个轴承座，轴承座均为落地布置，前轴承座位于汽轮机前端，内有一个高中压径向前轴承。高中压缸和低压缸之间有两个中轴承座（中座Ⅰ、中座Ⅱ），中座Ⅰ内有一个高中压径向推力联合轴承，中座Ⅱ内有两个径向轴承（SSS 离合器轴承和低压前轴承）和一个 SSS 离合器。整个轴系为高中压转子双支点支承、低压转子双支点支承，两根转子与 SSS 离合器及其中间轴相连，低压转子通过 SSS 离合器将扭矩传递给高中压转子，低压模块可在线解列和并列，SSS 离合器具有锁定装置，高中压、低压转子可同时启动。

汽轮机转子为无中心孔整锻转子。汽轮发电机组是单轴串联设计，其余转子均是刚性连接。高中压模块和低压模块均有各自的绝对死点和相对死点，高中压汽缸绝对死点设于中轴承座Ⅰ，相对死点设于高中压径向推力联合轴承；低压外缸位于凝汽器上，低压内缸绝对死点处于低压后轴承座，相对死点位于低压推力轴承。

机组有两个主汽阀和两个高压调节汽阀，一个主汽阀和一个高压调节汽阀组成一组，共分两组布置在高中压缸的两侧。从锅炉来的新蒸汽分两路分别进入两边的主汽阀，再进入高压调节汽阀，从两个高压调节汽阀出口直接进入高压缸。每一组主汽阀和高压调节汽阀阀组有独立的弹簧支架支撑。

机组有两个再热主汽阀和两个再热调节汽阀，一个再热主汽阀和一个再热调节汽阀组成一组，共分两组布置在高中压缸的两侧。从锅炉来的新蒸汽分两路分别进入两边的再热主汽阀，再进入再热调节汽阀，从两个再热调节汽阀出口直接进入中压缸。每一组再热汽阀和再热调节汽阀阀组有独立的弹簧支架支撑。

中压排汽在外缸上设上排口和下排口。汽轮机凝汽方式运行时，中压排汽由上排口排出，经联通管进入低压缸。汽轮机背压方式运行时，中压排汽由下排口排出以供热。

补汽分别经补汽阀组、导汽管进入中低压联通管。共有一组补汽阀组，包含一个补汽主汽阀和一个补汽调节阀，均采用蝶阀，装于联通管支架平台上。补汽阀组有一摆动支架，允许补汽阀组在水平面方向自由膨胀。

为适应夏季凝汽、冬季背压的工作运行方式，联通管上设置了低压主汽阀，低压调节阀和低压启动阀，以实现两种运行方式的切换控制，也可实现抽凝方式的运行。

高压主汽、再热主汽和补汽均要求设有100%旁路。汽轮机回转设备主要由液压马达、过速离合器、中间轴、必要的轴承和紧固件组成。盘车设备安装在低压汽轮机的自由端。液压马达通过盖板和壳体固定在轴承座上。盘车转速约为50r/min。同时在前轴承座和中轴承座Ⅱ分别设有手动盘车装置。机组低压排汽缸处设有喷水减温装置，采用气控执行机构。

四、联合循环汽轮机特点

燃气－蒸汽联合循环发电用汽轮机与燃煤火电汽轮机相比，在原理上是相同的，结构上也几乎类似。但燃气－蒸汽联合循环用汽轮机也有不同于燃煤机组汽轮机的特点，具体有以下几个方面。

1. 中低压缸、凝汽器和给水回热

常规火电厂中汽轮机的给水回热随蒸汽初参数的不同有一级到9或10级回热抽汽，给水回热抽汽量一般占主蒸汽流量的30%。进入中压缸、低压缸和凝汽器的进汽量相比进入高压缸的进汽量逐步减少，进入凝汽器只有主蒸汽流量的70%左右。

双压或三压的联合循环中，燃气－蒸汽联合循环用汽轮机不设置给水加热器，这是因为当给水温度升高时，余热锅炉的排气温度也会随之升高，使得余热回收效率下降，效率得不到提高。因此，联合循环配套汽轮机一般不设置回热抽汽。另外，还在中压缸和低压缸内补入约占主蒸汽量30%的中压蒸汽和低压蒸汽，这些蒸汽的参数较低，体积较大，这就要求联合循环中的汽轮机的中、低压缸比常规电厂的汽轮机增大通流能力，要求联合循环的凝汽器比常规电厂增大换热面积。

2. 末级效率和环形排汽面积

在功率和背压相同的条件下，由于联合循环汽轮机的排汽量要比常规汽轮机大得多，体积流量也大得多，因而其环形排汽面积要求大得多。联合循环汽轮机末级产生的功率可达到 15%汽轮机输出的总功率。因此，该机组末级效率与环形排汽面积的大小对联合循环影响较大，必须进行专门的设计与制造。

3. 滑参数启动与运行

汽轮机必须适应联合循环快速启动的要求，特别是燃气轮机与汽轮机串联在一根轴上，共用一台发电机单轴布置时，更是如此。为了尽量缩短启动时间，联合循环电厂通常采用全变压启动，即汽轮机随蒸汽参数的升高，同步进行暖管、冲转，暖机、升速、并网和带负荷。伴随全变压的采用，汽轮机为全周进汽。正常运行时，蒸汽调节阀处于全开状态，装置的负荷控制由燃气轮机的燃料投入量进行控制。

4. 排汽方式

（1）轴向排汽：单压和双压无再热蒸汽系统一般采用单轴单缸布置，并通常采用轴向排汽方式。轴向排汽阻力损失少，对称性好，有利于快速启动；发电机、汽轮机和凝结器均为地面布置，汽机房无需建设汽轮机运行层，只需在汽轮机旁搭建一个小的钢平台即可。

（2）双侧向排汽：双缸双排汽不宜轴向排汽布置设计，可设计成双侧向排汽，发电机由汽轮机的后端出轴来驱动。左右两台凝汽器布置在汽轮机低压缸的两侧，接受低压缸的双侧向排汽。西门子（SIEMENS）公司公布生产的 GUD2.94.3A 多轴联合循环机组即采用这样的双缸双侧向排汽的汽轮机，汽轮机功率为 200MW。

（3）双向下排汽：采用常规向下排汽方式，一般三缸（高、中、低压缸）或双缸（高、中合缸，中、低合缸）双排汽轮机组，也可采用双向下排汽方式。此方式必须有汽轮机运行层，虽然机房和行车高度增加了，但运行检修空间方便，目前引进的 350MW 燃用天然气联合循环汽轮机采用双向下排汽方式。

5. 汽轮机结构采取的措施

为适应联合循环快速启动以及滑参数运行的需求，汽轮机采取了以下措施：① 加强汽缸的对称性；② 加大动、静部件间的间隙，动叶顶尽可能使用围带和围带汽封，必须在尽量减少透平效率的前提下进行；③ 汽轮机中不设置调节级，各级均采用全周进汽结构，调节阀运行时全开，减少节流损失，提高透平效率；④ 主汽导管及主汽门和调节汽门、再热汽门和调节汽门、低压汽门和调节汽门一般都设置两个或两组相对称地布置在汽轮机两侧；⑤ 设置通往凝汽器的全容量快速旁路，且对称布置；⑥ 高、中压缸采用双壳体结构；⑦ 其余采用各项降低机组启停热应力的措施。

6. 汽水系统的给水加热和除氧方式

（1）汽水系统的给水加热。

联合循环电厂与常规煤电厂的汽水系统显著不同点在于给水加热。常规火电厂通过汽轮机多级抽汽加热给水，使给水温度达到较高的水平后进入锅炉以获得较高的蒸汽循环热效率。为了尽可能利用燃气轮机排气余热联合循环的给水加热在余热锅炉中进行，降低余热锅炉的排烟温度，提高余热回收利用率，与常规电厂不同，锅炉的给水温度一般较低。

（2）联合循环的除氧方式。

真空除氧器：阿尔斯通（Alstom）公司常采用独立的真空除氧器来进行除氧。来自汽轮机低压缸中低于大气压力的抽汽进入该除氧器，完成除氧。

凝汽器真空除氧：燃用天然气的联合循环，最理想的方式是选用带除氧功能的凝汽器，在凝汽器中进行真空除氧，这就给余热锅炉提供了除氧过的、最低温度（凝结水温）的给水。这些低温给水在余热锅炉尾部的给水预热器（省煤器）中进一步吸收低温烟气的热量，使其排烟温度降低至 80～90℃。通用（GE）公司推荐的三压再热带除氧凝汽器的热力系统就是采用凝汽器真空除氧方式。

独立高压除氧器：对于燃用含硫量较高的重燃料油的联合循环电厂，较低温的给水有可能引起余热锅炉尾部受热面的酸性腐蚀。单压或多压中低压带整体除氧器的余热锅炉能很好地解决这个问题。即在单压或多压余热锅炉高压省煤器后增加一个压力为 0.23～0.35MPa 的低压蒸发器（低压汽包），产生的除氧器所需的加热蒸汽（0.23～0.35MPa）（125～140℃饱和蒸汽），而除氧水箱就作为余热锅炉的低压汽包，两者合二而一。这样，一是可降低余热锅炉的排烟温度；二是可除氧除气不再从汽轮机抽汽，增大了汽轮机的做功能力；三是除氧给水与余热锅炉一体化，降低了总投资，布置也更紧凑等。

第二节 汽　缸

一、概述

汽缸即汽轮机的外壳。其作用是将汽轮机的通流部分与大气隔开，以形成蒸汽热能转换为机械能的封闭汽室。汽缸内装有喷嘴室、喷嘴（静叶）、隔板（静叶环）、隔板套（静叶持环）、汽封等部件。在汽缸外连接有进汽、排汽等管道以及支承座架等。为了便于制造、安装和检修，汽缸一般沿水平中分面分为上下两个半缸。两者通过水平法兰用螺栓装配紧固。另外为了合理利用材料以及加工、运输方便，汽缸也常以垂直结合面分为两或三段，各段通过法兰螺栓连接紧固。

汽缸工作时受力情况复杂，它除了承受缸内外汽（气）体的压差以及汽缸本身和装在其中的各零部件的重量等静载荷外，还要承受蒸汽流出静叶时对静止部分的反作用力，以及各种连接管道冷热状态下，对汽缸的作用力以及沿汽缸轴向、径向温度分布不均匀所引起的热应力。特别是在快速启动、停机和工况变化时，温度变化大，将在汽缸和法兰中产生很大的热应力和热变形。

由于汽缸形状复杂，内部又处在高温、高压蒸汽的作用下，因此在其结构设计时，缸壁必须具有一定的厚度，以满足强度和刚度的要求。水平法兰的厚度更大，以保证结合面的严密性。汽缸的形体设计应力求简单、均匀、对称，使其能顺畅地膨胀和收缩，以减小热应力和应力集中。还要保持静止部分同转动部分处于同心状态，并保持合理的间隙。

由于汽轮机的型式、容量、蒸汽参数、是否采用中间再热及制造厂家的不同，汽缸的结构也有多种形式。例如，按进汽参数的不同，可分为高压缸、中压缸和低压缸；按汽缸的内部层次，可分为单层缸、双层缸和三层缸；按通流部分在汽缸内的布置方式，可分为顺向布置、反向布置和对称分流布置；按汽缸形状，可分为有水平接合面的或无水平接合面的圆筒形、圆锥形、阶梯圆筒形或球形等。

二、典型双缸双排汽联合循环汽轮机

1. 高中压缸

某机组高中压缸结构如图 5－10 所示，其高中压外缸采用优质碳素铸钢件（ZG230－450），从水平中分面分为上、下两个半缸。高中压模块为双层缸结构，高、中压部分反流布置，内缸由外缸支撑。来自锅炉的高压主蒸汽及再热蒸汽分别进入高中压缸中部两侧的高压主调门及再热主调门阀组，再进入汽轮机高中压通流。高压排汽在下半缸，排汽口直径 DN600，数量为一个。高压排汽通过类似进汽的插管结构直接从高排口排出。中压排汽由内缸中排出后经内外缸夹层从上（或下）中排口排出，使外缸基本工作在中排蒸汽的温度下，有利于满足联合循环机组的快速启停要求。中压排汽口设在汽缸的排汽端上部，通过 DN1500 连通管接入低压缸。同样是 DN1500 的中压抽汽口设在汽缸排汽端下部，接热网。

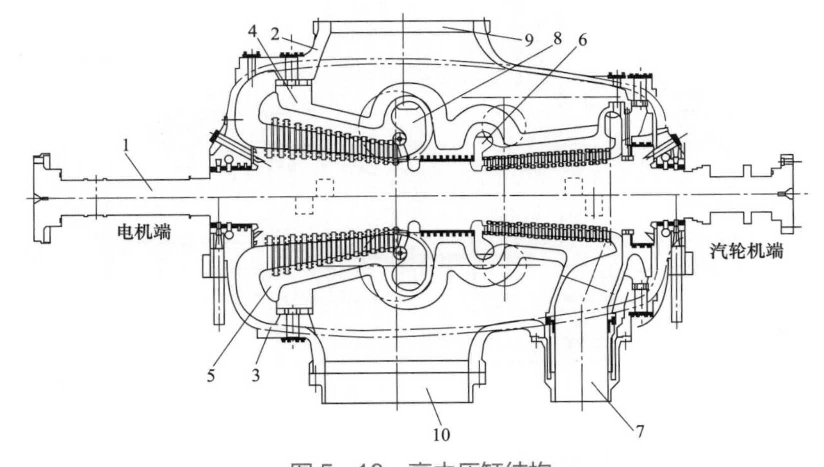

图 5－10　高中压缸结构

1—高中压转子；2—高中压外缸上半；3—高中压外缸下半；4—高中压内缸上半；5—高中压内缸下半；6—高压进汽室；7—高压排汽口；8—中压进汽室；9—中压排汽口；10—中压抽汽口

高中压高温进汽仅限于高中压缸中部内缸的进汽区域，而高中压外缸只承受中压排汽的较低压力和较低温度，这样高中压外缸的法兰部分就可以设计得较小，且法兰区域的材料厚度等也可以减到最小，从而可避免因不平衡温升时引起法兰受热变形而导致故障，如机组启停时。

高中压外缸两端装有端部汽封以防漏汽。汽缸两端壁处还设有开孔，以供现场动平衡时安装平衡螺塞。高中压外缸上还设有多个热电偶测点，测量汽缸的金属和蒸汽温度以控制启动及运行监视，监测汽缸上、下半温差的热电偶，上、下缸成对设置。超过一定值时，机组会报警或跳闸以防损坏转子和叶片。

高中压内缸采用铬钼钒钢铸件（G17CrMoV5）整体内缸，高、中压部分反流布置，在中分面处分开，形成上半和下半，上、下半用法兰螺栓连接固定，它们必须预紧以产生适当的应力，保证中分面的气密性，内缸由外缸支撑。高、中压进汽在内缸的中部两侧偏下，高压排汽在内缸汽机端下半，均采用插管结构、L形密封环连接。中压排汽直接排入高中压外缸与内缸之间的夹层。高压与中压进汽腔室与内缸为一体结构。

在高、中压内缸上设有金属温度测点，用测得的内缸金属温度来代替进汽处高、中压转子温度，用金属与蒸汽的温度差和预先规定的数值相比较，来控制汽轮机的启动与负荷变化，以达到限制转子热应力的目的。高、中压内缸疏水分别通过高压调节阀与再热调节阀扩散器管疏水孔引出高、中压外缸，用来排走高中压室的积水。

2. 低压缸

低压缸（见图5–11）采用了双流式，可以平衡推力并缩短末叶片的长度。中压排

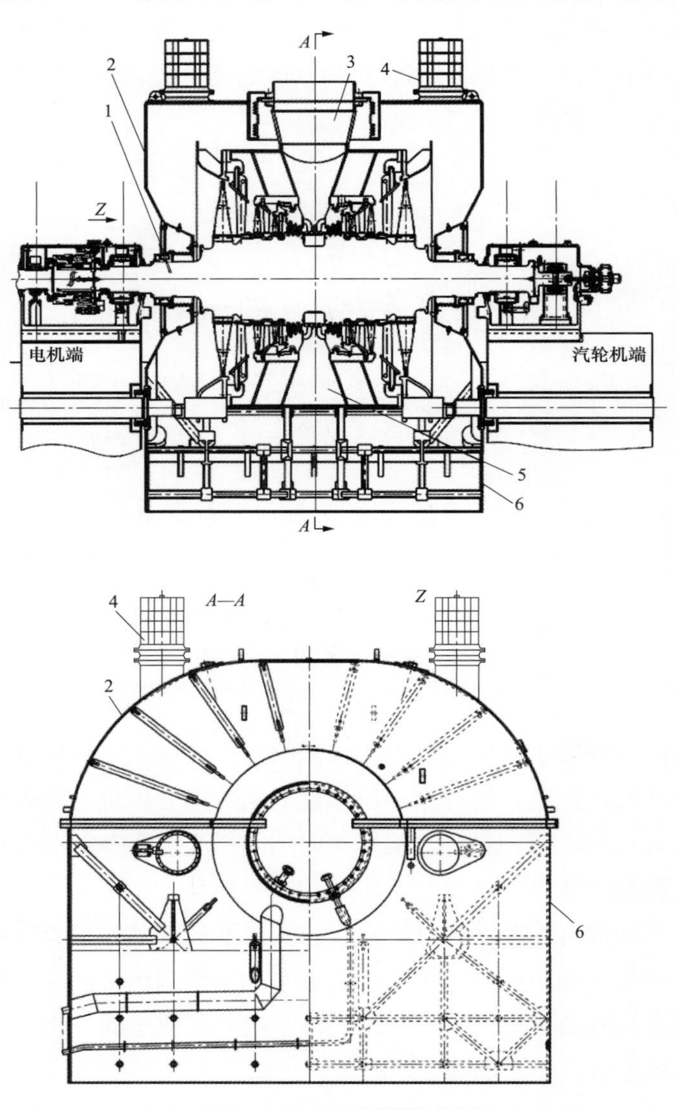

图5–11　低压缸纵结构图

1—低压转子；2—低压外缸上半；3—低压内缸上半；4—排大气隔膜阀；5—低压内缸下半；6—低压外缸下半

汽和补汽通过连通管从汽缸顶部进入。低压缸采用三层缸的设计，即外缸、内缸、持环。低压缸没有保温，内外温差较大，因此采用三层缸的结构可以逐层降低温度，减小温差。

低压外缸提供向下排汽的流道。低压外缸与凝汽器焊接并支撑在凝汽器上，所以低压外缸膨胀的死点在凝汽器的基座和导向装置上。其中低压外缸水平位移的死点位于汽轮机中心线的凝汽器和其基础底板之间的中心导向装置上；低压外缸轴向位移的死点位于接近低压缸汽轮机端轴承座的凝汽器膨胀死点；垂直方向的膨胀死点位于凝汽器的基础底板上的基座。外缸和轴承座之间的差胀通过在内缸猫爪处的汽缸补偿器、端部汽封处的轴封补偿器以及中低压连通管处的波纹管进行补偿。

基础沉降引起的偏移可以通过在凝汽器下添加垫片调节。液压千斤顶置于凝汽器基础底板和凝汽器之间用以抬升凝汽器。

低压外缸为碳钢板的大型焊接结构，它是汽轮机本体中尺寸最大的部件。低压外缸运输时分 12 部分（上半 3 片，下半 9 片），现场再拼焊成 8 部分（上半 3 片，下半 5 片）安装，巧妙地解决了运输问题，满足了公路二级运输条件。

四个排大气隔膜阀位于外缸上半的顶部。正常运行时，阀的盖板被大气压紧，当凝汽器真空被破坏而超压时，蒸汽能冲开盖板，撕裂隔膜向大气排放。机组隔膜材料为 1.4301＋TEFLON＋1.4301，在压力为（100±5）mbar 时破坏。

低压外缸内装有内缸和排汽导流环。低压外缸两侧的端汽封安装于轴承座下部并通过波纹管与低压外缸相连，既能保持低压外缸真空的密封，又能在低压外缸真空变化时，不影响端汽封的径向间隙。由汽封供汽系统往端汽封输送压力稳定的蒸汽进行密封，而汽封排汽则送往汽封冷却器。

在上半缸汽封波纹管端面板上设有法兰，以供现场作转子动平衡时安装平衡螺塞之用。

三、HE 型联合循环汽轮机

1. H 缸－圆筒形设计

图 5－12 所示为 H 缸的结构示意图。高压缸采用双层缸设计，外缸为圆筒形设计，内缸为垂直纵向平分面结构。无中分面的圆筒形高压缸有极高的承压能力，且由于缸体为中心对称，避免了不理想的材料集中，使得机组在启动停机或快速变负荷时缸体的温度梯度很小，这将热应力保持在一个很低的水平，有利于加快启动速度，提高设备寿命，对联合循环汽轮机来说尤为重要。圆筒形外缸与端盖通过垂直法兰连接，垂直法兰结构汽缸，由于其自身的技术特点，天然具有更高的承载能力，并且它在保证气密性、减小螺栓载荷、降低螺栓和汽缸材料耐温等级等方面均有显著优势。

该 H 缸采用内外双层缸设计，除外缸采用了圆筒形的特色设计外，还有以下几个特点。

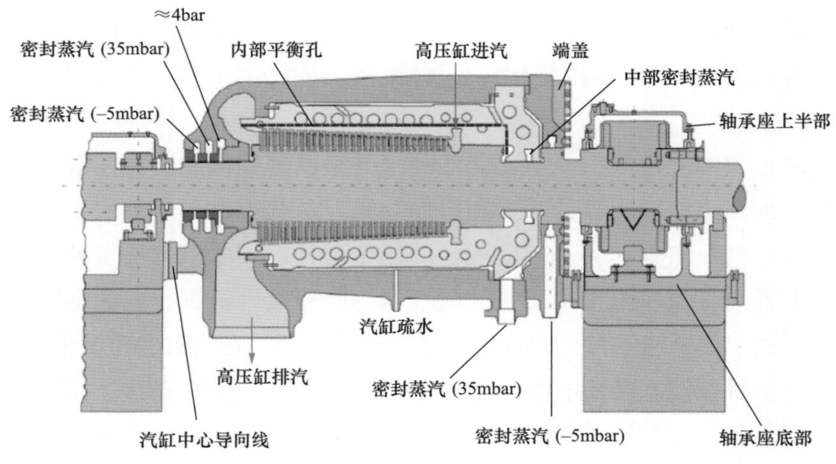

图 5－12　H 缸结构

（1）高压进汽为切向进汽，如图 5－13 所示，主蒸汽由外缸进汽口，经内外缸夹层后，切向进入内缸做功。切向进汽明显减小了蒸汽压损，提高了效率。E 缸的再热进汽也同样采用了切向进汽。所有进汽室包括高压、中压、低压，均采用全周进汽方式，没有调节级，减小了蒸汽对转子叶片的不均匀冲击，有利于缸体均匀受热，并有利于快速启动。

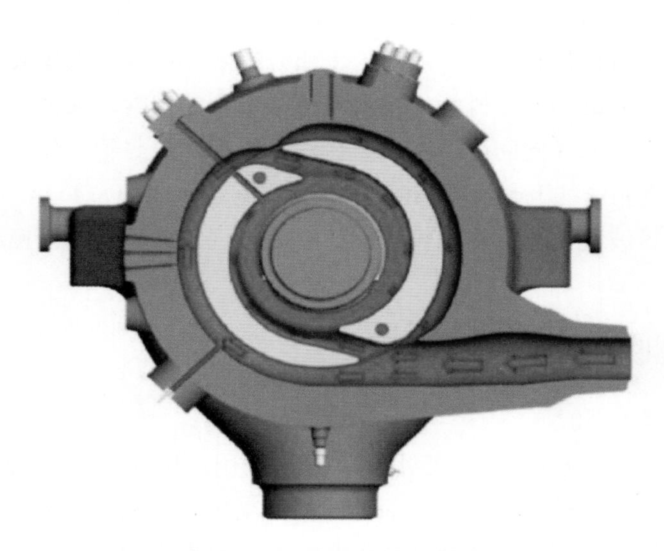

图 5－13　高压缸切向进汽

（2）内缸采用低应力设计，为中分面型，整个内缸都被高温高压蒸汽包围，使中分面螺栓及缸体自身不受到高压蒸汽张力，虽然汽缸越往后内外温差越大，但壁厚也越薄，温度应力的分布偏均匀。然而内缸轴向定位外圆所受到的轴向力，通过结构的巧妙设计互相抵消而达到最小。端部的端盖因其工作在压力较低的汽封区域，使固定端盖的螺栓受力很小。

2. E缸（中低压缸）

E缸模块采用的是中低压合缸的结构型式，见图5－14。

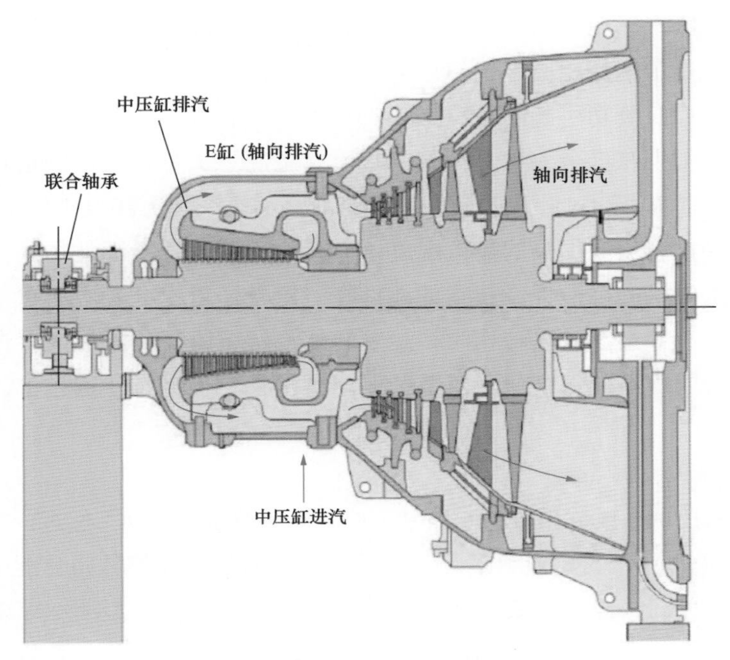

图5－14 E缸（中低压缸）

中压部分采用内外双层缸结构，低压部分则采用持环型式。流道设计成中压逆流、低压顺流的反流形式，以减小转子轴向推力。转子采用焊接转子，以解决中压段的脆性转变温度（FATT）和低压段的机械强度问题。中压缸排汽直接经过中压内缸和外缸的夹层进入低压缸，没有导汽管，结构简洁。除轴向排汽外，E缸还具有以下独到的设计。

（1）外缸采用铸铁材料。

虽然中压部分的进汽为经过再热的高温蒸汽，但外缸仍采用铸铁材料，这得益于两点，一是进汽部分的合理设计，二是以中压的内外缸夹层作为中压排汽通向低压部分的通道，使外缸的工作温度降低。

外缸采用铸铁材料可大大降低机组成本，同时使整个汽缸的刚度得到提高。

（2）空心静叶。

汽轮机的末级静叶采用由模锻成型钢板拼焊而成的空心结构，其空心的腔室经特别设计的通道与凝汽器相连，在静叶顶部一定高度表面上加工有若干小孔。这种独特设计在节约材料和成本的同时，还起到了高效的除湿作用。利用这些小孔和凝汽器真空，将静叶表面的水分吸出并排入凝汽器，与传统的除湿手段相比，这种小孔除湿的方法在除湿效能上要强许多。

四、低压缸喷水减温

低压缸喷水系统向双流/单流低压缸喷水环的喷嘴提供凝结水。凝结水能使离开汽轮机末级叶片的蒸汽，在进入低压缸排汽室之前降低温度。通常，低压缸排汽室中的蒸汽是湿蒸汽，其温度是相应于出口压力下的饱和温度，然而，在小流量情况下，低压缸末几级长叶片做负功引起的鼓风加热，使得排汽温度迅速升高。这种不能接受的排汽温度，经常发生在低于10%负荷时的小流量工况下，特别是在额定转速空负荷状态时。排汽温度取决于通过叶片的蒸汽流量、凝汽器真空和再热温度等参数。

机组必须尽量避免产生高的排汽温度，以减少转子与静子部件之间由于热变形或过度差胀而产生碰擦的可能性。这样的碰擦在一定转速以上会发生严重危害，并导致强迫或长期停机。甚至在盘车转速时，尽管转速已经下降，但是已经存在的热变形和过度差胀所造成的摩擦使得金属脱落并削弱转动部件，如铆钉、围带等，最终将发生损坏。

1. 低压缸喷水控制系统

低压缸喷水控制系统如图5–15所示。控制开关置于“自动”位置，转子转速达到2600r/min时，喷水系统自动投入运行。它的工作过程为转速信号闭合继电器，操纵电磁阀使喷水流量控制阀开启，低压缸喷水系统即自动投入。在达到大约15%额定负荷时，检测中低压缸连通管内汽压的压力开关使喷水系统自动撤出。若将控制开关置于“开”的位置上，喷水系统能在各种转速下运行。若将控制开关放在“关”的位置上，可防止喷水系统动作。通过整定压力控制器可使其在喷水管压力信号接点处维持一

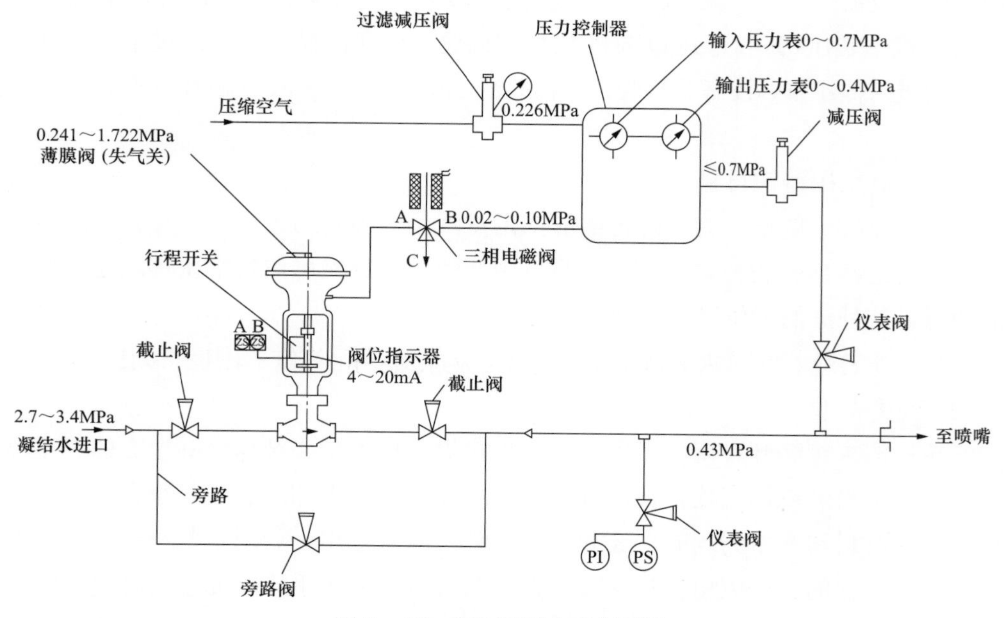

图5–15 低压缸喷水控制系统

设定的压力，当控制开关处于“自动”和“开”两种位置时，都能为喷水系统提供一定量的凝结水。

通常，喷水系统被限制在2600r/min或15%额定负荷时的范围内运行，只要在启动前将控制开关放置在“自动”位置上，这一要求即能自动实现。

2. 喷水流量控制站组件

（1）喷水流量控制阀。

喷水流量控制阀是由薄膜执行结构和阀门组成，其控制喷嘴的凝结水压力，该阀安装在凝结水供给管道上。

通常流量控制阀是关闭的，当作用于执行机构上的空气压力升高时驱使其打开。阀门的进口用管道连接到凝结水源，阀门的出口用管道接通低压排汽导流环上的喷嘴。

压缩空气从压力控制器经接管进入执行机构的薄膜腔室。当汽轮机转速低于2600r/min或汽轮机负荷大于15%额定负荷时，作用在执行机构薄膜上的空气压力消失，喷水流量控制阀全关；当汽轮机转速大于2600r/min或汽轮机负荷小于15%额定负荷时，电磁阀接通，来自压力控制器的空气压缩执行机构的薄膜，使其向上移动并带动与其相连的阀杆和阀头，这样，凝结水便流过阀门通到喷嘴。压力控制器自动调整阀门的开度，以维持喷嘴处的凝结水压力为一特定值。

当汽轮机所处工况要求投入低压缸喷水系统时，系统中的电磁阀接通，空气供至喷水流量控制阀的执行机构。这样，凝结水就通向低压缸排汽导流环上的喷嘴，压力控制器的凝结水压力测点感受到压力信号。

（2）减压阀。

减压阀位于凝结水传感管道的压力控制器一端。它将传感压力限制在0.69MPa以下，以保护压力控制器的波形管不受损坏。当采用4～20mA信号控制时，由用户安装压力变送器，将压力信号送到DCS，由DCS输出一个4～20mA的控制信号。

（3）过滤调节阀。

过滤调节阀控制供向压力控制器的压缩空气。装在供气管道上，向控制器提供一恒压的空气。

（4）截止阀。

在喷水流量控制阀的进口和出口处各装有一截止阀，通常是打开的。当控制阀出现故障时，关闭进、出口截止阀，控制阀可以从系统中解列，以对其进行检修或更换。

（5）旁通阀。

喷水流量控制阀有一旁通阀，它仅在控制阀不能投运时使用。旁通阀只应开到足够维持计算的控制压力。

（6）监视仪表。

低压缸喷水系统的监视仪表包括1只压力开关和1只限位开关。当压力控制器从信号测点感受到凝结水压力达到0.138MPa时，压力开关打开，向运行人员表明低压缸喷水系统已经投运。限位开关安装在喷水流量控制阀上，当阀门处于全开状态时，向运行人员发出信号。

（7）喷嘴和喷水环。

喷嘴和喷水环安装在低压缸排汽导流环上。来自喷水流量控制站的凝结水，用管道接至喷水环上的进水接口，再经喷水环送到各个喷嘴。

第三节 滑销系统

汽轮机在启动、停机和运行时，汽缸的温度变化较大，将沿长、宽、高几个方向膨胀或收缩。由于基础台板的温度升高低于汽缸，如果汽缸和基础台板为固定连接，则汽缸将不能自由膨胀，所以汽缸的自由膨胀问题就成了汽轮机的制造、安装、检修和运行中的一个重要问题。为了保证汽缸定向自由膨胀，并能保持汽缸与转子中心一致，避免因膨胀不均匀造成不应有的应力及伴同而生的振动，因而必须设置一套滑销系统。在汽缸与基础台板间和汽缸与轴承座之间应装上各种滑销，并使固定汽缸的螺栓留出适当的间隙以保证汽缸既能自由膨胀，又能保持机组中心不变。

一、双缸双排汽汽轮机滑销系统

双缸双排汽汽轮机滑销系统采用一个高中压合缸、一个双流低压缸的双缸、单轴布置方式。该汽轮机滑销系统见图5-16。

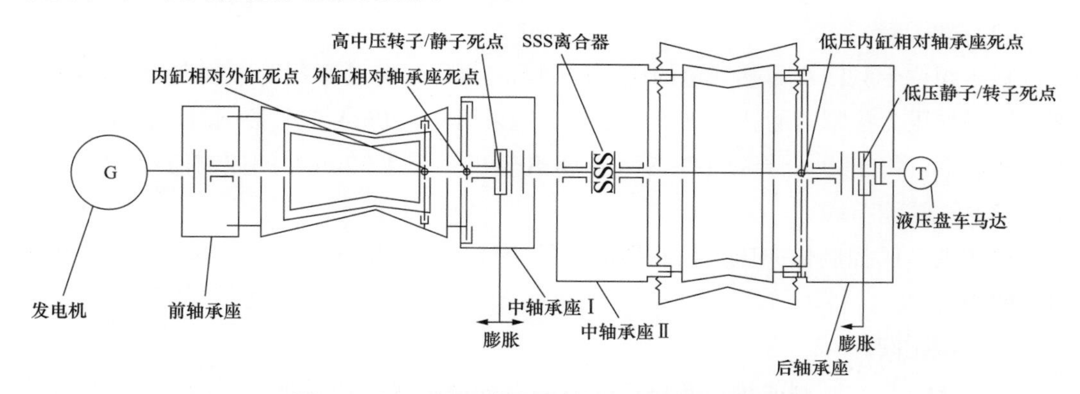

图5-16 双缸双排汽联合循环汽轮机滑销系统

高中压外缸绝对死点设于中轴承座Ⅰ，起到汽缸轴向定位作用，高中压内缸死点设于外缸近中座端，高中压转子死点设于中轴承座Ⅰ中的径向推力联合轴承，汽缸以中轴承座为死点向发电机端膨胀，转子以径向推力联合轴承为死点向两端膨胀。汽缸滑动面为前猫爪与前轴承座的支承面，两者之间润滑采用自润滑金属，无需加注润滑脂。高中压缸前后端都设有立销作为横向定位。

低压缸为内缸落地支承，低压内缸绝对死点设于后轴承座，起到汽缸轴向定位作用，低压转子死点设于后轴承座中的推力轴承，低压内缸以后轴承座为死点向发电机端膨胀，低压转子以推力轴承为死点向发电机端膨胀。汽缸滑动面为低压内缸前猫爪与中轴承座的支承面，润滑方式同高中压部分。低压内缸前后端都设有立销作为横向定位。低压外缸坐落在凝汽器上，与内缸通过波纹管吸收差胀。

滑销系统既能保证汽缸在启动、加负荷、减负荷以及停机过程中与各轴承座很好的热对中，又能保持自由膨胀，保证高中压缸及低压内缸在运转过程中不跑偏。高中压转子与低压转子有各自的推力轴承。SSS离合器补偿低压转子的热胀位移量。在前轴承座及中轴承座Ⅱ内联轴器处是转子膨胀最大的地方，此处装有转子热胀指示器。

二、双缸单排汽汽轮机滑销系统

HE型联合循环汽轮机滑销系统见图5－17。轴承座全部为落地固定式，通过地脚螺栓及二次灌浆固定在基础上。

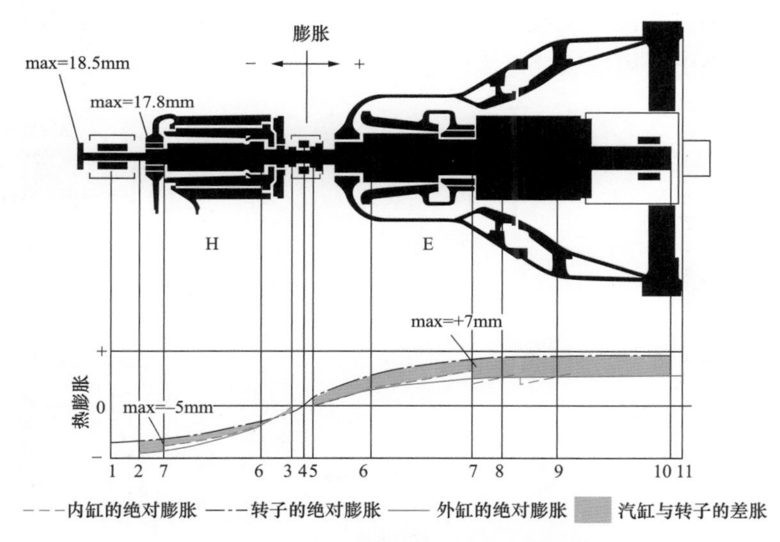

图5－17　HE型联合循环汽轮机滑销系统

1—轴承中心线；2—高压外缸末端；3—高压外缸的死点；4—联合轴承中心；5—中低压外缸死点；6—高压内缸死点；7—内缸末端；8—静叶持环固定点；9—叶片环固定点；10—轴末端；11—中低压外缸末端

高压外缸绝对死点设于中轴承座（位置3），起到汽缸轴向定位作用，高压内缸死点设于外缸近中座端（位置6），高压转子死点设于中轴承座中的径向推力联合轴承（位置4），汽缸以中轴承座为死点向发电机端膨胀，转子以径向推力联合轴承为死点向两端膨胀。中低压缸为内缸落地支承，中低压内缸绝对死点设于中轴承座（位置5），起到汽缸轴向定位作用，中低压转子死点设于中轴承座中的推力轴承，中低压内缸死点设于外缸近中座端（位置6）。高中压缸前后端都设有立销作为横向定位。中低压转子以推力轴承为死点向远离发电机端膨胀。汽缸滑动面为中低压内缸前猫爪与中轴承座的支承面，润滑方式同高中压部分。中低压内缸前后端都设有立销作为横向定位。

在运行中为了使汽轮机的功率与外界负荷相适应，必须随时调节汽轮机的功率。汽轮机主要是通过改变进汽量来调节功率的。因此，汽轮机均设置有一个控制进汽量的机构，此机构称为配汽机构，它由调节汽阀及其提升机构组成。蒸汽通过主汽阀进入调节汽阀，按负荷要求把蒸汽分配给汽轮机第一级喷嘴。对于联合循环汽轮机而言，全部采用全周进汽方式，不设置调节级。

第四节 蒸 汽 阀 门

一、高压阀组

某机组的高压进汽阀门，为一个主汽阀和一个调节汽阀所构成的组件，主汽阀和调节汽阀均为卧式布置，如图 5－18 所示。高压进汽阀门组件共有两个，分别设置于高中压缸的两侧，通过主汽阀支架安装在基础平台上。主汽阀进口与由锅炉来的新蒸汽管道相连接。阀壳出口通过法兰直接座缸。

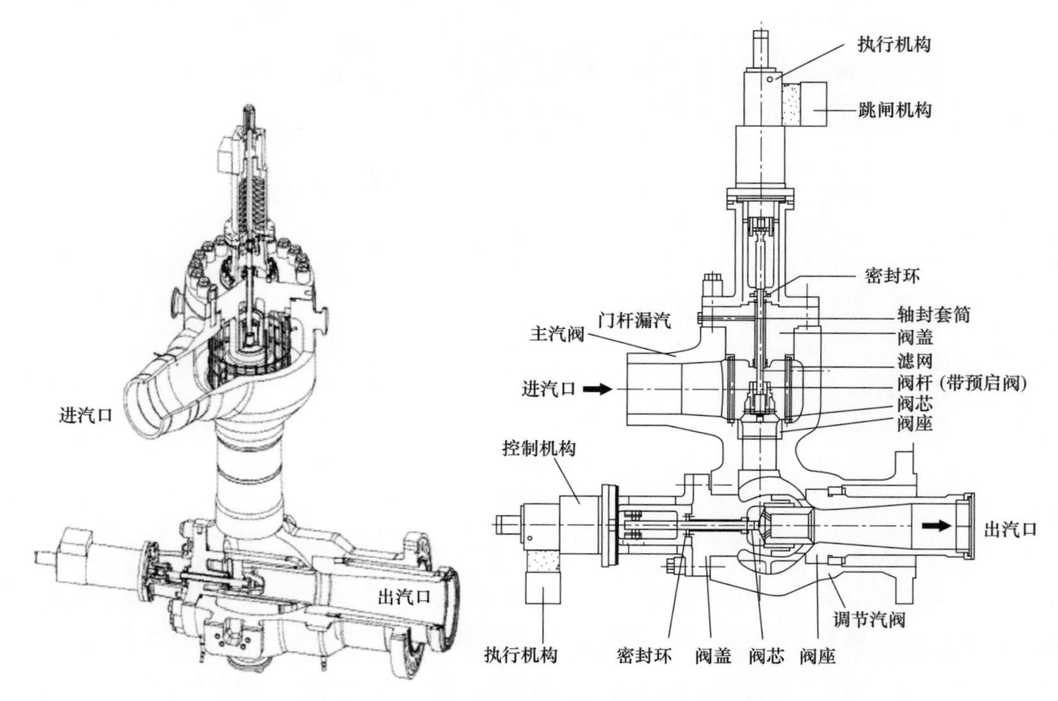

图 5－18　高压主汽阀与调节汽阀联合阀组

高压主汽阀支架为单个弹簧支架结构，支承在主汽阀和调节汽阀组件的下部，为全浮动挠性支架结构。该支承方式使主汽阀和调节汽阀组件在水平及上下方向允许有一定的位移。主汽阀支架本身则由部分埋入基础的钢梁支撑并通过焊接紧固在钢梁上。主汽阀支架通过支撑体与阀壳连接，两者以套筒结构配合，并采用骑缝销防转动。支撑体与弹簧支架之间布置有隔热板，以保护弹簧支架。该弹簧支架主要承受竖直方向载荷。

每个高压主汽阀（见图 5-19）带 1 个高压调节汽阀（见图 5-20），共用阀壳。高压主汽阀卧式布置。高压主汽阀是一个内部带有预启阀的单阀座式提升阀。蒸汽经由主蒸汽进口进入装有永久滤网的阀壳内，当主汽阀关闭时，蒸汽充满在阀体内。主汽阀打开时，阀杆带动预启阀先行开启，从而减少打开主汽阀阀碟所需要的提升力，以使主汽阀阀碟可以顺利打开。在阀碟背面与阀杆套筒相接触的区域有一堆焊层，能在阀门全开时形成密封，阀杆由一组石墨垫圈密封与大气隔绝，另外在高压主汽阀上也开有阀杆漏汽接口。主汽阀由油动机开启，弹簧力关闭，这样在系统或汽轮机发生故障时，主汽阀能够立即关闭，确保安全。永久滤网安装在主汽阀阀壳内，用以过滤蒸汽，以免异物进入汽缸损伤叶片。另外永久滤网也可以使阀门进汽更加均匀，从而减少阀门的压损。主汽阀的功能是起到紧急关闭阀门的作用。

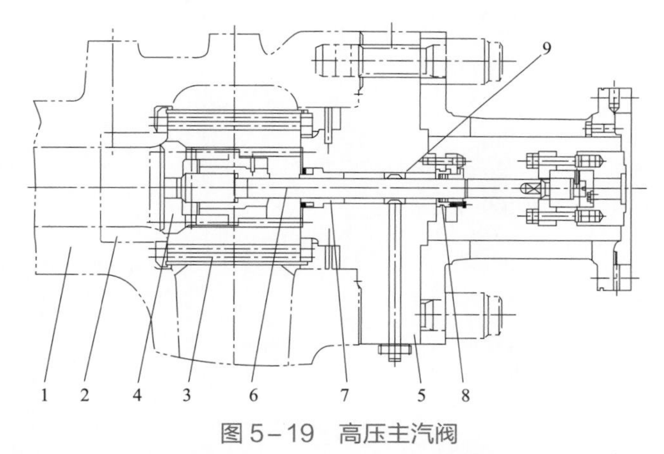

图 5-19　高压主汽阀

1—阀壳；2—阀座；3—滤网；4—阀碟；5—阀盖；6—阀杆；7—阀杆套筒；8—压板；9—漏汽套筒

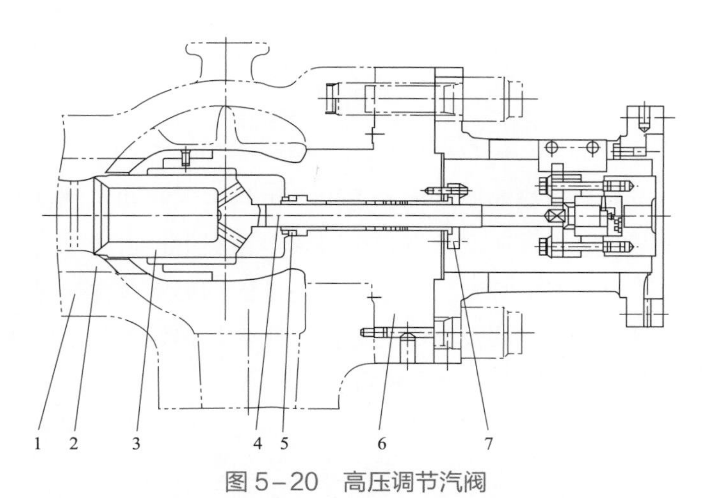

图 5-20　高压调节汽阀

1—阀壳；2—阀座；3—阀碟；4—阀杆；5—阀杆套筒；6—阀盖；7—压板

高压调节汽阀（见图 5–20）的阀杆和阀盘是一体化的。在阀盘上有平衡孔，降低了打开阀门所需的力。阀杆和阀盘在轴套内移动，当阀门全开时，提升的阀盘座靠着轴套颈部，起到辅助密封的作用。阀盖内的阀杆用密封环进行密封。高压调节汽阀带有中空的阀碟阀杆在位于内阀盖的阀杆衬套内滑动。在阀碟上设有平衡孔以减小机组运行时打开调节汽阀所需的提升力。阀碟背部同样有堆焊层，在阀门全开时形成密封面。在内阀盖里有一组垫圈将阀杆密封与大气隔绝。同样的，调节汽阀也由油动机开启，弹簧力关闭，这样在系统或汽轮机发生故障时，调节汽阀能够立即关闭，确保安全。

二、中压阀组

某机组的单组再热进汽阀门，为一个再热主汽阀和一个再热调节汽阀所构成的组件（见图 5–21），再热主汽阀为立式布置，再热调节汽阀为卧式布置。再热进汽阀门组件共有两个，分别设置于高中压缸的两侧，通过再热阀门支架安装在基础平台上。再热主汽阀进口与由锅炉来的热段再热蒸汽管道相连接。

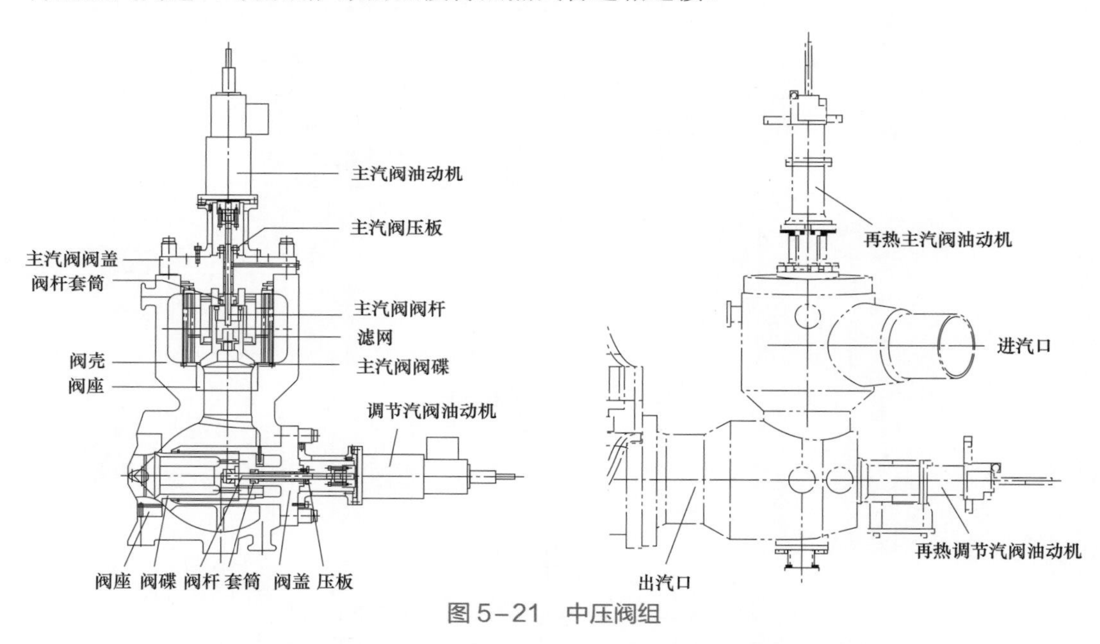

图 5–21 中压阀组

再热阀门支架为单个弹簧支架结构，支承在再热主汽阀和再热调节汽阀组件的下部，为全浮动挠性支架结构。该支承方式使再热主调阀组件在水平及上下方向允许有一定的位移。再热阀门支架本身则由部分埋入基础的钢梁支撑并通过螺栓及定位板紧固在钢梁上。再热阀门支架与阀壳为法兰连接。阀壳与弹簧支架之间布置有隔热板，以保护弹簧支架。该弹簧支架主要承受竖直方向载荷。

每个再热主汽阀带 1 个再热调节汽阀，共用阀壳。再热主汽阀为立式布置。再热主汽阀是一个内部带有预启阀小阀的单阀座式提升阀。蒸汽经由再热蒸汽进口通过永久滤网进入阀壳内，如果此时再热主汽阀关闭，蒸汽仍充满在阀体内，并加载在阀碟上。阀杆带动预启阀打开以减少蒸汽加在再热主汽阀阀碟上的压力，以使再热主汽阀阀碟可以顺利打开。在阀碟的背面有堆焊层并能在阀门全开时与阀杆套筒端面形成密封面，阀杆由一组石墨垫圈密封与大气隔绝，另外在再热主汽阀上也开有阀杆漏汽接口。再热主汽阀由油动机开启，弹簧力关闭，这样在系统或汽轮机发生故障时，再热主汽阀能够立即关闭，确保安全。永久滤网安装在再热主汽阀阀壳内，用以过滤蒸汽，以免异物进入汽缸损伤叶片。另外永久滤网也可以使阀门进汽更加均匀，从而减少阀门的压损。再热主汽阀的功能是起到紧急关闭阀门的作用。

再热调节汽阀的阀壳与再热主汽阀阀壳做成一体，调节阀汽卧式布置。再热调节汽阀带有中空阀碟的阀杆在位于内阀盖的阀杆衬套内滑动。在阀碟上设有平衡孔以减小机组运行时打开调门所需的提升力。阀碟后部依然有堆焊层，在阀门全开时形成密封面。在内阀盖里有一组垫圈将阀杆密封与大气隔绝。同样的，调门也由油动机开启，弹簧力关闭，这样在系统或汽轮机发生故障时，再热调节阀能够立即关闭，确保安全。调节汽阀的功能是通过控制蒸汽流量的方法精确地调节汽轮机的转速和负荷。

第五节　叶 片 及 汽 封

一、叶片的结构与分类

叶片是汽轮机中数量和种类最多的关键零件，其结构型线、工作状态将直接影响能量转换效率，因此其加工精度要求高，它所占的加工量约为整个汽轮机加工量的30%，可批量生产。叶片的工作条件很复杂，除因高速旋转和汽流作用而承受较高的静应力和动应力外，还因其分别处在过热蒸汽区、两相过渡区（指从过热蒸汽区过渡到湿蒸汽区）和湿蒸汽区段内工作而承受高温、高压、腐蚀和冲蚀作用，因此它的结构、材料和加工、装配质量对汽轮机的安全经济运行有极大的影响。所以在设计、制造叶片时，要考虑到叶片既要有足够的强度，又要有良好的型线，以提高汽轮机的效率。叶片一般由叶根、工作部分（叶身、叶型部分）及叶顶连接件组成，如图 5－22 所示。

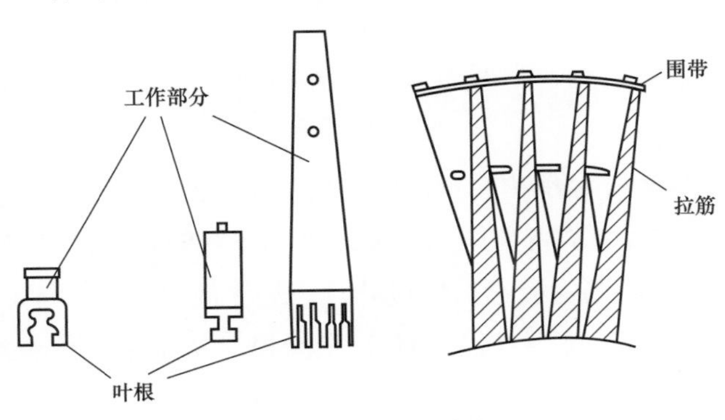

图 5－22　叶片结构

1. 叶型部分

叶型是叶片的工作部分，相邻叶片的叶型部分之间构成汽流通道，蒸汽流过时将动能转换成机械能。按叶型部分横截面的变化规律，叶片可以分为等截面直叶片、弯扭叶片（见图5-23）。弯扭叶片气动特性较好，并具有较好的强度，但制造工艺较复杂，成本较高，适用于长叶片。直叶片制造工艺及成本较低，但气动特性较差，适用叶片相对较小的短叶片。

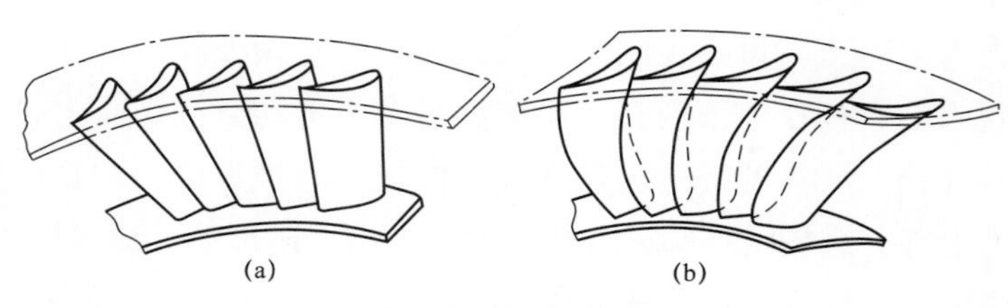

图5-23 叶型部分

（a）直叶片；（b）弯扭叶片

2. 叶根部分

叶片通过叶根固定在叶轮上，叶根与叶轮的连接应牢固可靠，而且应保证叶片在任何运行下不会松动。此外，叶根的结构应在满足强度的条件下尽量简单，使制造、安装方便，并使叶轮轮缘的轴向尺寸为最小，以缩短转子的长度（对整锻转子而言）。常用的叶根有以下几种形式（见图5-24）。

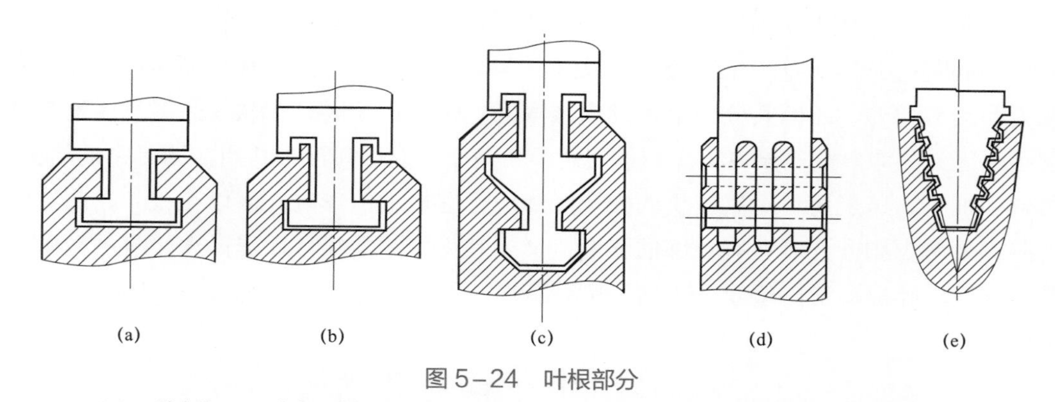

图5-24 叶根部分

（a）T型叶根；（b）外包凸肩T型叶根；（c）外包凸肩双T型叶根；（d）叉型叶根；（e）枞树型叶根

（1）T型叶根。这种叶根结构简单，加工和装配方便，但这种叶根在叶片离心力的作用下，对轮缘两侧产生较大弯曲应力，使轮缘有张开的趋势，所以T型叶根仅适用于载荷不大的短叶片，如汽轮机的高压级叶片。为了改进以上不足，在叶根和轮缘上设计了两个凸肩，这种叶根称为外包凸肩T型叶根，从而提高了承载能力，减少轮缘的弯曲应力。因此，这种叶根在叶轮间距较小的整锻式转子中得到广泛应用。

（2）叉型叶根。这种叶根结构是将叶根制成叉型，插在轮缘上相应的槽内，并用铆钉固定。叉型叶根的优点是连接强度高，连接刚性较好，制造工艺简单，检修更换叶片比较方便。其缺点是装配时钻孔和铆接工作量较大，整锻转子各焊接转子由于装配不便，不宜采用这种叶根。目前常用于大功率汽轮机末几级的叶片。

（3）枞树型叶根。这种叶根分为轴向装配式和周向装配式，冲动式汽轮机主要采用轴向装配式。这种叶根有以下优点：① 合理利用了叶根和轮缘部分的材料，承载能力高，能按不同载荷设计不同数量的齿数，强度适应好；② 采用轴向单个安装，装配和更换都很方便。其缺点是：结合面多，加工复杂，精度要求高，为了减少应力集中及使各齿上受力均匀，要求材料塑性要好。

3. 叶顶部分

汽轮机叶顶部分有围带和拉金两种，其中围带有铆接围带、弹性拱型围带、整体围带三种，其作用为：① 相当于在叶片顶部增加了一个支点，使叶片刚性增加，弯曲应力减小；② 减小叶片的振幅，提高叶片的振动安全性；③ 可使叶片构成封闭流道，并可装置围带汽封，减少叶片顶部的漏气损失。拉金用来将叶片连接成叶片组，其作用是增加叶片的刚性以改善其振动特性，拉金通常做成棒状（实心拉金）或管状（空心拉金），拉金与叶片之间有焊接与不焊接两种方式，在一级叶片中一般有 1～2 圈拉金，最多不超过 3 圈。用拉金连接方式有分组连接、整圈连接及组件连接。

二、典型联合循环汽轮机叶片

1. 高中压叶片

某机组高中压叶片结构如图 5－25 所示，其高压通流部分由 24 级压力级组成。压力级叶片安装在内缸和转子上，约有 50%反动度。叶片均由叶根部分、型线部分和叶顶围带部分组成，高压静叶和动叶都为 T 型叶根。

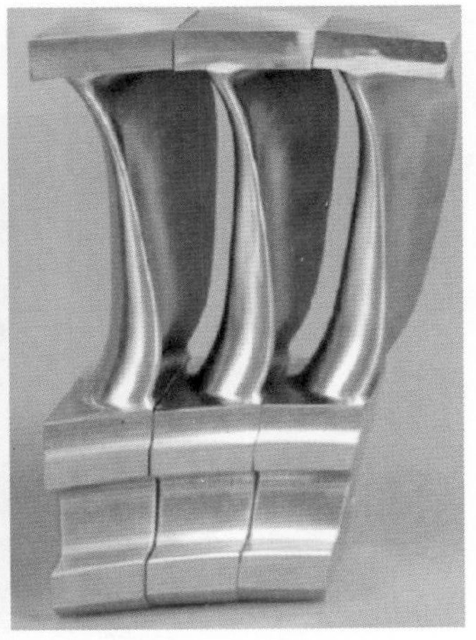

图 5－25　高中压叶片

高中压通流在叶顶采用了迷宫式汽封（见图5-26），在每一个汽封齿后的腔室产生适当的涡流，以减少叶顶漏汽损失。迷宫式汽封由围带以及转子和内缸上镶嵌的汽封片组成（见图5-27）。当机组运行不当导致动静摩擦时，这些汽封齿会轻微磨损掉而不会产生严重温升。

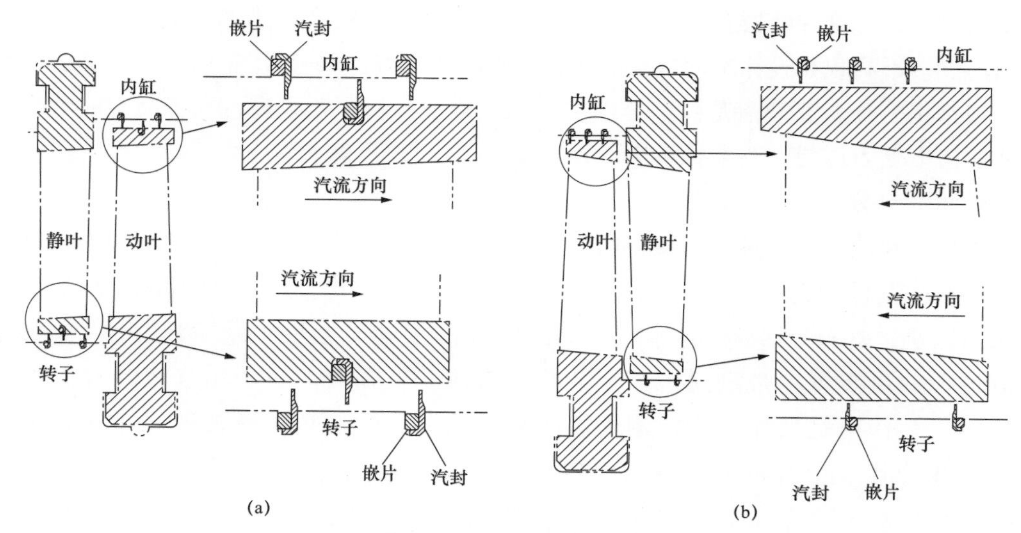

图5-26　高压及中压汽封

（a）高压汽封；（b）中压汽封

中压通流部分由14级压力级组成，第一级采用斜置静叶（见图5-28）。叶片安装在内缸和转子上，约有50%反动度。叶片均由叶根部分、型线部分和叶顶围带部分组成，隔板为T型叶根，前两级动叶为双T型叶根（见图5-29），其余动叶也为T型叶根。

图5-27　汽封结构

图5-28　斜置静叶

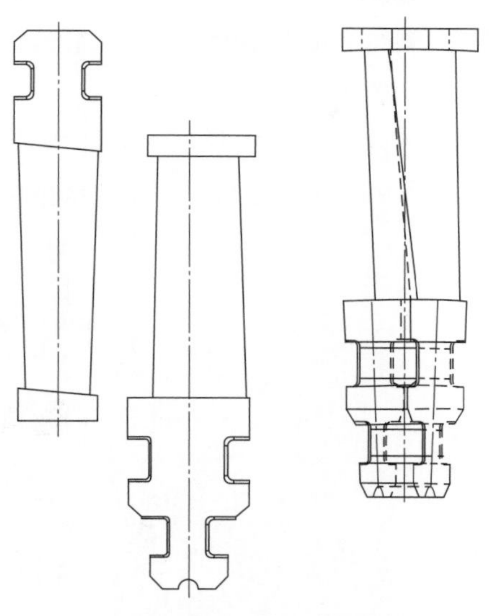

图 5－29　双 T 型叶根

静叶和动叶依次插入高中压内缸及转子的叶根槽并使用填隙条填充定位。整圈装配最后一片动叶由锥销或螺钉锁紧。叶顶采用镶片式汽封，由围带以及转子和内缸上镶嵌的汽封片组成，汽流在每一个汽封齿后的腔室产生适当的涡流，以减少叶顶漏汽损失。当机组运行不当导致动静摩擦时，这些汽封齿会轻微磨损掉而不会产生任何温升。机组运行一段时间后（例如大修），可方便地更换汽封片并安装到要求的间隙。

2. 低压叶片

低压通流部分为双流布置（见图 5－30），由装在低压静叶持环上的 2×6 级静叶片和装于转子上相同级数的动叶片组成。除末三级外的静叶片和动叶片安装在静叶持环和转子上，约有 50%反动度。叶片均由叶根部分、型线部分和叶顶围带部分组成，低压静叶为 L 型叶根，动叶为 T 型叶根。静叶和动叶依次插入低压静叶持环及转子的叶根槽并使用填隙条填充定位。整圈装配最后一片动叶由锥销或螺钉锁紧。

末级、次末级和次次末级静叶片精铸后经机械加工而成，为变截面马刀型扭叶片。静叶片直接装于内外环之间，根、顶部与内外环焊接在一起，成为整圈隔板，内环从水平中分面锯开后，分为上、下两半隔板。下半隔板通过支撑键、悬挂销安装在低压内缸上。转子装入下汽缸后安装上半隔板，上、下半隔板通过水平中分面处的双头定位螺栓连接。

末三级动叶片精锻后，经机械加工而成，为变截面扭叶片，次次末级采用侧装式整体围带，次末级和末级采用斜直侧装式枞树型叶根，均为低压整圈阻尼自锁叶片（见图 5－31），工作状态下，动叶由于离心力作用产生扭转恢复，在围带处形成整圈连接，提高了叶片刚性，使动应力大幅降低。末级动叶片进汽侧上部背弧处银焊镶整条司太立硬质合金片，以抗水蚀。

次末级和末级整圈自锁动叶片装入叶轮后，在每只叶根中间体位置径向装入定位螺钉并冲铆，叶根底部进出汽侧装有碟形弹性垫片、调整垫片、锁紧片等，将叶片径向顶紧，防止叶片在低速盘车时摆动。

次末级和次次末级静叶持环内径或隔板外环上及隔板内径处亦装有退让式弹簧汽封或嵌入式汽封，以与动叶围带和转子形成较小的径向间隙，减少各级间漏汽。

图 5–30　低压叶片

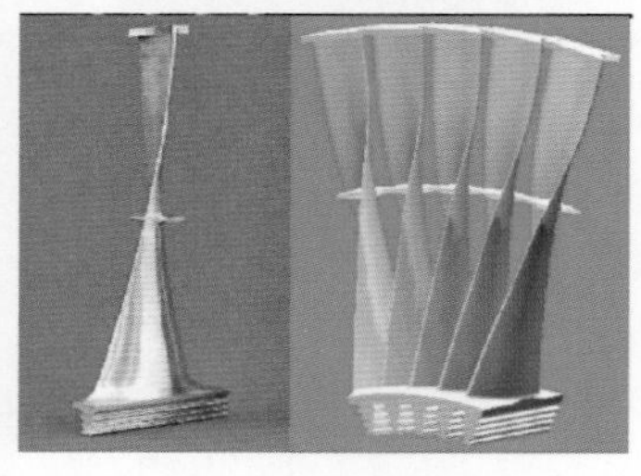

图 5–31　低压整圈阻尼自锁叶片

3. 低压径向汽封及隔板汽封

在叶顶采用了迷宫式汽封，在每一个汽封齿后的腔室产生适当的涡流，以减少叶顶漏汽损失。迷宫式汽封由围带以及转子和持环上的汽封片组成。

低压缸使用两种类型的通流部分汽封组件。这种结构的汽封可使动、静叶间的蒸汽泄漏减至最小，以得到最大的汽轮机效率。低压汽封包括径向汽封和隔板汽封（见图 5–32）。第 2～4 级隔板汽封与第 1～3 级的径向汽封均为镶齿式汽封（见图 5–33），

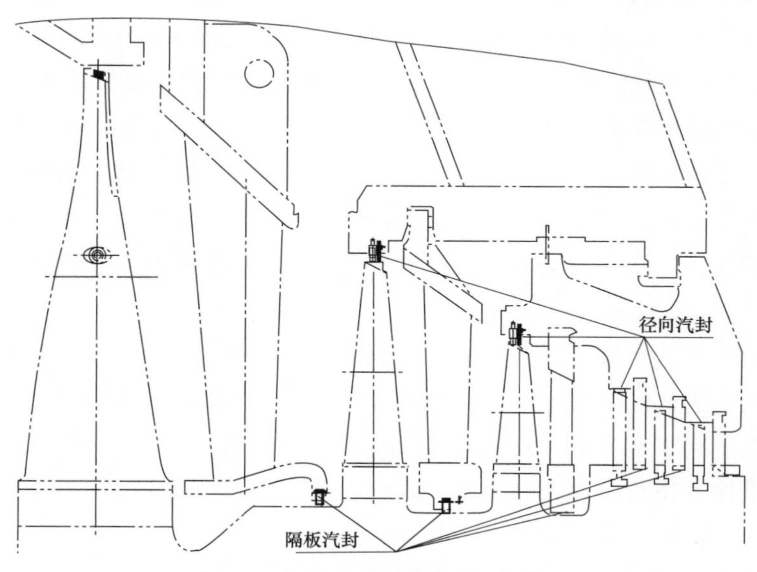

图 5–32　低压径向汽封与隔板汽封

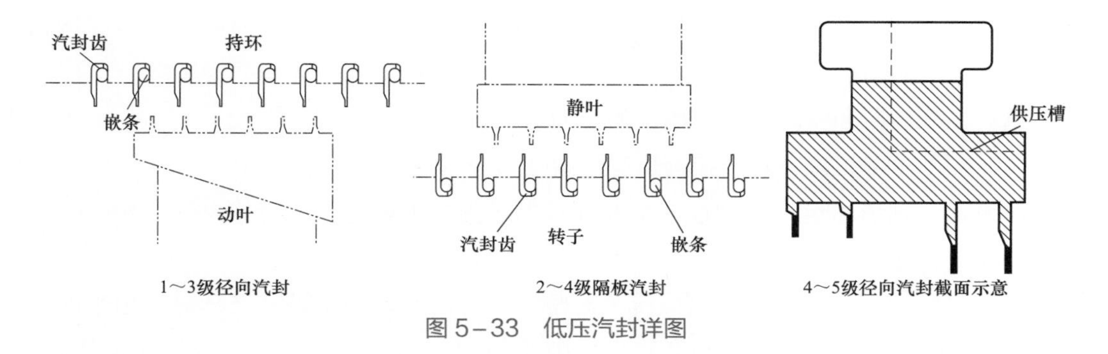

图 5-33 低压汽封详图

每个汽封齿通过嵌条固定在转子或者低压持环上；而第一级隔板是与进汽导流环组成小间隙配合的密封结构。第 4～5 级径向汽封结构与前 3 级有所不同，采用了弹簧退让式汽封。每个汽封环背面均为“T”形，分别装入低压内缸或者低压持环相应的槽中。每圈分为 12 个弧段，每圈汽封均由中分面处的两只螺钉固定在内缸或者持环上。每一汽封弧段均由一个带状拱形弹簧片压住，拱形弹簧片的一端有弯头插入弧段槽中。在每一弧段上均设有供压槽，供压槽设在进汽侧，借助蒸汽作用力使汽封环向中心压紧。各汽封环弧段于各接合面处作有标记以帮助鉴别，装配时应按编号就位。第 5～6 级隔板汽封结构相同，均被分为 16 个弧段，并由销子锁住以防止脱落。每一汽封弧段均由 2 片带状拱形弹簧片压住，拱形弹簧片的一段有弯头插入弧段槽中。

第六节 转子及联轴器

一、概述

汽轮机的转动部分总称转子，包括轴、叶轮、叶片及其他有关部件，它是汽轮机最重要的部件之一，担负着工质能量转换及扭矩传递的重任。转子的工作条件相当复杂，它处在高温工质中，并以高速旋转，因此它承受着叶片、叶轮、主轴本身质量离心力所引起的巨大应力以及由于温度分布不均匀引起的热应力（不平衡质量的离心力还将引起转子振动）。另外，蒸汽作用在动叶栅上的力矩通过转子的叶轮、主轴和联轴器传递给发电机或其他工作机。所以转子要具有很高的强度和均匀的质量，以保证它的安全工作。运行中要特别注意转子的工作状况。任何设计、制造、安装、运行等方面的工作上的疏忽，均会造成重大事故。

转子结构的合理性及其运行性能往往是影响汽轮机安全运行的重要因素，转子的控制、维护不当是产生恶性事故的根源。影响转子安全性的因素包括：

（1）转子锻件在锻造过程中留下的隐蔽宏观缺陷（裂纹、气孔、疏松、非金属夹杂物等）发展而导致脆断的危险性；

（2）转子表面结构应力集中区的疲劳和蠕变共同作用而导致金属内部损伤的累积以及持久强度的消耗；

（3）在静载荷和循环载荷作用下的应力腐蚀破裂；

（4）在不正常工况下转子扭振引起的损伤累积。

在设计、制造和运行维护过程中要针对上述因素采取适当的措施，保证转子能够长期、安全、连续地工作。

汽轮机组的转子广泛采用整锻转子。整锻转子的叶轮和主轴是一体锻造出来的，所以不存在键槽应力腐蚀开裂和套装件松弛等问题，比套装转子具有明显的优越性。整锻转子的应用主要取决于钢厂的冶炼水平和钢锭的质量。通过钢包精炼、真空注锭和多种重熔工艺，使锻件芯部夹杂物含量和偏析程度大大降低。随着鼓风冷却和喷水冷却工艺的日益完善，转子热处理后的性能得到提高，不同部位性能差异降低，而且组织均匀，晶粒细小，为转子高灵敏度超声波探伤创造了条件。同时，也能得到较低的脆性转变温度（FATT），从而保证了整锻转子良好的机械性能和启动运行的灵活性。

整锻转子的叶轮、轴封套和联轴节等部件与主轴是由一整锻件车削而成，无热套部件，这解决了高温下叶轮与主轴连接可能松动的问题，因此整锻转子常用于大型汽轮机的高、中压转子。

整锻转子的优点是：① 结构紧凑，装配零件少，可缩短汽轮机轴向尺寸；② 没有红套的零件，对启动和变工况的适应性较强，适于在高温条件下运行；③ 转子刚性较好。

二、转子结构

1. 高中压转子

某机组高中压转子包括两个联轴器法兰的整锻、无中心孔转子和插入式叶片。无中心孔转子中心部位的最大应力低，所以转子寿命得以延长并有利于机组的快速启动。

转子制造后进行高速动平衡及超速试验。在转子两端和中部均设有螺孔或者燕尾槽，用于加平衡螺塞或平衡块来补偿转子的不平衡量。高速动平衡和超速试验均在制造厂专门的真空室内的高速动平衡机上进行。考虑到在电厂现场调换转子零件或其他原因而需要在电厂现场进行平衡，转子上还设有现场平衡用的螺孔或者燕尾槽。

高中压转子的高压与中压通流为反流布置，高中压转子支撑于两个径向轴承上。总长 7901.5mm，跨距为 5850mm，装好叶片的高中压转子约 26t，转子材料为

30CrMoNIV。通流级数为高压 24 级，中压 14 级，无调节级，均为 T 型叶根（其中中压前两级为双 T 型叶根），如图 5－34 所示。各级动叶间的转子外圆处装有隔板汽封，各级动叶围带处装有径向汽封，在转子两端端汽封处各挡直径几乎相同、三挡平衡活塞保证推力自平衡。

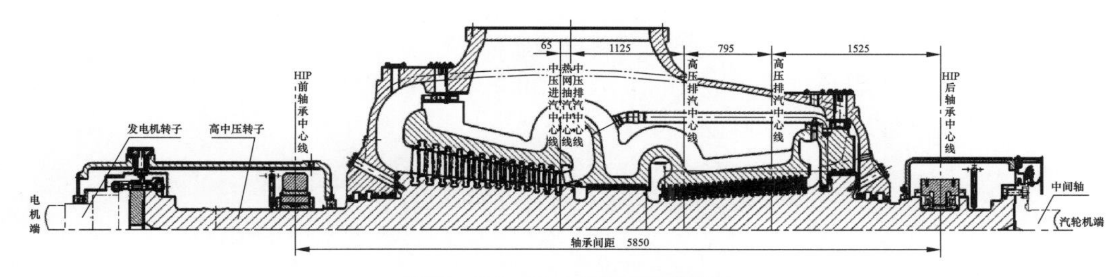

图 5－34 高中压转子装配图

高中压转子借助与主轴锻成一体的两端刚性联轴器分别与发电机转子和中间轴刚性连接。

发电机转子与汽轮机转子之间设置一大齿轮垫片，用于调整发电机部分动静轴向位置，同时齿轮可用于高中压转子与发电机转子的手动盘车装置。转子电机端设有 V 型坡口用于测量转子热胀。

高中压转子汽轮机端装有推力盘、测速齿、键相孔，与中间轴刚性连接，中间轴最终与 SSS 离合器通过圆柱销和螺钉相连。高中压转子与中间轴之间无垫片，联轴器螺栓孔需现场铰孔。

高压通流部分由 24 级压力级组成，叶片直接安装在内缸和转子的叶根槽中，叶片均由叶根部分、型线部分和叶顶围带部分组成，高压动叶、静叶均采用 T 型叶根叶片。

高中压缸前后有两个端部汽封，电机端汽封片交错安装成平齿式汽封，汽封片镶嵌在转子和分段的汽封环上；电机端高、低齿汽封片交错安装在外缸和转子上，组成迷宫式汽封。汽轮机动静之间的密封通过分别装入静子和转子的汽封片形成迷宫式汽封。

由于反动式汽轮机动叶反动度较高，转子的轴向推力相应比较大，当转子轴向推力太大时，可能会造成推力轴承比压过大，甚至引起推力瓦烧毁，因此转子被加工出三个凸台用以平衡动叶片上的推力。采用平衡活塞就是利用活塞两侧之间的压力差来平衡较大的轴向推力，平衡活塞的直径大小根据降低推力要求而定。为了减少高中压转子上相应的三个凸台上的漏汽，高中压缸内设有三处平衡活塞汽封。其中高中压进汽侧的平衡活塞汽封位于内缸中部，见图 5－35；高压排汽侧两处平衡活塞汽封同位于内缸端部高压排汽侧，见图 5－36。

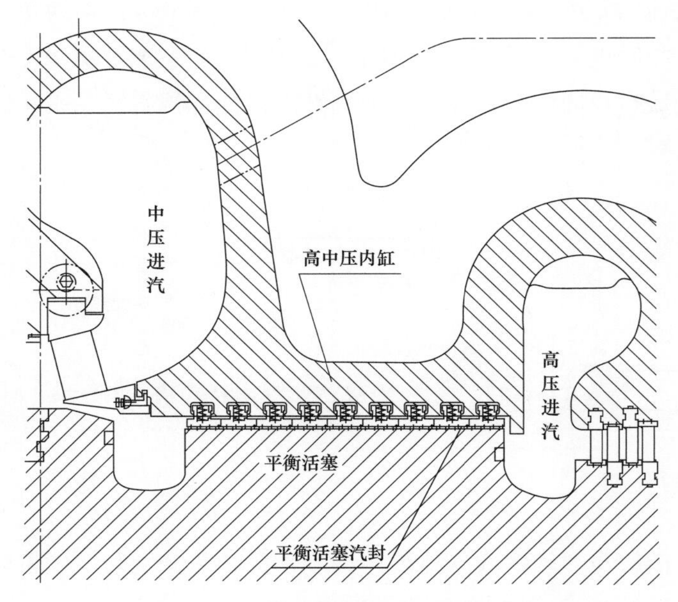

图 5–35　高中压进汽侧平衡活塞及汽封

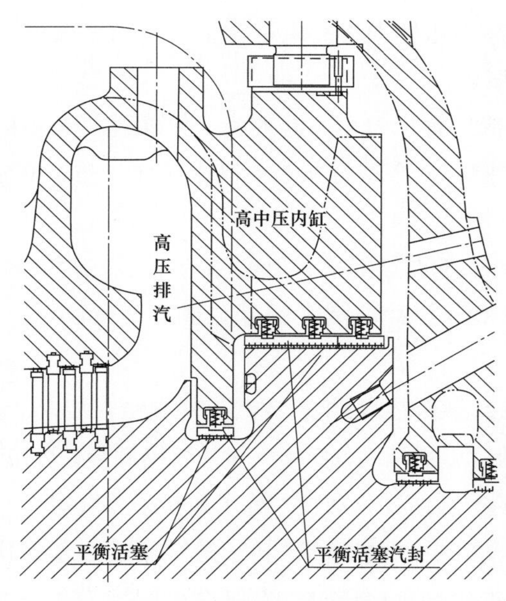

图 5–36　高压排汽侧平衡活塞及汽封

2. 低压转子

低压转子（见图 5–37）包括整体联轴器的整锻、无中心孔转子和插入式叶片。与高中压转子一样，低压转子在加工装配后，也要进行高速动平衡和超速试验，以尽量消除引起运行振动的不平衡因素。同样，低压转子也可直接在电站现场进行平衡。在转子末级盘的外侧有凸肩，凸肩以下的斜面上有平衡螺塞孔，以供现场动平衡之用。

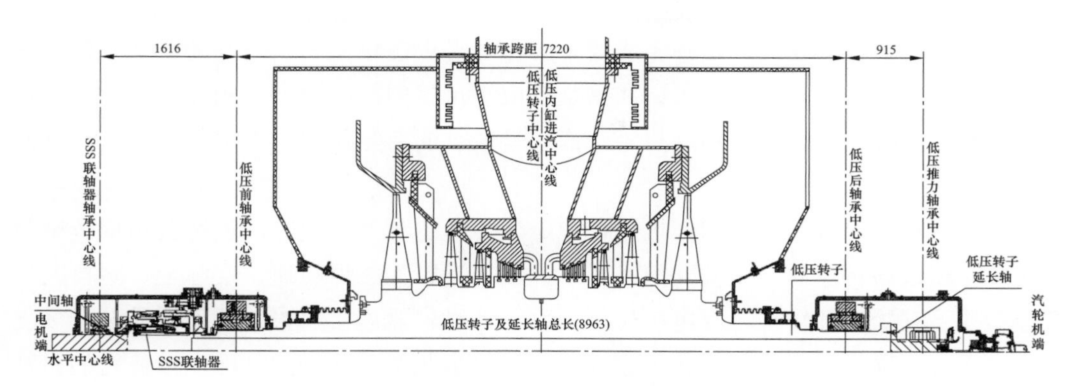

图 5-37　低压转子装配图

低压转子为双流对称结构，保证了通流部分的推力平衡。低压转子总长度 8270.5mm，轴承跨距 7220mm，总重约 90t，转子材料为 30Cr2NI4MoV。低压通流有 2×6 级，前三级为 T 型叶根，后三级为枞树型叶根，该类叶根具有较大的承载能力，末级采用 1050mm 叶片。各级之间装有隔板汽封，动叶顶部装有围带汽封。此外，在转子两端轴肩处装有前后端汽封，以防止大气漏入排汽腔室内。

低压转子两端均有联轴器，它们与转子制成一体。转子电机端与 SSS 离合器通过圆柱销和螺钉相连，端面设有端板防止鼓风和销钉止退，汽轮机端与低压转子延长轴刚性连接。SSS 离合器带有盘车齿，可用于整个轴系的手动盘车；SSS 离合器端面设有测点用于低压转子的热胀测量；离合器销钉内有螺孔可设置动平衡螺塞。低压转子延长轴，设置有推力盘、测速齿、键相孔，轴端安装了用于整个轴系的液压盘车马达。

三、轴系与联轴器

1. 轴系

某联合循环汽轮机－发电机组轴系，由滑环轴、发电机转子、高中压转子、中间轴、自同步离合器、低压转子组成（见图 5-38）。发电机转子、高中压转子、低压转子均由两径向轴承支撑，另外在滑环轴及中间轴的离合器端分别由 1 个径向轴承支撑，整个轴系由 8 个轴承支撑。

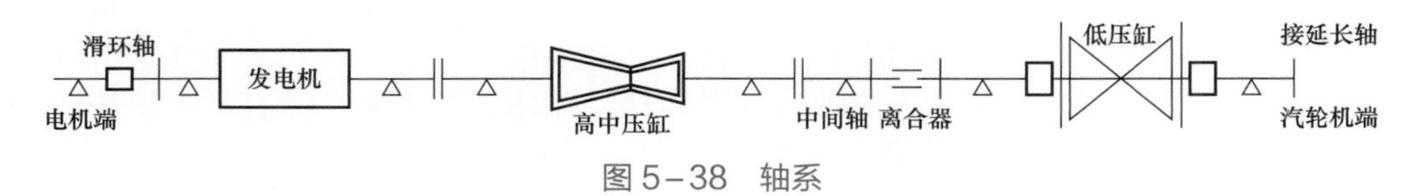

图 5-38　轴系

为了平衡转子轴向推力，高中压转子汽轮机端轴承为径向推力联合轴承，它是高中压汽轮机－发电机轴系的轴向定位点；低压转子在汽轮机端的延长轴上设置独立的推力轴承，它是低压汽轮机轴系的轴向定位点。布置于中间轴及低压转子之间的自同步离合器可以吸收两端转子的热胀。高中压转子汽轮机端上装有推力盘、测速齿、键相孔，与中间轴用刚性的方式进行连接，中间轴最终与 SSS 离合器通过圆柱销和螺钉相连。

按制造厂的找中要求，正确完成找中工作，是保证轴系平稳运行的重要条件。在轴系找中时，各联轴器平面处张口和错位值应满足找中图要求。使相互联系的转子形成一条光滑曲线，能较好地传递扭矩，而承受较小的弯矩作用，以确保轴系具有良好的振动特性。

在汽轮发电机组的启动和停机过程中，当转速达到某数值时，机组会出现较剧烈振动，而超过该转速后，振动即随之减小，该转速即为临界转速。实际上，除自同步离合器外，汽轮机各转子与发电机转子均以刚性联轴器连接起来，从而构成一个多支点转子系统，称为轴系。因各转子相互连接，故增强了各转子的刚性，致使它们在轴系中临界转速略高于单跨值。组成轴系各转子的临界转速均为轴系的临界转速。当转子工作转速与轴系中任一临界转速相等时，轴系即会产生共振而导致机组产生较剧烈的振动。因此，机组启停过程中，均应密切监测各轴承处的振动值，并迅速越过这些临界转速，不要在共振转速区停留。同时，如果需要在保持汽轮机转速进行暖机时，还要避开叶片的共振频率以确保机组的安全运行。轴系阻尼临界转速和转子转动惯量见表5－2。

表5－2　　轴系阻尼临界转速和转子转动惯量

转子	单位	发电机转子	高中压缸转子	SSS离合器	低压转子
一阶临界转速	r/min	845	1606	—	1330
二阶临界转速	r/min	2386	5371	—	3907
转动惯量	$t \cdot m^2$	7.16	2.51	1.45	29.55

2．联轴器

联轴器俗称靠背轮或对轮，是连接多缸汽轮机转子或汽轮机转子与发电机转子的重要部件，借以传递扭矩，使发电机转子克服电磁反力矩做高速旋转，将机械能转换成电能。联轴器所连接的两轴，由于制造及安装误差、承载后的变形以及温度变化等的影响，往往不能保证严格的对中，而是存在着某种程度的相对位移。这就要求设计联轴器时，要从结构上采取各种不同的措施，使之具有一定的适应和补偿能力，以避免引起附加动载荷，影响机器的正常工作。根据联轴器有无弹性元件和对各种相对位移有无补偿能力，联轴器可分为刚性联轴器和挠性联轴器两大类。联合循环汽轮机一般采用刚性联轴器。

某机组高中压转子发电机端的联轴器与高中压转子一体，并用螺栓刚性地将高中压转子与发电机转子连接（见图5－39）。联轴器的两半用铰孔螺栓刚性连接，起定位作用的垫片加工成止口形式，与每半联轴器配合。因此，为了取下垫片，转子必须轴向移动，使两半联轴器分开，空出一个足够止口安装的间隙来，采用顶开螺钉实现此操作。为了防止联轴器旋转时产生很大的鼓风损失，该机组联轴器外安装有罩壳，具有两个作用：其一是把联轴器与外界环境分开，防止大量空气与转子直接接触，造成很大的鼓风损失，提高汽轮机效率；其二是由于联轴器的温度明显要高于外界环境的温度，安装罩壳可以减少联轴器与外界环境的热交换，降低散热损失，也可以提高汽轮机效率。

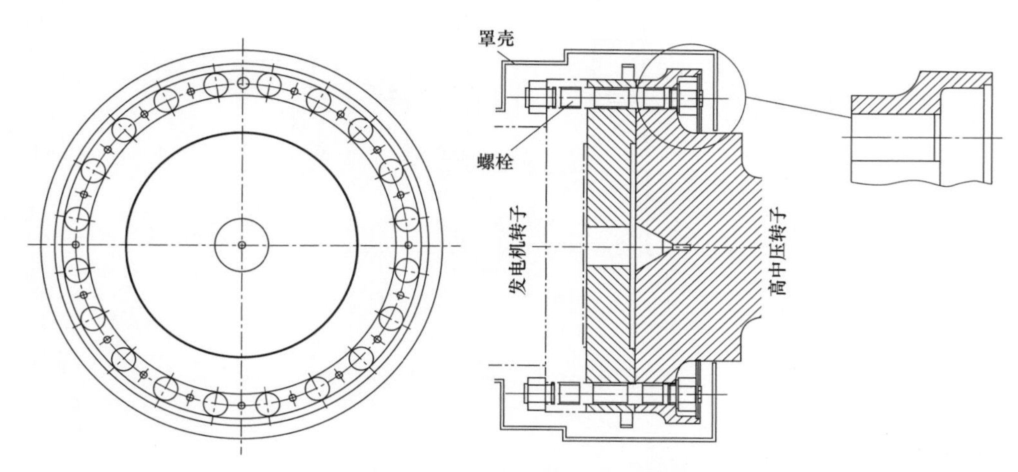

图 5-39　高中压转子发电机端联轴器

两个联轴器间的精确对中十分重要。转子在轴承中就位前，需用平板检查联轴器表面。如发现任何擦伤和毛刺，就应将它们修刮掉，这些面不得用锉刀来锉平。检查所有螺钉孔和刮面并去除任何毛刺。在正确对中后，应清理联轴器部件及配合螺钉孔。

为使处于转子横向大弯矩下的联轴器法兰间张口尽可能小，必须在转子联轴器螺栓上加上 2275bar 的预应力。该联轴器螺栓用扳手拧紧。允许使用力矩放大器，但当使用力矩放大器时，须防止与反作用臂接触的轴或联轴器表面受损。

高中压转子汽轮机端联轴器（见图 5-40）由两个联轴器法兰组成，与所属转子均为一体结构；圆柱销固定联轴器螺栓防止松动，紧定螺钉锁紧联轴器螺母。联轴器螺栓采用平头螺栓，同联轴器螺母外的端盖起的作用一样，可以降低鼓风损失和噪声。

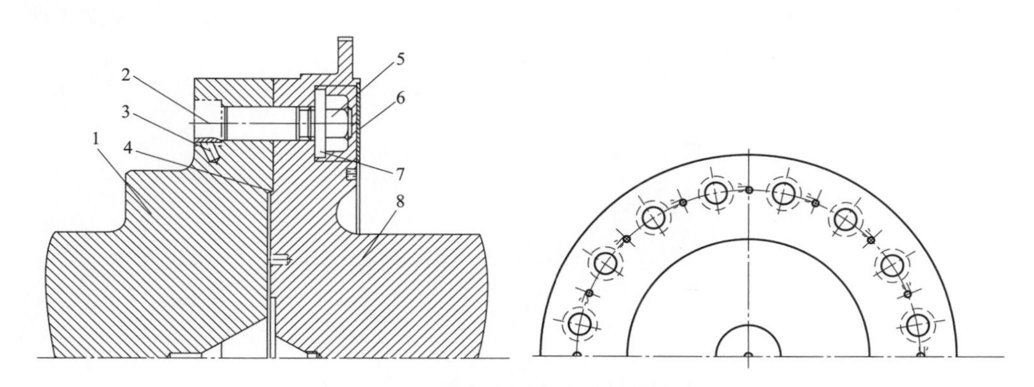

图 5-40　高中压转子汽轮机端联轴器

1—高中压转子；2—联轴器螺栓；3—圆柱销；4—定中心端面；5—联轴器螺母；6—端盖；7—紧定螺钉；8—中间轴

低压转子与延长轴之间的联轴器（见图5–41）的主要功能是将转子连在一起并传递盘车扭矩和推力负荷。低压转子汽轮机端的半联轴器与转子是一个整体，低压转子延长轴用内六角头螺钉与低压转子刚性连接。

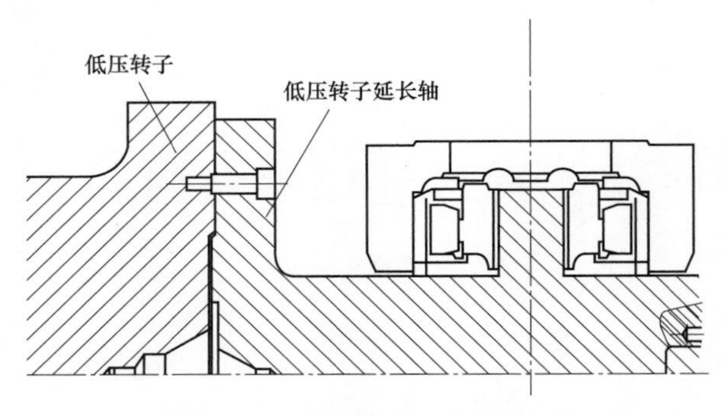

图5–41　低压转子与延长轴之间的联轴器

四、SSS 离合器

1. SSS 离合器基本工作原理

SSS 离合器安装在单轴共用发电机的电厂设备上，以连接或断开汽轮机与发电机，发电机的另一端与燃气轮机相连接。离合器的输出端（发电机和燃气轮机）在全转速运行时，离合器的输入端（汽轮机）能启动并达到全速，离合器自动啮合与发电机相连。汽轮机也能独立于燃气轮机单独停机，停机时离合器自动脱开并与发电机断开。简言之，SSS 离合器是一种单向传递扭矩的装置。SSS 离合器的首字母 SSS 指“Synchro-Self-Shifting”，即“同步–自动–移位”。当离合器主动齿和从动齿在达到相同转速时（Synchro）可自动轴向移位、啮合。当输入转速低于输出转速时，离合器可自动分离，其驱动原理如图5–42（a）所示。主动轮顺时针旋转，当主动轮转速大于被动轮时，主动轮通过棘爪驱动被动轮传递扭矩。当主动轮转速小于被动轮时，主动轮无法驱动被动轮。SSS 离合器移位原理如图 5–42（b）所示，可比拟为螺母拧在螺栓上。如果螺栓转动时螺母是自由的，则螺母将随螺栓一同转动，如果螺母受限制而螺栓继续转动，则螺母将沿螺栓做直线运动。

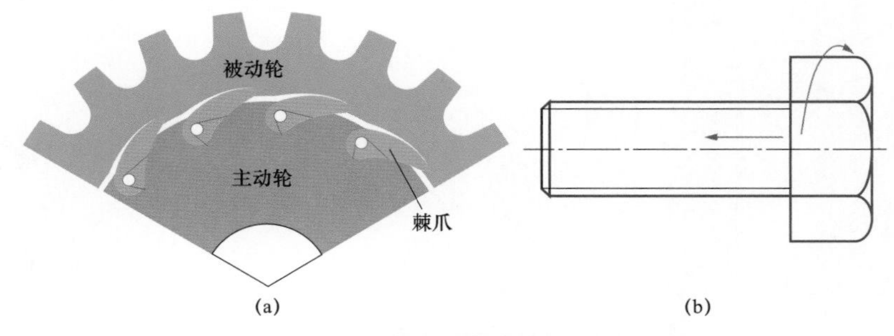

图5–42　SSS 离合器工作原理

（a）驱动原理；（b）移位原理

在一个 SSS 离合器中，输入轴的螺旋花键与螺栓的螺纹相对应。螺旋花键上装有一个类似于螺母的滑动部件。滑动部件的一端是外部离合器齿，另一端是外部棘轮齿［见图 5－43（a）］。当输入轴旋转时，滑动部件随其旋转，直到一个棘轮齿接触输出离合器环上的一个棘爪的尖端，阻止滑动部件相对于输出离合器环旋转，并使主动离合器齿与从动离合器齿对准［见图 5－43（a）（b）］。当输入轴持续旋转时，滑动部件沿输入轴的螺旋花键轴向移动，使离合器主动齿和从动齿啮合。在此移动过程中，棘爪所承担的唯一负荷是沿螺旋花键移动重量较轻的滑动部件所需的负荷。当滑动部件沿输入轴移动时，棘爪与棘轮齿脱离接触，使主动齿与从动齿侧面啮合，并继续啮合行程［见图 5－43（c）］。只有当滑动部件接触输入轴上的一个止端，完成其行程时，才会传递输入轴的驱动力矩，此时离合器齿完全啮合，棘爪卸载［见图 5－43（d）］。在将一个螺母拧到螺栓头上时，不会产生外部推力。同样，当 SSS 离合器（见图 5－44）的滑动部件达到其止端，离合器传递驱动力矩时，螺旋花键也不会产生外部推力负荷。如果输入轴转速低于输出轴转速，螺旋花键上的转矩方向相反。这将导致滑动部件返回脱开位置，离合器超越运转。当超越运转速度较高时，通过作用于棘爪的离心效应和流体效应防止棘爪棘轮工作。SSS 离合器可在最大转速连续啮合运转或超越运转，而不发生磨损。

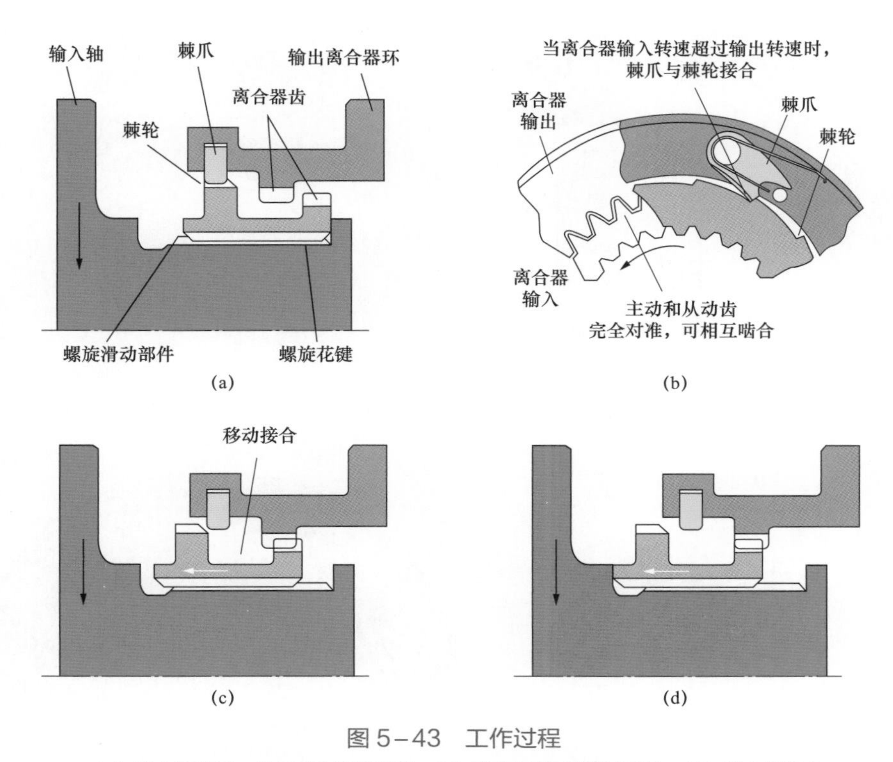

图 5－43　工作过程

（a）离合器脱开；（b）离合器齿对准；（c）啮合行程（棘爪卸载）；（d）离合器啮合

图 5–44 SSS 离合器

2. 一次和二次棘爪

SSS 离合器设置了一次和二次棘爪（见图 5–45）。棘爪的作用是使离合器在低速和高速时均能够啮合，并防止在离合器输出部分旋转、输入部分停止的情况下棘爪发生持续棘轮效应。

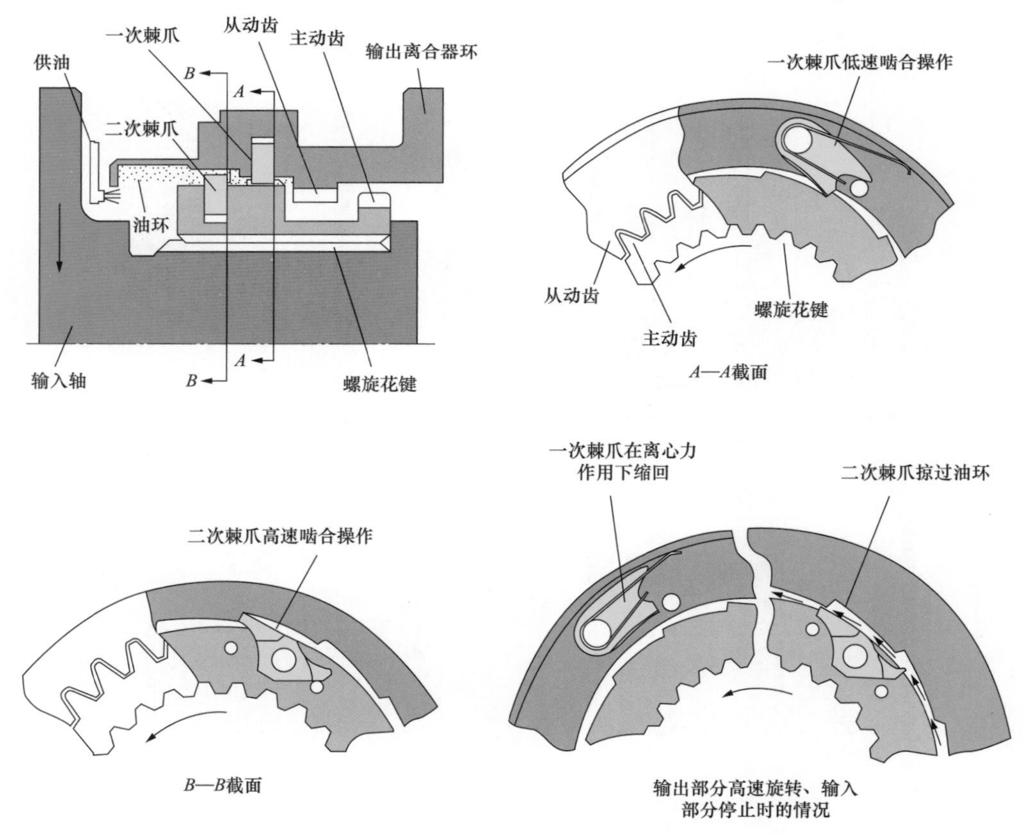

图 5–45 一次棘爪和二次棘爪

一次棘爪安装于离合器输出部分，使离合器在低速范围啮合。弹簧作用下向内移动接触棘轮齿。当输出转速超过设定值（500r/min）时，相对于枢轴失去平衡，在离心力作用下缩回。

二次棘爪安装于由离合器输入部分驱动的滑动部件上，使离合器在高速范围啮合。当输入部分旋转时，相对于枢轴失去平衡，导致向棘轮齿离心运动。浸油的棘轮齿使棘爪能够在棘爪与棘轮齿之间的相对转速较高时掠过，使棘爪与棘轮齿分离，直到输入转速接近输出转速。

当离合器输出部分高速旋转时，一次棘爪在离心力作用下缩回。旋转的油环将二次棘爪压下，防止高速超越运转时发生棘轮效应。当离合器输出部分高速旋转、输入部分静止或低速旋转时，两组棘爪均未激活。

3. 双作用式缓冲器

润滑油双作用式缓冲器的作用是在 SSS 离合器啮合与脱开时，为离合器的工作提供保护。如果没有此装置，在输入轴转速与输出轴转速相当大的时候，此时啮合与脱开时所传递的扭矩很大而作用时间很短，这样会造成滑动组块与限位组块发生剧烈的碰撞而影响设备的安全及机组的振动。润滑油由汽轮机的润滑油系统提供。下面以 SSS 离合器啮合过程为例进行说明。

离合器开始啮合：润滑油连续从进油口到输入轴和滑动装置之间的空间，当滑块凸起部分在进油口前时，此时进入的润滑油比较容易卸掉，使得滑块可以自由运动［见图 5－46（a）］。

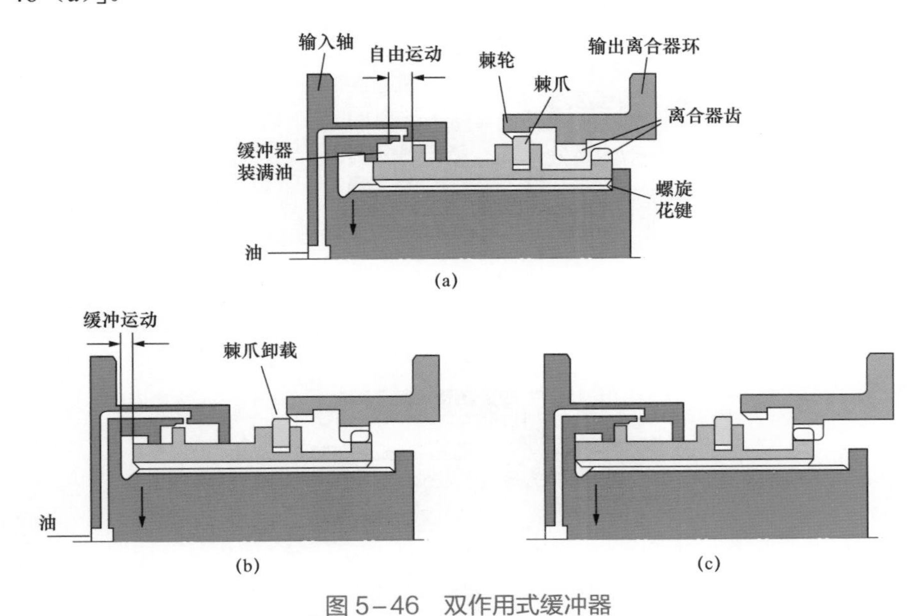

图 5－46 双作用式缓冲器

（a）开始啮合；（b）啮合过程中；（c）啮合结束

离合器啮合过程中：当滑块凸起部分滑到进油口之后，此时缓冲筒内的润滑油不容易卸掉，使得滑块做缓冲运动，防止滑块瞬间到达限位块而造成剧烈的冲撞[见图5－46（b）]。

离合器啮合结束：当滑块到达限位块，啮合过程结束，此时进油口在滑块凸起的另一侧，为离合器的脱开起到缓冲的作用［见图5－46（c）]。

4. 继动式离合器

对于高功率应用场合，采用继动式离合器（见图5－47）开始主离合器的啮合。采用重量较轻的棘爪先啮合小型继动式离合器，然后继动式离合器上较大的齿与较大的主离合器啮合。

啮合/脱开顺序：

（1）在离合器输出侧超越、输入侧静止的情况下，离合器脱开，棘爪未激活。

（2）在离合器输入侧加速并马上要超过输出侧转速的情况下，继动式离合器由棘爪啮合，如“SSS离合器基本原理”部分所述。

（3）当继动式离合器啮合时，主齿保持脱开，但对准，可相互啮合。

（4）此时，继动式离合器齿使主滑动总成沿螺旋花键移动，使主齿平稳啮合。在此运动过程中，当主齿部分啮合时，继动器齿脱开。

（5）装满油的缓冲器开始工作，同时主齿使离合器完全啮合。

（6）离合器完全啮合。

（7）当输入侧转速低于输出侧时，主螺旋花键上的转矩倒转方向，主滑动总成移动，使主齿脱开。然后，继动式离合器脱开，使输入侧与输出侧脱开。

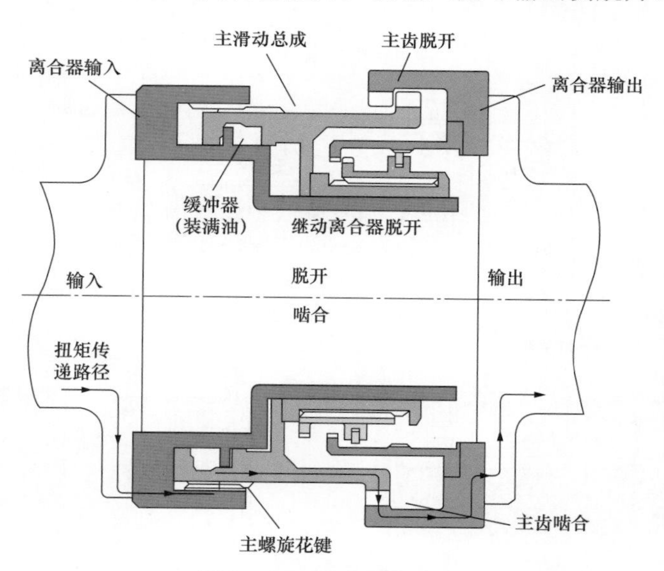

图5－47　继动式离合器

5. 锁止装置

锁止装置的目的是使离合器能够将转矩从输出端传递到输入端。如果没有锁止装置，当输入端转速低于输出端转速，SSS 离合器将分离。

锁止装置的基本结构就是通过伺服阀控制高压油（一般是顶轴油）推动锁止环沿轴向运动，从而达到锁止和解锁的功能，具体工作原理见图 5－48。

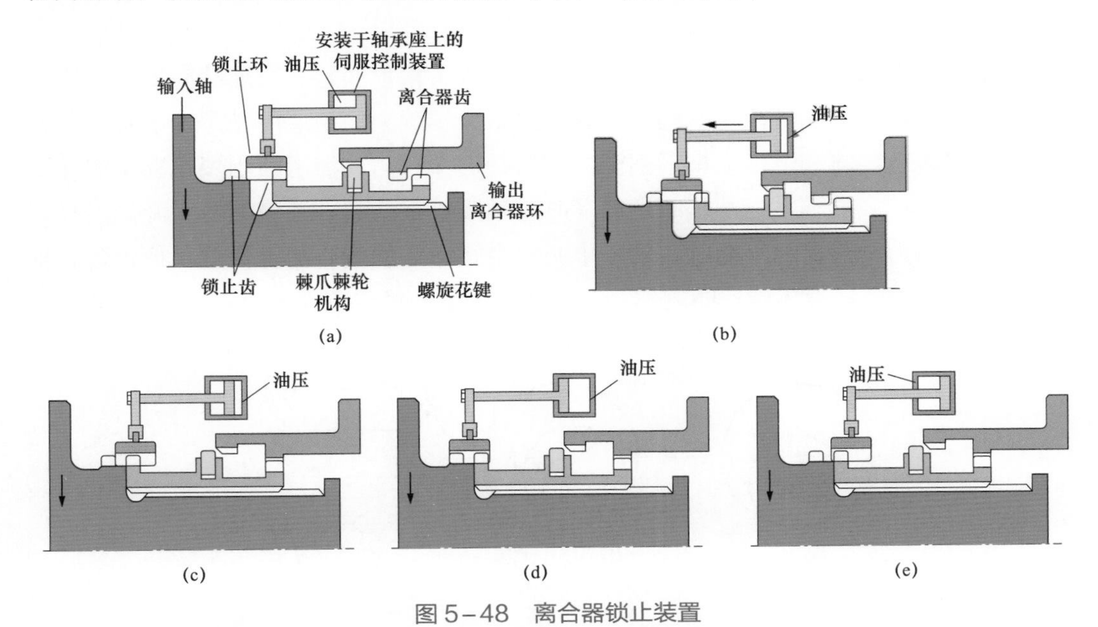

图 5－48　离合器锁止装置

（a）离合器脱开（未锁止）；（b）离合器脱开（预先选择锁止）；（c）离合器啮合（可锁止）；（d）离合器啮合（锁止）；（e）离合器啮合（未锁止，可脱开）

当滑块与限位块接触时，伺服阀控制左侧进油，锁止环向右侧移动，此时滑块与输入端未锁定，即为解锁状态。若伺服阀控制右侧进油，锁止环向左侧移动，移动到位后，此时滑块与输入端锁定，即为锁止状态。

第七节　轴 承 及 轴 承 座

轴承大体分两类，一类为支持转子重量的轴承，称为径向轴承；另一类为支持转子轴向推力的轴承，称为推力轴承。径向轴承的作用是支承转子的重量及承受由于转子质量不平衡引起的离心力，并确定转子的径向位置，使其中心与汽缸中心保持一致。推力轴承的作用是承受作用在转子上的轴向推力，并确定转子的轴向位置，使转子和静止部分保持一定的轴向间隙。所以推力轴承被看成转子的定位点，或称汽轮机转子对静子的相对死点。

在汽轮机上使用的轴承，所承受的力都是很大的，约为几吨至十几吨，而且转速很高，所以不宜采用弹子式滚动轴承，都采用以液体摩擦为理论基础的轴瓦式滑动轴承。工作时在轴径和轴瓦之间形成油膜，建立液体摩擦，使汽轮机安全平稳地工作。

有较大的承载力，保持油膜稳定，使轴承平稳工作，并尽量减少轴承的摩擦损失，这是对轴承的基本要求。

一、滑动轴承基本工作原理

以圆筒形轴承为例（见图5－49），轴瓦直径总是略大于轴颈直径，在静止状态下，轴颈和轴瓦的下部接触，这样在轴颈和轴瓦间构成了楔形间隙。当连续向轴承供给具有一定压力和黏度的润滑油时，轴颈旋转时黏附在轴颈上的油层随轴颈一起转动，并带动各油层转动，将润滑油从楔形间隙的宽口带向窄口，使润滑油积聚在狭小的间隙中而产生油压形成油膜。当油压超过载荷时，轴颈将被抬起，油膜油压又降低。只有油膜油压作用力与载荷相平衡时，轴颈中心才会在一定的偏心稳定位置，使轴颈和轴瓦完全被油膜隔开，液体摩擦随之建立，保证了轴承的稳定工作。

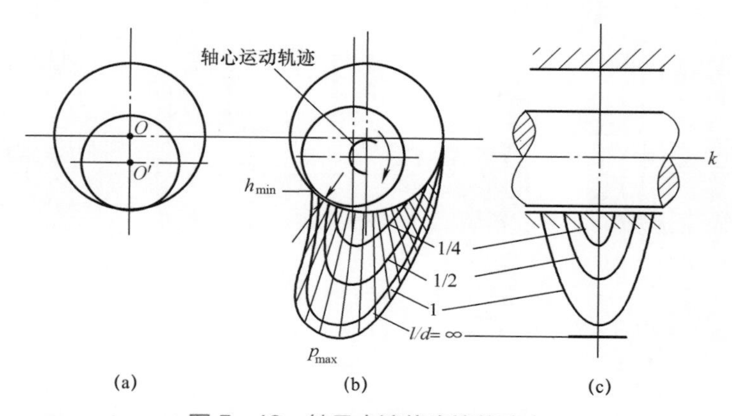

图5－49 轴承中液体摩擦的建立

（a）轴在轴承中构成楔形间隙；（b）轴心运动轨迹及油楔中的压力周向分布；（c）油楔中的轴向压力分布

综上所述，建立液体摩擦维持轴承稳定工作必须具备下述三个条件：① 两滑动面之间构成楔形间隙；② 两滑动面之间充满具有一定黏性的润滑油；③ 两滑动面之间应有足够的相对速度，而且润滑油是从楔形间隙的宽口流向窄口。

显然，润滑油黏性越大，轴颈转速越高，油膜压力越大，轴颈被抬得越高，轴颈中心就处在较高的偏心位置。当转速达到无穷大时，理论上轴颈中心便与轴瓦中心重合，也就是说，随着转速的升高，轴颈中心的偏心位置亦不相同，其轨迹近似为一个半圆形曲线，如图5－49（b）所示。

油楔中的压力分布：在径向楔形间隙进口处压力最低，然后逐渐增大，经过最大值 p_{max} 后，又逐渐减小，在油楔出口处为零。在轴向因轴承有一定的宽度，润滑油要从两端流出，所以油压在宽度方向上从中间往两端逐渐降低，到端部为零。由此看来，轴承宽度亦影响它的承载能力。对于同一轴承，在其他条件相同时，轴承越宽，产生的油压越高，承载能力越大，轴颈被抬得越高，偏心距越小。但轴承太宽时将不利于轴承的冷却，并且影响其油膜的稳定性，还会增加转子长度，因此必须合理选择轴承的尺寸。

另外，温度对润滑油的黏度影响非常大，如图5－50所示。所以，为了保证轴承的安全工作，运行中必须保持油温在一定的范围之内。

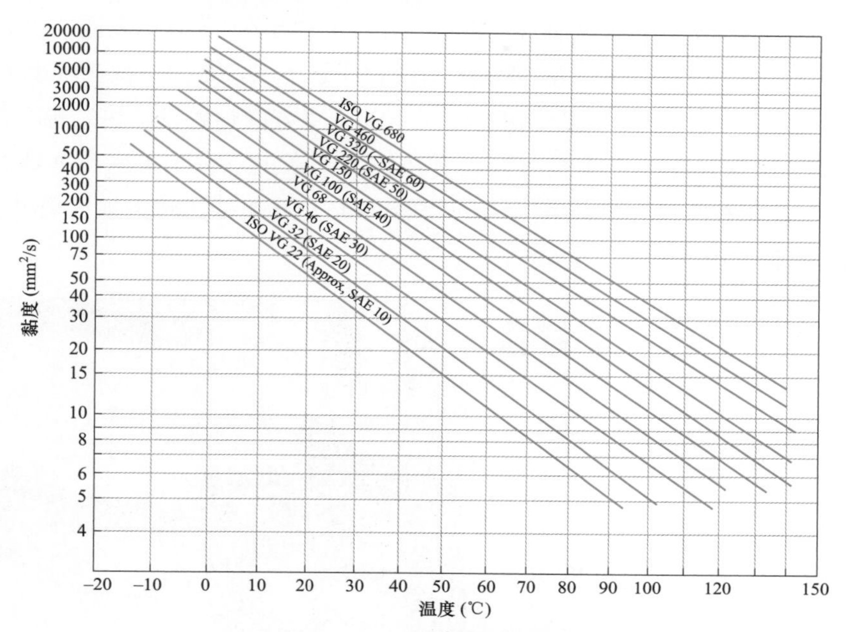

图 5-50　温度对润滑油的黏度影响

二、轴承结构

径向轴承按支承方式可分为固定式和自位式两种；按轴瓦形状可分为圆筒形轴承、椭圆形轴承和可倾瓦轴承。对于高中压转子一般采用自位式轴承，对于低压转子一般采用圆筒形轴承或椭圆形轴承。

1. 椭圆形轴承

椭圆形轴承的结构大同小异。如图 5-51 所示，它是由上下两部分组成。两部分之间通过左右定位螺栓及定位销加以固定。上下轴承的瓦胎由铸铁铸造后加工而成，在

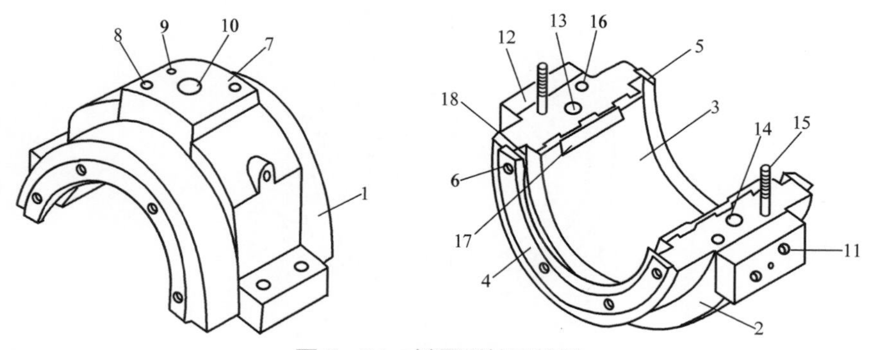

图 5-51　椭圆形轴承外形

1—上轴瓦；2—下轴瓦；3—乌金；4—前油挡；5—后油挡；6—油挡螺栓；7—上瓦垫铁；8—垫铁螺钉；9—垫铁定位销；10—油度计插孔；11—下瓦右侧垫铁；12—下瓦左侧垫铁；13—左侧进油孔；14—右侧进油孔；15—轴瓦螺栓；16—轴瓦定位销；17—进油坡；18—排油槽

与轴接触的内侧挂满乌金。乌金一般采用 ChSnSbll–6。为了使乌金和瓦胎之间结合牢固，在浇乌金的瓦胎内壁上，开有纵横交错的燕尾槽，并在浇乌金的瓦胎表面挂一层焊锡。

为校正汽轮机中心的需要，在轴承上都设有调整垫铁，有的垫铁在轴承上呈 90°布置，左右侧水平接合面处各设一块，在上下部垂直方向也各设一块。也有的汽轮机轴承设有多块垫铁，除上下垂直方向设有垫铁外，在上下轴承与水平面成某一角度（20°～30°）的左右两处各设一块垫铁。某联合循环汽轮机低压转子轴承采用椭圆形轴承，其截面形状如图 5–52 所示。

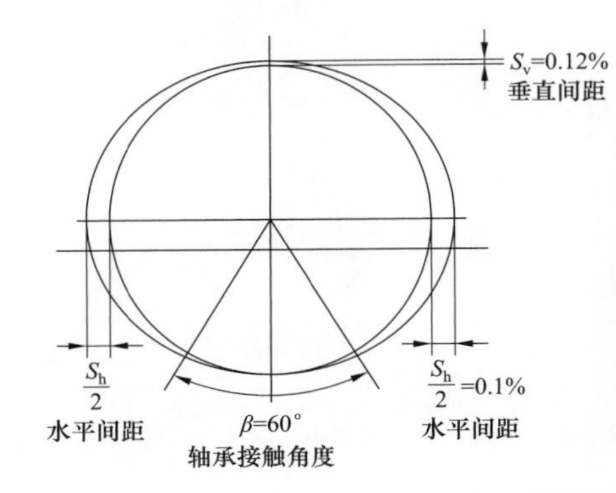

图 5–52　低压转子轴承

2. 自位式轴承

自位式轴承是密切尔式的径向轴承。一般由 3～5 块在支点上自由倾斜的弧形瓦块组成，如图 5–53 所示。瓦块在工作时，可随着转速、载荷以及轴承温度的不同而自由摆动，在轴颈四周形成多油楔。若忽略瓦块的惯性、支点的摩擦阻力以及油膜剪切摩擦阻力等因素，每个瓦块作用在轴颈上的油膜作用力总是通过轴颈中心的，所以不会产生油膜涡动的失稳力，具有较高的稳定性，甚至可以完全消除油膜震荡的可能性。

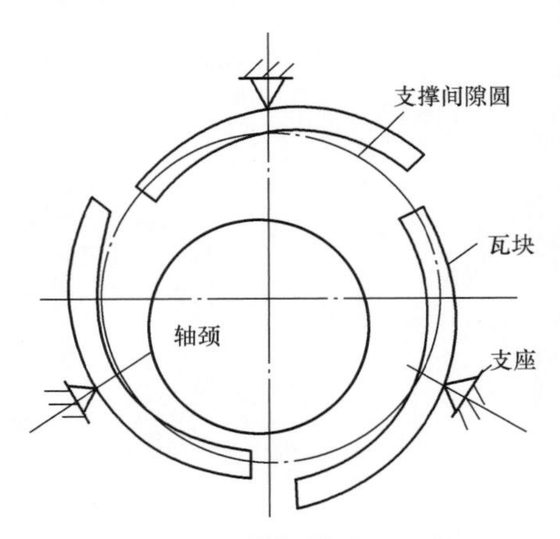

图 5–53　自位式轴承原理图

某机组自位式轴承由 5 块浇有巴士合金的可倾瓦、轴承体、轴承壳及其他附件组成（见图 5－54）。5 块独立的可倾瓦，互不相连。2 块下瓦承受轴颈的载荷，3 块上瓦保持轴承运行的稳定。各个瓦块均用调整垫片支撑在轴承体内，用螺栓连接。轴承体为对分的两半组合而成，在中分面处用定位销连接。润滑油从轴承体的下部进入，轴承有三个润滑油入口，一部分润滑油直接从下部两瓦块之间入口进入轴承，另一部分通过轴承体内的管路分配到上部瓦块之间的两个入口中进入轴承。排油的位置在两侧回油槽内的出油口。

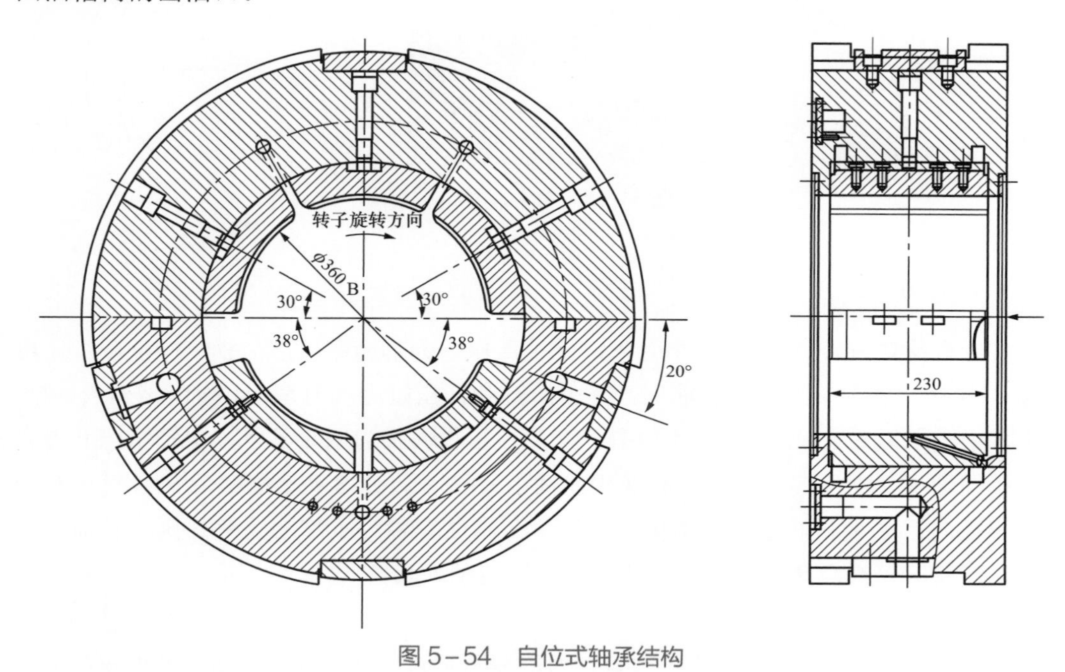

图 5－54　自位式轴承结构

3. 推力轴承

转子的轴向推力通过推力盘传递到瓦块上，推力盘与螺栓连接在汽轮机转子加工成一整体。在其两侧各安装有 14 块推力瓦块，推力瓦块由调整块支承，并装在有水平中分面的支承环中，用定位销支承定位。

通过调整块的摆动使瓦块巴氏合金面的负荷中心处于同一平面，受力均匀，这就放宽了对全部瓦块的厚度必须严格相同的要求，便于加工。即使推力盘轴线与轴承座内孔不完全平行时，通过调整块的位移，仍可使负荷均匀地分布在推力瓦块上。

推力轴承也是根据油膜润滑原理工作的，由于推力瓦块和调整块的局部接触，使瓦块在圆周方向上倾斜，与推力盘平面之间形成油楔。当推力盘随主轴旋转时，油被带入楔形间隙中，随着间隙的减小，油被挤压，油压逐渐增加，以承受转子的轴向推力。只有当楔形出口处的最小油膜厚度大于两金属表面的不平度时，才能形成液体润滑。因此在安装或检修时，对推力盘与推力瓦块接触面必须仔细研刮。

支承环沿水平中分面分为两半，装在轴承外壳中，并通过支承环螺钉来防止支承环和轴承外壳的相对移动。轴承外壳制成两半，在水平中分面处分开，用螺栓和定位销连接在一起。轴承外壳被安装在轴承座中。为防止轴承外壳在轴承座中转动，在轴承外壳上下两部的水平面处均有凸缘插入定位机构，以固定轴承外壳的轴向位置。通常推力轴承与支持轴承做成联合轴承，如图 5－55 所示。

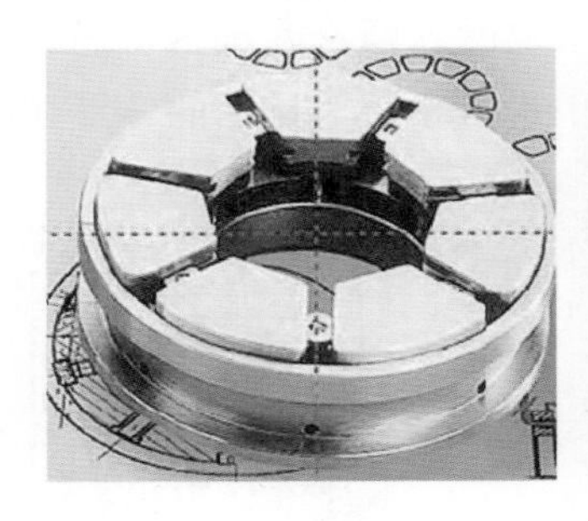

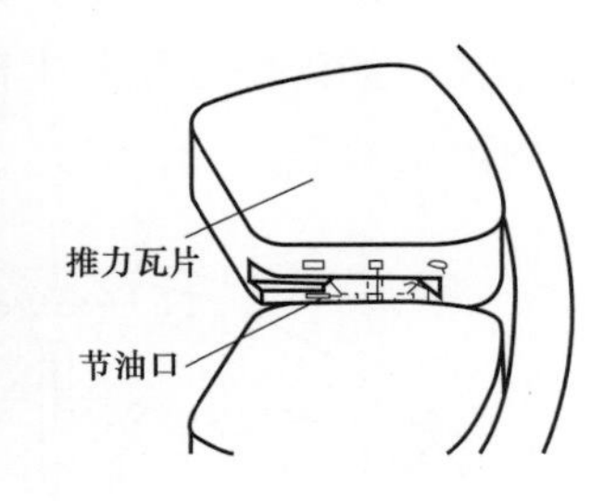

图 5－55　推力轴承结构

三、轴承座

某联合循环汽轮机共有 4 个轴承座，轴承座均为落地布置，前轴承座位于汽轮机前端，内有一个高中压径向前轴承。高中压缸和低压缸之间有两个中轴承座（中轴承座Ⅰ、中轴承座Ⅱ），中轴承座Ⅰ内有一个高中压径向推力联合轴承，中轴承座Ⅱ内有两个径向轴承（SSS 离合器轴承和低压前轴承）和一个 SSS 离合器。后轴承座内有一个低压径向后轴承和低压推力轴承及液压盘车马达。各轴承均配置有高压顶轴油，在机组盘车及汽轮机启动时高压顶轴油投入，把转子顶起。

1. 前轴承座

前轴承座（见图 5－56）的结构型式为落地固定式，无台板、座架。轴承座由上下半两个球墨铸铁件组成，在水平中分面分开，两部分由螺钉连接。轴承座通过地脚螺栓直接固定在基础上并与缸体互相独立。轴承座的定位通过其底部的凸起与基础上的凹槽啮合来确定。对中完成后的这个区域用水泥灌死。

前轴承座的作用除了在轴承上支撑高中压转子外，高中压缸的两个电机端猫爪也支撑在前轴承座上。这些猫爪可以在水平面内自由热胀移动。为了减小摩擦力，猫爪下方设计有润滑板。滑块下方的配合键可以现场配合以找准汽缸中心线，高中压缸猫爪上方有挡块以限制缸体突跳。在汽缸支撑处产生的摩擦力、地震、管路振动及由于不平衡产生的力，均通过地脚螺栓和凸台直接传递到平台下的基础上并被吸收。轴承垂直向上方向的力，由汽轮机转子极端不平衡力产生，以及水平方向上的力，为横向或轴向，均从轴承壳体传递至轴承座，然后经由地脚螺栓直接传递到基础。汽缸的横向定位键位于机组中心线下方，它能够使汽轮机外缸保持横向固定和对中。对高中压缸来说，轴向导销装置和轴承座铸成一体，并通过配合键和缸体连接定位。所有的汽缸对中完成后，使用调整垫片调整位置。对中导向键允许汽缸由于热膨胀在垂直和轴向的自由位移。

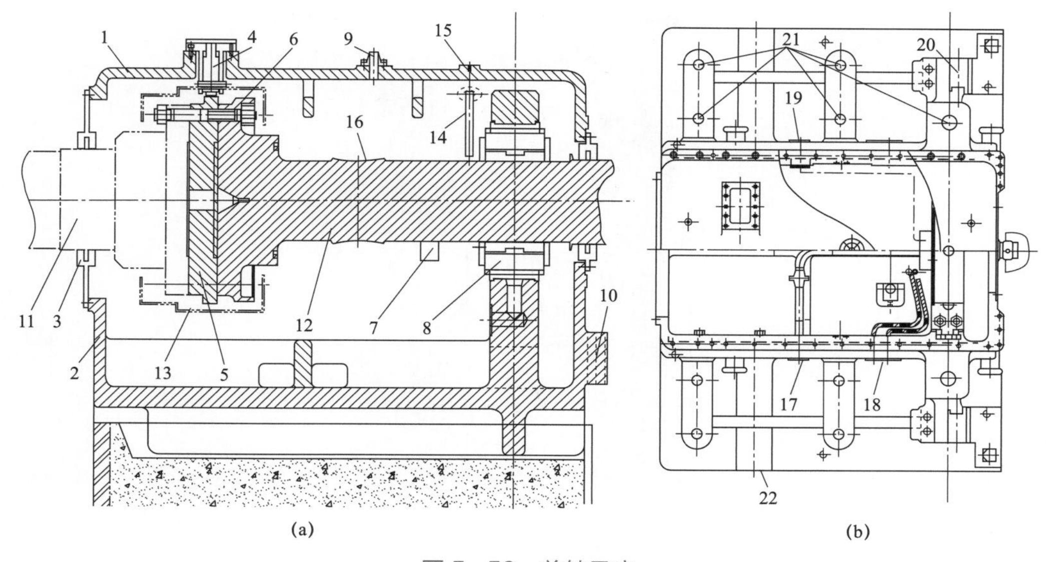

图 5-56　前轴承座

（a）纵剖面图；（b）俯视图

1—轴承座上半；2—轴承座下半；3—挡油环；4—手动盘车；5—盘车齿轮垫片；6—联轴器螺栓；7—弓形架；8—高压前轴承；9—排油烟接口；10—轴向导销；11—发电机转子；12—高中压转子；13—联轴器护罩；14—轴振测量；15—座振测量；16—高中压转子膨胀测量；17—润滑油接口；18—顶轴油接口；19—轴承回油温度测量；20—汽缸猫爪支撑处；21—地脚螺栓；22—润滑油回油接口

轴承座前后端部设油封环来密封转子通过轴承座的部分，避免轴承座内部润滑油泄漏。排油烟装置在轴承座中维持一个固定的负压，从而提高了油封的有效性。

前轴承座内部有高中压前轴承、连接发电机转子的联轴器，上部设手动盘车装置（可单独盘高中压转子及发电机转子）、抬轴弓形架、高中压转子膨胀探头、振动测量探头、轴承回油温度测量装置等。

弓形架有两个用处：首先是用在机组安装和转子对中时用来抬轴；其次作为现场安装、拆卸轴承的工具。此弓形架在机组正常运行时脱离转子，在轴承座旁用螺栓固定待命，检查轴承时能够迅速抬升转子。

2. 中轴承座Ⅰ

中轴承座Ⅰ（见图 5-57）的作用，除了在轴承上支撑高中压转子外，高中压缸的两个汽轮机端猫爪也支撑在轴承座Ⅰ上。这些猫爪可以在水平面内自由热胀移动。为了减小摩擦力，猫爪下方设计有润滑板。基本结构与前轴承座类似。所有的汽缸对中完成后，使用调整垫片调整位置。对中导向件允许汽缸由于热膨胀在垂直和轴向的自由位移。

高中压转子的死点和高中压汽缸死点都位于包含径向推力联合轴承的中轴承座Ⅰ上，这样转子和缸体膨胀都从这点开始。中轴承座Ⅰ处高中压缸汽轮机端猫爪上设计有向下的搭耳，以固定汽缸的轴向位置，同时允许由膨胀引起的横向位移，这里同样设计有润滑板以减少横向热位移的摩擦力。

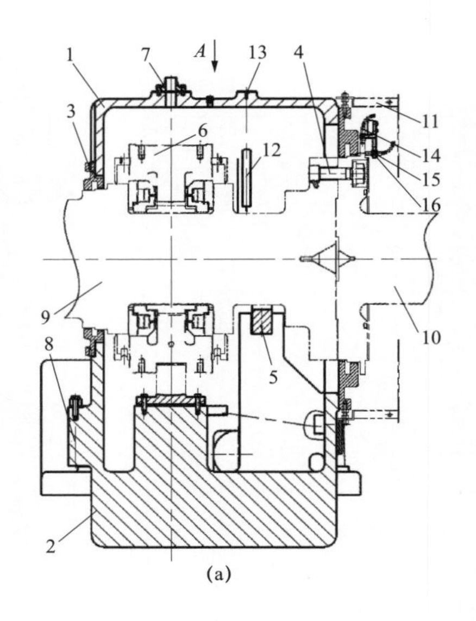

(a)

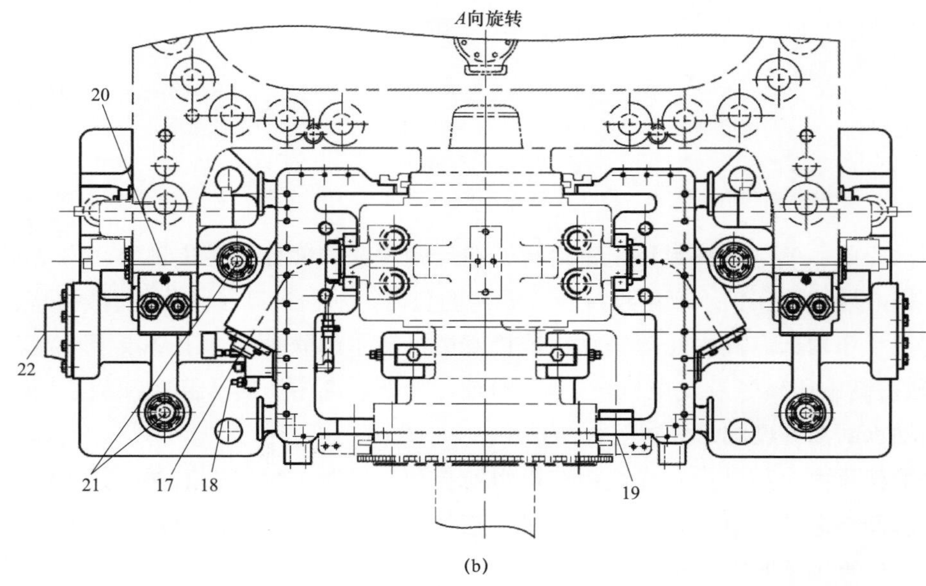

(b)

图 5-57 中轴承座Ⅰ

(a) 纵剖面图；(b) 俯视图

1—轴承座上半；2—轴承座下半；3—挡油环；4—联轴器螺栓；5—弓形架；6—径向推力联合轴承；7—排油烟接口；8—轴向导销；9—高中压转子；10—中间轴；11—中间轴护罩；12—轴振测量；13—座振测量；14—转速测量；15—轴向位移测量；16—键相测量；17—润滑油接口；18—顶轴油接口；19—轴承回油温度测量；20—汽缸猫爪支撑处；21—地脚螺栓；22—润滑油回油接口

为了避免油泄漏，使用油封片和挡油环来密封转子通过轴承座的部分。中轴承座Ⅰ内部设有高中压后轴承（径向推力联合轴承）、连接高中压转子及中间轴的联轴器、抬轴弓形架、测速、键相、轴向位移探头、振动测量探头、轴承回油温测量装置等。

3. 中轴承座Ⅱ

中轴承座Ⅱ（见图 5-58）内部设有 SSS 离合器轴承、带锁定装置的 SSS 离合器、低压前轴承、两套抬轴弓形架，上部设手动盘车装置可用于盘动整个汽轮发电机组、低压转子膨胀探头、低压内缸膨胀探头、振动测量探头、轴承回油温度测量装置等。低压缸侧装有低压端部前汽封。

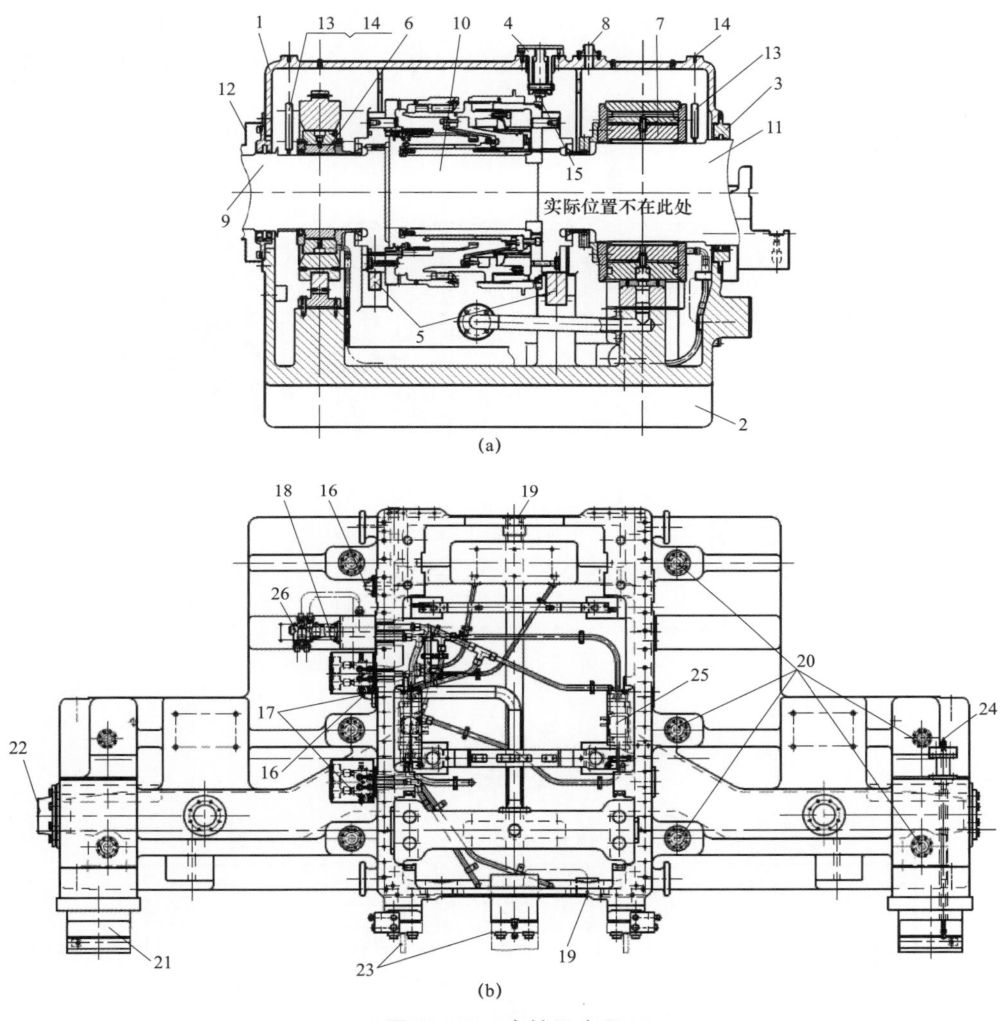

图 5-58　中轴承座Ⅱ

（a）纵剖面图；（b）俯视图

1—轴承座上半；2—轴承座下半；3—挡油环；4—手动盘车；5—弓形架；6—SSS 离合器轴承；7—低压前轴承；8—排油烟接口；9—中间轴；10—SSS 离合器；11—低压转子；12—联轴器护罩；13—轴振测量；14—座振测量；15—低压转子膨胀测量；16—轴承润滑油进油；17—顶轴油进油；18—离合器润滑油接口；19—轴承回油温度测量；20—地脚螺栓；21—汽缸猫爪支撑处；22—润滑油回油接口；23—低压端部轴封；24—低压内缸膨胀测量；25—离合器锁定装置驱动机构；26—离合器油路控制电磁阀

SSS 离合器可分为输入端和输出端供油两大类。对于输出端，仅需本体润滑供油，它是用轴承卸油通过离心力作用，直接供入离合器内部。对于输入端，需外接润滑油管路，分为三路离合器供油：① 锁定装置油路控制电磁阀供油；② 离合器输入端本体供油；③ 锁定装置油缸润滑油。离合器输入端本体供油采用独立支架外接供油。

4. 后轴承座

低压转子的死点和低压内缸死点都位于后轴承座（见图 5–59）上，这样转子和内缸膨胀都从这点开始。后轴承座处低压内缸汽轮机端猫爪上设计有向下的搭耳，以固定汽缸的轴向位置，同时允许由膨胀引起的横向位移，这里同样设计有润滑板以减少横向热位移的摩擦力。

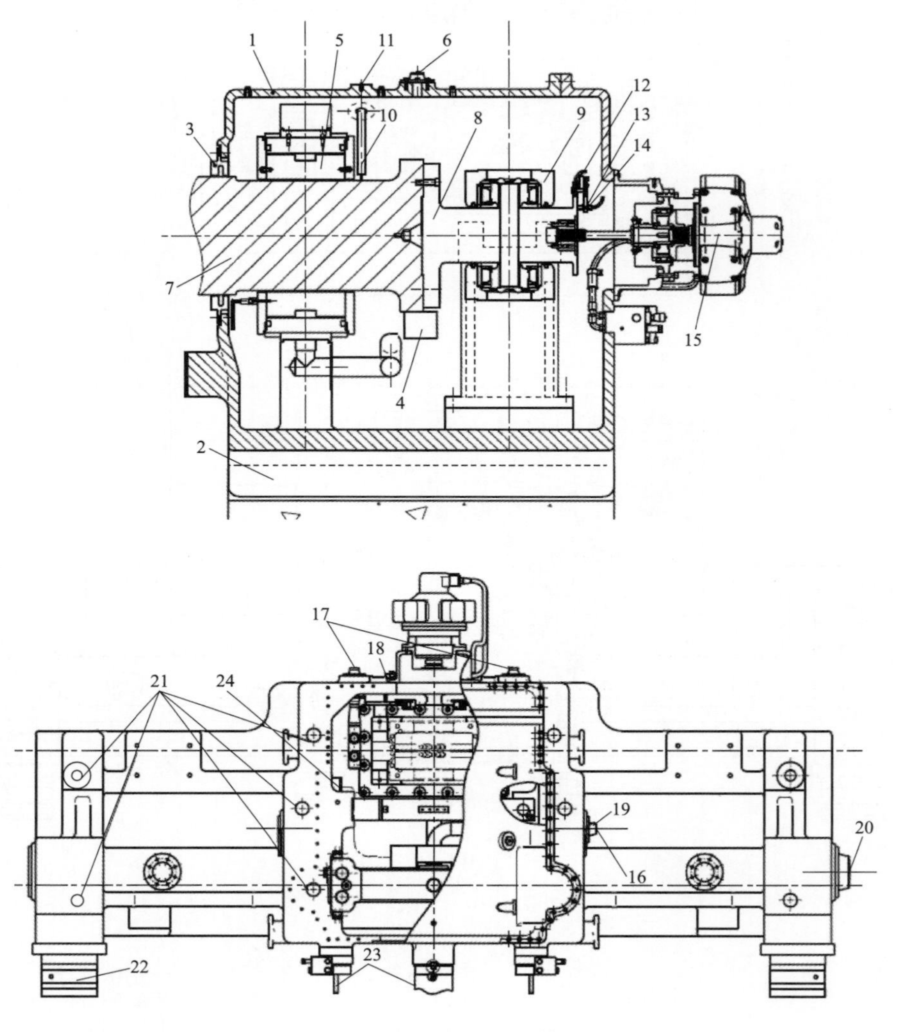

图 5–59 后轴承座

1—轴承座上半；2—轴承座下半；3—挡油环；4—弓形架；5—低压后轴承；6—排油烟接口；7—低压转子；8—低压转子延长轴；9—低压推力轴承；10—轴振测量；11—座振测量；12—转速测量；13—转子轴向位移测量；14—键相测量；15—液压回转设备；16—径向轴承润滑油接口；17—推力轴承润滑油接口；18—液压盘车供油接口；19—顶轴油接口；20—润滑油回油接口；21—地脚螺栓；22—汽缸猫爪支撑处；23—低压端部轴封；24—轴承回油温度测量

后轴承座内部设有低压后轴承、低压转子延长轴、低压转子推力轴承及其支架、抬轴弓形架、测速装置、键相、轴向位移探头、振动测量探头、轴承回油温度测量装置等。后端装有液压回转设备，低压缸侧装有低压端部后汽封。

第八节　盘　　车

一、盘车装置的必要性

在汽轮机启动冲转前和停机后，使转子以一定的转速连续地转动，以保证转子均匀受热和冷却的装置称为盘车装置。

汽轮机启动时，为了迅速提高真空，常需在冲动转子以前向轴封供汽。这些蒸汽进入汽缸后大部分滞留在汽缸上部，造成汽缸与转子上下受热不均匀，如果转子静止不动，便会因自身上下温差而产生向上的弯曲变形。弯曲后转子重心与旋转中心不相重合，机组冲转后势必产生很大的离心力，引起振动，甚至引起动静部分的摩擦。因此，在汽轮机冲转前要用盘车装置带动转子做低速转动，使转子受热均匀，以使机组顺利启动。

对于中间再热机组，为减少启动时的汽水损失，在锅炉点火后，蒸汽经旁路系统排入凝汽器，这样低压缸将产生受热不均匀现象。为此，在投入旁路系统前也应投入盘车装置，以保证机组顺利启动。

启动前盘动转子，可以用来检查汽轮机是否具备运行条件，如动静部分是否存在摩擦，主轴弯曲度是否正常等。

汽轮机停机后，汽缸和转子等部件由热态逐渐冷却，其下部冷却快，上部冷却慢，转子因上下温差而产生弯曲，弯曲程度随着停机后的时间而增加，对于大型汽轮机，这种热弯曲可以达到很大的数值，并且需要经过几十个小时才能逐渐消失，在热弯曲减小到规定数值以前，是不允许重新启动汽轮机的。因此，停机后应投入盘车装置，盘车可搅和汽缸内的汽流，以利于消除汽缸上、下温差，防止转子变形，有助于消除温度较高的轴颈对轴瓦的损伤。

二、液压马达盘车装置

某联合循环汽轮机设置了径向柱塞式液压马达盘车装置，工作原理为把工作油的压能转换为驱动轴转动的动能，属于低速高扭矩的液压马达。这种形式马达的一个重要的特点是在启动时可以输出非常高的扭矩。

1. 液压马达盘车设备

盘车设备主要由液压马达、过速离合器、中间轴、必要的轴承和紧固件组成（见图5-60）。盘车设备安装在低压透平的自由端。液压马达通过盖板和壳体固定在轴承座上。液压马达通过异形轴和法兰带动过速离合器的外圈。外圈安装在离合器壳体内并由一个定位环和两个球轴承支撑。过速离合器的内圈垂直固定在中间轴端面上。过速离合器的棘爪、棘齿安装在壳体中，它们在盘车设备运转时向内转动，这样就在内、外圈建立了一个刚性连接。

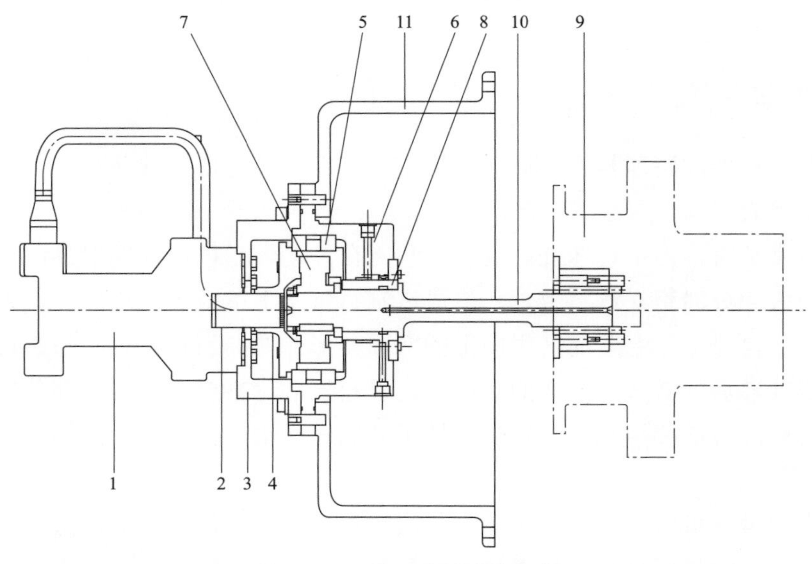

图 5－60　液压马达盘车设备

1—液压马达；2—异形轴；3—端盖；4—法兰；5—球轴承；6—罩壳；
7—过速离合器；8—轴承；9—透平转子；10—中间轴；11—壳体

当透平转动达到某一转速时，离合器棘爪、棘轮向外转动而脱开连接。为防止高转速下磨损，通过离心力提升棘爪、棘轮使内外圈分离。盘车装置的润滑油与顶轴油系统相关联，这样盘车设备启动的同时顶轴油系统也开始投入运转。液压马达在进油管上，可通过节流阀调节油的流速以调整盘车转速。该联合循环汽轮机自动盘车转速为 0.8～0.9Hz。

在调整轴承时，可以通过关闭节流阀，将盘车设备和顶轴油系统分开。同时，盘车设备也提供电磁阀，它也是汽轮机、发电机自控系统的组成部分。

为了防止汽轮机在正常运行中因为盘车设备停止转动而被腐蚀，所以仍有少量的润滑油流动使液压马达缓慢转动，转速为 0.1～0.2Hz。

2. 径向柱塞式液压马达工作原理

径向柱塞式液压马达工作原理（见图 5－61）是通过压力油将能量从定子传递到转动轴，取代通常的连接杆、活塞、衬垫和销钉连接。在每端的唇缘，油柱包含一个带机械接头的伸缩缸筒用于密封缸头部的球形表面和转轴的球形表面。

当压力产生应力时，唇缘保持它们的圆形交叉部分，这样密封件的几何尺寸不会改变。尤其是材料的特别选择和设计的最佳化已经使摩擦和泄漏减到最小。

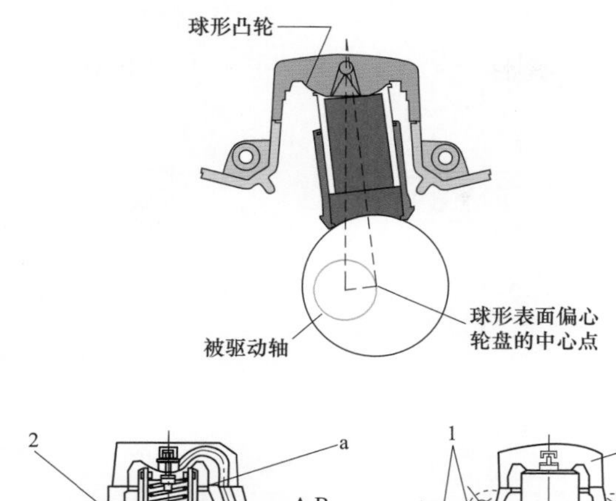

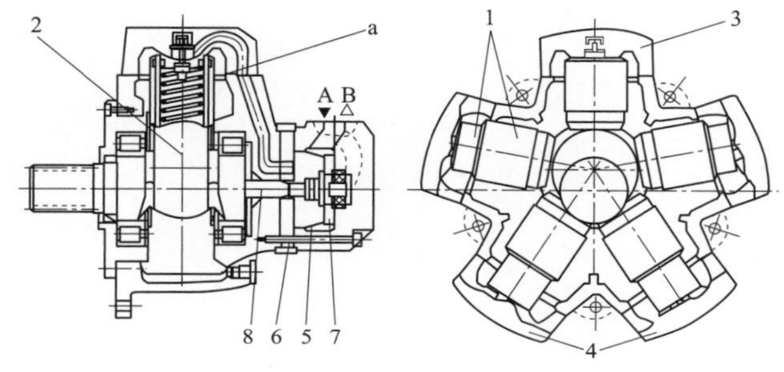

图 5-61　径向柱塞式液压马达

1—伸缩缸筒；2、4—旋转轴；3—伸缩缸筒头部；5—旋转阀；6—旋转阀盘；
7—反作用环；8—驱动轴用旋转阀；A—有压油柱；B—排油口

这种设计的另一个优点是除去了连接杆，只有缸筒能唯一地膨胀和线性收缩，因此没有横向推力部件。这意味着在移动部件上没有磨损，在缸筒的接头上没有内部应力。这种设计使重量和整体尺寸方面同其他相同容量的马达相比明显减小。液压盘车装置的目的是在启动前和停机后转动大轴系统到一个足够的转速，以避免不均匀的加热或冷却以及预防汽轮机转子变形。

调速系统通过一个连接到旋转轴上的驱动用旋转阀实现。旋转阀在旋转阀盘和反作用环之间旋转，反作用环固定在马达罩壳上。具有压力平衡和自补偿热膨胀的功能。

三、手动盘车装置

手动盘车装置是自动回转设备的辅助装置，它的作用是能够通过手动来转动汽轮机转子。它既可以用于使汽轮发电机转子转动起来，也可以使转子转动一个给定的角度。

手动盘车使用的前提条件是转子轴系已经建立起顶轴油压。如果感到用手盘动转子很困难，可能某处顶轴油未调整好或是出现转子摩擦。如果出现此情况，在汽缸通入蒸汽前应仔细检查并排除。

手动盘车装置包括齿轮和一个棘爪，棘爪驱动齿轮转动转子，用一个短棒连接到操纵杆上。如图 5－62 所示位置，棘爪处于非啮合状态，操纵杆也在非使用位置。当该装置不使用时，操纵杆被挡块挡住，将法兰盖盖上。

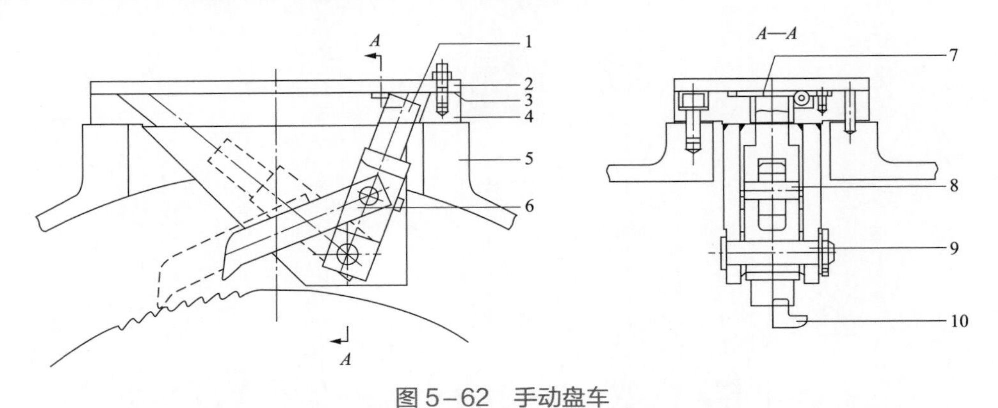

图 5－62　手动盘车

1—操纵杆；2—法兰盖；3—垫片；4—法兰；5—轴承座；6—棘爪；7—挡块；8、9—圆柱销；10—转子

第六章

汽轮机辅助系统及设备

第一节 汽轮机主蒸汽及旁路系统

F 级燃气－蒸汽联合循环机组的汽水系统一般是三压再热系统，汽水系统主要由高压主蒸汽系统、中低压主蒸汽系统以及旁路系统组成。

一、高压主蒸汽系统

1. *系统功能及范围*

高压主蒸汽系统是将高压过热器出口的高温高压蒸汽送至汽轮机高压缸做功。高压旁路系统的功能是：① 在锅炉启动期间主蒸汽压力逐渐升高；② 甩负荷及停机期间，防止蒸汽进入汽轮机，而是经过喷水减温后进入余热锅炉再热器；③ 规定的响应时间要比过热器各个安全门的动作时间短。

高压主蒸汽及旁路系统的主要范围包括：① 从余热锅炉高压过热器出口联箱母管至主厂房内汽轮机主汽门前的蒸汽管道；② 从每台余热锅炉高压主蒸汽管道至高压旁路入口的蒸汽管道；③ 主蒸汽管道的预暖、疏水、放气管道；④ 高压旁路管道等。

2. *系统说明*

典型“一拖一”F 级联合循环汽轮机的高压主蒸汽系统如图 6－1 所示。

正常运行时，来自余热锅炉高压过热器的主蒸汽经过主蒸汽管道流至高压主汽门与调节汽门后，进入到联合循环汽轮机高压缸做功。做完功的蒸汽从高压缸排出，经过高压缸排汽止回门与中压过热器的蒸汽汇合后，进入余热锅炉再热器。

在高压主汽门前，设置了通往再热热段的暖管管路及 100%容量的高压旁路管路。机组启动时，来自余热锅炉过热器的主蒸汽依次流经主蒸汽管道及暖管管路进入到再热热段，进行暖管。在高压主汽门与高压缸排汽止回门前后分别设有疏水点，及时将暖管产生的疏水排至各处。机组启动时的升温升压由旁路阀控制，由高压给水母管来的给水依次流经流量计、截止阀、滤网及调节阀后进入高压旁路阀，将主蒸汽降低到合适的温度后，排往再热器。

高压缸排汽管路上，在高压缸排汽止回门上游设置了通风排汽阀。其作用有二：其一是用于中压缸启动时，高压缸内抽真空，目的是使高压缸内尽量少有蒸汽或空气以减少鼓风，否则高压转子工况恶化、超温，高中压缸胀差不好控制。其二是汽轮机跳闸后，打开通风排汽阀，迅速地将高压缸的剩余蒸汽排向凝汽器，在汽轮机高转速低蒸汽流量时，将高压尾部长叶片产生的鼓风摩擦热带走，是防止高压缸排汽超温的一个措施。同时，还可以作为防止超速的措施。

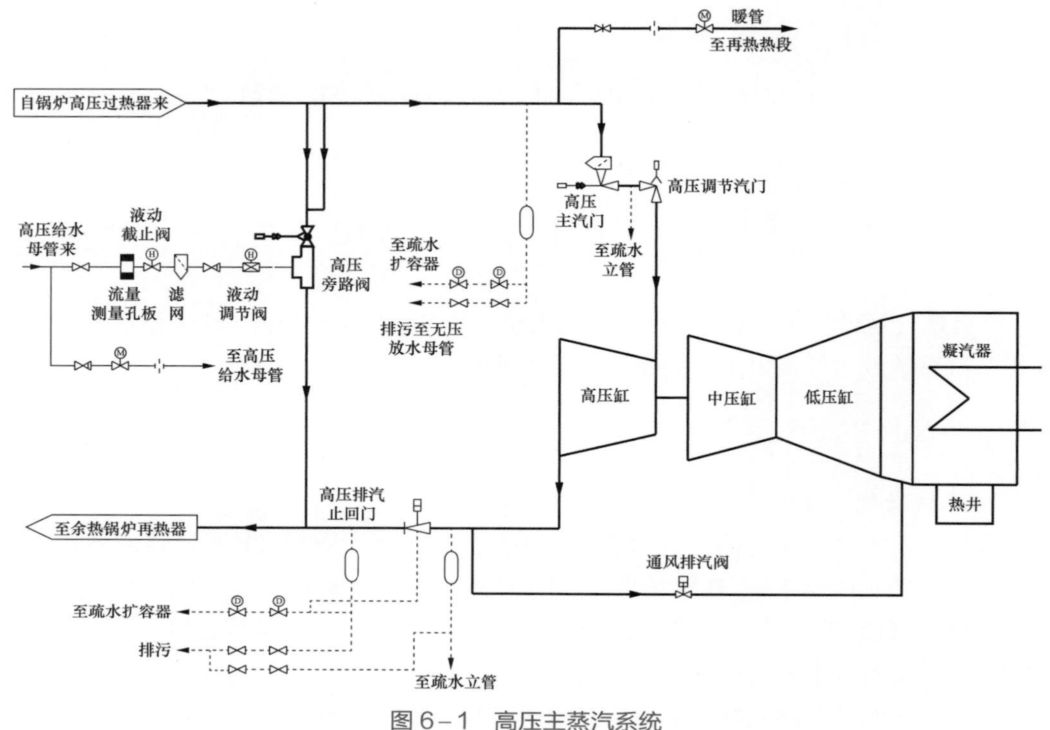

图 6-1　高压主蒸汽系统

二、中低压主蒸汽系统

典型“一拖一”F 级联合循环汽轮机的中低压主蒸汽系统如图 6-2 所示。

1. 系统功能及范围

中压主蒸汽系统功能是将余热锅炉中压过热器出口的蒸汽引至再热系统，与再热蒸汽混合后进入余热锅炉再热器。中压主蒸汽系统范围包括：① 从余热锅炉中压过热器出口至再热蒸汽管道的中压主蒸汽管道；② 中压主蒸汽管道上的安全阀及其排汽管道；③ 预留中压主蒸汽至辅助蒸汽系统管道接口；④ 上述管道的疏水管道。中压主蒸汽管道通常包含在余热锅炉本体内。

F 级及以上燃气轮机配三压再热联合循环机组，所以除中压主蒸汽系统外，还设置有再热蒸汽系统。再热蒸汽系统分为再热冷段蒸汽系统和再热热段蒸汽系统。再热冷段蒸汽系统的功能是将汽轮机高压缸排汽送至余热锅炉再热器入口联箱。再热冷段蒸汽系统一般还为轴封系统、辅助蒸汽系统和热网等提供汽源。再热冷段蒸汽系统见图 6-1。再热热段蒸汽系统的功能是将在余热锅炉再热器出口的蒸汽送至汽轮机中压缸做功。

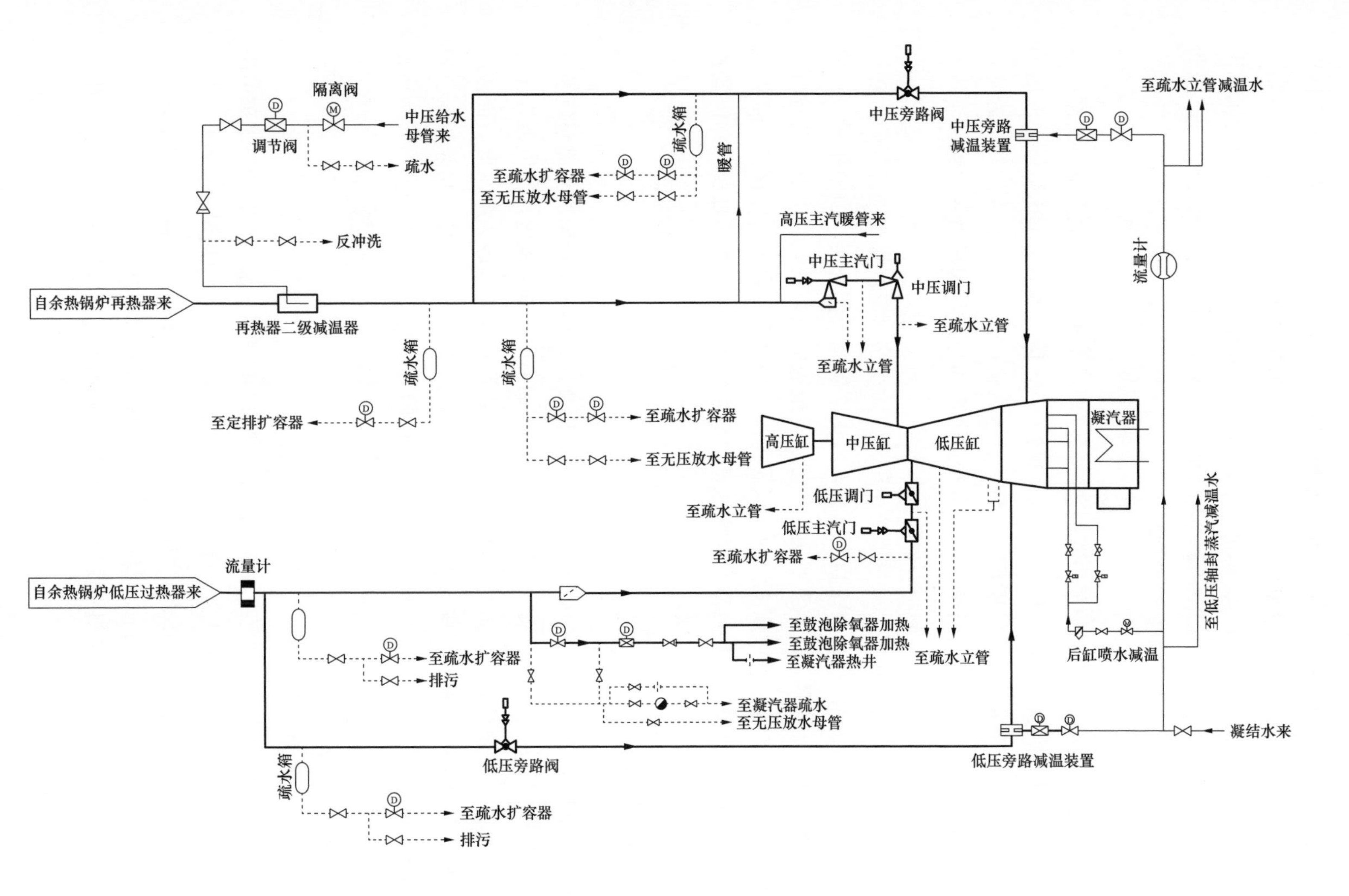

图6-2　中低压主蒸汽系统

低压主蒸汽系统的功能是将余热锅炉低压过热器出口的蒸汽送入汽轮机低压缸做功，另外还为除氧器提供除氧气源。对于供热机组，低压主蒸汽可以直接作为供热汽源。低压主蒸汽系统范围包括：① 从余热锅炉低压过热器出口联箱母管至汽轮机低压缸补汽门前的蒸汽管道；② 低压主蒸汽管道至低压旁路阀入口的蒸汽管道；③ 辅助蒸汽系统的管道以及其他疏水放气管道。

2. *系统说明*

正常运行时，来自余热锅炉再热器的蒸汽经过中压主蒸汽管道流至中压主汽门与调节汽门后，进入到联合循环汽轮机中压缸做功。做完功的蒸汽从中压缸排至低压调节汽门后，与低压过热器来的低压蒸汽汇合，进入汽轮机低压缸进一步做功。为防止中压蒸汽超温，由中压给水母管来的减温水经过隔离阀与调节阀后喷入设置在再热器出口段的喷水减温器内，维持额定的再热蒸汽温度。

机组启动时，来自余热锅炉再热器的中压蒸汽对中压主蒸汽管道进行暖管，暖管后的中压蒸汽在中压主汽门前与来自高压主蒸汽的暖管蒸汽汇合后，由中压暖管管路经中压旁路阀排入凝汽器。在各主要阀门前后及管道极低点均设有疏水点，及时将暖管产生的疏水排至各处。在中压主汽门与低压主汽门前分别设置了旁路接口，当机组出现故障需要紧急停机时，再热蒸汽及低压蒸汽分别经中压旁路阀、低压旁路阀及相应的喷水减温装置后流入凝汽器。

三、旁路系统

汽轮机旁路系统设计容量为100%最大流量，由高压、再热两级串联旁路系统及并列的一套低压蒸汽旁路系统组成（见图6–3）。机组启停时，锅炉的过热蒸汽经高压旁路装置减温减压后去锅炉的再热器，再经中压旁路装置减温减压后去凝汽器。而低压蒸汽经低压蒸汽旁路装置减温减压后直接去凝汽器。旁路阀是具有控制功能和安全功能的单阀杆阀，中压、低压旁路驱动的液压油供应来自汽轮机EH油系统，高压旁路驱动的液压油供应来自专门的液压油油站。高压旁路阀设置在余热锅炉侧，中压旁路阀、低压旁路阀设置在汽轮机侧。

1. *旁路及其减温水系统主要功能*

启动功能：机组在各种工况（冷态、温态、热态、极热态）启动时，通过调整旁路系统，提高余热锅炉升温升压速度，使主蒸汽与再热蒸汽压力、温度维持到预定水平，以满足汽轮机各种启动工况的要求，缩短启动时间，减少汽轮机循环寿命损耗；防止再热器干烧；回收工质，减少蒸汽对空排放，改善对环境的噪声污染。

快开功能：当汽轮发电机组故障时，实现停汽轮机不停燃气轮机、不停余热锅炉的运行方式。

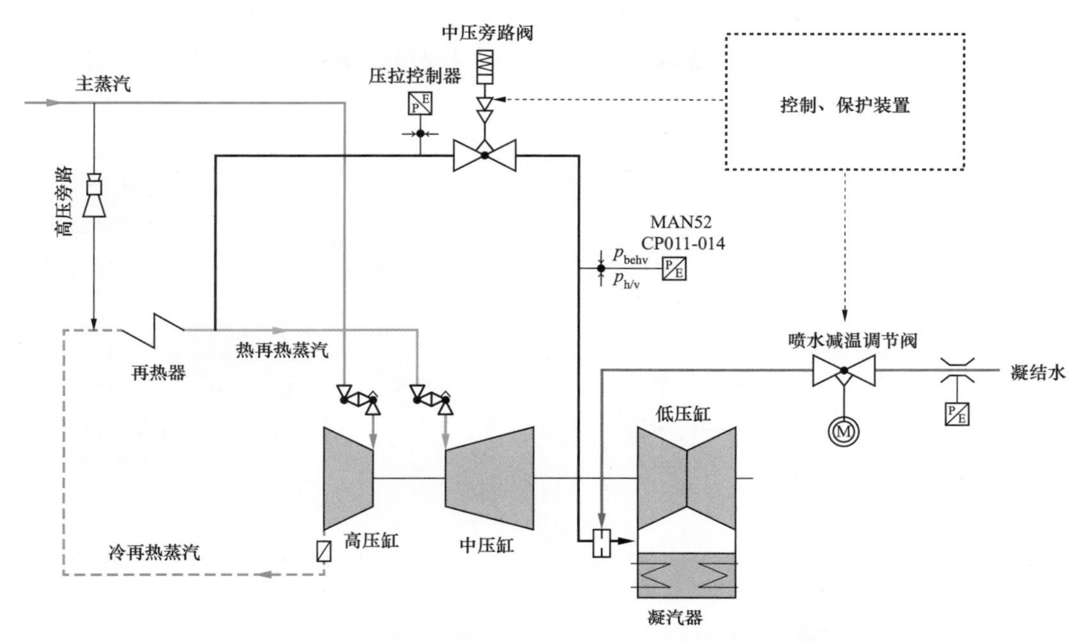

图 6–3　带喷水减温流量控制装置的中压旁路总览图

超压保护和溢流功能：机组正常运行时，旁路处于热备用状态，设定为自动跟踪运行方式，控制系统同时实现跟踪主蒸汽压力和再热蒸汽压力，实现旁路系统的超压保护与溢流功能。当主蒸汽压力超过旁路装置动作的设定值时，旁路控制系统自动开启旁路装置，进行溢流排汽，以调整稳定蒸汽压力，减少安全阀动作次数。

防止固体颗粒侵蚀：机组启动时，使蒸汽中的固体小颗粒通过旁路进入凝汽器，从而防止汽轮机调速汽门、进汽口及叶片的固体颗粒侵蚀。

2. 旁路阀门控制

为控制中低压旁路阀后压力稳定，某 F 级联合循环汽轮机旁路系统设置了旁路阀喷水减温控制回路（见图 6–4）。由单元协调控制系统实时给出的设定值与中压旁路阀前压力信号同时输入到中压旁路阀压力控制器中。中压旁路阀压力控制器通过内置程序输出中压旁路阀开度信号。中压旁路阀开度与减温水量的关系如图 6–5 所示。输出的旁路阀开度信号与中压旁路阀阀位信号同时输入到伺服器中进行比较，伺服器向电液伺服阀输出阀位偏差信号。通过控制中压旁路阀油动机进油或排油控制中压旁路阀开度满足要求。

中压旁路阀阀位输出大于 0%时，连锁喷水减温调节阀工作。此时高压旁路阀压力信号经过设定值控制后与喷水流量信号同时输入到 PID 控制器中输出喷水减温调节阀开度信号，控制减温水量。

3. 启动期间中压旁路阀主汽压设定值

启动期间升压过程通过中压旁路阀自动设定调节器（Auto Setpoint Adjuster，ASA）

自动输出压力设定值实现的。ASA 输出压力设定值的逻辑如图 6-6 所示，图 6-6 上半部分为机组启动期间压力设定值、实际压力随时间段变化过程，下半部分为中压旁路阀开度随时间的变化过程。

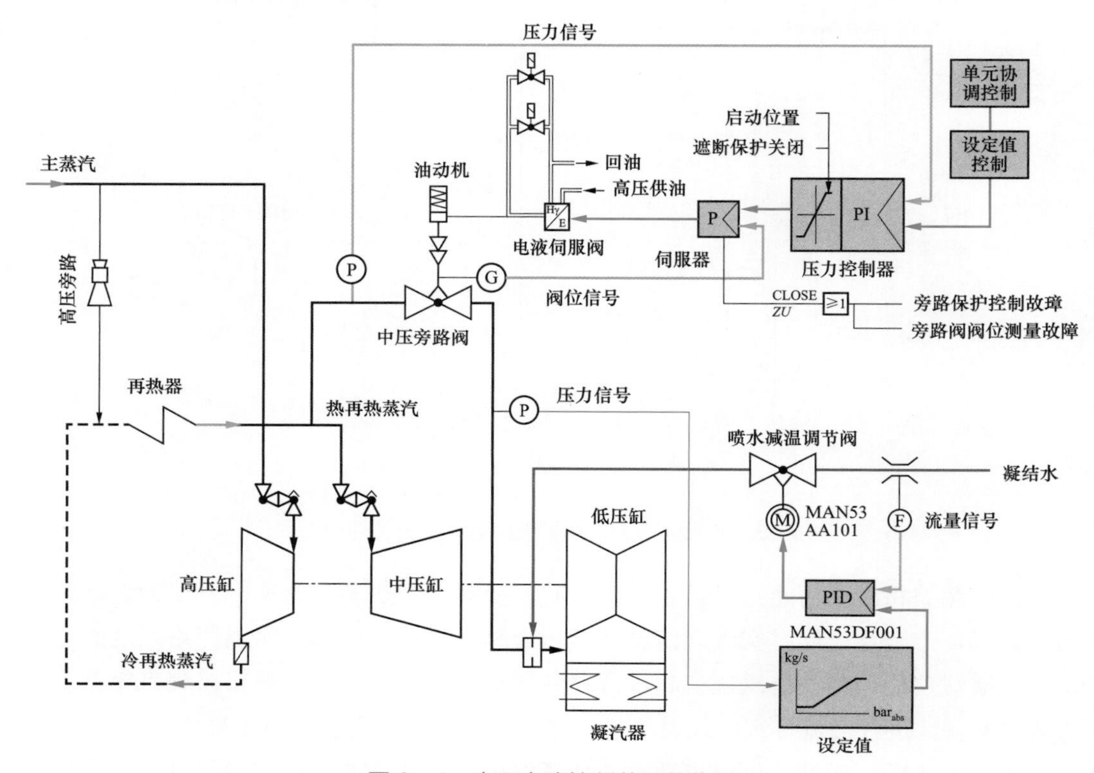

图 6-4　中压旁路控制装置总览图

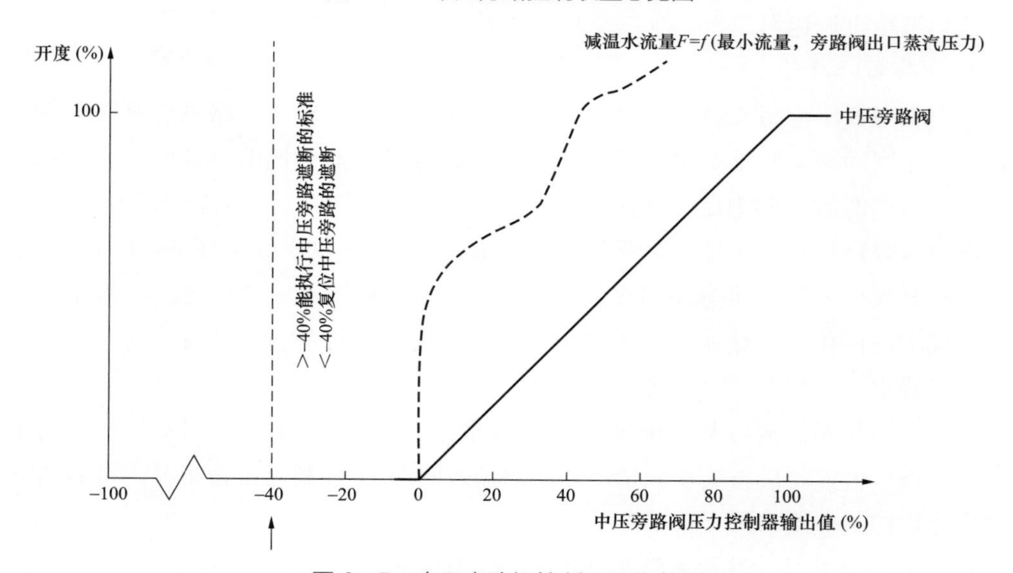

图 6-5　中压旁路阀控制器工作范围

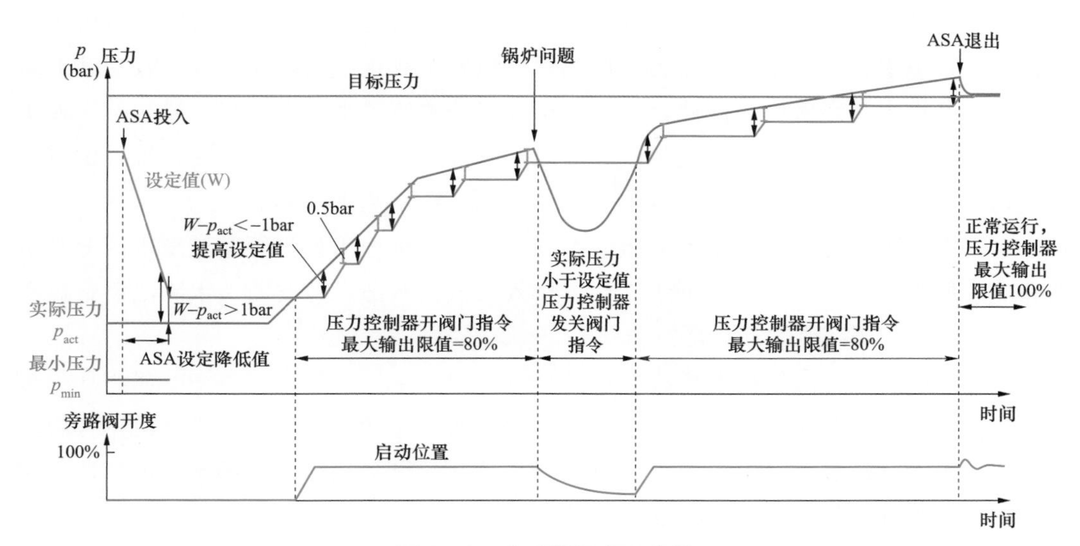

图 6-6 启动期间升压曲线

图中红色曲线为中压旁路自动压力调节器给出的设定值（W）曲线，绿色曲线为实际压力（p_{act}）曲线，蓝色直线为目标压力。余热锅炉投入之后即可投入 ASA，ASA 输出压力自动调整到比实际压力 p_{act} 高 1bar 的设定值。随着余热锅炉产汽，实际压力 p_{act} 从常压逐渐升高，当实际压力等于设定值压力时，中压旁路阀开度增大，直至最大开度（启动期间最大开度设定为 80%）。此时升压速度完全决定于通过余热锅炉的燃气量与进口燃气温度。当实际压力高于设定值 1bar（$W-p_{act}<-1\text{bar}$）时，ASA 就会自动提高压力设定值，直至 $W-p_{act}=-0.5\text{bar}$。在这期间，压力设定值始终低于实际压力。启动期间，由于余热锅炉侧的问题导致实际压力下降至 $W-p_{act}<-0.5\text{bar}$ 时，此时保持设定值不变，压力控制器发出关小中压旁路阀指令，直至实际压力高于设定压力，再逐渐开大中压旁路阀直至最大开度（80%开度）。当实际压力达到目标压力后，ASA 自动退出，机组转为正常运行模式，中压旁路阀处于热备用状态。

第二节 本体疏水系统

汽轮机组在启动、停机和变负荷工况下运行时，蒸汽与汽轮机本体和蒸汽管道接触时存在被冷却的可能。当蒸汽温度低于蒸汽压力相对应的饱和温度时，凝结成水。凝结水若不能及时排出，会积存在某些管道或汽缸中。运行中，由于蒸汽和水的密度、流速都不同，管道对它们的阻力也不同，这些积水可能会引起管道水冲击，会出现如下故障或事故：① 管道震动产生噪声，严重时产生裂纹甚至破裂；② 如果部分积水进入汽轮机，将会使叶片受到水击而损坏甚至断裂；③ 汽轮机金属部件急速冷却会引起汽缸永久变形与大轴弯曲事故。

为了有效地防止汽轮机进水事故和管道中积水而引起的水冲击，必须及时地把汽缸和蒸汽管道中存积的凝结水排出，以确保机组安全运行。同时还可以回收洁净的凝结水，提高机组的经济性。因此，汽轮机都设置有本体疏水系统，它一般包括汽轮机的高中压自动主汽阀前后、各调节汽阀前后、内外缸及抽汽止回阀前后、轴封供汽母管、阀杆漏汽管以及汽缸螺栓加热联箱等的疏水管道、阀门和容器。

运行中，由于上述各疏水点的压力不同，需把各水按压力等级通过疏水阀分别引到各疏水集管，然后汇集到各疏水立管，输入凝汽器喉部未蒸发的疏水降温后聚集在扩容器的底部，用疏水管接到凝汽器热井。

某F级联合循环汽轮机本体疏水系统如图6–7所示。由图6–7可知，机组各处疏水根据参数不同，分别流经各自疏水支管、四条疏水集管及两条疏水立管后排入凝汽器，疏水集管及疏水立管如图6–8所示。这种布置方式省去了本体疏水扩容器，系统简单，管道布置美观整齐，阀门布置集中，便于管理。

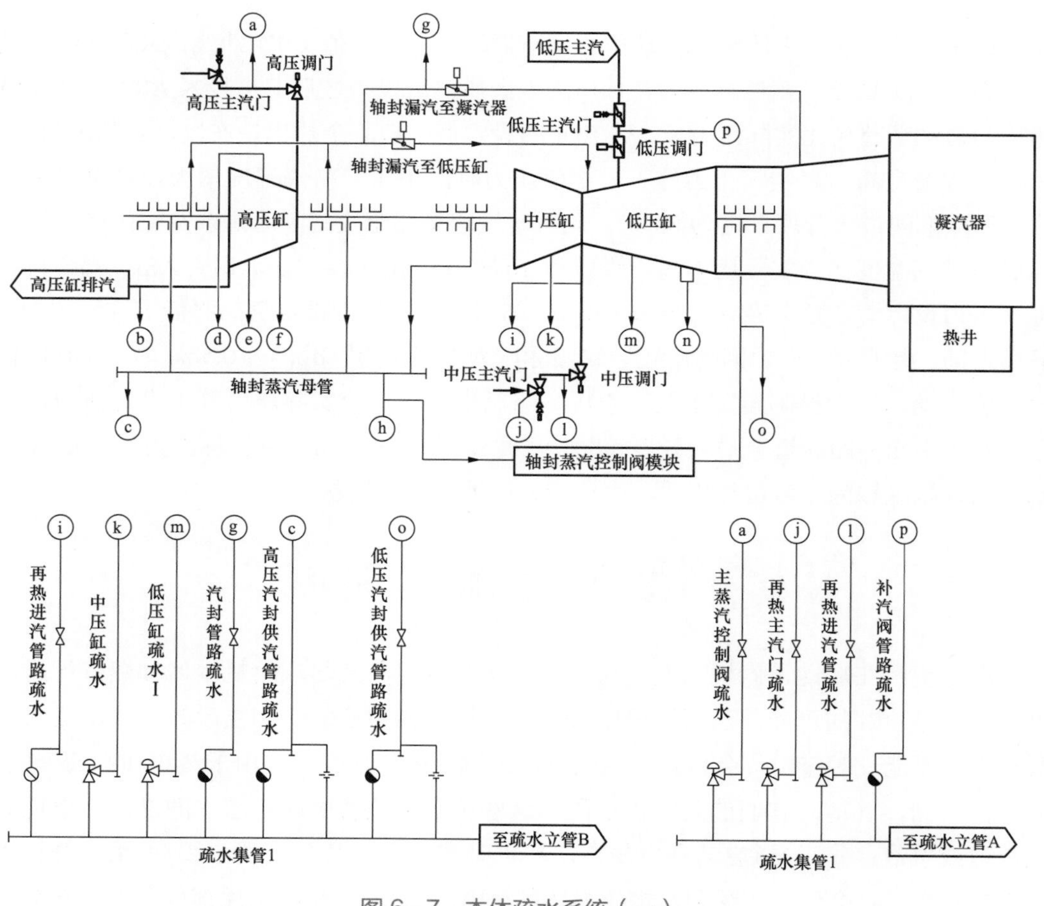

图6–7　本体疏水系统（一）

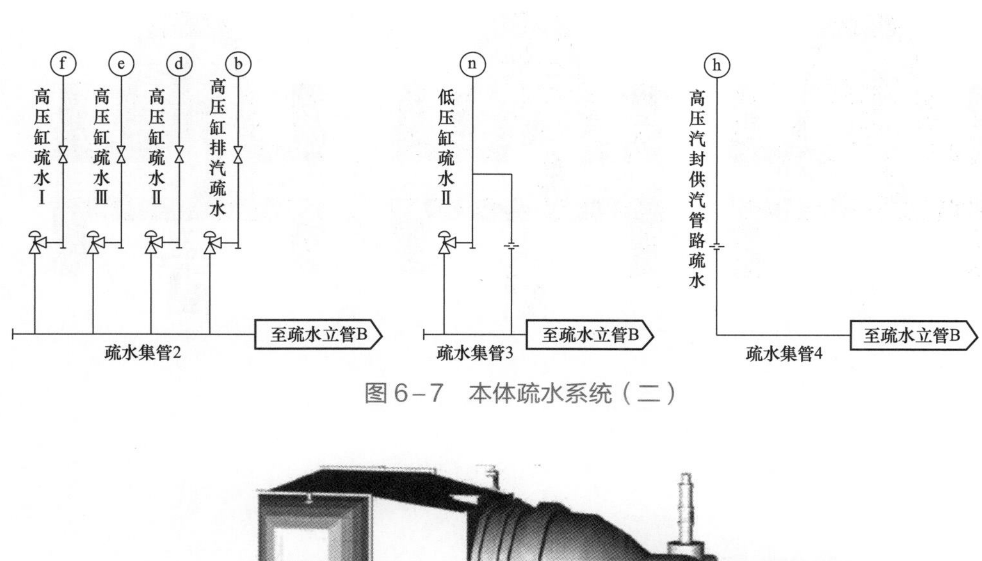

图 6–7　本体疏水系统（二）

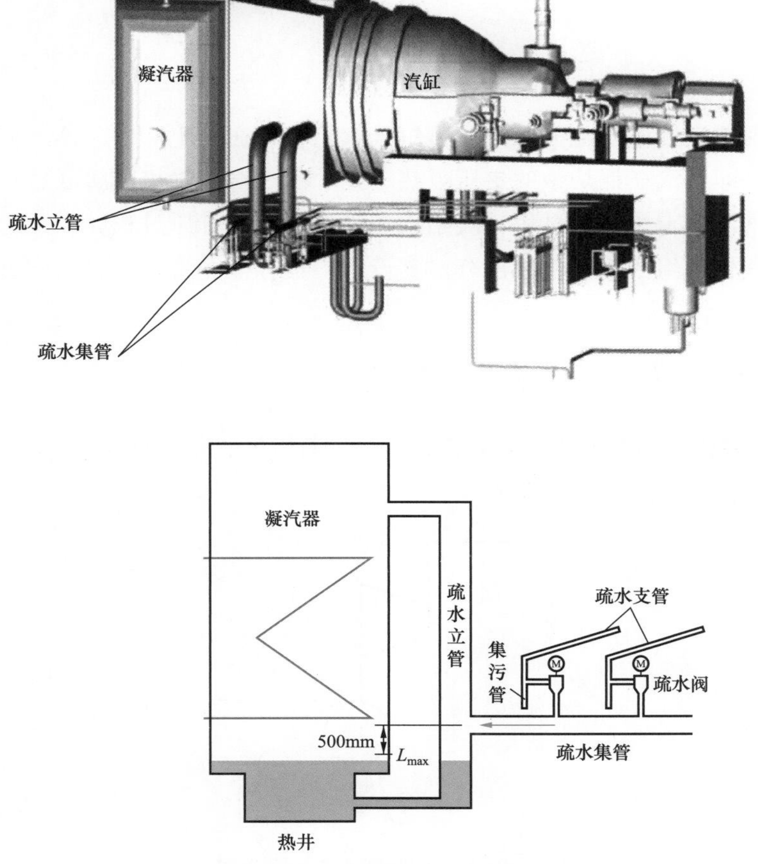

图 6–8　疏水集管及疏水立管

各疏水支管与疏水集管间通过疏水阀或疏水器连接（见图 6–8），为了保证疏水畅通，各管道按照 3%的坡度设计。当采用疏水阀连接方式时，在疏水阀的来流侧设置了集污管，方便污水排放。自动疏水器可根据温度水平自动调节疏水，见图 6–9。

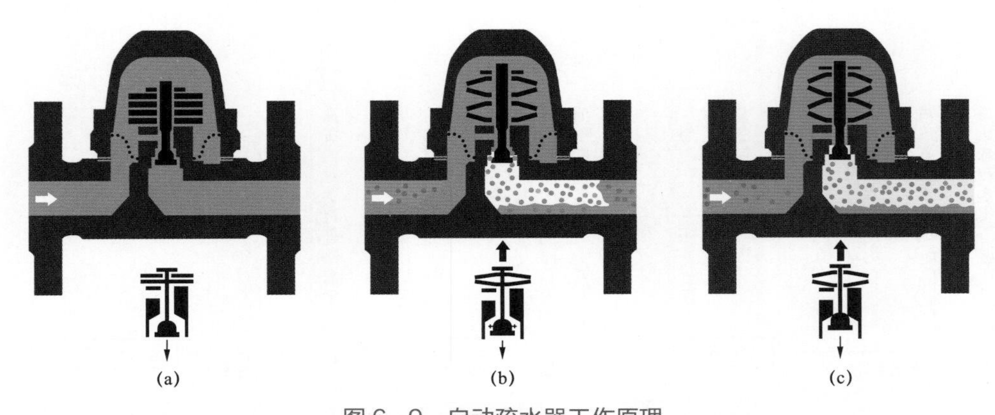

图6–9　自动疏水器工作原理

（a）冷态，全开；（b）温度升高，开始关闭；（c）饱和温度下，全关

第三节　凝 汽 设 备

发电厂用的汽轮机组绝大部分是凝汽式汽轮机。在火电厂中，蒸汽循环做功主要有四大过程，即蒸汽在锅炉中的定压吸热过程、蒸汽在汽轮机中膨胀做功过程、汽轮机排汽在凝汽器中定压放热过程、凝结水在给水泵中的升压过程。由此可见，凝汽系统及设备是汽轮机组的重要组成部分，其设计、运行性能将直接影响到整个汽轮机组的经济性和安全性。

一、凝汽设备的工作原理及主要任务

图6–10是汽轮机凝汽系统示意图，系统由凝汽器、抽气设备、循环水泵、凝结水泵以及相连的管道、阀门等组成。

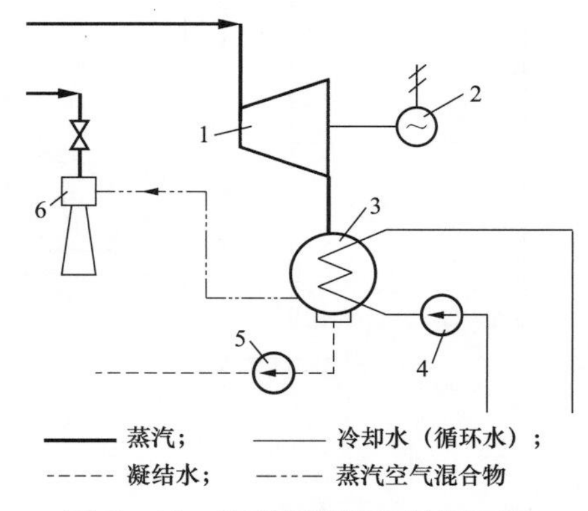

图6–10　汽轮机凝汽系统示意图

1—汽轮机；2—发电机；3—凝汽器；4—抽气设备；5—循环水泵；6—凝结水泵

在凝汽式汽轮机组整个热力循环中，凝汽系统的任务可以归纳为以下3点：

（1）在汽轮机末级排汽口建立并维持规定的真空。从热力学第二定律的观点，完

整的动力循环必须要有一个冷源，凝汽系统在蒸汽动力循环（朗肯循环）中起着冷源作用，通过降低排汽压力和排汽温度，来提高循环热效率。

（2）汽轮机的工质是经过严格化学处理的水蒸气，凝汽器将汽轮机排汽凝结成水，凝结水经回热抽汽加热、除氧后，作为锅炉给水重复使用。

（3）起到真空除氧作用，利用热力除氧原理除去凝结水中的溶解气体（主要为氧气），从而提高凝结水品质，防止热力系统低压回路管道、阀门等腐蚀。

为了完成上述任务，仅有凝汽器是不够的，要保证凝汽器的正常工作，必须随时维持 3 个平衡：① 热量平衡，汽轮机排汽放出的热量等于冷却水（又称循环水）带走的热量，故在凝汽系统中必须设置循环水泵；② 质量平衡，汽轮机排汽流量等于抽出的凝结水流量，所以在凝汽系统中必须设置凝结水泵；③ 空气平衡，在凝汽器和汽轮机低压部分漏入的空气量等于抽出的空气量，因此必须设置抽气设备。

凝汽器内的真空是通过蒸汽凝结过程形成的。当汽轮机末级排汽进入凝汽器后，受到冷却水的冷却而凝结成凝结水，放出汽化潜热。由于蒸汽凝结成水的过程中，体积骤然缩小，在 0.0049MPa 的压力下，水的体积约为干蒸汽的 1/30000 倍（如图 6－11 所示），这样就在凝汽器内形成高度真空。其压力为凝汽器内温度对应的蒸汽饱和压力，温度越低，真空越高。为了保持所形成的真空，通过抽气设备把漏入凝汽器内的不凝结气体抽出，以免其在凝汽器内逐渐积累，恶化凝汽器真空。

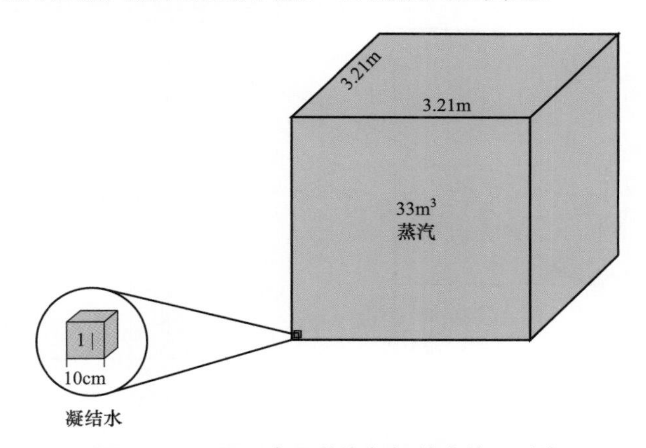

图 6－11 同压力下蒸汽与凝结水体积对比

二、凝汽器内压力的确定

汽轮机排汽进入凝汽器后，蒸汽的汽化潜热传给冷却水。就凝汽器内热量平衡而言，蒸汽凝结放出的热量等于冷却水温度升高带走的热量。而从传热过程讲，这部分蒸汽的热量等于在蒸汽与冷却水温差作用下，通过冷却水管总的传热表面传递的热量，即

$$1000D_{\mathrm{c}}(h_{\mathrm{c}}-h_{\mathrm{c}}')=1000D_{\mathrm{w}}c_{p}(t_{\mathrm{w2}}-t_{\mathrm{w1}})=A_{\mathrm{c}}k\Delta t_{\mathrm{m}} \tag{6-1}$$

式中 D_{c}——进入凝汽器的凝汽量，t/h；

h_c——蒸汽的比焓值，kJ/kg；

h_c'——凝结水的比焓值，kJ/kg；

D_w——凝汽器的冷却水流量，t/h；

c_p——水的比定压热容，在常温常压下，水的比定压热容 c_p=4.187kJ/（kg·℃）；

t_{w1}——冷却水进口的温度，℃；

t_{w2}——冷却水出口的温度，℃；

A_c——冷却水管外表面总面积，m^2；

k——从蒸汽向冷却水传热的总体传热系数，kJ/（m^2·h·K）；

Δt_m——蒸汽至冷却水的平均传热温差，℃。

为了提高蒸汽与冷却水的换热效果，蒸汽与冷却水通常采用近似逆流传热形式。图 6–12 表示了凝汽器中蒸汽和冷却水的温度沿冷却表面积 A_c 变化情况。曲线 1 表示凝汽器内蒸汽凝结温度 t_s 的变化，可以看出，t_s 在主凝结区内沿着冷却表面积基本不变，只有在空气冷却区，由于蒸汽已经大量凝结，空气的相对含量增加，使蒸汽分压明显低于凝汽器压力，蒸汽分压相对应的饱和温度 t_s 明显下降。曲线 2 表示冷却水沿着冷却表面积从进口温度 t_{w1} 逐渐吸热到出口温度 t_{w2} 的变化过程，其温升$\Delta t=t_{w2}-t_{w1}$。蒸汽凝结温度 t_s 与冷却水出口温度 t_{w2} 之差称为凝汽器的传热端差$\delta t=t_s-t_{w2}$。

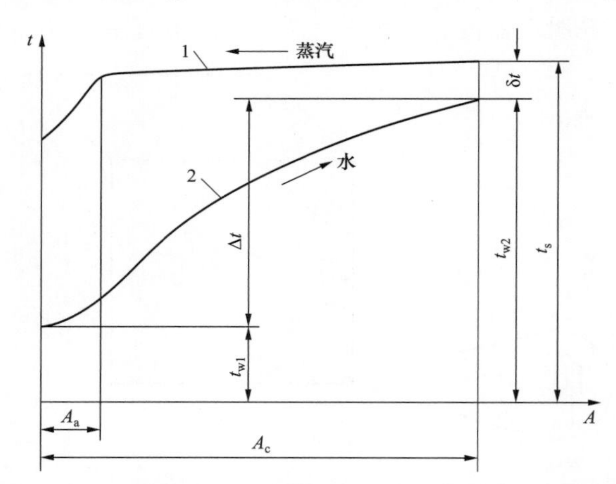

图 6–12 凝汽器蒸汽和冷却水温度沿冷却表面积的分布

A_c—凝汽器总传热面积；A_a—空气冷却区面积

在一定的冷却表面积条件下，主凝结区蒸汽的凝结温度为

$$t_s=t_{w1}+\Delta t+\delta t \tag{6-2}$$

式中 t_{w1}——冷却水进口温度，℃；

Δt——冷却水温升，$\Delta t=t_{w2}-t_{w1}$，℃；

δt——凝汽器传热端差，$\delta t=t_s-t_{w2}$，℃。

在凝汽器内，由于空气分压的存在，各处的蒸汽压力并不完全相等。但只要抽气设备运行正常，在主凝结区域内，空气所占的比例很低，其分压力影响很小，所以蒸汽在凝汽器内的凝结过程可以认为是蒸汽等压放热过程。蒸汽分压力可认为等于凝汽器压力。这样，由式（6－2）计算出蒸汽凝结温度计算值 t_s 后，求出相应的饱和蒸汽压力，也就确定了凝汽器压力。

影响凝汽器压力的主要因素有：

（1）冷却水进口温度 t_{w1}。

由式（6－2）可知，在其他条件不变的情况下，冷却水进口温度 t_{w1} 越低，凝汽器压力越低，也就是说凝汽器内的真空度越高。冷却水进口温度 t_{w1} 取决于供水方式和当地环境温度。在直流供水方式系统中，冷却水进口温度 t_{w1} 完全取决于当地环境温度。如冬季，江河或海水的温度较低，冷却水进口温度 t_{w1} 相应就低，凝汽器压力就低；在夏季，冷却水进口温度 t_{w1} 高，凝汽器压力就高，也就是真空度低。对于循环给水方式系统，冷却水在冷却塔中的散热效果，直接影响冷却水进口温度 t_{w1}，而环境温度也同样会影响冷却水进口温度 t_{w1}，但其影响程度有所减弱。

（2）冷却水温升Δt。

根据凝汽器内传热的热平衡方程（6－1），冷却水温升为

$$\Delta t=\frac{h_c-h_c'}{4.187\dfrac{D_w}{D_c}}=\frac{h_c-h_c'}{4.187m} \tag{6-3}$$

式中　m——冷却倍率，$m=\dfrac{D_w}{D_c}$，冷却倍率为凝结 1kg 蒸汽所需要的冷却水量；

h_c-h_c'——蒸汽和凝结水的比焓差值，kJ/kg，即 1kg 蒸汽凝结时放出的汽化潜热。

在凝汽式汽轮机通常的排汽压力范围内，比焓差值 (h_c-h_c') 的变动很小，在 2180kJ/kg 左右。于是，式（6－3）可改写为

$$\Delta t=\frac{2180}{4.187m}=\frac{520}{m} \tag{6-4}$$

从式（6－4）可以看出，冷却水温升Δt 与冷却倍率成反比，冷却倍率 m 增大，冷却水温升Δt 就减小，凝汽器压力就降低。在汽轮机运行时，排入凝汽器的凝汽量是由外界负荷决定的，所以要增大冷却倍率 m，主要依靠冷却水量 D_w 增加来实现。当冷却水量 D_w 增大时，循环水泵的耗功也会相应增大。所以在选取冷却倍率 m 时，应综合考虑。

现代大型凝汽式汽轮机组中，凝汽器的冷却倍率在 50～120 范围内。一般直流供水方式的单流程凝汽器，m 值可取大一些，m＝80～120；双流程，m＝50～80；而循环供水方式的双流程凝汽器，m 值应取小一些，m＝50～60。

（3）凝汽器传热端差δt。

为了提高蒸汽与冷却水的传热效果，蒸汽与冷却水通常采用近似逆流传热形式，于是，蒸汽与冷却水平均传热温差Δt_m 可表示为

$$\Delta t_{\mathrm{m}}=\frac{\Delta t}{\ln\dfrac{\Delta t+\delta t}{\delta t}} \tag{6-5}$$

由式（6–1）可得

$$\Delta t=\frac{A_{\mathrm{c}}k\Delta t_{\mathrm{m}}}{4187D_{\mathrm{w}}} \tag{6-6}$$

将式（6–6）代入式（6–5），得

$$\delta t=\frac{\Delta t}{\mathrm{e}^{\frac{kA_{\mathrm{c}}}{4187D_{\mathrm{w}}}}-1} \tag{6-7}$$

从式（6–7）可以看出，对于某台凝汽器，正常运行时冷却水管外表面总面积 A_{c} 是一定的，在排入凝汽量 D_{c} 和总体传热系数 k 不变的前提下，传热端差δt 随着冷却水量 D_{w} 的减小而减小。当冷却水量 D_{w} 减少时，式（6–7）分子将明显增大，而分母由于冷却水量 D_{w} 的减小，数值增大得更快，所以传热端差δt 随冷却水量 D_{w} 的减小是有所减少的，但是，冷却水温升和传热端差之和（$\Delta t+\delta t$）将是增大的。

当凝汽器运行时间较长、冷却水较脏时，凝汽器冷却表面结垢、变脏，或者当真空系统不严密、抽气设备工作不正常时，凝汽器内积存空气，都会妨碍冷却表面的传热效果，使得总体传热系数 k 降低，引起传热端差δt 升高。这将使凝汽器内温度 t_{s} 增大，凝汽器压力升高，真空降低。

三、轴向排汽凝汽器主要结构

向下排汽凝汽器结构与传统火电凝汽器类似，这里主要介绍轴向排汽凝汽器结构。轴向排汽凝汽器（见图 6–13）是利用钢结构焊接成的一个热交换器。机壳由碳钢组成，冷凝管、管板、旁路蒸汽导入室和几个连接接头由特殊材料制成。在蒸汽凝结过程中，由于体积减小，凝汽器运行在真空状态下。由于非凝结气体的进入，所以一个抽真空的系统用来从凝汽器中除去这些气体。蒸汽中的热量被传递到循环冷却水中，循环冷却水在冷凝管内连续流动。轴向排汽凝汽器与向下排汽凝汽器的主要区别见表 6–1。

轴向排气布置的凝汽器位于汽轮机低压缸后面并且通过膨胀节和低压缸相连。循环水流与汽轮机轴向垂直。两条冷却水通道保证了循环水的进口和出口支路畅流。凝汽器内的冷凝管被分成水平的管束，每个管束有自己的空气冷却器部分，所有的管束共用一条抽气管路。在凝汽器后壁上使用一个压力平衡活塞来抵消作用在汽轮机上的轴向应力，在这种设计方式下没有太大的轴向应力作用在凝汽器和汽轮机上。

（1）机壳：机壳包裹蒸汽凝结的空间，它包含管束、管板、支撑板和一个收集空气的中间部分。交叉布置的支撑板作为机壳的内部加强筋用于加强机壳的强度。

（2）热井：在管束上产生的凝结水被收集在热井中，热井也向凝结水泵提供水源。热井水位由一个控制系统调整，避免水位太低，净压头不足，凝结水在凝结水泵内汽蚀；避免水位太高，冲刷管束/汽轮机。热井上有不同的工作接头，例如疏水接头、排气接头、凝结水泵再循环管路接头。热井上还安装了一个用于疏水和干燥目的的盲法兰喷嘴，通过一个人孔门进入热井。

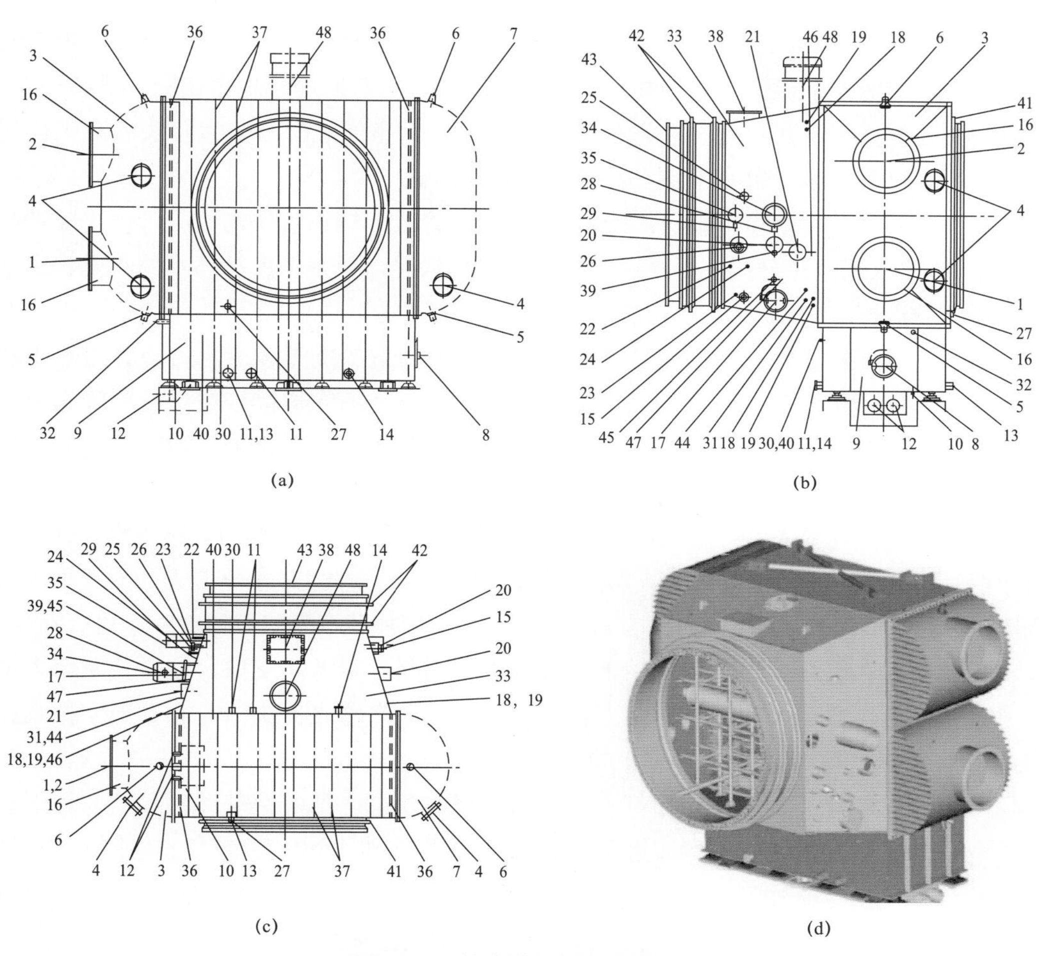

图 6－13　轴向排汽凝汽器结构图

（a）前视图；（b）侧视图；（c）俯视图；（d）立体图

1—循环水入口；2—循环水出口；3—前水室；4—循环水侧人孔门；5—循环水侧的疏水接头；6—循环水侧的排气接头；7—后水室；8—热井上的人孔门；9—热井；10—测量装置母管接头；11、13、20、21—疏水立管接头；12—凝结水出口；14—疏水或干燥用接头；15—级间蒸汽接头；16—压力测量点接头；17—凝汽器颈部人孔门盖；18—温度测量点接头；19—压力测量点接头；22、24—补给水接头；23—U 形环泄漏蒸汽进口接头；25—真空破坏门接头；26—密封蒸汽排放接头；27—抽气管接头；28—喷水减温管道接头（中压旁路蒸汽入口）；29—喷水减温管道接头（低压旁路蒸汽入口）；30—轴封加热器的凝结水回流管；31—水位测量管道接头（凝汽器电保护）；32—测量装置母管接头；33—凝汽器颈部；34—中压旁路蒸汽入口；35—低压旁路蒸汽入口；36—管板；37—支撑板；38—轴套的检修孔；39—排汽及疏水容器的平衡管；40—排汽及疏水回流管；41—膨胀节，单；42—膨胀节，双；43—连汽轮机接头；44—低压旁路阀疏水；45—级间疏水；46—喷水减温器后的过量水；47—喷水减温器前排气；48—防爆薄膜的接头

（3）凝汽器颈：凝汽器颈连接汽轮机低压外缸和凝汽器机壳。在汽流方向上增大

横截面积以减小蒸汽流速，因此降低了压力损失。在旁路运行期间，蒸汽也被引入这个区域。在凝汽器颈部也安装了几个工作接头，例如，补给水接头、密封蒸汽导入接头、疏水接头、疏水扩容器接头、真空破坏门接头、测量装置接头等。凝汽器颈部装有支撑件以确保抗拒大气压力，通过一个人孔门进入凝汽器颈部区域。

（4）水室：循环水通过水室进出凝汽器。在循环水侧，采用适当的表面保护来防止腐蚀。水室的形状保证了将冷却水最优化地分配到所有冷凝管里。在凝汽器的一端，水室焊接在凝汽器的机壳上。在凝汽器的另一端，水室通过一个法兰接头和凝汽器相连，水室可以被拆除。每个水室上都有一个人孔门。

（5）冷凝管：可以使用壁厚大于 0.4mm 的钛管或不锈钢管作为冷凝管。冷凝管倾斜 0.5° 布置以保证充分排水。在选择最恰当的材料时，必须考虑循环水的品质、腐蚀和冷凝管的机械应力。

（6）支撑板与管板：冷凝管搁置在顺着冷凝管布置的支撑板上以避免管道下垂和过度振动。一个标准的、精确的振动分析可以确保充足的支撑板分布。冷凝管末端被胀接到管板上，保证紧固连接，接头同时承载轴向应力。冷凝管末端同时也可以焊接在管板上，提高了抑制泄漏的安全裕度。

（7）旁路蒸汽导入室：凝汽器安装有必要的装置以容纳 100%的旁路蒸汽。在旁路运行期间，高动态应力作用在凝汽器上，因此要求蒸汽以产生最小化应力的方式导入凝汽器。为了这个目的，在凝汽器的旁路蒸汽进口处，应使蒸汽膨胀并通过喷水进行减温。

（8）支撑：凝汽器由多列球轴承支撑或由聚四氟乙烯滑块支撑，这样使摩擦力最小，并允许凝汽器在所有水平方向上移动。另外，凝汽器底部由固定和导向支撑系统保持在所在位置上。

（9）抽气装置：为了直接和可靠地抽出积聚在管束内部的空气和不凝结气体，提供了一个闭式抽气系统。支撑板之间的管道区域连接到一个公共抽气管道上，公共抽气管道布置在机壳的外部。通常使用两种抽气装置，水环式真空泵或蒸汽喷射式射气器。一个混合型真空系统由一级射气器和二级真空泵组成。

（10）汽轮机膨胀节：汽轮机低压缸和凝汽器之间安装的膨胀节用于补偿汽轮机和凝汽器的轴向和径向热膨胀。在凝汽器后壁上配备一个压力平衡活塞（虚拟腔室）来抵消作用在汽轮机上的轴向应力。通过四个推杆，应力从压力平衡活塞传递到汽轮机机壳上。膨胀节由不锈钢波纹板或橡胶条制成。

（11）除氧器：除氧器的用途是从凝结水中除去凝汽器真空除氧未除去的空气。如果要求的补给水量超过设计流量的 3%～5%，要安装一个真空除氧器和排气冷却器。真空除氧器和主凝汽器壳体可以被设计成为一个整体系统，以使引入的补给水经除氧后，氧含量达到 7μg/mL。

（12）真空破坏门：是一个有足够尺寸大小的安全装置，凝汽器一旦超压，真空破坏门将进入凝汽器的所有蒸汽旁路排放，直接排放到大气中去。

表 6-1　　轴向排汽凝汽器与向下排汽凝汽器的主要区别

对比项	轴向排汽凝汽器	向下排汽凝汽器
进汽方向	轴向排汽	向下排汽
热位移	水平方向热位移比垂直方向大得多	垂直方向热位移比水平方向大得多
汽侧冲击腐蚀	因为排汽的蒸汽流速低，虽距离短，但汽轮机100%运行工况少，冲击腐蚀小	因为排汽的蒸汽流速高，虽距离长，但汽轮机100%运行工况多，冲击腐蚀大
管束间疏水板	管束为叠排，为了防止上面管束的凝结水直接冲到下面的管束，上面管束下方设置疏水板	管束为并排，上面管束的凝结水不会冲到下面的管束，上面管束下方不设置疏水板
接颈	接颈内没有内置低压加热器及抽汽管道	接颈内大多设置内置低压加热器及抽汽管道
水位控制	由于汽轮机为低位布置，凝汽器凝结水容易进到汽轮机，对凝汽器水位有严格要求	由于汽轮机为高位布置，凝汽器凝结水不易进到汽轮机，对凝汽器水位有要求较低
灌水试验	不做灌水试验，对凝汽器汽侧外壳焊缝要求高	做灌水试验

四、轴向排汽凝汽器管束布置

某联合循环汽轮机配置的轴向排汽凝汽器管束参数见表 6-2，管束布置如图 6-14 所示。

表 6-2　　轴向排汽凝汽器管束参数

项目	单位	内容
型号		N-10832
冷却面积	m^2	10832
冷却管外径	mm	28
冷却管壁厚（主凝结区）	mm	0.5
冷却管壁厚（外层管，空冷区）	mm	0.7
冷却管长度	mm	11600
冷却管数量	根	10606
冷却管材料		钛
冷却水流量	m^3/h	24385
管内流速	m/s	2.23
水阻	kPa	＜55
夏季蒸汽流量	kg/s	100.104
冷却倍率		67.74

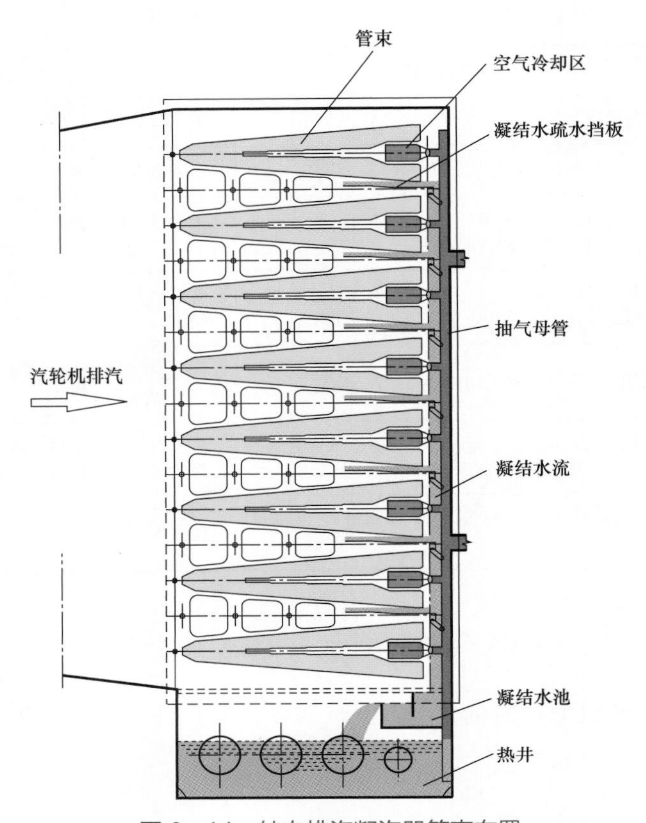

图 6–14　轴向排汽凝汽器管束布置

该轴向排汽凝汽器管束采用特有的多区域小管束形式，其特点是：① 管束由几个小管束组成，小管束形状狭长，在每个小管束后部有个空冷区，小管束的冷却管数相同；② 多区域小管束排列形式，管板中管孔所占的比例相对较少，管束排列较为疏松，使传热更为有利；③ 设计时，可以通过改变管束的个数来适应不同的凝汽器热负荷，而不像一般的管束那样，只能通过改变冷却管数来适应凝汽器热负荷的改变；④ 多区域小管束布置大大改进了管束的进汽条件，管束之间的通道及空冷区布置合理，可以使蒸汽分布均匀，各通道内蒸汽流速趋于一致，避免涡流现象，降低汽阻；⑤ 空冷区布置合理，蒸汽由管束外部向空冷区逐级冷却凝结，管束进口流向抽汽口的汽流流程短，并防止尚未凝结的新汽流与已经经过冷却管凝结的汽流掺和，有效抽出非凝结气体，提高了凝汽器的传热性能；⑥ 具有合理的蒸汽通道和回热空间，部分蒸汽从管束两侧的通道直接排入壳体热井，对热井内的凝结水进行加热除氧，从而使凝结水出口含氧量小、过冷度低。

轴向排汽凝汽器空冷区特点是：① 空冷区两侧采用空冷区包壳与主凝结区管束隔开，但空冷区前部没有空冷区包壳；② 空冷区位于管束后部；③ 在每个空冷区的末端有 1 根钻小孔的抽汽管，相邻 2 个小管束的抽汽管在冷却水进口端汇集，并连接到 1 个较大的抽汽口；④ 非凝结气体和少量的汽水混合物在各自的空冷区冷却后，从空冷区末端经小孔进入抽汽管，汇集到位于冷却水进口端的抽汽口后抽出；⑤ 从冷却水进口到出口有些小坡度，有利于氧气和非凝结气体及凝结水等沿坡度顺流流下，可以防止空冷区包壳和抽汽管道在停机时被腐蚀；⑥ 空冷区包壳采用分段焊接。

五、真空破坏门的控制

真空破坏门的任务是：一旦由于“汽轮机油供应系统应急运行被激活”，或者轴承座振动保护被触发，或者轴承温度保护被触发，造成汽轮机遮断，真空破坏明显缩短汽轮机的惰走持续时间。真空破坏能使紧急情况下导致的设备损坏程度降低到最小化。

真空破坏门动作时，空气和经过旁路阀进入凝汽器内的蒸汽会导致凝汽器压力快速升高。这样就增加了低压缸的鼓风摩擦损失，致使汽轮机转速下降。为了保护末级叶片，冷凝器压力通过汽轮机速度控制器进行限制。如图 6 – 15 所示，真空破坏门开与关的曲线并不重合，其目的是为防止真空破坏门频繁地开和关，两条曲线之间的范围就是设备厂给定的延迟。

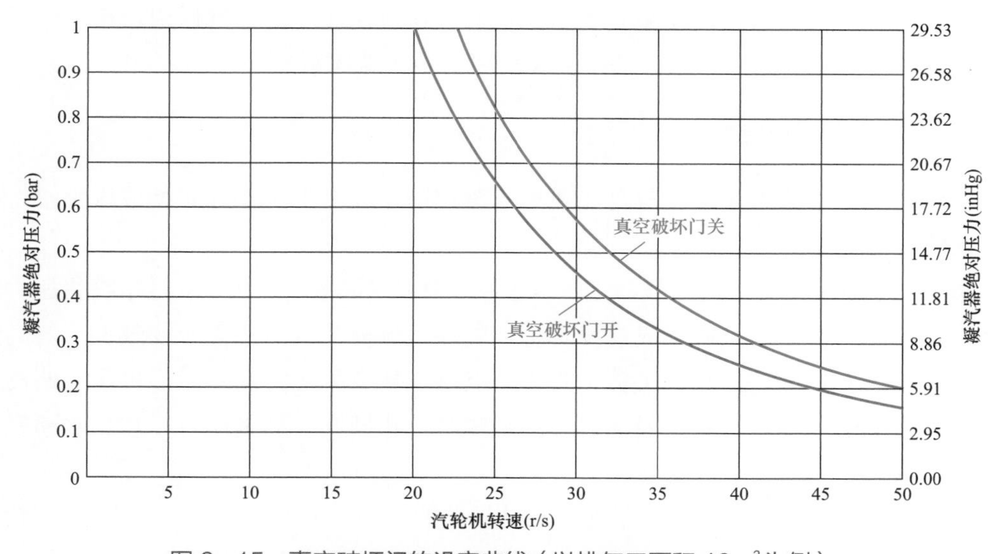

图 6 – 15　真空破坏门的设定曲线（以排气口面积 $10m^2$ 为例）

凝汽器低真空旁路遮断会导致汽轮机遮断，为解决这种情况，速度 – 真空设定值曲线会强制凝汽器压力达到一个定压值，这个定压值低于凝汽器低真空旁路遮断的触发值。凝汽器压力限定只在汽轮机遮断期间有效。一旦联合循环机组中燃气轮机和汽轮机都遮断，速度 – 真空对应设定值曲线才有效。

真空破坏门也可以在控制室里手动打开和关闭。如果真空破坏门被手动打开，当凝汽器压力达到速度–真空对应的设定值曲线上的最大允许限定值时，真空破坏门被自动关闭。真空破坏门会保持关闭状态，直到再一次手动打开。真空破坏门通过气动执行机构打开和关闭。气动执行机构利用压缩空气打开真空破坏门，在弹簧力的驱动下关闭阀门。

第四节 抽真空系统

汽轮机设备在启动和正常运行过程中，都需要将设备（特别是凝汽器）和汽水管路中的不凝结气体及时抽出，以维持凝汽器的真空，改善传热效果，提高汽轮机设备的热经济性。因此，由抽气器、汽水管道和阀门等组成的抽气设备就成了凝汽设备中必不可少的一个重要组成部分。

抽气器的形式很多，按其工作原理可分为射流式和容积式（或称机械式）两大类。射流式抽气器按其工作介质又可分为射汽式抽气器和射水式抽气器两种。它们均是利用具有一定压力的流体在喷嘴中膨胀加速，以很高的速度将吸入室内的低压气流吸走。射流式抽气器没有运动部件，制造成本低，运行稳定、可靠，占地面积小，能在较短时间内建立起所需要的真空，且可回收凝结水。容积式抽气器是利用运动部件在泵壳内的连续回转或往复运动，使泵壳内工作室的容积变化而产生抽气作用，用于电厂凝汽设备的有滑阀式真空泵、机械增压泵和液环泵（或水环泵）。

一、射水式抽气器

射水式抽气器的工作原理与射汽式抽气器相同，只是把工作介质换成压力水，并且需配置一套独立的供水系统。

图6–16所示为射水式抽气器工作原理图。由射水泵来的压力水，经喷嘴将压力能转换为速度能，在混合室内形成高度真空，将凝汽器内的气、汽混合物吸入，与高速水流混合后进入扩压管，在扩压管中将其动能逐渐转变为压力能，最后扩压至略高于大气压力情况下排入大气。当射水泵发生故障时，止回阀自动关闭，以防止水和空气倒流入凝汽器，破坏凝汽器真空。

在高参数大、中型机组中采用射水式抽气器的原因主要有以下两点：① 当汽轮机组采用高参数时，若仍采用射汽式抽气器，则工作蒸汽需节流使用，导致节流损失增加，从热效率考虑是不经济的；② 大容量机组往往设计成单元制形式，启动时，机组无合适汽源供射汽式抽气器使用，但凝汽器真空系统必须先期投运，这样就产生矛盾。若另设辅助汽源，导致系统复杂，可靠性降低。采用射水式抽气器则可以随时启动，给机组运行带来方便。但射水式抽气器需要配备专用的射水泵，一次性投资较多，且不能回收被抽出蒸汽的凝结水及其热量，增加了凝结水的损耗。

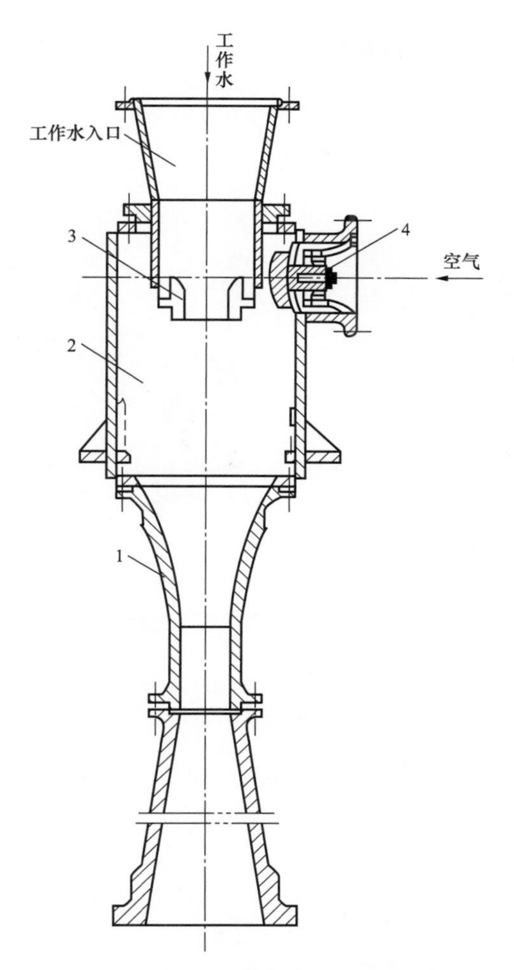

图 6-16　射水式抽气器工作原理图

1—扩压管；2—混合室；3—喷嘴；4—止回阀

二、水环式真空泵

水环式真空泵原理及分解图如图 6-17 所示。它的主要部件是叶轮、叶片、泵壳、吸排气。叶轮偏心地安装在壳体内，叶片为前弯式。

在水环泵工作前，需要先向泵内注入一定量的水。电动机带动叶轮旋转，水受离心力的作用，形成沿泵壳旋转流动的水环。这样，由水环内表面、叶片表面、轮毂表面、壳体的两个侧表面围成了许多密闭小空间。因为叶轮的偏心安装，这些小空间的容积随叶片旋转呈周期性变化。

在旋转的前半周，小空间的容积由小变大，压力降低，可通过吸入口吸入气体。在后半周，小空间的容积由大变小，已经被吸入的气体压缩升压。当压力达到一定程度时，通过排气口将气体排出。这样，水环泵就完成了吸气、压缩、排气三个连续的过程，达到抽气的目的。

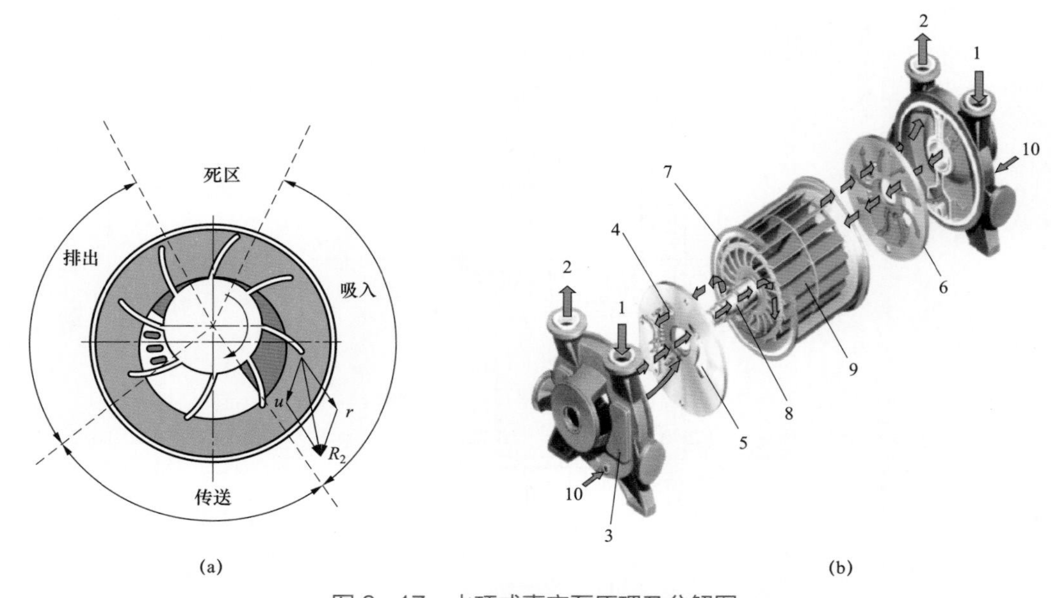

图 6–17 水环式真空泵原理及分解图

（a）水环式真空泵工作原理；（b）水环式真空泵分解图

1—吸入端口；2—排出端口；3—泵体端盖；4—排出端；5—吸入端；

6—端板；7—泵体；8—轮毂；9—叶轮；10—工作水

水环泵在排气时，工作水会排出一小部分。经过气–水分离器后，这一小部分水又送回泵内。所以，工作水的损失较小。为保证稳定的水环厚度，在运行中需要向泵内补充凝结水。

三、配置大气式喷射器的真空泵系统

水环式真空泵在低压下抽气量小、效率偏低，而且还产生汽蚀现象，联合循环电厂汽轮机一般在其入口端增设一个大气式喷射器。大气式喷射器是喷射泵的一种类型，它利用水环式真空泵工作时与大气之间的压差将气体吸入到工作喷嘴，并获得超声速汽流，在混合室内形成真空，从而将被抽气体吸入，两股气体混合后，经过扩压管再被水环式真空泵吸入并排到泵外。

某 F 级联合循环汽轮机抽真空系统见图 6–18，大气式喷射器与水环式真空泵串联布置。当凝汽器压力 p_c>0.1bar 时，旁路止回阀关闭，空气排放阀打开，大气式喷射器处于启动位置。来自分离器内部的空气作为喷射器的动力气源，经过空气排放阀后经由喷射器 A 口进入。由凝汽器抽吸来的气体经过进口蝶阀与止回阀进入喷射器 B 口，二者在喷射器内混合升压后从 C 口排出，然后被水环式真空泵抽吸排至分离器内。当凝汽器压力 p_c<0.1bar 时，旁路止回阀开启，空气排放阀关闭，大气式喷射器停止运行。来自凝汽器被抽吸的气体直接被真空泵抽吸至分离器。分离出来的水与通过水位调节器来的补充水一起经工作水冷却器降温后，再次作为补水回到真空泵。上述系统的设备如图 6–19 所示。水环式真空泵的设备规范见表 6–3。

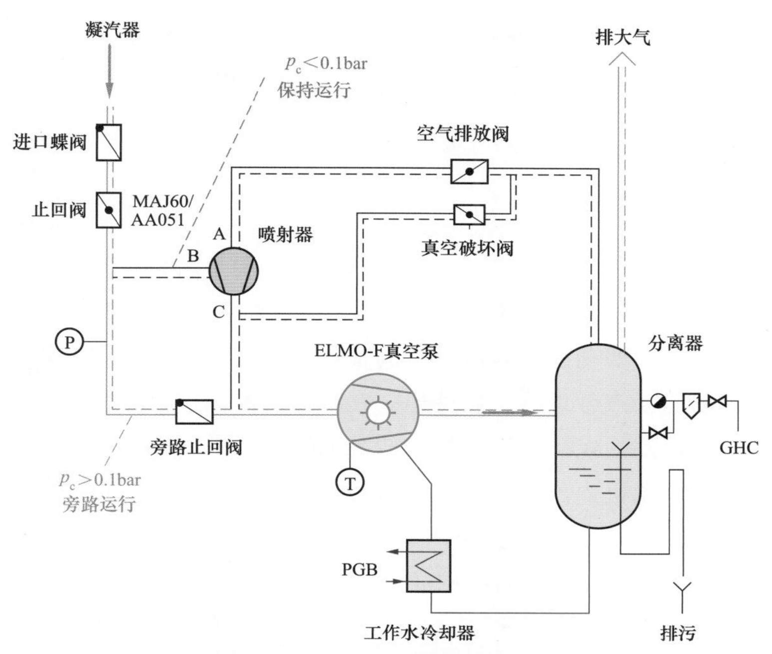

图 6-18　配大气式喷射器的水环式真空泵抽真空系统

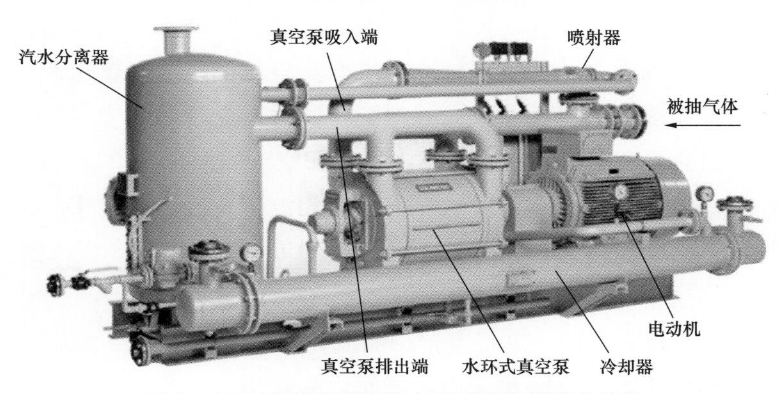

图 6-19　配置喷射器的水环式真空泵系统设备

表 6-3　　水环式真空泵设备规范

项目	单位	参数
真空泵型号		2BE1303-0MY4
电机型号		Y2-315L2-8
功率	kW	110
电压	V	380
转速	r/min	740
防护等级		IP54
绝缘等级		F
接线方式		Δ
质量	kg	1165
数量	台/机	2

第五节　轴封蒸汽系统

一、轴封系统主要功能

汽轮机轴封蒸汽系统（简称轴封系统）的主要作用是防止蒸汽沿高中压缸轴端向外泄漏，甚至窜入轴承箱导致滑油中进水，防止空气漏入汽缸而破坏机组的真空。

轴封蒸汽系统的主要功能是向汽轮机的轴封和主汽阀、调节阀的阀杆提供密封蒸汽，同时将各汽封的漏汽合理导向或抽出。在汽轮机的高压区段，轴封系统的正常功能是防止蒸汽向外泄漏，以确保汽轮机有较高的效率。在汽轮机的低压区段，则是防止外界的空气进入汽轮机内部，保证汽轮机有尽可能高的真空（也即尽可能低的背参数），保证汽轮机组的高效率。轴封蒸汽系统主要由密封装置、轴封蒸汽母管、汽封冷却器等设备及相应的阀门、管路系统构成。

汽轮机组的高、中、低压缸轴封均由若干个轴封组成。相邻两个轴封段之间形成一个汽室并经各自的管道接至轴封系统。

轴封蒸汽系统包括送汽、回（抽）汽和漏汽三部分。在汽轮机组启动前，汽轮机内部必须建立必要的真空，此时利用辅助蒸汽向汽轮机的轴封装置送汽；在汽轮机组正常运行时，汽轮机高压区段的蒸汽向外泄漏；同时，为了防止空气进入轴封系统，在高压区段最外侧的一个轴封汽室，必须将蒸汽和空气的混合物抽出。

为了汽轮机本体部件的安全，对送汽的压力和温度有一定的要求。因为送汽温度如果与汽轮机本体部件温度（特别是转子的金属温度）差别太大，将使汽轮机部件产生很大的热应力，这种热应力将造成汽轮机部件寿命损耗的加剧，同时还会造成汽轮机动、静部分的相对膨胀失调，这将直接影响汽轮机组的安全。

为控制轴封系统的蒸汽温度和压力，系统内除管道、阀门之外，还设有压力调节装置和温度调节装置。

在汽轮机组正常运行时，轴封系统的蒸汽由系统内自行平衡，但压力调节装置、温度调节装置仍然进行跟踪监视和调节。此时，通过汽轮机轴封装置泄漏出来的蒸汽尽可能地回收能量，确保汽轮机组的效率。

当汽轮机紧急停机时，高、中压缸的进汽阀迅速关闭。此时，高压缸内的蒸汽压力仍然较高，而中、低压缸内的蒸汽压力接近于凝汽器内的压力。于是，高压缸内的蒸汽将通过轴封蒸汽系统泄漏到中、低压缸内做功，造成汽轮机的超速。为了避免这种危险，轴封系统应设置有危急放汽阀，当轴封系统的压力超限时，危急放汽阀立即打开，将轴封系统与凝汽器接通。

轴封蒸汽系统通常有两路外接汽源。一路是来自其他机组或辅助锅炉（对于新建电厂的第一台机组）的辅助蒸汽经温度、压力调节阀之后，接至轴封蒸汽母管，并分别向各轴封系统送汽；另一路是主蒸汽经压力调节后供汽至轴封系统，作为轴封系统的备用汽源。

二、轴封系统介绍

某联合循环汽轮机采用了如图 6－20 所示的多级减压式汽封，多级汽封之间设置密封蒸汽腔室，通过设置不同腔室处于不同的压力，达到完全密封的目的。

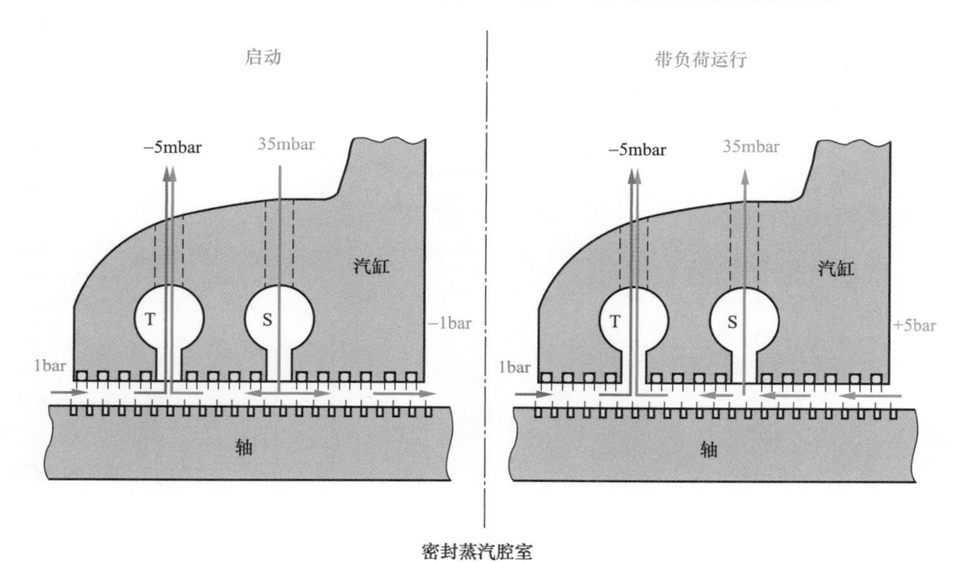

图 6－20　多级减压式汽封结构

其轴封系统见图 6－21。辅助蒸汽通过电加热器后，分别经由轴封蒸汽母管进汽调节阀与低压轴封进汽调节阀为轴封供汽母管及低压轴封供汽，维持两者压力 35mbar。进入低压轴封的密封蒸汽经过喷水减温（120～180℃）为低压轴封供汽。由于高压漏汽导致轴封供汽母管压力超过 48mbar 时，通过溢流阀向凝汽器排汽，维持轴封供汽母管压力在 35～48mbar 范围。轴封加热器风机维持轴封加热器汽侧压力－10mbar，将各处负压轴封（–5mbar）的漏汽（气）吸至轴封加热器进行工质及热量回收后，将不凝结气体排大气。高压缸进汽及排汽侧1漏（见图6–21图示①），由于参数较高，正常运行时被引至低压缸入口，与中压缸排汽混合后进入低压缸做功。启动时这股蒸汽直接排往凝汽器，中高压主汽门与调节汽门的门杆漏汽也被引至轴封供汽母管加以回收。中压进汽法兰后漏汽（见图6–21图示②）直接排往凝汽器。系统中轴封加热器、电加热器以及轴封加热器风机的参数见表6–4～表6–6。

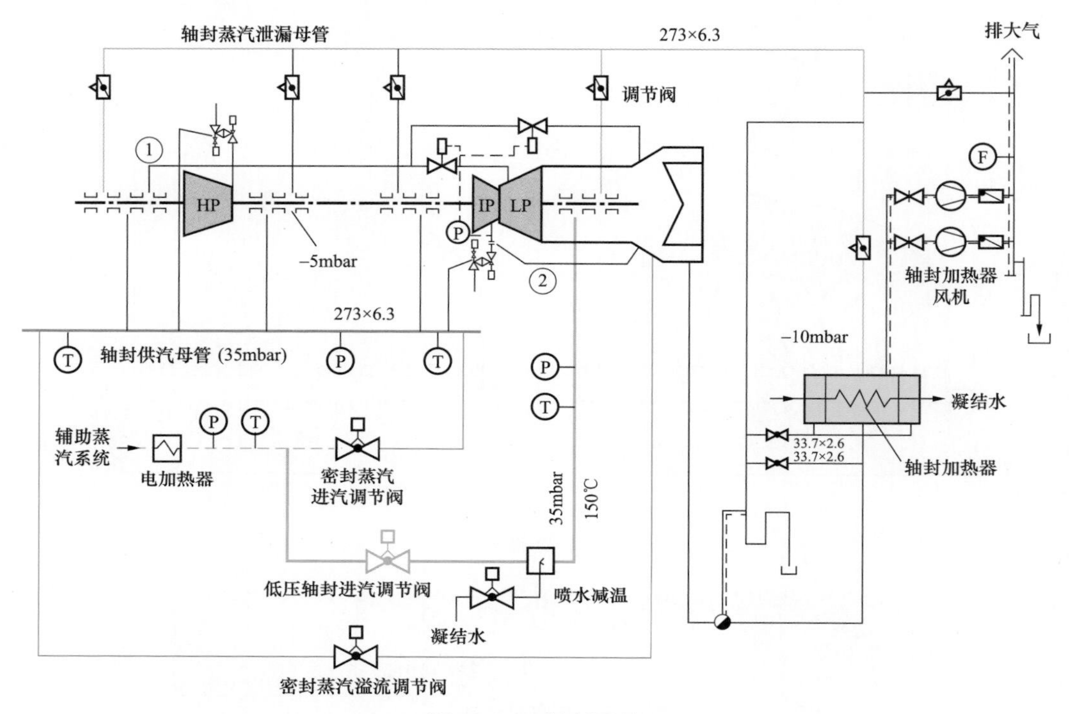

图6–21　轴封系统

表6–4　　轴封加热器设备规范

项目	单位	参数
型号		JQ–20–2
换热面积	m^2	20
管侧设计温度	℃	95
壳侧设计温度	℃	350
管侧设计压力	MPa	4
壳侧设计压力	MPa	4
管程阻力	kPa	35
数量	台/机	1

表6-5　电加热器设备规范

项目	单位	参数
功率	kW	260
进口温度	℃	143～176
设计出口温度	℃	300
控温范围	℃	280～320
工作压力	MPa	0.2～0.8
设计压力	MPa	1.6
最高温度	℃	400
数量	台/机	1

表6-6　轴封加热器风机设备规范

项目		单位	参数
轴封加热器风机	流量	m^3/h	1800
	出口压力	Pa	5500
	额定功率	kW	5.5
	转速	r/min	2900
电动机	功率	kW	5.5
	电压	V	380
	电流	A	10.7
	转速	r/min	2933

轴封加热器结构如图6－22所示，轴封加热器为全焊接卧式单流程管壳式换热器，由外壳、进出口水室、管束以及隔板等部分组成，水室上设有凝结水进出管接口、排气接口及放水接口。来自轴封系统的泄漏蒸汽及空气从壳侧进口进入换热器，大部分水蒸气在管束外表面凝结后，从疏水口排往凝汽器。少量未凝结的蒸汽与空气经由壳侧出口吸至轴封加热器风机。正常运行时，轴封加热器汽侧压力维持在－10mbar。在蒸汽进口管道上安装有磁性浮球式液位开关，当轴封加热器液位达到高限时报警。

三、轴封供汽参数控制

如果轴封蒸汽压力太高，轴封蒸汽外泄，从而导致轴承箱进汽，润滑油污染；反之如果压力太低，空气漏入汽轮机真空侧，则影响机组经济性能。特别是在热态、极热态启动阶段，低温空气经过高温轴封段被吸入汽轮机，高温轴封段和高温汽缸被急剧冷却，轴封段产生巨大的热应力，严重时导致大轴弯曲；汽缸内外壁温差超限，发生变形。因此，轴封蒸汽压力应确保汽封不发生外泄及内吸。

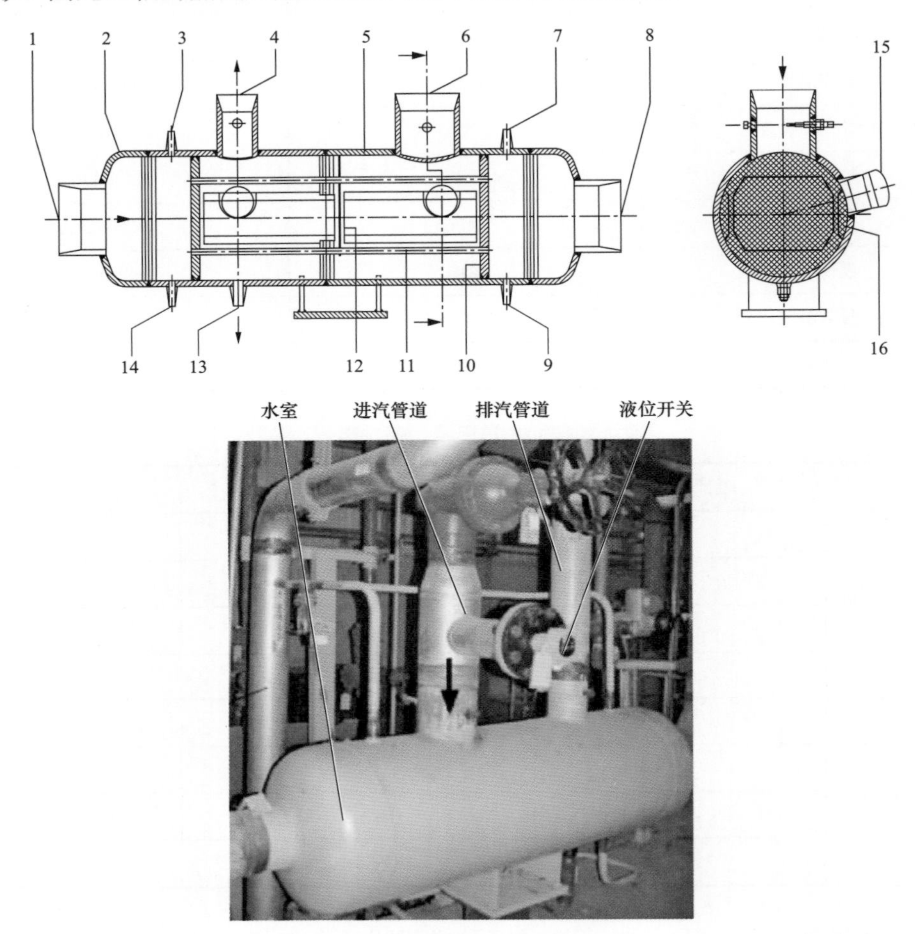

图6-22 轴封加热器结构

1—凝结水入口；2—水室；3、7—水侧排气接口；4—泄漏蒸汽/空气混合物出口；5—轴封加热器外壳；6—泄漏蒸汽/空气混合物进口；8—凝结水出口；9、14—水侧放水接口；10—管板；11—冷凝管；12—隔板；13—疏水口；15—人孔；16—导流板

高中压轴封蒸汽的温度必须与高压缸和高压转子的温度相匹配，同时必须保证轴封蒸汽温度有一定的过热度。一般来讲，轴封蒸汽温度与汽轮机调节级内缸内上壁金属温度相近。

某机组轴封供汽母管蒸汽温度与压力控制逻辑见图6-23。当高中压轴封蒸汽母管温度大于340℃时，温度高报警。高中压轴封蒸汽母管温度限制控制器的设定值为330℃，当温度高于设定值时，温度限制控制器输出与压力控制器的输出的最大值作为高中压轴封进汽调节阀的控制指令。当高中压轴封蒸汽母管温度小于120℃时，温度低报警，同时高中压轴封蒸汽母管压力控制器输出上限为30%，限制高中压轴封进汽调节阀的开度。

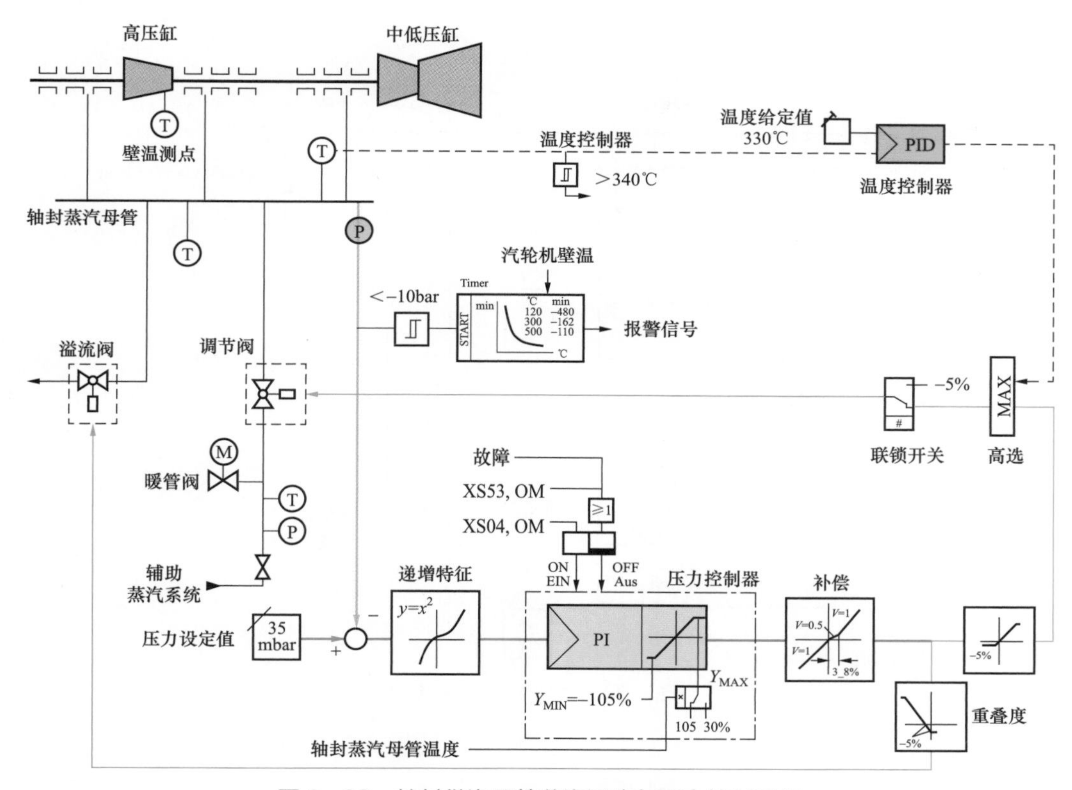

图 6-23 轴封供汽母管蒸汽温度与压力控制逻辑

当轴封供汽母管压力低于 -10mbar 时，机组内置程序会根据汽轮机内缸内上壁温度随时间的变化规律自动计算，发出报警信号。正常运行时，轴封供汽母管实时压力与设定值（35mbar）相比较，该压差信号通过递增特性、压力限制及补偿控制后，经预设的溢流阀与供汽调节阀重叠度模块，对溢流阀及供汽调节阀发出开/关指令。

温度控制器及压力控制器发出的信号经过高选后，经过联锁开关控制轴封供汽调节阀的开度。联锁开关的控制逻辑见图 6-24。在轴封蒸汽供汽调节阀前设有温度及压力测点，当阀前压力低于 2bar 或阀前蒸汽过热度小于 5℃时，联锁开关发出关闭调节阀的指令。同时，机组内置程序对比轴封供汽温度与汽轮机主轴平均温度以及汽缸平均温度的相对关系，是否处于合适范围。当供汽温度过低或过高时，发出关闭联锁开关指令。

低压轴封蒸汽参数控制逻辑（见图 6-25）类似高中压轴封供汽参数，低压轴封供汽温度与温度设定值（150℃）同时输入温度控制器，温度控制器的输出指令控制喷水减温的凝结水流量。低压轴封供汽压力与压力设定值同时输入压力控制器，压力控制器的输出质量控制低压轴封供汽调节阀的开度。如果轴封蒸汽过热度小于 5℃，或者辅助蒸汽压力小于 2bar，压力控制器输出指令关闭低压轴封蒸汽调节阀。低压蒸汽供汽调节阀关闭时，会联锁关闭喷水减温调节阀。

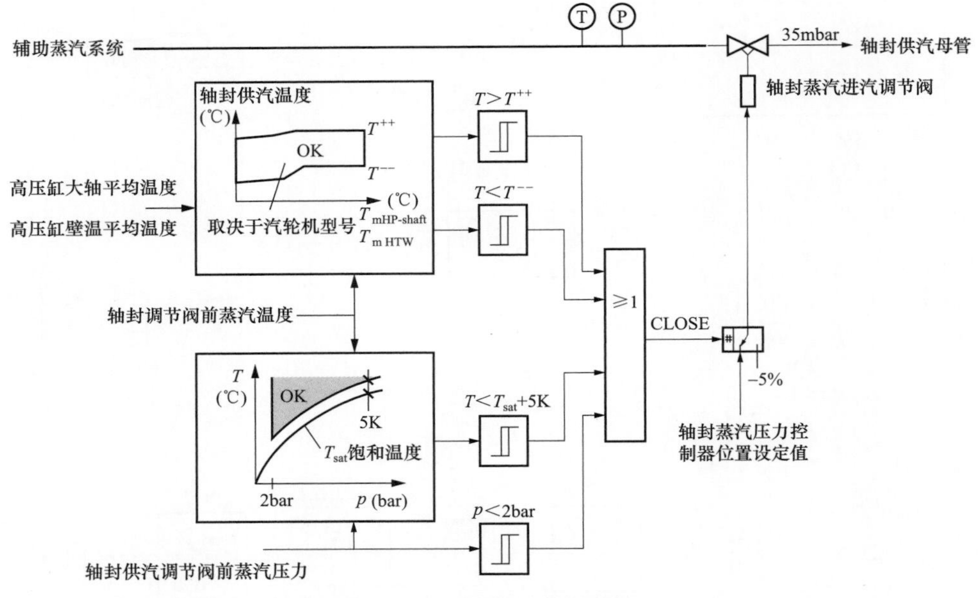

图 6－24　联锁开关控制逻辑

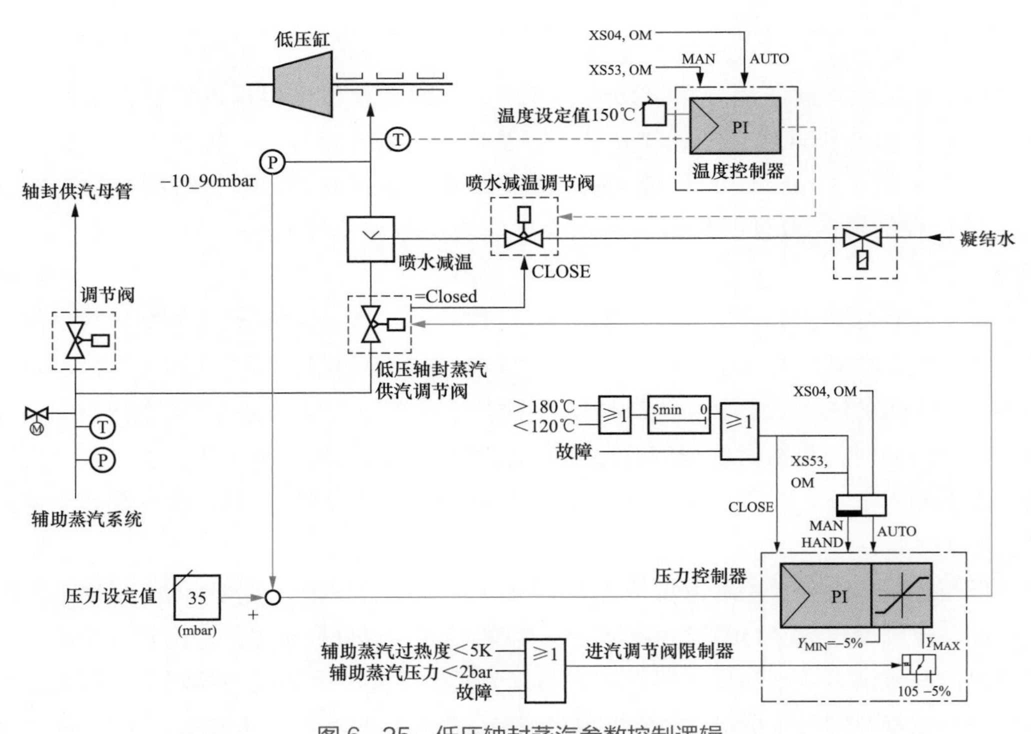

图 6－25　低压轴封蒸汽参数控制逻辑

第六节　DEH液压控制系统及其设备

一、汽轮机调节系统的任务

汽轮发电机组的任务是根据用户的用电要求，提供质量合格的电能。然而，电能一般不能大量储存，因此，汽轮机必须进行调节，以适应外负荷变化的要求。随着机组功率的增加，其调节保护系统更加完善。

汽轮机调节与保护系统是控制汽轮机启动、停机、带负荷运行，防止出现严重事故的自动控制装置。它应能适应各种运行工况的要求，及时地调节汽轮机的功率，满足外界负荷的变化需要，同时维持电网的频率在50Hz左右；在机组出现异常时，能自动改变运行工况直至停机，以防止事故扩大。

汽轮发电机组的转速决定着发电频率，而汽轮发电机组转子的转速又决定于作用在转子上的力矩。作用在机组转子上的力矩主要是蒸汽驱动力矩M_{st}、电磁阻力矩M_{em}和机械摩擦阻力矩M_f，如图6－26所示，其转子旋转运动的动态方程为

$$J\frac{d\omega}{dt}=M_{st}-M_{em}-M_f$$

式中　J——转子的转动惯量；

ω——转子旋转角速度。

当上述三个力矩失去平衡时，即蒸汽力矩大于或小于电磁与摩擦阻力矩之和，转子在不平衡力矩作用下，转速加速上升或减速下降。

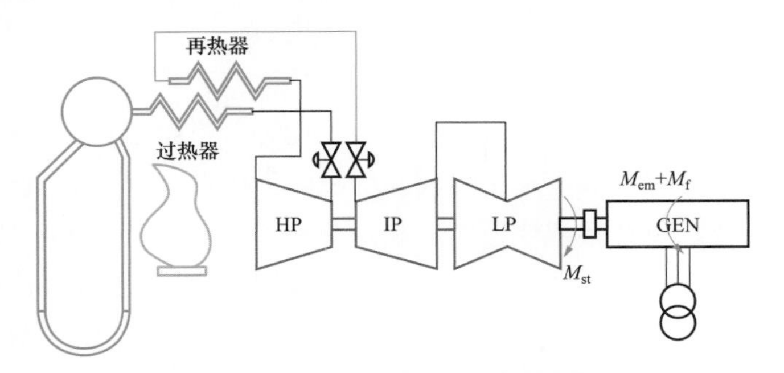

图6－26　汽轮发电机组转子力矩平衡简图

汽轮机的蒸汽驱动力矩与电磁及摩擦阻力矩表现出相反的转速、频率特性。电磁阻力矩与电力系统频率近似地成正比，而摩擦阻力矩与机组转速的平方成正比，即转子上所受的阻力矩具有正的频率特性系数，如图6－27中曲线1所示。汽轮机的蒸汽驱动力矩随转速上升而减小，显示出与转速成反比的特性，如图6－27中曲线2所示。当外界负载增加时，曲线1上升到曲线1′，蒸汽驱动力矩必须由原平衡状态A点增加到C点以平衡负载，这时转速也由n_A下降到n_C，蒸汽驱动力矩与阻力达到新的平衡。因此，

汽轮机即使没有调节系统，在外界负荷变化时，机组也能自动地保持负荷平衡状态，汽轮发电机组的这一特性称为自调节特性。然而，无论是汽轮机蒸汽驱动力矩还是电磁与摩擦阻力矩，转速、频率系数均较小，这种自调特性虽然在外界负荷变化时能使机组达到新的平衡点，但使机组的转速发生很大的变化，进而引起电力系统频率产生大幅度波动，不能满足优良供电品质要求。为此，在汽轮机上必须设置调节系统，这样，在电力系统的负荷增大、频率降低时，汽轮机调节系统根据转速偏差的大小改变调节汽阀的开度，调节汽轮机的进汽量及比焓降，改变发电机的有功功率输出。由于汽轮机调节系统是以机组转速为调节对象，故习惯上也称为调速系统。

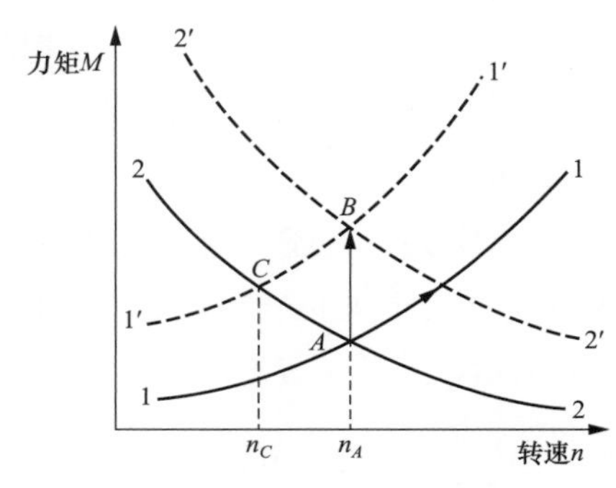

图 6–27　机组力矩与转速关系

二、汽轮机运行对调节系统性能的要求

汽轮机是高温、高压、高速旋转机械，转子的惯性相对于汽轮机的驱动力矩很小。机组运行中一旦突然从电力系统中解列甩去全部电负荷，汽轮机巨大的驱动力矩作用在转子上，使转速快速上升，如不及时、可靠地切除汽轮机的蒸汽供给，就会使转速超过安全许可的极限转速，酿成毁机恶性事故。此外，机组运行中还存在低真空、低润滑油压、高振动、大差胀等危及机组安全的故障。因此，为保障汽轮机在各种事故工况下的安全，除要求调节系统快速响应和动作外，还需设置保护系统。在事故危急工况下，保护系统快速动作，使主汽阀和调节汽阀同时快速关闭，可靠地切断汽轮机的蒸汽供给，使机组快速停机。因此调节系统在运行中应能满足如下要求：

（1）调节系统应能保证机组启动时平稳升速至 3000r/min 并能顺利并网。即在机组升速过程中，能手动向调节系统输入信号，控制进汽阀门开度，平稳改变转速。

（2）机组并网后，蒸汽参数在允许范围内，调节系统应能使机组在零负荷至满负荷之间任意工况稳定运行。即机组在并网运行时，能手动向调节系统输入信号，任意改变机组功率，维持电网供电频率在允许范围内。

（3）在电网频率变化时，调节系统能自动改变机组功率，与外负荷的变化相适应。在电网频率不变时，能维持机组功率不变，具有抗内扰性能。

（4）当负荷变化时，调节系统应能保证机组从一个稳定工况过渡到另一个稳定工况，而不发生较大的和长时间的负荷摆动。由于输出功率较大，而转子的转动惯量相对较小，在力矩不平衡时，加速度相对较大。在调节系统迟缓率和中间蒸汽容积的影响下，机组功率变化滞后。若不采取相应措施，会造成调节阀过调和功率波动。抑制功率波动的有效方法是：采用电液调节系统，尽可能地减小系统的迟缓率，并对调节信号进行动态校正和实现机炉协调控制。

（5）当机组甩全负荷时，调节系统应使机组能维持空转（遮断保护不动作）。超速遮断保护的动作转速为3300r/min，故机组甩全负荷时，应控制最高动态转速小于3210～3240r/min。为此，机组在甩负荷时，同步器自动回零，并设置防超速保护和快关卸载阀，在机组甩负荷转速达3090r/min时，防超速保护和快速卸载阀动作，使高、中压调节阀加速关闭。

（6）调节系统中的保护装置，应能在被监控的参数超过规定的极限值时，迅速地自动控机组减负荷或停机，以保证机组的安全。高、中压主汽门也设置有快速卸载阀，在机组停机时，其快速卸载阀自动打开，使其加速关闭，以防止转速超过3300r/min。

三、DEH液压伺服系统

液压伺服系统是DEH的一个组成部分，以抗燃油作为工作介质，该系统按其功能可分为液压控制系统、危急遮断系统和供油系统。液压控制系统中有伺服型和开关型两类控制机构。① 伺服型控制机构，根据DEH系统数字控制器发出的指令控制相应阀门（高压调门、中压调门、低压调门、低压旁路门、中压旁路门）的开度。② 开关型控制机构，控制阀门（高压、中压、低压主门，高压旁路门）全开或关闭。危急遮断保护系统在监视参数超限、危及安全运行时，自动或手动使机组跳停机。供油系统向液压控制系统提供参数合格的抗燃油。

伺服型和开关型液压控制系统具有以下相同的特点：

（1）所有的进汽阀都配置一个单侧进油的油动机，其开启依靠高压动力油，关闭依靠弹簧。这是一种安全型的机构，在系统漏油时，油动机向关闭方向动作。

（2）在油动机的油缸上有一个控制块的接口，在控制块内装有滤网、快速卸载阀和电液伺服阀（开关型不装），并加上相应的附加组件构成一个整体，成为具有控制和快关功能的组合执行机构。

1. 伺服型阀门执行机构

在DEH调节系统中，数字式控制器输出的阀位信号，经D/A转换器转变成模拟量，送入伺服型阀门液压伺服系统。伺服型阀门执行结构见图6－28。该系统由电液伺服阀（电液转换器）、油动机（或称油缸）、遮断阀、遮断电磁阀、滤油器和线性位移差动变送器（简称LVDT）等组成，是DEH调节系统的末级放大与执行机构。

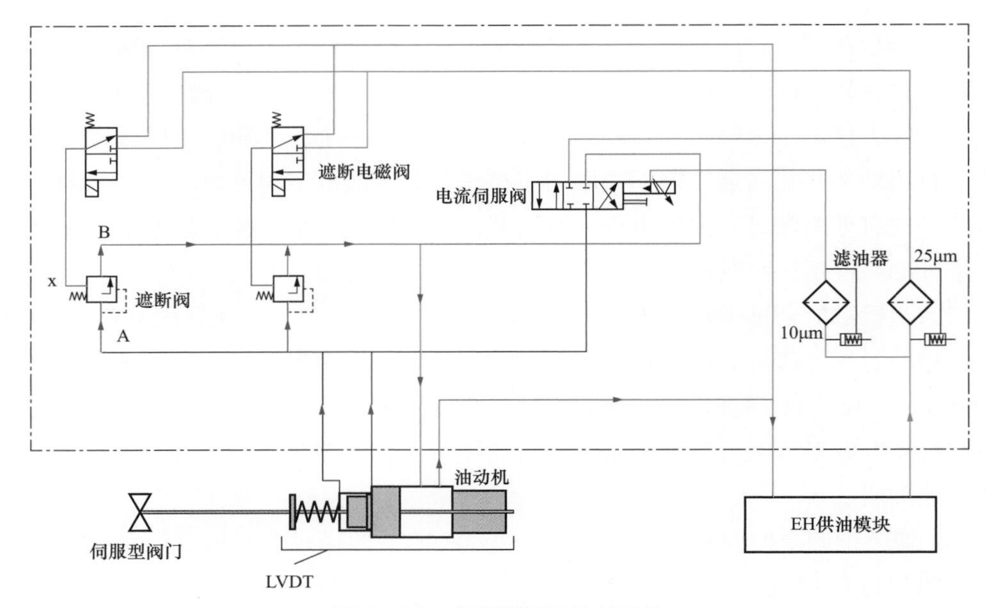

图 6–28 伺服型阀门执行机构

EH 供油模块分两路进入执行机构，一路进入两个并联的遮断电磁阀，另一路进入电液伺服阀（电液转换器）。遮断电磁阀并联布置可有效防止遮断电磁阀拒动带来的事故。遮断电磁阀接收来自控制系统的信号，机组正常运行时，建立安全油压（蓝色）。当机组转速达到 3090r/min 时，高压、中压、低压调门的遮断电磁阀接收来自控制系统的信号动作，安全油压快速卸掉，三个调节门全部关闭，切断进入汽轮机的蒸汽。此时高压、中压、低压旁路调节阀快速打开，并联动喷水调节阀，将蒸汽通过旁路系统引至凝汽器。

DEH 系统阀门管理器输出的阀位信号，经 D/A 转换为阀位调节的电压信号，与油动机 LVDT 测量的电压信号比较。比较差值经过伺服放大器进行功率放大后，转换成电流信号，再在电伺服阀中将电流信号转换为液压信号，使电液伺服阀主阀芯移动，控制油动机的高压抗燃油通道。当伺服阀使高压抗燃油进入油动机活塞左腔室时，使油动机活塞向右移动，克服弹簧力带动进汽阀开大；当伺服阀使压力油自油动机活塞左腔室泄出时，借助弹簧活塞左移，从而关小进汽阀门。当油动机活塞移动时，同时带动线性位移差动变送器（LVDT），将油动机活塞的位移转换成阀位测量的电压信号，作为负反馈信号与经计算机处理后送来的阀位调节信号比较（由于两者极性相反，实际上是相减）。只有在原输入位调节信号与阀位反馈信号相等，使输入伺服放大器的信号为零时，伺服阀的主滑阀回到中间位置，油动机活塞左腔室不再有高压油进入或泄出，此时蒸汽阀门便停止移动，停留在一个新的工作位置。

油动机左腔室连接两个遮断阀。当发生故障需紧急停机时，遮断电磁阀动作，安全油（蓝色）通过危急遮断阀与回油（绿色）管路相连，安全油压降低。使遮断阀快速打开，迅速泄去油动机塞左腔的压力油，在弹簧力的作用下迅速关闭各高压、中压、低压主汽阀和各高压、中压旁路调节阀，以实现对机组的保护。在遮断阀动作的同时，工作油通过油动机的右腔室排入油箱，从而避免回油旁路的过载。

2. 开关型阀门执行机构

开关型阀门执行机构见图6－29，开关型阀门不具有阀位控制功能，不设置电液伺服阀，只设置先导电磁阀。与伺服型阀门执行机构类似，正常运行时，EH供油模块通过并联遮断电磁阀建立安全油压，EH供油系统通过先导电磁阀，向油动机左腔室供油，阀门处于全开状态。当机组转速达到3300r/min时，高压、中压、低压主汽门的遮断电磁阀接收来自控制系统的信号动作，安全油压快速卸掉，迅速泄去油动机塞左腔的压力油，在弹簧力的作用下迅速关闭各高压、中压、低压主汽阀，以实现对机组的保护。

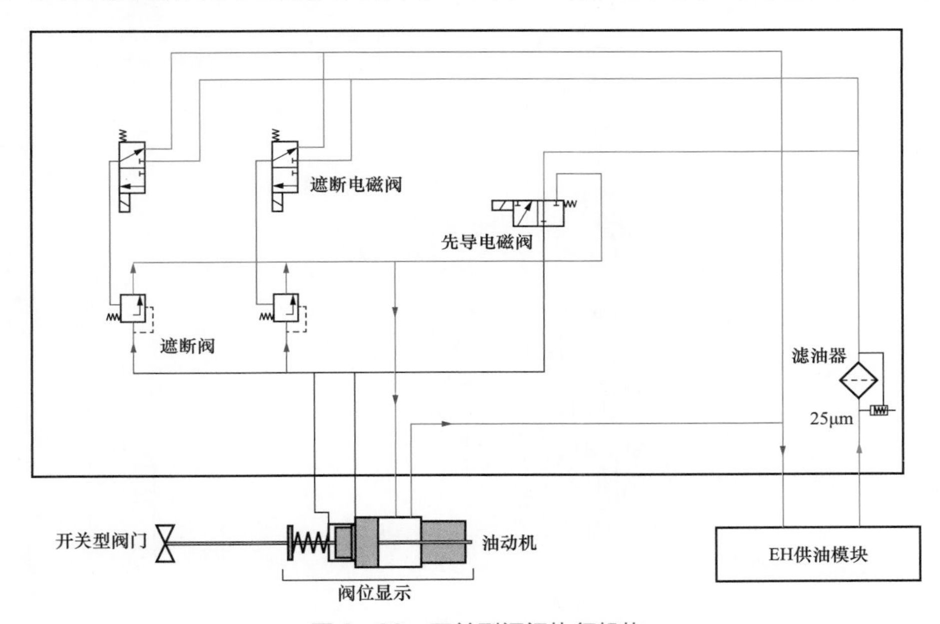

图6－29　开关型阀门执行机构

3. 电液伺服阀

电液伺服阀也称电液转换器，是汽轮机调节系统中将电信号控制指令转换为液压信号并放大的装置。如图6－30所示是电液伺服阀的结构原理，它由一个磁力矩马达、喷射式油压信号发生器和机械反馈系统以及错油门组成。它是一个通用部件，可用于控制双侧进油或单侧进油的油动机。当控制单侧进油的油动机时，只利用右侧去油动机活塞腔室的油口，左侧的油口被堵塞。由伺服放大器来的电流信号，引入磁力矩马达衔铁上的线圈。压力油进入电转换器后分为两路，其中一路经过滤器和其两端的节流孔，分别由两个喷嘴喷出。在稳定工况时，磁力矩马达衔铁上的线圈没有电流通过，衔铁处在水平位置；与衔铁相连的挡板与两侧喷嘴的距离相等，使两侧喷嘴的泄油间隙相等，则阀芯两端的油压相等，阀芯处在中间位置。当衔铁上的线圈有电流信号输入时，衔铁产生磁场；在两侧永久磁铁作用下摆动一个角度，带动挡板摆动，使挡板靠近一侧的喷嘴，这个喷嘴的泄油间隙变小，流量减小，该侧节流孔后的油压变高；而对侧的喷嘴与挡板间的距离增大，泄油量增大，其节流孔后的压力降低。两侧喷嘴前的油路分别与下部滑阀的两端腔室相通，此时，滑阀两端的油压也不相等，在压差的作用下滑阀产生移动，其凸肩所控制的油口开启，控制油动机活塞下腔室进油或排油，开大或关小相应的进汽阀。当输入线圈的为正向电流时，油动机进油；当输入线圈的为负向电流时，油动机排油。为了增加调节系统的稳定性，除了采用差值信号进行调节外，伺服阀中的支撑弹簧和挡板为一种动态机械反馈机构，在衔铁偏转、阀芯移动时，机械反馈机构产生一个与电磁力矩反向的力矩，使阀芯的位移量与线圈的电流成正比。在线圈的电流为零时，以保证阀芯回到中间位置，切断油动机的油路。

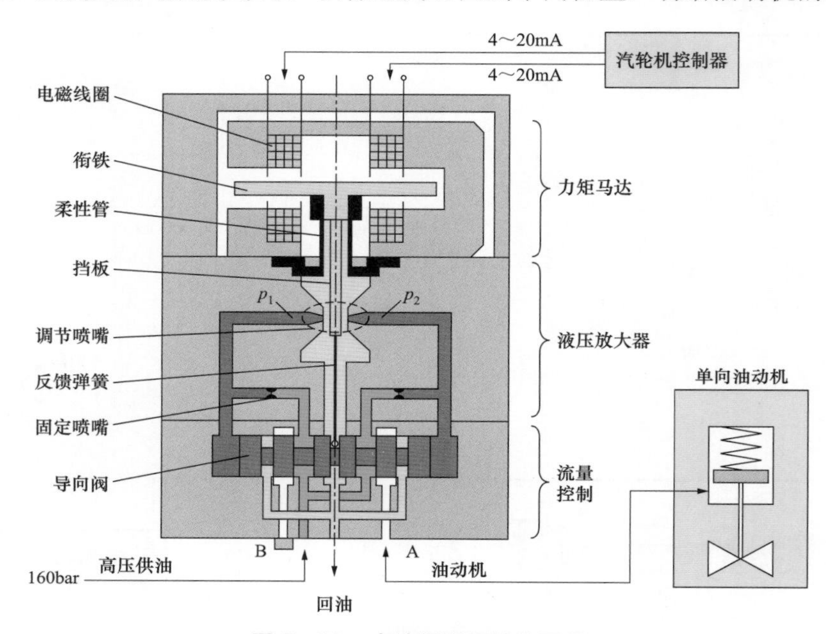

图 6－30　电液伺服阀结构原理

4. 线性位移差动变送器（LVDT）

LVDT 的作用是把油动机活塞的位移（代表汽阀的开度）转换成电压信号，反馈到伺服放大器前。LVDT 由芯杆、绕组、外壳等组成，具有体积小、性能稳定、可靠性强的特点。如图 6－31 所示，LVDT 中有 3 个绕组，一个是一次侧绕组，缠绕在芯杆上，供给交流电源；在外壳中心的两侧各绕有一个相同的二次侧绕组，这两个绕组反向连接。因此，二次侧绕组的净输出，是两绕组感应电动势差值。当铁芯上的绕组处于中间位置时，两个二次侧绕组的感应电动势相等，变送器输出的电压信号为零。这些保护的主要作用如下：二次绕组的感应电动势经整形滤波后，转变为铁芯与绕组间相对位移的电压信号输出。在实际装置中，外壳是固定不动的。铁芯通过杠杆与油动机活塞连杆相连，这样，其输出的电压信号便可模拟油动机的位移，也就代表了进汽阀当前的开度。

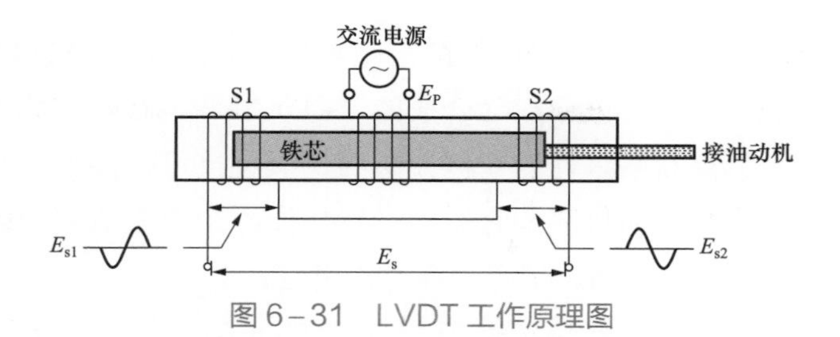

图 6-31　LVDT 工作原理图

5. 遮断阀

遮断阀安装在执行机构控制块上，在如图 6-32 所示的遮断阀的上部装有一筒状滑阀，滑阀左侧的腔室 A 与进入油动机活塞下腔室的高压油管路相通，承受高压油的作用力。上部的腔室 B 与回油相连，右侧的油口 X 与遮断电磁阀相连。正常运行时，安全油压 X 加弹簧力克服油动机腔室 A 的压力，筒状滑阀将排油口 B 堵住。汽轮机危急遮断系统（ETS）动作或超速保护动作时，高压、中压、低压主汽门与调节门安全油压 X 泄去，油动机腔室内压力克服弹簧力，遮断阀打开，油动机活塞腔室 A 的油经遮断阀 B 迅速排出。这时不论伺服放大器输出信号的大小，油动机活塞在弹簧作用下迅速下移，相应的进汽阀快速关闭。

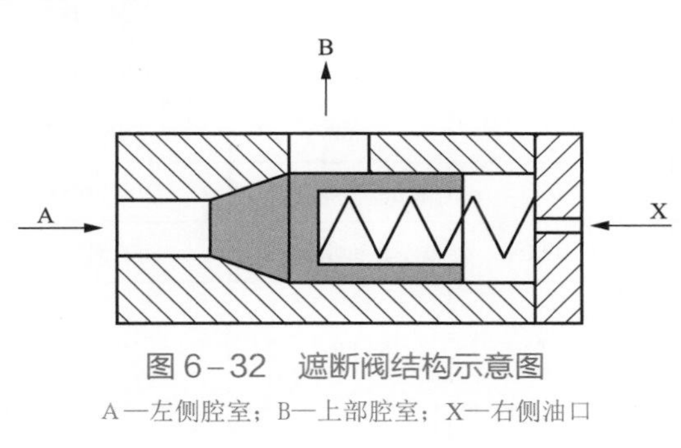

图 6-32　遮断阀结构示意图

A—左侧腔室；B—上部腔室；X—右侧油口

第七节　油　系　统

一、EH 液压油系统

为了提高控制系统的动态响应品质，汽轮机普遍采用了抗燃油。抗燃油具有良好的润滑性能、抗燃性能和流体稳定性。因为其燃点在 550℃以上，所以在事故情况下，当有高压动力油泄漏到高温部件时，发生火灾的可能性大大降低。

1. EH 抗燃油理化特性

汽轮机液压油系统用于向汽轮机调节系统的液压控制机构提供动力油源，还向汽轮机的保安系统提供安全油源。液压油系统的工质是磷酸酯抗燃油。根据 ISO 6743/4 标准，抗燃油是一种不含水、由磷酸酯组成的合成油。它的标识为 ISO-L-HFDR。三芳基的磷酸酯是磷、氯氧化物和苯酚或苯酚衍生物的反应产物，它可以从天然原料（天然的 FRF）获得，也可以从合成原料（合成的 FRF）获得。最终产物不含毒害神经的邻位甲酚化合物。为了提高某些性能，例如防腐、氧化，可以添加一些添加剂，这些添加剂必须对抗燃油系统内的材料和它们的运行性能不会产生负面的影响。抗燃油不应对钢铁、铜、铜合金、锌、锡、铝等材料造成腐蚀。

在抗燃油系统中，应完全采用防腐的材料。抗燃油在一个再生器里被连续地再生，它必须保证不会腐蚀或侵蚀控制元件的边缘。抗燃油的黏度等级必须符合 ISO VG 46。抗燃油必须维持油质的稳定，它不应含有任何的黏度改进剂。在正常的工况和再生条件下，抗燃油的最小免维护寿命周期为 25000 运行小时。从系统中泄漏出来的抗燃油应不能被点燃或者在接触到高温物体的表面（等于 550℃）时不会燃烧，它能够在 75℃的温度下连续运行，而不发生物理和化学的性质变化。抗燃油不会对人体的安全和健康产生危害。EH 抗燃油在正常运行时的理化特征见表 6－7。

表 6－7　　EH 抗燃油在正常运行时的理化特征

特性	数值	单位	测试方法	
			DIN/ISO	ASTM
40℃运动黏度	41.4～50.6	mm^2/s	DIN 51562－1	ASTM D445
50℃空气释放特性	≤3	min	DIN 51381	ASTM D3427
中性物质含量	≤0.1	mg KOH/g	DIN 51558－1	ASTM D974
含水量	≤1000	mg/kg	DIN 51777－1	ASTM D3427
50℃时 泡沫含量 稳定时间	 ≤100 ≤450	 mL s	—	ASTM D892
水的可分离性	≤300	s	DIN 51589－1	—
抗乳化时间	≤20	min	DIN 51599	ASTM D1401
15℃时密度	≤1250	kg/m^3	DIN 51757	ASTM D1298
闪点	≤235	℃	ISO 2592	ASTM D92
点燃温度	＞550	℃	DIN 51794	—
火焰持续时间	≤5	s	ISO/DIS 14935	—
凝固点	≤－18	℃	ISO 3016	ASTM D97
颗粒分布	≤15/12		ISO 4406	—
氯含量	50	mg/kg	DIN 51577－3	—
氧化物含量	≤2.0	mg KOH/g	DIN 51373	—
水解稳定性	≤2.0	mg KOH/g	DIN 51348	—
电导率	＞50	S/m	IEC	—

2. EH 供油系统

某 F 级联合循环汽轮机 EH 供油系统（见图 6－33）主要由两个 EH 油泵、高压蓄能器、滤油器组件、冷却器、再生装置及相应的管路组成，为系统提供 10.5～15MPa 的高压抗燃油。

由图 6－33 可知，系统设计了两路并联供油管路。当一套投运时，另一套可备用。如果需要，则自动投入。为了保证电液控制系统的性能，在任何时候都应保持抗燃油品质良好及温度合适，使其物理和化学特性都符合规定。因此，除了在启动系统前要对整个系统进行严格清洗外，系统投入使用后还必须按需要运行抗燃油再生装置和冷却装置，以保证油质。

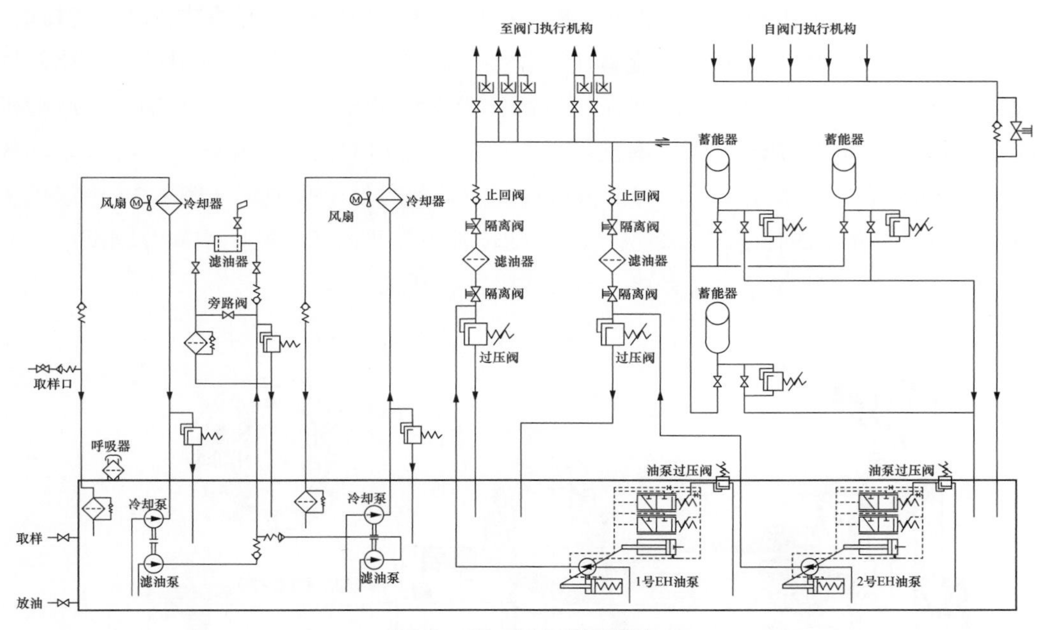

图 6－33　EH 供油系统

系统工作时，由交流电动机驱动高压轴流活塞泵，将油箱中的抗燃油吸入，从油泵出口出去的油依次经过过压阀、隔离阀、滤油器、止回阀进入高压油集管和蓄能器，建立起系统所需要的油压，供给各阀门的执行机构及高压遮断机构。当油压达到 15MPa 时，过压阀在高压油母管上起到过压保护作用，各执行机构的回油通过回油管路直接回到油箱。过压阀动作，切断油泵出口与高压油集管的联系，将油泵的出口油直接送回油箱。此时，油泵在卸荷（无负荷）状态下工作，EH 供油系统的油压由蓄能器维持。在运行中，伺服机构和系统中其他部件的间隙漏油使 EH 供油系统内的油压逐渐降低，当高压集管的油压降至 10.5MPa 时卸荷阀复位，高压油泵的出油重新又供向 EH 供油系统。高压油泵就这样在承载和卸荷的交变工况下运行，使能量的消耗量和油温的升高量减少，因而可以增加油泵的工作效率和延长油泵的寿命。回油箱的抗燃油由方向控制阀导流，经过一组滤油器和冷油器流回油箱。系统正常运行时，油压由卸荷阀控制维持在 10.5～15MPa 范围内。当油泵在卸荷状态下工作时，位于卸荷阀和高压集管之间的止回阀可防止抗燃油从 EH 供油系统通过卸荷阀反流进入油箱。

在高压集管上装有压力开关，用于自动启动备用油泵和对油压偏离正常值时进行报警。另外，在冷油器出水口管道上装有温度控制器，通过调节冷却水量来控制油箱的温度。油箱内部还装有温度测点和油位计，在油温过高和非正常油位时报警。

3. EH 油泵

系统采用的 EH 油泵为高性能轴向柱塞式变量泵，其基本原理如图 6–34 所示。主要由柱塞、斜盘、进出油口、电动机及控制机构组成。当传动轴带动柱塞缸体旋转时，柱塞也一起转动。由于柱塞总是压紧在斜盘上，且斜盘相对缸体是倾斜的，因此，柱塞在随缸体旋转运动的同时，还要在柱塞缸体内的柱塞孔中往复直线运动。从电动机侧看，斜盘是顺时针旋转。当柱塞旋转至右侧从斜盘顶部向底部旋转时，柱塞内部的密闭空间体积增大，油压降低，将油吸入柱塞中，此时处于吸油区（图 6-34 中绿色所示）。当柱塞旋转至左侧从斜盘底部向顶部旋转时，柱塞内部的密闭空间体积减小，油压增加，将油排出柱塞。柱塞旋转一周完成吸油、排油过程。

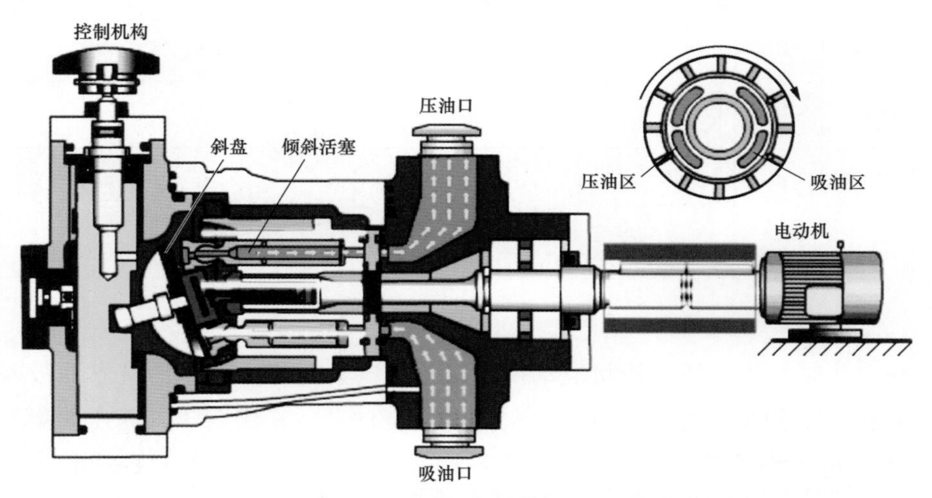

图 6–34 轴向柱塞式变量泵工作原理

4. 蓄能器

蓄能器结构如图 6–35 所示，蓄能器均为丁基橡胶皮囊式蓄能器，共 3 组，预充氮压力为 8.0MPa。高压蓄能器组件通过集成块与系统相连，集成块包括隔离阀、排放阀、泄压阀及压力表等，压力表指示的是油压而不是气压。它用来补充系统瞬间增加的耗油及减小系统油压脉动。关闭截止阀可以将相应的蓄能器与母管隔开，因此蓄能器可以在线检修。

蓄能器结构是球胆式的。由合成橡胶制成的球胆装在不锈钢壳体内，通过壳体上的充气阀可以向球胆内充入干燥的氨气。壳体下端接压力回油管，球胆将气室与油室分开，起隔离油气的作用。由于合成橡胶球胆可以随氮气的压缩或膨胀任意变形，因此使低压蓄能器在回油管路上起调压室的缓冲作用，减小回油管中的压力波动。

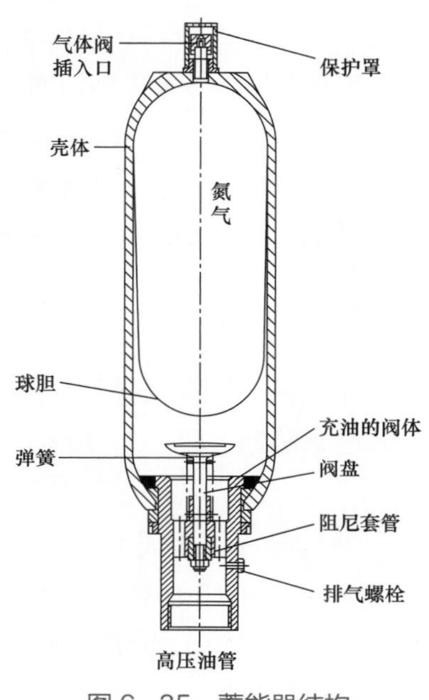

图 6-35　蓄能器结构

5. 冷油器

两个冷油器装在油箱上，设有一个独立的自循环冷却系统（主要由循环泵和温控水阀组成），温控水阀可根据油箱油温设定值调整水阀进水量的大小，以确保在正常工况下工作时油箱油温能控制在正常的工作温度范围之内。

6. 液压油再生装置

液压油再生装置由精密过滤器组成，其配有一个压力表，且每个过滤塞均配有一个压差指示器。压力表指示装置的工作压力，当压差指示器动作时，表示滤器要更换了。精密过滤器为可调换式滤芯，关闭相应的阀门，打开滤油器盖即可调换滤芯。液压油再生装置是保证液压系统油质合格的必不可少的部分，当油的清洁度、含水量和酸值不符合要求时，启用液压油再生装置，可改善油质。

二、润滑油及顶轴油系统

1. 润滑油系统的作用

润滑油系统的主要作用：首先，在轴承中要形成稳定的油膜，以维持转子的良好旋转；其次，转子的热传导、表面摩擦以及油涡流会产生相当大的热量，为了始终保持油温合适，就需要一部分油量来进行换热；再者，润滑油还为主机盘车系统、顶轴油系统提供稳定可靠的油源。

汽轮机的润滑油用来润滑轴承、冷却轴瓦及各滑动部分。根据转子的质量、转速、轴瓦的构造及润滑油的黏度等，在设计时采用一定的润滑油压，以保证转子在运行中轴瓦能形成良好的油膜，并有足够的油量冷却。若油压过高，可能造成油挡漏油，轴承振动，若油压过低，会使油膜建立不良，易发生断油而损坏轴瓦。

润滑油系统的正常工作对于保证汽轮机的安全运行具有重要意义。如果润滑油系统突然中断流油，即使只是很短时间的中断，也将引起轴瓦烧瓦，从而可能发生严重事故。此外，油流中断的同时将使低油压保护动作，使机组故障停机，因此必须给予足够的重视。

2. 顶轴油系统的作用

由于汽轮机在冬季工况时汽轮机低压缸需要脱开，因此顶轴油系统设计成独立的3×50%顶轴油泵组。其中，大流量顶轴油泵组（3×50%）供应低压缸轴承的顶轴油和液压盘车马达用油。

机组在启动盘车前，先打开顶轴油泵，主要是利用12.7～17.5MPa的高压油把轴颈顶离轴瓦（0.05～0.08mm），消除两者之间的干摩擦，同时可以减少盘车的启动力矩，使盘车马达的功率减小。汽轮机和发电机轴承均设有顶轴功能。顶轴系统为母管制，配有三台50%流量叶片泵（两台运行一台备用），布置于油箱顶部合适的位置。油泵用润滑油取自油箱内部。顶轴油泵出口有滤网、溢流阀、压力表和压力变送器等。其出口压力变送器的调整值为 12.7～17.5MPa，溢流阀调整值为17.5MPa。

在每个轴承进油管上配置止回阀和节流调节阀，顶轴油系统退出后，可利用该系统测定各轴承油膜压力，以了解轴承的运行情况。

3. 系统说明

某联合循环汽轮机润滑油与顶轴油系统见图6–36。需要润滑的轴承主要包括燃气轮机（压气机）、发电机、离合器、汽轮机、盘车装置（汽轮机及燃气轮机）的支持轴承，以及压气机与燃气轮机盘车间的联合轴承。

润滑油系统主要有润滑油箱（及其回油滤网、排烟风机、加热装置、测温元件、油位计）、2×100%容量交流主油泵（一台运行一台备用）、紧急直流润滑油泵、冷油器、油温调节阀、轴承进油调节阀、滤油装置、油温/油压监测装置、油净化装置以及管道、阀门等部件组成。顶轴油系统包括3×50%容量顶轴油泵、滤油装置、过压阀、进油调节阀以及管道、阀门等部件组成。各种油泵的技术参数见表 6–8。系统重要的设定值与报警值见表6–9。

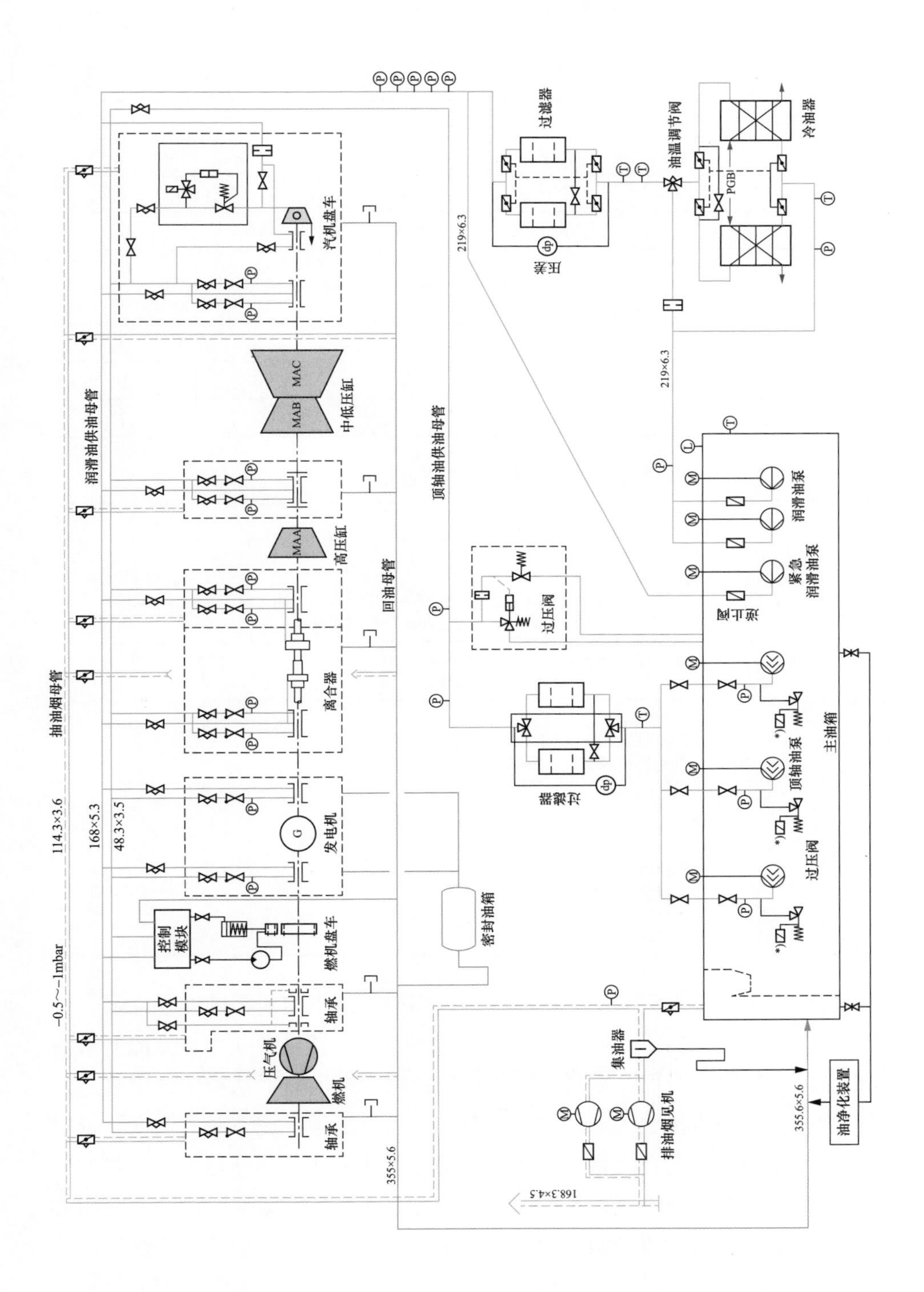

图 6-36　润滑油与顶轴油系统

表 6–8　润滑油/顶轴油系统油泵参数

项目		单位	润滑油泵	紧急事故油泵	顶轴油泵	排油烟风机
泵（风机）	流量	m^3/h	198		69	
	扬程	m	55	25	250	
	功率	kW	45	23	55	55
	转速	r/min	2950	2416	2970	
电机	效率	%	70	76		
	功率	kW	82.5	30	55	55
	电压	V	380	220 DC	380	380
	电流	A	138			
	接法		Δ	Δ	Δ	Δ
	绝缘等级			H	B	B
数量		台/机组	2	1	3	2

表 6–9　润滑油/顶轴油系统设定值与报警值

项目	内容
润滑油泵 紧急油泵	主油泵出口压力 5.5bar 润滑油母管压力 3.0～3.9bar 备用油泵接通：过滤器出口压力小于 2.5bar 或润滑油压力小于 5bar 紧急油泵接通：过滤器出口润滑油压力小于 2.2bar 或切换主油泵
汽轮机遮断	过滤器出口润滑油压力小于 2.3bar（延时 3.2s） 润滑油箱油位小于低低位，或油位大于高高位
顶轴油泵	最大工作压力：180bar 投顶轴油泵：汽轮机转速小于 540r/min 退顶轴油泵：汽轮机转速大于 540r/min
润滑油温度	启动的最低温度：10℃ 冷却器出口油温：50℃ 主油箱内油温： $T<15$℃，投入加热回路 $T>20$℃，退出加热回路 $T>65$℃，高温报警 $T>70$℃，油温太高，顶轴油泵退出（手动盘车时）

在汽轮机发电机组运行期间，由一台电动主油泵向轴承供应所需的油量（另一台电动主油泵连锁备用），电动主油泵直接从主油箱取油。在润滑油模块中主交流润滑油泵组将绝大部分润滑压力油吸出，通过止回阀后一路进入冷油器，从冷油器出来进入三通温度调节阀；再一路直接进入三通温度调节阀，由三通温度调节阀的温度设定值来取决于这两路压力润滑油各自流量，这样将润滑压力油需冷却部分与不需冷却部分汇合后来满足供给汽轮机组润滑压力油的温度，但是总流量不会改变。两路润滑压力油汇总后进入润滑油过滤器，通过润滑油过滤器来满足润滑压力油的油品清洁度，然后润滑压力油将被送出润滑油模块至汽轮机组供油母管，再通过各支管上的润滑油节

流调节阀（见图 6－37）将压力调至合适压力，然后供给各轴承用油点。

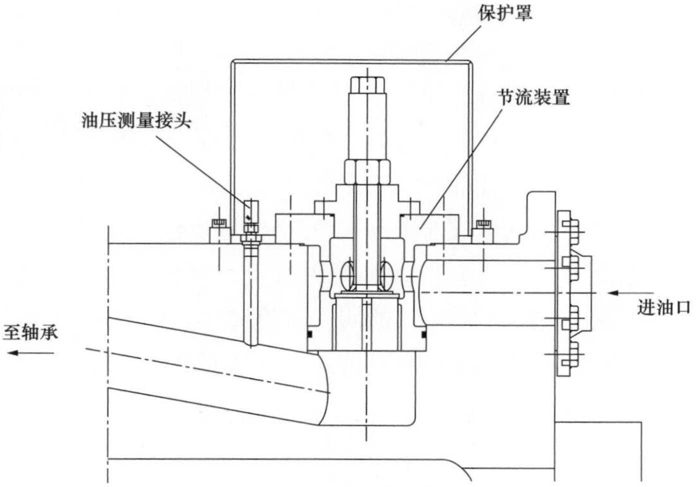

图 6－37　轴承进口润滑油节流调节阀

当主交流润滑油泵组发生故障时，主交流润滑油泵组出口压力逐渐降低，这时压力开关会发出压力低报警信号，同时会连锁启动备用交流润滑油泵组，若主、辅交流润滑油泵组都发生故障，出口油压达不到设定值时，则将连锁启动危急润滑油泵组（直流润滑油泵组），以维持汽轮机组惰走时所需的润滑油压、流量。主交流、备交流润滑油泵组和危急润滑油泵组相互连锁。由于工况的变化和所处环境因素，可能会使得润滑油箱内的润滑油存在着一定量的水和颗粒物杂质，从而使润滑油系统不能为机组提供优质的润滑压力油，进而对润滑油系统也会造成危害，减少润滑油系统的寿命，所以润滑油系统还配置了油净化装置，用来尽可能地除去润滑油中多余的水和污染物，使润滑油更加清洁。润滑油模块中还配置了一些功能性的阀门及管件。并且还配置了压力、温度、液位等检测仪表，为了更好地保证润滑油系统安全可靠地为主机提供优质且满足要求的润滑压力油，确保主机的正常运行使用。

在启动和停机过程中，由一台电动主油泵向轴承供应所需的润滑油，顶轴油系统向大轴和轴承的间隙供应顶轴油来顶起轴系，同时向液压盘车装置供应高压油。小流量的高压油强制输送到转子轴颈，从轴承上顶起转子，防止低速时的金属与金属之间的接触。

如果润滑油压力下降到低于预设值，备用主油泵和紧急油泵通过压力开关自动投入。紧急油泵直接供油给润滑油供应管线，在汽轮机发电机组惰走过程中确保轴承的润滑油供应。

在油面上的所有空间内会形成油雾（油箱、回油管道、轴承座），油雾通过一个油箱上的抽油烟风机来抽吸。风机产生一个低于大气压的 0.5～1mbar 的负压。风机的吸入侧装有集油器，将分离出来的油滴送回油箱。

4. 油温调节阀

掺混型油温调节阀的结构见图 6–38。该阀门 A 口连接滤油器进口。B 口连接润滑油泵出口管路，油温较高。C 口连接双联冷油器出口，油温较低。A 口温度由 B 口润滑油与 C 口润滑油掺混之后确定。阀门内装有铜粉、煤油和蜡的混合物制成的膨胀介质（见图 6–39），该膨胀介质被可变形的橡胶膜封装在一个密闭空间内。当 A 口油温处于较低状态时，膨胀介质体积缩小，在弹簧力的作用下，控制缸上移，B 口至 A 口的阀门开度开大，而 C 口至 A 口的阀门开度变小。进入油温调节阀的热油增加，冷油减少，出口 A 的油温上升。反之，当 A 口油温处于较高状态时，膨胀介质体积增加，克服弹簧力，控制缸下移，B 口至 A 口的阀门开度减小，而 C 口至 A 口的阀门开度增加。进入油温调节阀的热油减少，冷油增加，出口 A 的油温下降。

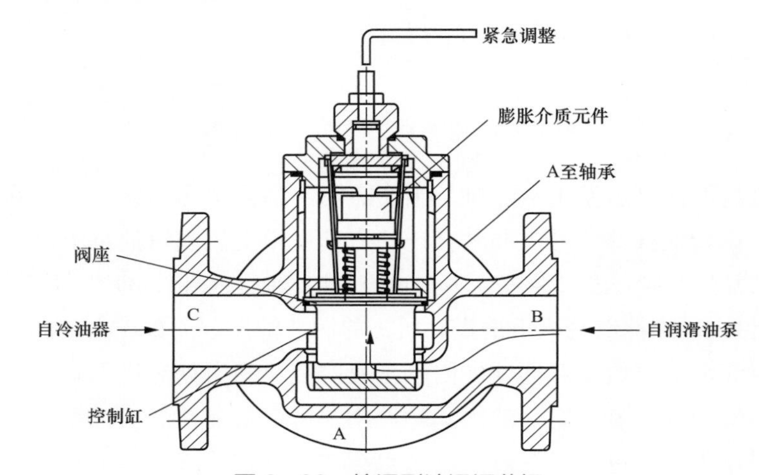

图 6–38　掺混型油温调节阀

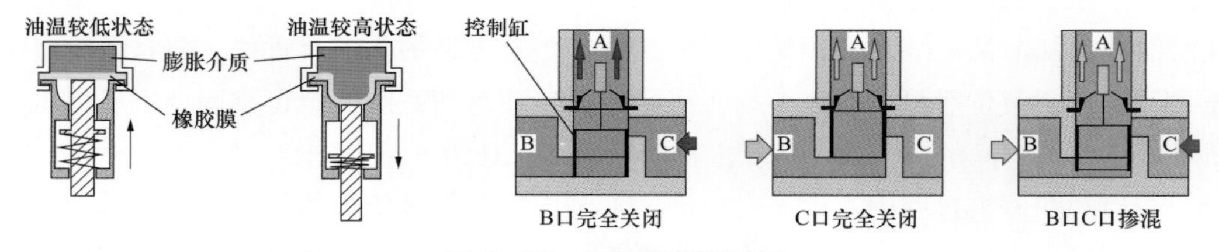

图 6–39　油温调节阀原理

恒温阀均带有手动调节功能，可强制连接 A 口和 C 口。在自动调节模式下，恒温阀自动调节温度。当顺时针旋转阀顶部的调节螺母，可以强制将阀芯调节到“热态”位置，从而不受实际温度的影响。每个手动调节器均带有一个位置显示器，可以直观地显示阀芯所处的相对位置。每个阀芯的手动调节器均是一一对应。手动调节器通常只在紧急状态或阀芯失效的时候使用。

5. 主油箱

主油箱采用集装方式，是由钢板、槽钢等型材焊制而成的矩形容器（见图 6–40）。

油箱盖板上装有2×100%容量交流润滑油泵、2×100%容量顶轴油泵和1台直流式油泵，油箱的油位应保证油泵吸入口浸入油面下并具有足够深度，保证油泵足够的吸入高度，防止油泵吸空气蚀。主油箱包含润滑和冷却轴承及低速时顶起轴系必需的用油，它不仅是一个储油用的容器，而且可以用于除去油中的空气。

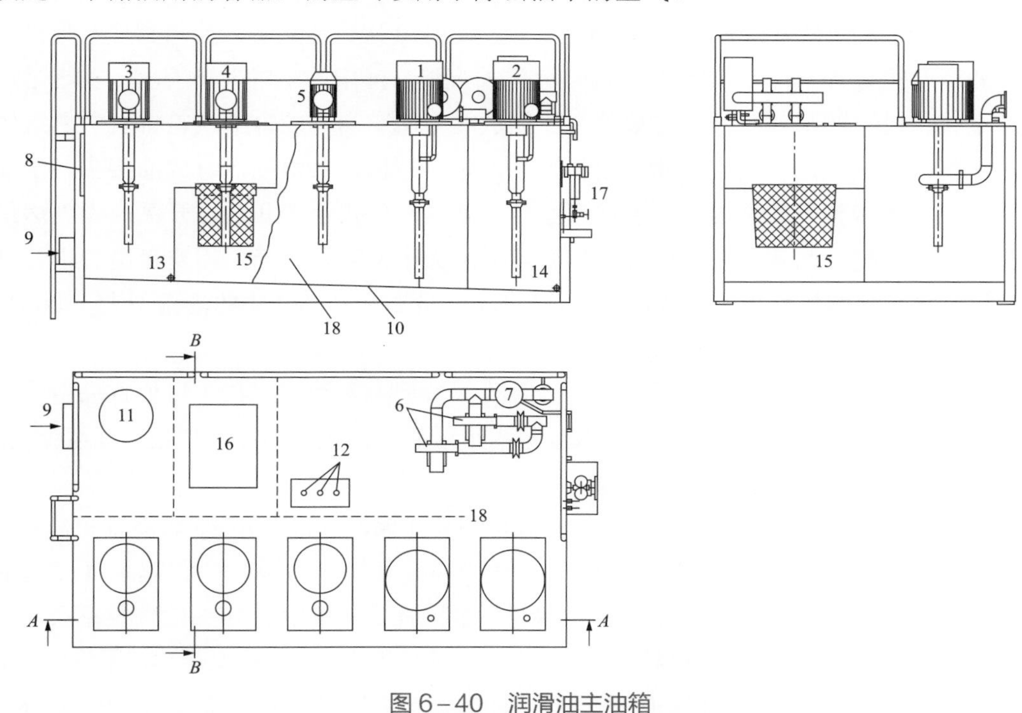

图6-40　润滑油主油箱

1—电动顶轴油泵；2—电动备用顶轴油泵；3、4—电动100%容量润滑油泵；5—电动紧急润滑油泵；6—抽油雾风机；7—油分离器；8—油位指示器；9—进油口；10—倾斜底部；11—梯形立板区域进口；12—油位开关；13—梯形立板区域排污、净化；14—主油箱区域排污、净化；15—油滤；16—油滤盖板；17—顶轴油用双联油滤；18—隔板墙

润滑油主油箱是个大型的碳钢容器，汽轮机组所需的全部润滑油系统和盘车马达用油全部储存在这容器内。润滑油主油箱通常布置在汽轮发电机组中心线以下。油泵由电动马达驱动从油箱里供给所需的油以满足各种需要，所有供到汽轮机组轴承的润滑油都回到油箱。主、辅电动机驱动的主油泵、应急油泵、电加热器、液位指示器、液位变送器、顶轴油系统、温度开关等各种仪表都装在润滑油模块油箱上。在油箱内部，各种泵的出口用管道连接到相应的供油总管上。各个油泵出口都安装有止回阀用以防止油从系统中回流。主润滑油泵组吸入口上的滤网和回油管上的滤网器帮助除去系统中的大颗粒杂质。油箱顶部有人孔，当油箱模块检修时，在油箱中的润滑油排净后，清理回油仓和吸油仓中的油泥及其他沉积下来的大颗粒杂质。清理方式是将大一些的油泥取出后，最后用面团将油箱内壁全部黏附一遍，这样可以更好地清理一些较小的颗粒物杂质。人可以从人孔盖进入回油仓。人进入吸油仓，需将滤网法兰盖打开，取出滤网后再进入。回油管道连接到油箱回油仓侧，还有几个润滑油管路和元器件的排空管路连接在油箱的

中上侧，这些管路连接位置应满足高于油箱充油后最高液位以上。底部有一个排污口、一个紧急放油口，与框架连接，运输过程中孔被法兰盖堵上。

油箱布置在框架中，整个油箱模块位于机组的下方，尽量避开高温蒸汽管道和部件，以利于回油并防止着火的危害。

油箱容量设计原则：全油量循环每小时不超过 10 次。油从进入油箱到被泵吸出大约在油箱内驻留 6min。在这个时间内，允许油沉淀，油中的空气被释放出。在正常运行油位（相对于额定容量）和油箱盖之间提供的存储空间，能容纳汽轮机发电机组停机时从整个油供应系统来的回油。油箱为底部倾斜结构，在最低点有放油接头。主油箱配备有充油接头和放油接头。主油箱有一个就地油位指示器和油位开关，当到达最大和最小油位时，此开关发出信号。油箱容量的大小，可保证当厂用交流电失电并且冷油器断冷却水的情况下停机时，机组安全惰走，此时润滑油箱中的油温不大于 80℃。正常运行时油箱的循环倍率通常为 8～12。

油供应系统来的回油首先经过一个浸入式入口后流入油箱，在入口处首先由于油的上升而排气，油流经过油过滤网进入油箱内，最后纵向流过油箱，直至被油泵抽出。

6. 顶轴油泵

顶轴油泵结构见图 6–41。泵主要是由进油口后盖板、出油口罩壳、转动轴和抽吸机芯构成。机芯的关键元器件是椭圆形定子圈、打槽的电机转子与转动轴花键轴、1 个进油孔和出油口的支承板、2 片挡板、10～12 个叶片和配在定子槽中的 10～12 个柱塞泵。油液根据后盖板上的进油口进到机芯，从罩壳上的出油口流出油。电动机带动转子旋转，在离心力的作用下，润滑油被刷到转子的外缘，形成一个高速旋转的液体环。由于偏心结构，在吸油口处，叶轮与定子圈之间的间隙越来越大，形成低压环境，从进油口吸油。在出油口处，叶轮与定子圈之间的间隙越来越小，形成高压环境，将润滑油从出口泵出。

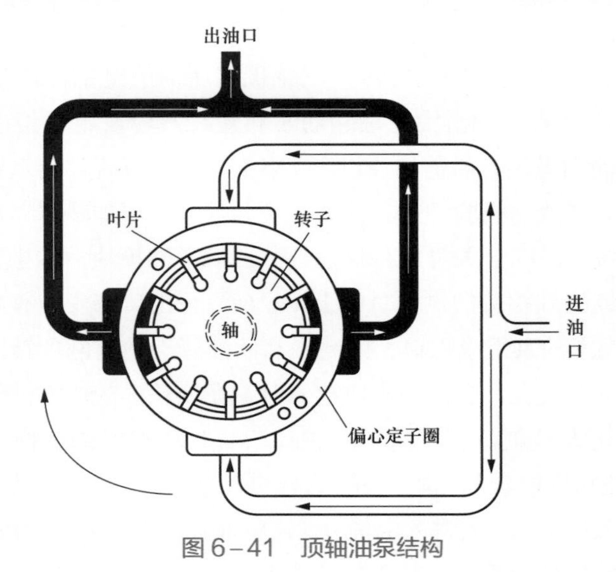

图 6–41　顶轴油泵结构

如果润滑油压力下降到预设值以下，备用泵通过压力开关自动投入。润滑油通过可切换的双联过滤器供应到轴承。通过液控过压阀来维持恒定的系统压力值，过压阀通过其旁路减压。通过各个轴承的进口高精度控制阀来调节所需的顶轴油压力。当汽轮机发电机组运行时，止回阀用于防止油倒流入油系统。在无顶轴油只有润滑油的情况下，汽轮机惰走到静止状态时，由于热应力引起的轴系不对中影响，大约3～4天后才可以盘车运行。顶轴油泵可以运行的最高允许油温为75℃。在汽轮机惰走过程中，如果冷却水系统中断超过15min，油箱内的油温将会超过顶轴油泵的运行限值。当电厂故障临时中断供电时，为了提高设备的可用性，需要将顶轴油、润滑油和冷却水在一个非常短的时间内再次投入运行。如果交流电源有可能在一个较长的时间内中断时，可配置紧急柴油发电机来提高设备的可用性。

7. 主油泵及紧急油泵

主油泵及紧急油泵采用DVC型离心泵（见图6－42），构造简洁，紧凑，是一种可靠的立式浸没式油泵，采用常规的单壳式壳体。定位销安装在吸入侧，该设计不因液体中含有空气而影响到泵的性能，并且能阻止涡流的产生。采用单吸入式叶轮构造，该构造平衡孔不会产生推力载荷。主辅油泵的轴承由上轴承和下轴承两部分组成。上轴承采用双列球轴承，该轴承通过将泵入的润滑油通过进液管进行强制润滑。下轴承是合金制造的滑动金属轴承，该轴承随时由泵吸入的润滑油来润滑。该轴的密封不受泵排出压力的影响，因为排出管线是独立的，并且安装有油封。

8. 冷油器

机组配置两台双联冷油器，其技术参数见表6－10。正常情况下，冷油器与过滤器均是一台运行一台备用。两个设备进出口均安装了三位阀，可以随意切换冷油器与滤油器的运行与备用状态。在某些特殊工况下，两台冷油器也可以同时运行。冷油器与主、辅交流润滑油泵出口后的温度调节阀连接，这样不管从哪里来的润滑油，在进入轴承前一部分经过冷油器一部分不经过冷油器。因而冷油器出口油温也是可调节的。正常情况下调整到在进油温度为60～65℃时，冷油器出口温度为43～49℃。

表6－10　冷油器与过滤器技术参数

冷油器			过滤器		
项目	单位	参数	项目	单位	参数
形式		板式	额定压力	MPa	1.0
换热面积	m^2	104.6	流量	L/min	3300
设计压力（热侧/冷侧）	bar	10/10	精度	μm	25
设计温度（热侧/冷侧）	℃	95/95	发信压差	MPa	0.08
数量	台/机组	2	数量	台/机组	2

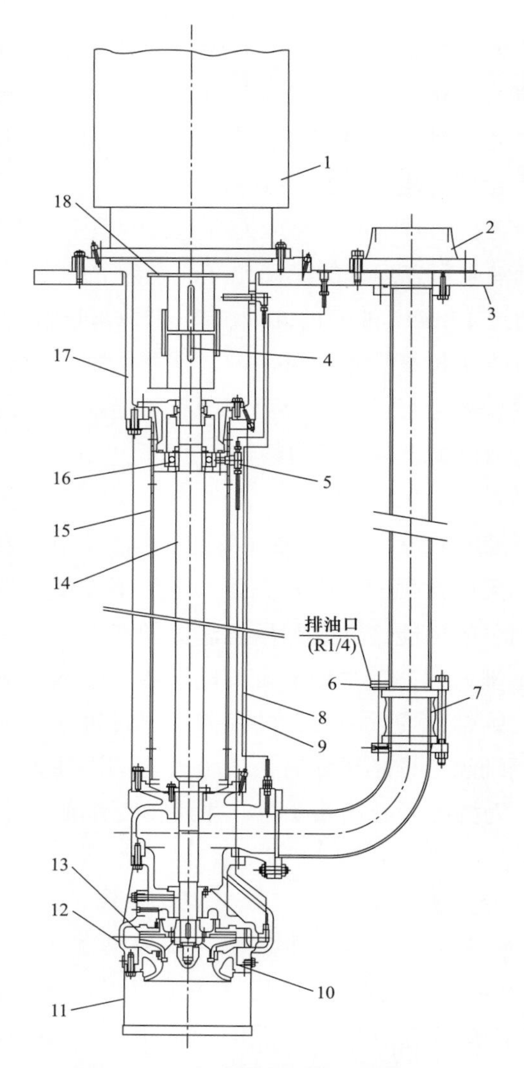

图6–42　主油泵及紧急油泵结构图

1—电动机；2—接口法兰；3—泵安装板；4—鼓齿形联轴器；5—润滑油喷嘴；6—排油接口；7—止回阀；8—测压管路；9—轴承润滑油管路；10—O形密封圈；11—吸油过滤器；12—离心泵罩壳；13—叶轮；14—离心泵轴；15—离心泵轴套；16—轴承；17—联轴器罩；18—挡油板

比较常用冷却器的结构特点，板式冷却器与管式冷却器相比有以下优点：

1）传热效率高。换热片采用高导热的波纹板，板片波纹所形成的特殊流道使流体在极低的流速下即可发生强烈的扰动流（湍流），扰动流又有自净效应以防止污垢生成因而传热效率很高。

2）使用安全可靠。在板片之间的密封装置上设计了2道密封，既防止了两种介质相混，又有多重保护作用。

3）结构紧凑，占地小，易维护。板式冷油器的结构极为紧凑，在传热量相等的条件下，所占空间仅为管壳式的1/3～1/2，并且不像管壳式那样需要预留出很大的空间用来拉出管束检修。板式换热器只需要松开夹紧螺杆，即可在原空间范围内100%地接触到换热板的表面，且拆装很方便。

4）阻力损失少。在相同传热系数的条件下，板式冷油器通过合理的选择流速，阻力损失可控制在管壳式换热器的1/3范围内。

5）热损失小。由于结构紧凑和体积小，换热器的外表面积也很小，因而热损失也很小，通常设备不再需要保温。

6）冷却水量小。板式冷油器由于其流道的几何形状原因，以及两种液体都有很高的热效率，故可使冷却水用量大为降低。

7）经济性高。在相同传热量的前提下，板式冷油器与管壳式冷油器相比，由于换热面积、占地面积、流体阻力及冷却水用量等项目数值的减少，使得设备投资、基建投资、动力消耗等费用大大降低，特别是当需要采用昂贵的材料时，由于效率高和板材薄，设备更显经济。

8）随机应变。由于换热板容易拆卸，通过调节换热板的数目或者变更流程就可以得到最合适的传热效果和容量。只要利用换热器中间架，换热板部件就可有多种独特的能力。这样就为用户提供了随时可变更处理量和改变传热系数K值或者增加新能力的可能。

9）有利于低温热源的利用。由于两种介质几乎是全逆流流动，有极高的传热效果，板式冷油器两种介质的最小温差可达到1℃。用它来回收低温余热或利用低温热源都是最理想的设备。

9. 润滑油过滤器

润滑油过滤器（见图6－43）适用于不间断工作的液压润滑系统的低压管路或回油管路中，用于滤除液压油中混入的机械杂质和液压油化学反应生成物，防止液压元件发生污染磨损、污染卡紧、污染堵塞，防止介质的劣化。其技术参数见表6－10。

润滑油过滤器装有压差表（见图 6－44），测量过滤器两端的压差值作为过滤器结垢的依据。活塞由薄膜密封，并将有压空间分隔成两个腔室。当压差为零时，一个预载负荷弹簧使活塞置于零位。随着压差的增加（$\Delta p>0$），活塞被迫积压弹簧。同时，指示盘在磁性作用下无摩擦地移动，最后两对红色触点动作。当超过20%～100%Δp范围时，指示盘上的红色段可见。在75%Δp点，第一个红色触点动作；在100%Δp点，第二个红色触点动作。

10. 润滑油真空净化装置

润滑油系统中的水会降低油的黏性和动态油膜的厚度。水同样会导致油氧化和附属物沉淀形成酸、稳定的乳状液和污泥，使这些间隙、部件涂层和热交换器表面将进一步磨损。水同样也会腐蚀系统部件。对于汽轮机组，保证润滑油系统能正常地工作是保障机组安全运行的重要任务。润滑油系统除了合理地配置设备和系统的流程连接之外，还有一个非常重要的任务，就是确保系统中润滑油的理化性能和清洁度能够符合使用要求。润滑油的理化性能在设计时就应当注意并予以妥善安排，而润滑油的清洁度则是在安装、运行、管理中应当重视和仔细处理的。

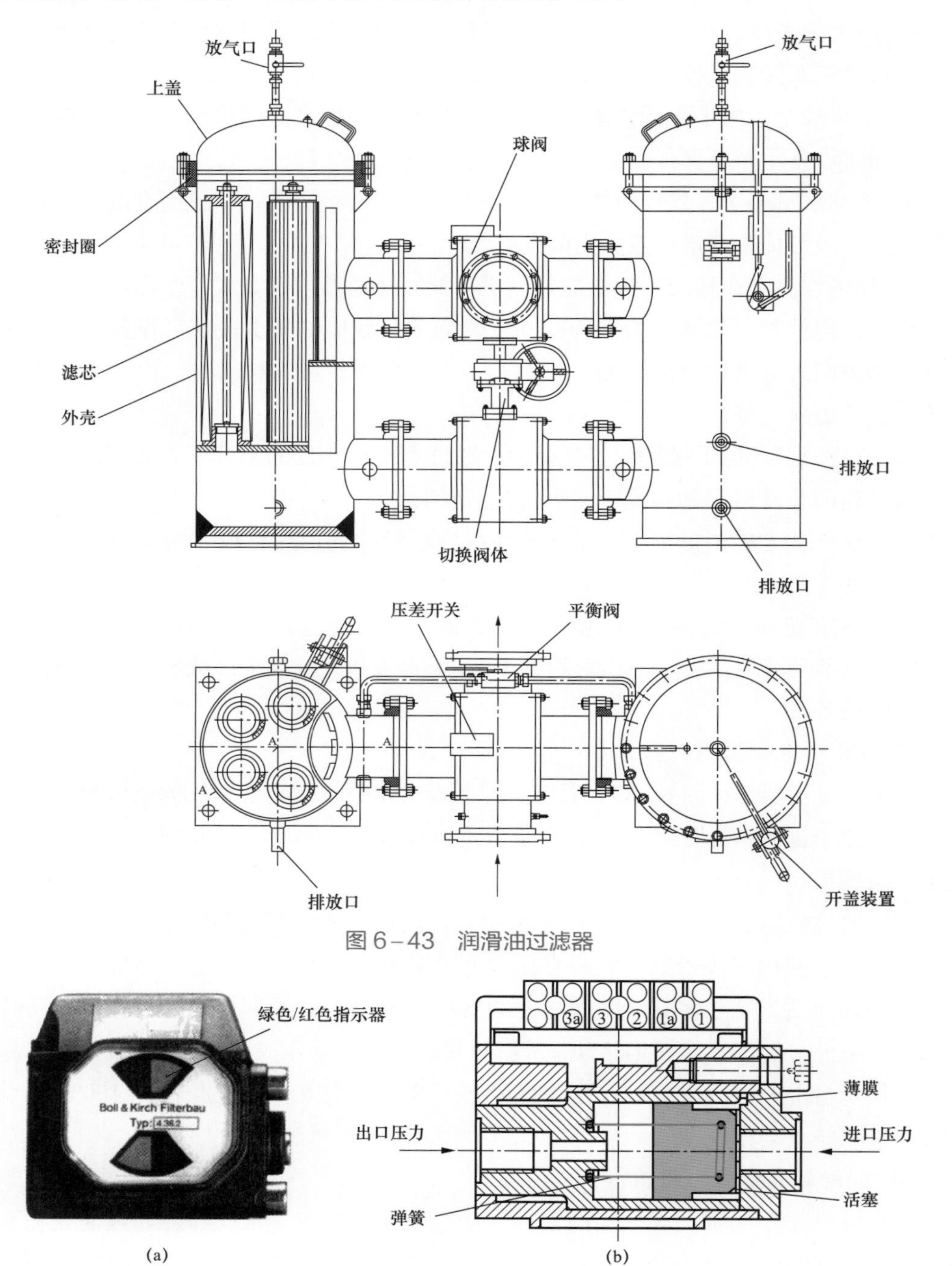

图 6-43 润滑油过滤器

图 6-44 润滑油过滤器压差表

（a）压差表外部图；（b）压差表内部结构图

设置润滑油净化系统的目的就是将汽轮机主油箱、给水泵汽轮机油箱、润滑油储存箱（污油箱）内以及汽轮机备用油进行过滤、净化处理，以使润滑油的油质达到使用要求，并将经净化处理后的润滑油再送回汽轮机主油箱、给水泵汽轮机油箱、润滑油储存箱（净油箱）。

某机组配置 HNP 系列真空净化装置见图 6－45，可清除下列物质：

1）水：100%的游离水和高达 90%的溶解水；除水能力取决于真空度的设定。

2）气体：100%的游离和混入的气体，高达 80%的溶解气体，除气能力取决于真空度的设定。

3）污物：淤泥和其他固体或颗粒污物。

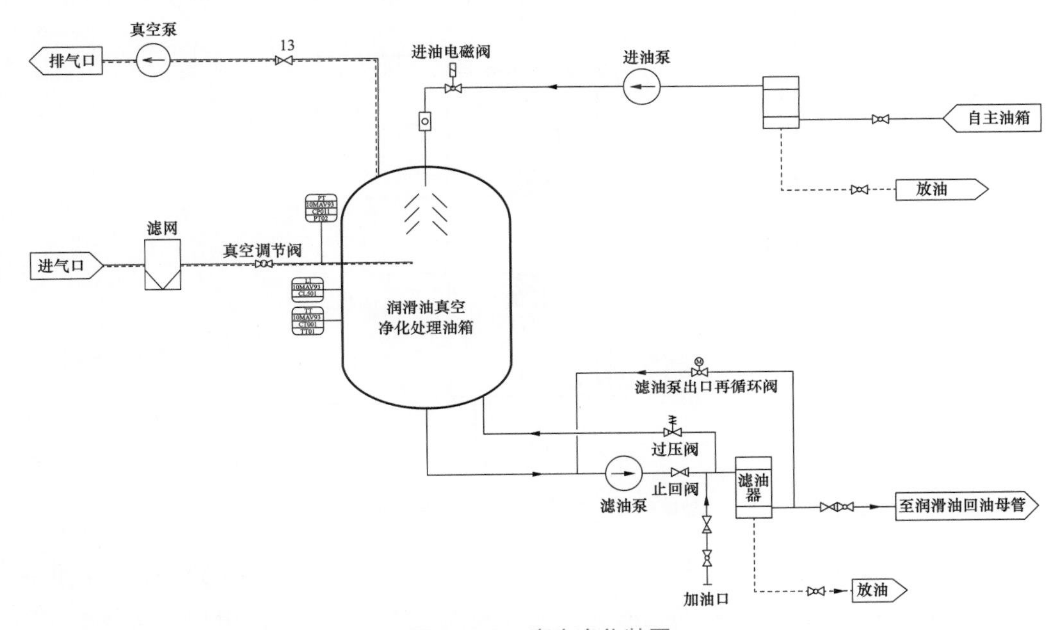

图 6－45　真空净化装置

液体从润滑油箱的底部抽吸到真空室。真空室通过真空泵维护真空。真空室内的真空通过一个优化真空水平的真空调节阀调整。吸入真空室的周围的空气通过真空调节阀和空气过滤器，防止空气带固体颗粒进入系统，空气在底部进入真空室。因为真空，空气体积膨胀为正常时的 5 倍，相对湿度减小到正常值的大约 1/5，液体进入真空管道后表面积增大。水蒸气和气体随着向上流动的气流被除去，使油得到了干燥。带水的空气通过油雾分离器和真空泵排向大气。清洁后的油用柱塞泵从真空管道中输出，通过精滤返回润滑油储油箱。油净化系统可以独立于润滑油系统连续运行。

三、发电机密封油系统

1. 密封油路

密封油系统专用于向发电机密封瓦供油，且油压高于发电机内氢压（气压）一定数值，以防止发电机内氢气沿主轴与密封瓦之间的间隙向外泄漏，同时也防止油压过高而导致发电机内大量进油。密封油系统是根据密封瓦的形式决定的，最常见的有双流环式密封油和单流环式密封油系统。

单流环式密封油系统（见图6–46）是向发电机密封瓦提供压力略高于氢压的密封油以防止发电机内的氢气从发电机轴伸出处向外泄漏。密封油进入密封瓦后，经密封瓦与发电机轴之间的密封间隙，沿轴向从密封瓦两侧流出，即分为氢气侧回油和空气侧回油，并在该密封间隙处形成密封油流，既起到密封作用，又润滑和冷却密封瓦。

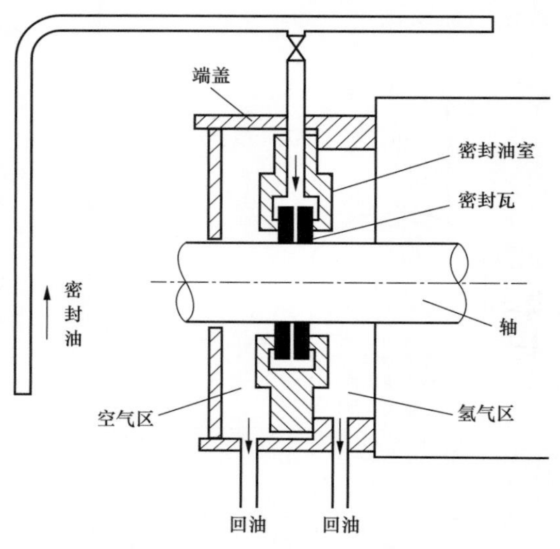

图6–46　单流环式密封油系统

双流环式密封油系统（见图 6–47），发电机密封瓦内有两个环形供油槽，从供油槽出来的油分成两路沿着轴向通过密封瓦内环和轴之间的径向间隙流出，运行中保证空侧密封油压始终高于机内气体压力一定数值，并确保密封环内氢侧与空侧的油压维持相等。密封瓦内的两个供油槽，形成独立的氢侧和空侧的密封油系统，防止发电机内压力气体沿转轴逸出。密封油系统的氢侧供油将沿着轴朝发电机一侧流动，而密封油系统的空侧供油将沿着轴朝外轴承一侧流动。由于这两个系统之间的压力平衡，油流在这两条供油槽之间的空间内将保持相对静止。空侧和氢侧两路密封油分别循环通过发电机密封瓦的空、氢侧环形油室，形成对机内氢气的密封作用，而且密封油对于密封瓦还具有润滑作用和冷却作用。

密封油浮动油进入浮动油槽，浮动油作用于密封环的空侧端面，其油压抵消密封环氢侧端面的氢气压力影响，使密封环在径向能自由浮动，防止密封环卡涩而引起发电机转轴过大的振动。其次，浮动油对密封环也起着重要的润滑作用。

2. 系统说明

某联合循环电厂发电机密封油系统如图6–48所示。发电机密封油系统主要包括交流密封油泵（两台）、直流事故密封油泵、真空油箱、阀门、空侧油箱、氢侧油箱、真空泵、排油烟风机、冷油器、过滤器及相关仪表。

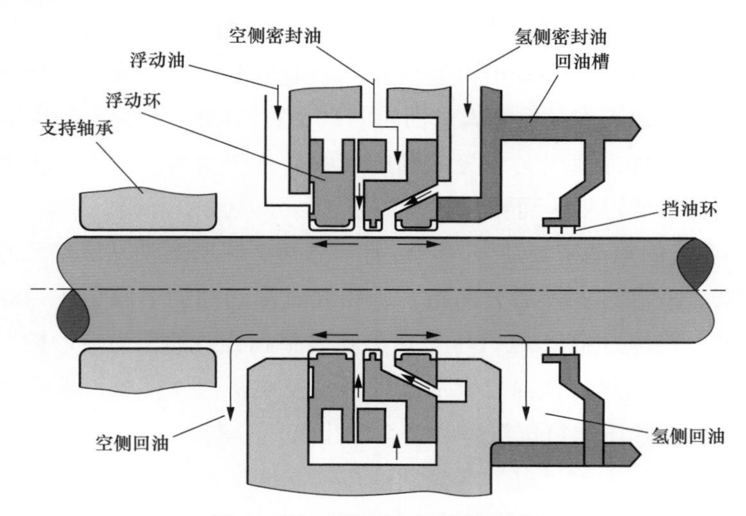

图 6-47　双流环式密封油系统

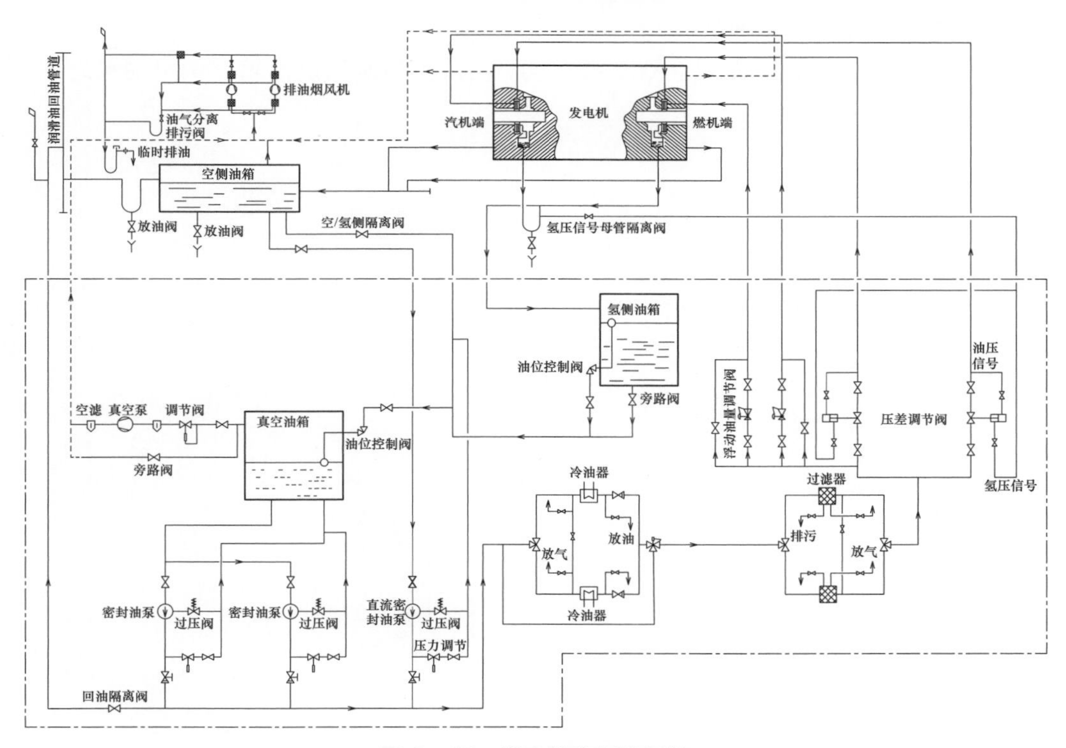

图 6-48　发电机密封油系统

正常运行时，该阀关闭，将空侧油路与氢侧油路完全隔离。氢侧油箱的含氢润滑油经油位控制阀流入真空油箱。真空油箱配置真空泵及滤网，内部处于高度真空状态，润滑油中的水分与氢气不断析出，被真空泵排至排油烟风机入口后，排至厂房外。这样可以使密封油的油质得到净化，防止对发电机内的氢气造成污染。真空油箱的油位由箱内装配的浮球阀进行控制，浮球阀的浮球随油位升降而升降，以此调节浮球阀的开度，可使补油速度得到控制。此外，真空油箱的主要附件还有液位信号器。当油位过高或过低时，液位信号器将发出报警信号。当油位变化时，液位信号器将输出模拟信号。真空泵不间断地工作，保持真空油箱的真空度。同时，将空气和水分（水蒸气）抽出并排放掉。为了加速氢气与水分从油中释放，真空油箱内部设置了多个喷头，来自氢侧油箱的润滑油通过喷头而被扩散，加速气、水从油中分离。

两台100%容量的电动密封油泵（一运行一备用）将密封油从真空油箱抽出，依次流经双联冷油器、双联过滤器后分两路。一路经过浮动油调节阀后作为浮动油进入到发电机轴承，另一路经过空气/氢气压差调节阀调整到合适的压力后，被送入到发电机轴承。压力调节阀自动跟踪供油母管油压信号与发电机氢压信号，自动调整送入发电机轴承的油压，保持油压与氢压压差稳定，防止氢气外漏。

空侧油箱不断将润滑油通过润滑油回油母管送回润滑油箱，当空侧油箱油位过高时，可通过放油阀放油，维持油位稳定。紧急情况下，直流事故油泵从空侧油箱抽油，送至送油母管，为发电机轴承供油。

发电机的空侧回油汇集到空侧油箱，氢侧回油汇集到氢侧油箱，两个油箱之间的连接管上装有空/氢侧隔离。

第七章

发 电 机

第一节 发电机基本工作原理

同步发电机的容量大小、原动机类型、构造形式和冷却方式等有着较大差异，但它们的工作原理是相同的。

一、发电机的工作原理

同步发电机是利用电磁感应原理将机械能转换成电能的装置，其基本结构包含定子和转子两部分。发电机定子是将三相交流绕组嵌置于由冲好槽的硅钢片叠压而成的铁心里；发电机转子通常由磁极铁心及励磁绕组构成。图 7－1 为四极转子时的同步发电机结构原理图。

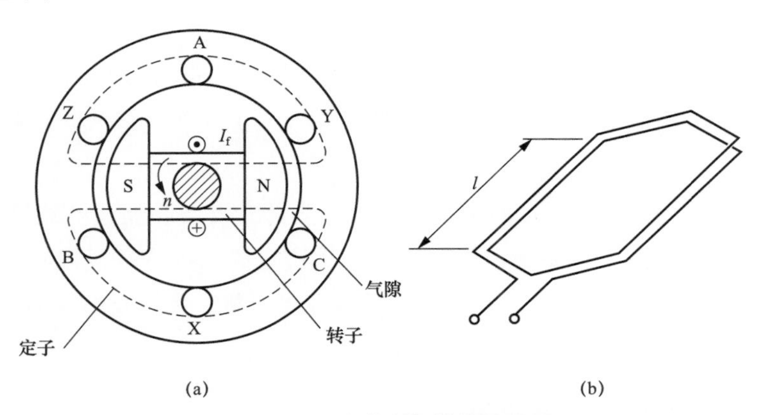

图 7－1　同步发电机结构原理图

（a）同步发电机构造图；（b）串联绕组

发电机的定子和转子之间留有气隙。定子上嵌放着 AX、BY、CZ 三相绕组[见图 7－1（a）]，每一相的绕组由多匝串联的绕组元件［见图 7－1（b）］连接而成，三相绕组的匝数相等，并且在空间上彼此相差 120°电角度。转子磁极上装有励磁绕组并通以直流励磁电流，则励磁电流产生直流磁场，其磁通由转子的 N 极出来，经过气隙、定子铁心、气隙，进入转子的 S 极而构成回路，如图 7－1 中虚线所示。

当同步发电机的转子由原动机（如汽轮机）带动且每分钟转速为 n（r/min）时，同时，发电机转子上的励磁绕组通入一定的直流励磁电流，那么转子磁极就产生一个随转子一起以速度 n 旋转的磁场，在定子绕组中感应出三相交流电动势，该电动势的大小用式（7–1）计算，即

$$E=4.44fN\varphi K_1 \tag{7-1}$$

式中 N——每相定子绕组串联匝数；

f——电动势的频率，Hz；

φ——每极基波磁通，Wb；

K_1——基波绕组系数。

电动势频率 f 决定于转子的转速 n 及极对数 p。它们之间的关系为：$f=pn/60$ 或 $n=60f/p$。

我国电网的标准频率 f 为 50Hz。当 $p=1$（两极电机）时，$n=3000$r/min；$p=2$（四极电机）时，$n=1500$r/min；$p=3$（六极电机）时，$n=1000$r/min。对于一台已经造好的同步发电机，其极对数 p 是一个定值，因此同步发电机的转速是一个恒定值。

二、发电机的分类

同步发电机一般可按其原动机的种类、冷却介质、本体结构特点、主轴安装方式等进行分类。

（1）按原动机的种类不同，同步发电机可分为水轮发电机、汽轮发电机、燃气轮发电机及柴油发电机等。

（2）按冷却介质不同，同步发电机可分为空气冷却、氢气冷却和水冷却等。

（3）按本体结构特点不同，同步发电机可分为隐极式和凸极式、旋转电枢式和旋转磁极式等。

（4）按主轴安装方式不同，同步发电机可分为卧式安装和立式安装等。

同步发电机的结构，主要是由原动机的特性决定的。如汽轮发电机，由于转速高达 3000r/min，故极对数少，转子采用隐极式，卧式安装；水轮发电机由于转速低（一般在 500r/min 以下），故其极对数多，转子采用凸极式，立式安装。

三、发电机的主要技术数据

一般在发电机出厂时都在铭牌上标注出额定参数，并在说明书中加以说明。这些额定参数主要有：

（1）额定容量（或额定功率）。额定容量是指同步发电机在设计技术条件下运行时输出的视在功率，单位为 kVA 或 MVA；额定功率是指同步发电机输出的有功功率，单位为 kW 或 MW。

（2）额定定子电压。指同步发电机在设计技术条件下运行时，定子绕组出线端的线电压，单位为 kV。目前，我国生产的大型汽轮发电机组额定定子电压以 20kV 为主；

AECC 燃气轮发电机组的额定容量为 5.0～110MVA 时，额定电压为 3.3～13.8kV；GE 公司生产的 390H/450H 型燃气轮发电机的额定功率为 468MW/442MW，额定电压为 19kV。

（3）额定定子电流。指同步发电机定子绕组出线的额定线电流，单位为 A 或 kA。

（4）额定功率因数（cosφ）。指同步发电机在额定功率下运行时，定子电压和定子电流之间允许的相角差的余弦值。大型汽轮发电机组的额定功率因数为 0.85～0.9；GE 公司生产的 390H/450H 型燃气轮发电机的额定功率因数为 0.85。

（5）额定转速。指正常运行时同步发电机的转速，单位为 r/min。我国生产的汽轮发电机和燃气轮发电机转速为 3000r/min。

（6）额定频率。我国电网的额定频率为 50Hz（即每秒 50 周）。

（7）额定励磁电流。指同步发电机在额定出力条件下，转子绕组通过的励磁电流，单位为 A 或 kA。

（8）额定励磁电压。指同步发电机的励磁电流达到额定值时，额定出力运行在稳定温度时的励磁电压。

（9）绝缘等级。绝缘等级是按同步发电机绕组所用的绝缘材料在使用时容许的极限温度来分级的。其中，极限温度是指同步发电机绝缘结构中最热点的最高容许温度。常见绝缘等级与极限温度的对应关系如表 7－1 所示。

表 7－1　绝缘等级与极限温度的对应关系

绝缘等级	A	E	B	F	H
极限温度（℃）	105	120	130	155	180

（10）效率。指同步发电机输出能量与输入能量的比值，用百分数表示。当前，同步发电机的额定效率一般在 93%～98%之间，大型汽轮发电机组在 98%以上。GE 公司生产的 390H 和 450H 型燃气轮发电机的效率分别为 98.8%和 98.95%。

我国哈尔滨电机厂引进美国通用电气（GE）公司生产的 390H 燃气轮发电机主要参数如表 7－2 所示，东方电机股份有限公司和日本三菱电机公司合作生产的 QFR－400－2－20 型燃气轮发电机主要参数如表 7－3 所示。

表 7－2　390H 燃气轮发电机主要参数

冷却方式	转子直接氢冷，定子氢外冷	外形结构	单端驱动，端盖轴承
额定转速（r/min）	3000	输出功率（MW）	398
额定功率因数	0.85	额定功率（MW）	468
额定定子电压（kV）	19	额定频率（Hz）	50
额定定子电流（A）	14221	额定励磁电压（V）	750
额定励磁电流（A）	2360	定子槽数	72

续表

氢压（psig）	60	效率	99.02%
绝缘等级	转子：F 级；定子：F 级以上	温升	B 级标准
励磁系统	母线供电静止励磁	定子质量（t）	267
转子质量（t）	64.4	机组总重（t）	367

表 7－3　　QFR－400－2－20 型燃气轮发电机主要参数

额定功率（MW）	409.7	额定定子电压（kV）	20
额定定子电流（A）	13914	额定功率因数	0.85
冷却方式	转子直接氢冷，定子氢外冷	外形结构	单端驱动，端盖轴承
额定励磁电流（计算值，A）	3390	额定励磁电压 100℃（计算值，V）	402
额定转速（r/min）	3000	额定频率（Hz）	50
相数	3	接法	3
额定氢压（MPa）	0.4	短路比（保证值）	≥0.55
超瞬变电抗（保证值）	≥0.15	瞬变电抗	≤0.25
效率（保证值）	≥98.9%	励磁方式	静止晶闸管

第二节　燃气轮发电机组主要部件

一、概述

燃气轮发电机组主要由定子与机壳组装（含端盖）、转子、分离式座式轴承、励磁机及气体冷却器等几大部分组成，见图 7－2。

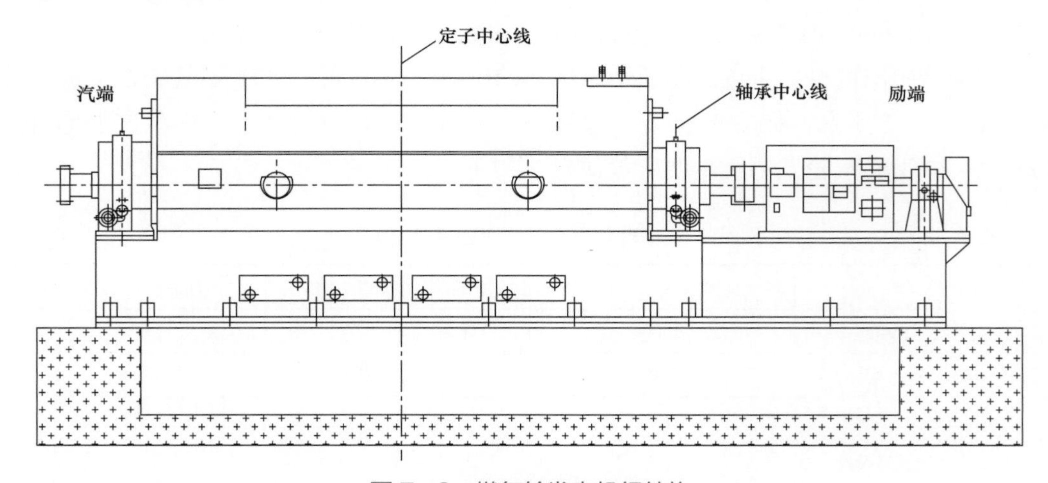

图 7－2　燃气轮发电机组结构

其中，对于大容量 390H 和 QFR－400－2－200 型燃气轮发电机均采用全氢冷方式。发电机总体布置方式为：为便于布置冷却器，机座采用整体偏心式结构；整台机只设有一个冷却器，并且沿轴向插于机座顶部；采用端盖式轴承，结构紧凑；定子出线为 6 个头，其中出线端和中性点各 3 个，均布置于励端下方；集电环侧设有隔声罩；采用静止晶闸管励磁方式。

二、燃气轮发电机的定子

燃气轮发电机本体主要由定子（也称为电枢，包括机座、端盖、定子铁心、端部结构和隔振装置等）和转子（也称为磁极，包括转子铁心、绕组等主要部件）构成。定子上置有三相交流绕组；转子上置有励磁绕组，当通入直流电流后，能产生磁场。转子的结构形式一般有凸极式和隐极式两种，如图 7－3 和图 7－4 所示。其中，凸极式发电机转子有着明显的磁极，当通有直流励磁电流后，每个磁极就出现一定的极性，相邻磁极交替出现 S 极和 N 极。隐极式发电机转子没有凸出的磁极，通入励磁电流后，沿转子圆周也会交替出现 S 极和 N 极。

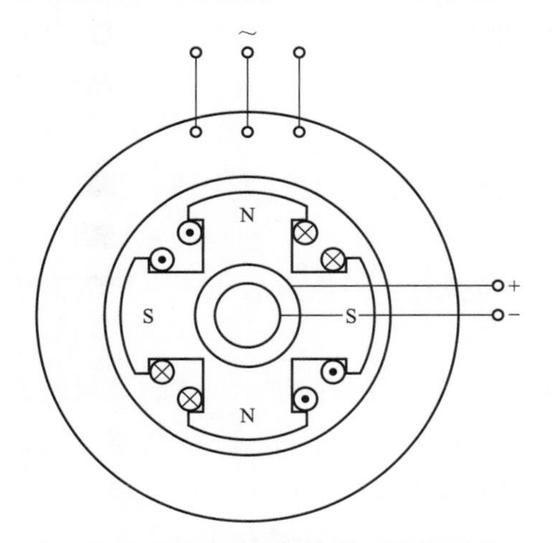

图 7－3　凸极式（四极）转子结构形式

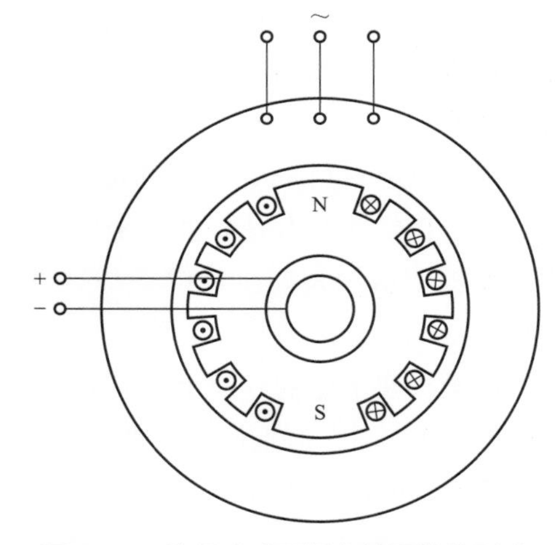

图 7－4　隐极式（两极）转子结构形式

燃气轮发电机定子各组成部分的主要作用如下。

1. 机座

燃气轮发电机的机座主要用于支撑和固定定子铁心和定子绕组，是由优质钢板按需要形状滚弯定焊接而成的整体结构。燃气轮发电机通常采用端盖式轴承，机座还要承受转子重量。此外，机座在结构形状上还要满足发电机的散热、通风和密封要求。QFR－400－2－200 型燃气轮发电机的偏心内外定子机座结构如图 7－5 所示。

图 7－5 中，内外定子机座之间采用弹簧板连接。外定子机座采用整体式焊接结构。定子机座总体外形尺寸为ϕ4300×10334，质量为 72t，机座外皮沿轴向分成 2 段，在轴向中心环板上以环焊缝连接。定子机座顶部设有 600mm×1519mm 矩形截面冷却器插

装孔，沿轴向贯穿机座，使得发电机转子中心低于定子机座的几何中心，从而造成定子机座内外圆不同心（所以称为偏心式定子机座）。定子机座共设有 11 层环板，各层间筋板较少，主要靠贯穿环板的圆钢、机座顶部的挡风板及外皮连接，机座骨架的刚性较差。

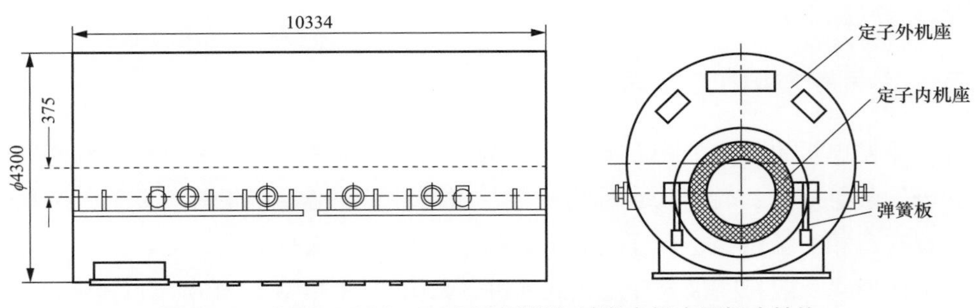

图 7－5　QFR－400－2－200 型燃气轮发电机定子机座结构

机壳和铁心外圆背部之间的空间属于同步发电机通风系统的重要部分，是轴向分段式通风结构。在结构上用横隔板把铁心背部和机壳之间的空间沿轴向分为 7 段，从而形成 7 个风区，其中 3 个进风区，4 个出风区（偶数段为进风区，奇数段为出风区），并且各进风区之间和出风区之间分别用椭圆形钢管连通。因此，构成“三进四出”的通风系统。

定子机座材料采用焊接钢板，并进行超声波探伤，以保证材料无夹渣、裂纹等缺陷。为了使机座具有良好的气密性并且能够承受氢爆产生的压力，机座外皮采用大尺寸的整板下料用来减少焊缝。焊接严格按工艺规范执行，机座焊后还应进行气密性试验。

定子机座下面的底座上装有氢气和中间介质二氧化碳气体的进出气管道。机座的强度按能承受 3.5 倍工作氢压设计，机座装焊后需要进行消除应力处理、水压强度试验和严格的气密检验，确保所有接合面具有足够的强度和刚度及气密性。

2. 定子铁心

（1）铁心冲片及其固定结构。

定子铁心的主要作用是导磁和固定定子绕组，对其基本要求是导磁性能好、损耗低、刚度好而且振动小。同时，在定子铁心的结构设计上及通风布置上需要其具有良好的冷却效果。

定子铁心通常由 0.5mm 厚的优质冷轧无取向硅钢片经冲压制成扇形，再由多片拼装成圆形。图 7－6 为燃气轮发电机的定子硅钢片拼装情况示意图。由图 7－6 可知，它总共有 54 个线槽，一张扇形片上有 4 个槽距，两张扇形片之间的接缝处在槽部，而不在齿部。扇形片的外圆弧上冲有鸠尾槽，两个鸠尾槽之间相距 3 个定子线槽距，其相应的弧为 20°，整个圆周上共有 18 个定位槽。同时，发电机用 18 根梯形定位筋将扇形片固定于机座上。

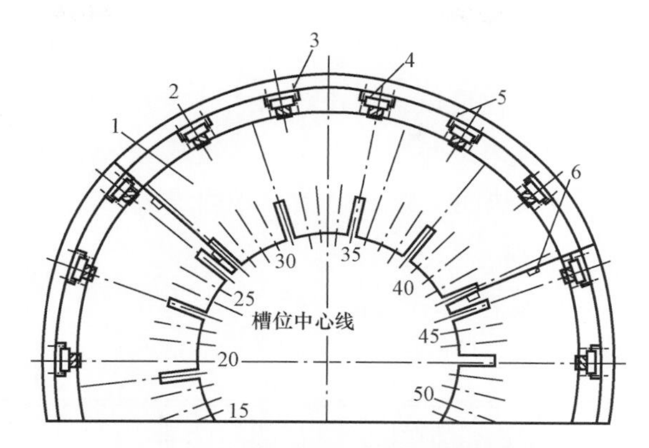

图 7－6　燃气轮发电机定子硅钢片拼装

1—扇形硅钢片；2—定位筋；3—垫块；4—弹簧板；5—机座；6—测温元件

燃气轮发电机定子机座内空的定位筋布置情况如图 7－7 所示。定位筋的横断面大多呈方形，与扇形片的接触处带有鸠尾状，在其轴向两端车有螺纹，以便于和压圈相互连接。定位筋的位置在定子槽的中心线上，或齿的中心线上。

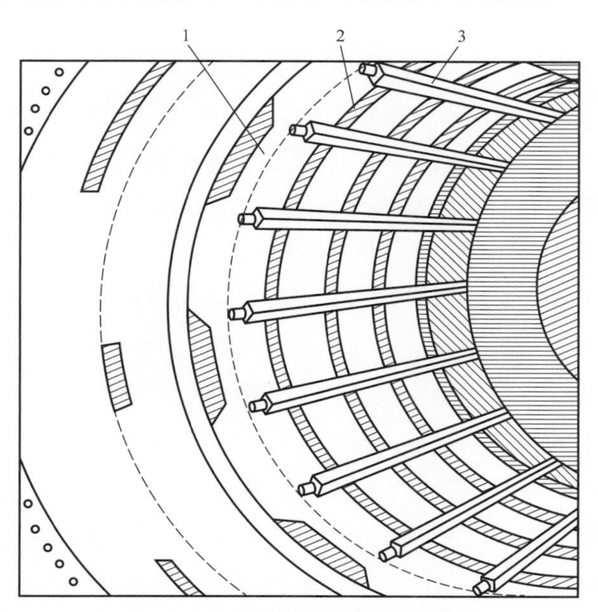

图 7－7　燃气轮发电机定子机座内空图

1—风道；2—机座横隔板；3—定位筋

扇形冲片两面均涂刷厚约 20～35μm 的绝缘漆膜，且扇形片交叉叠装，即每片旋转一个鸠尾槽槽距，从而使扇形片之间的接缝不全在同一位置，使得磁阻减小。在硅钢片叠装完成后，用油压机等工具经热压将其压紧，定位筋与压紧压圈看起来像一个笼子，将铁心固定于其中。

对于燃气轮发电机，压紧后的铁心在轴向上分为 64 段，每段长 75mm，段与段之间使用嵌条进行隔离，形成 8mm 宽的通风沟，如图 7－8 所示。因为发电机运行时，硅钢片中会有磁滞、涡流损耗，且定子绕组也会发热，所以必须把热量散掉。而仅通过定子铁心的外表面进行散热的效果很不够，可以通过增大氢气与铁心的接触面积来改善散热状况，即采用径向通风来冷却定子铁心，让冷却氢气在硅钢片段之间的通风沟中径向流通。如此可把铁心散热面从原来的 2 个端面增大为 128 个端面，使得散热条件大大改善。

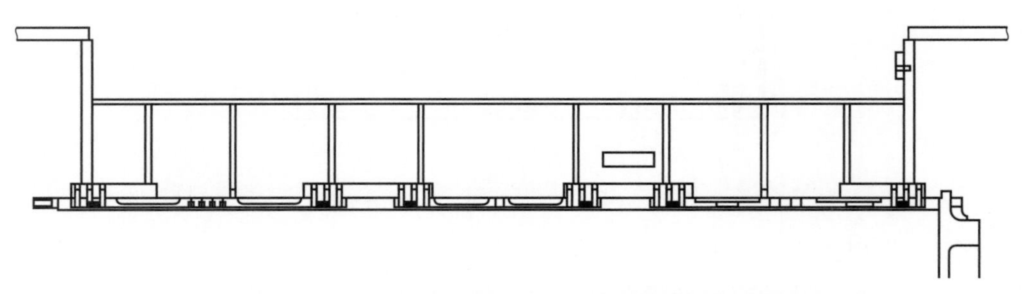

图 7-8　390H 型燃气轮发电机定位筋固定示意图

（2）定子隔振系统。

当两极式同步发电机运行时，气隙磁场强度在定子铁心内圆各点呈交变分布。相应地，在定子铁心上产生磁拉力，其中，两磁极中心线上的磁拉力最大，极间则最小，从而使得定子铁心产生椭圆形变形。转子每转一周，铁心的变形要交变两次，这使得定子铁心产生双频振动。如果运行时间长，双频振动会造成定子铁心松动，硅钢片的片间压力减小，进而绝缘受到磨损，机座焊缝疲劳，并伴随着噪声。

转子磁极和定子铁心之间的磁拉力会导致铁心的倍频振动，为防止振动传递到机座和基础上，定子铁心和机座间采用弹性隔振结构。弹性隔振结构在铁心径向具有一定的柔性，在切向具有足够的刚度以支撑铁心的重量和承受短路力矩。对于弹性隔振系统采用立式弹簧板结构，弹簧板上部与定子铁心上的支撑环间用螺栓耦合连接，下部与机座支撑梁间则采用焊接方式，沿轴向布置 4 块，两侧共 8 块，弹簧板材质为碳钢。此弹簧板系统结构简单，可以有效地降低由铁心传至机座、基础的振动值。

通常，立式弹簧板隔振系统除了在机座两侧设有多组垂直方向弹簧板外，还设有横向弹簧板。东电公司 600MW 发电机采用横向拉杆，其目的是防止事故状态下铁心的异常晃动。对于 QFR-400-2-200 型燃气轮发电机，则采用了另外的防晃措施，即在机座弹簧板两侧设有横向顶紧螺栓，运输时顶紧铁心支撑环防止晃动。发电机安装就位后，松开该螺栓，调整到与铁心支撑环间的间隙为（1±0.1）mm 后锁定。通过此螺栓，同样起到了限制铁心横向位移的作用，并且比传统方式的结构简单。

（3）定子绕组。

同步发电机定子绕组由定子线棒、定子绕组槽内固定结构、定子绕组端部固定结构和定子绕组引线等构成。

1）定子线棒。

对于 400MW 燃气轮发电机，其定子线圈为单匝线圈，具有电压等级高（20kV）、主绝缘厚度薄（3.56mm）、线圈工作场强高（3.244kV/mm）、线棒高宽比大（4:1）、540° Roebel 换位等特点。其制造工艺特点主要是股线换位工艺、VPI 工艺、凹形线模工艺等，股线胶化成形后，表面包主绝缘。

燃气轮发电机定子线圈换位方式较为特殊，两端双根线并排换位，中间单根线换位，换位节距 66mm。设计了单根排线和双根排线两种排线板，首先调整好换位机和排线板之间的距离，将单排电磁线按图纸要求顺序在单根排线板上交错排列，开动第二压换位机压出中间换位弯，再在双根排线板上两根线一组按顺序排列，开动第一压换位机压出第一个换位弯，后开动第三压换位机压出第三个换位弯。将压好“S”弯的单排电磁线以排线板端为齐端打齐，进行单排换位编织，最后将换位编织好的两个单排线组合成一个线圈。

线棒槽部和端部叠包的绝缘层数一样，进行 VPI 后，槽部用模压成形，端部采用钢带加收缩带的方式成形。线棒采用漆包玻璃丝包股线，其绝缘强度较普通玻璃包铜线高，即使在玻璃丝包破损后仍有漆膜保护。线圈端部从出槽口部位开始的一段区域涂高阻漆，使定子线棒端部表面电阻逐渐增加，这样端部线棒表面具有较均匀的电位梯度；涂高阻漆的部位向外更接近鼻端的线棒表面涂耐电弧绝缘漆。

2）定子绕组槽内固定结构。

线棒在定子槽（由高强度 F 级玻璃布卷制模压成型）内，楔下设弹性绝缘波纹板。为使线棒具有较好的防电晕特性，在定子槽壁与线棒侧面之间用半导体垫片塞紧以降低线棒表面的电晕电位从而防止槽内放电。同时，定子端部采用绑绳将线圈、绑环、绝缘支架绑扎成一整体，以便承受突然短路时巨大的电磁力。整个定子线圈端部为悬空结构，端部设有工艺用钢支架，用于线圈装配及端部绑扎过程，装配完成后与绝缘支架脱开。

3）定子绕组端部固定结构。

定子绕组端部采用图 7–9 所示的刚–柔绑扎固定结构进行固定。定子绕组的端部通过设在端部内圆上的两道径向可调绑扎环、绕组鼻端径向撑紧环、上下层线棒之间的充胶支撑管及下层线棒与锥环间的适型材料等固定在大型整体锥形支撑环上。而锥形支撑环的前端搭接在铁心端部的小撑环上，以便于滑动，锥形支撑环的外圆周与轴向均匀分布的绝缘支架固定在一起，绝缘支架又通过无磁性弹簧板与定子铁心端部的分块压板固定在一起，从而形成柔性连接结构。整个定子绕组的端部则成为沿径向和切向固定牢靠、沿轴向可伸缩的刚–柔固定结构。

当发电机运行过程中，由于温度变化引起线棒轴向膨胀或收缩时，定子绕组端部整体可沿轴向伸缩，从而有效地减缓了绕组绝缘中的热应力，并使发电机适于调峰运行工况。

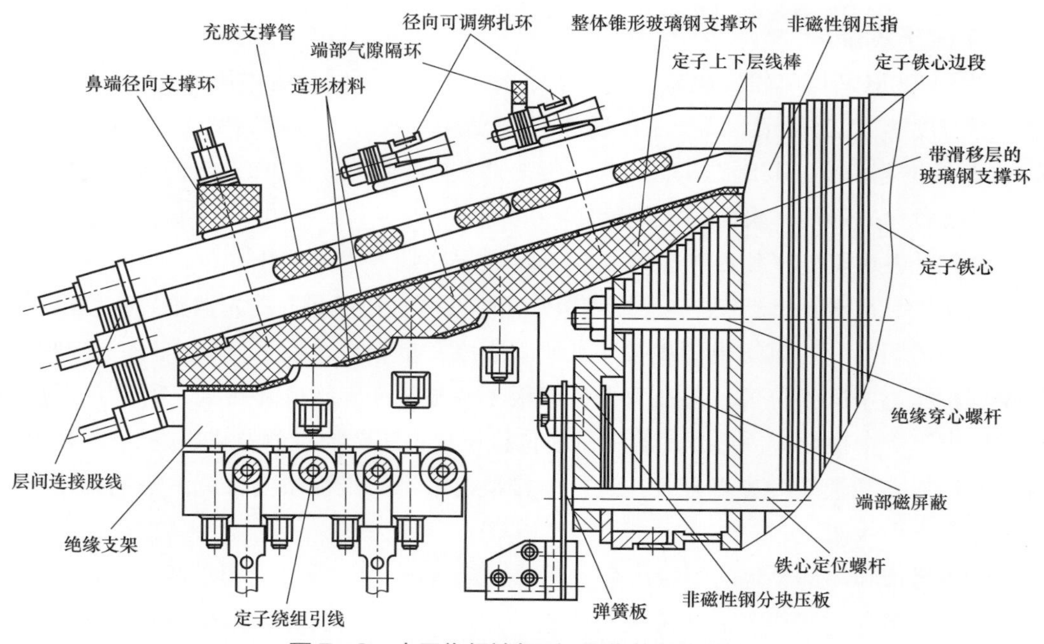

图 7–9　定子绕组端部刚–柔绑扎固定结构

在定子绕组端部的固定结构中，与绕组相接触的各环件及所有紧固件均为非金属材料，从而避免因采用金属材料而带来的局部过热和尖端放电现象。

4）定子绕组引线。

为了减小单支线棒流过的电流，定子线圈接线采用三支路并联方式，目的是满足定子线圈间接冷却的需要，合理控制定子线棒温升。环形引线有两种，相间连接线采用实心扁铜线，而支路并联后的引出线则采用空心方铜线。空心方铜线流过的电流较大，故其内部通冷氢气直接冷却，以保证合理的温升。

在机座励端下方有 6 个出线套管，其中 3 个出线端，3 个中性点。定子出线套管为氢内冷瓷套管。定子电流经出线套管与离相封闭母线连接。每个出线套管上套装供测量、励磁和保护等系统使用的电流互感器。

（4）端盖与轴承。

同步发电机采用图 7–10、图 7–11 所示的端盖式轴承，端盖上设有轴承座，由端盖支撑轴承载荷。

同步发电机的端盖采用优质钢板焊接结构，耦合在定子机座上，具有足够的强度和刚度及气密性。上半端盖上设有观察孔，下半端盖上除设有轴承座、油系统连接管口外，还设有较大的氢侧密封油回油箱，可使密封回油畅通。同时，在端盖内侧设有油密封座，外侧设有外挡油盖。在油密封座内装有密封瓦，密封瓦的瓦体采用青铜合金制成，可减小发电机端部的漏磁影响。在油密封座和外挡油盖与转轴接触处采用迷宫式封油结构，并设有多道采用耐磨和抗油蚀的聚四氟乙烯塑料压制的挡油梳齿，可有效地阻止油的内泄和外漏。

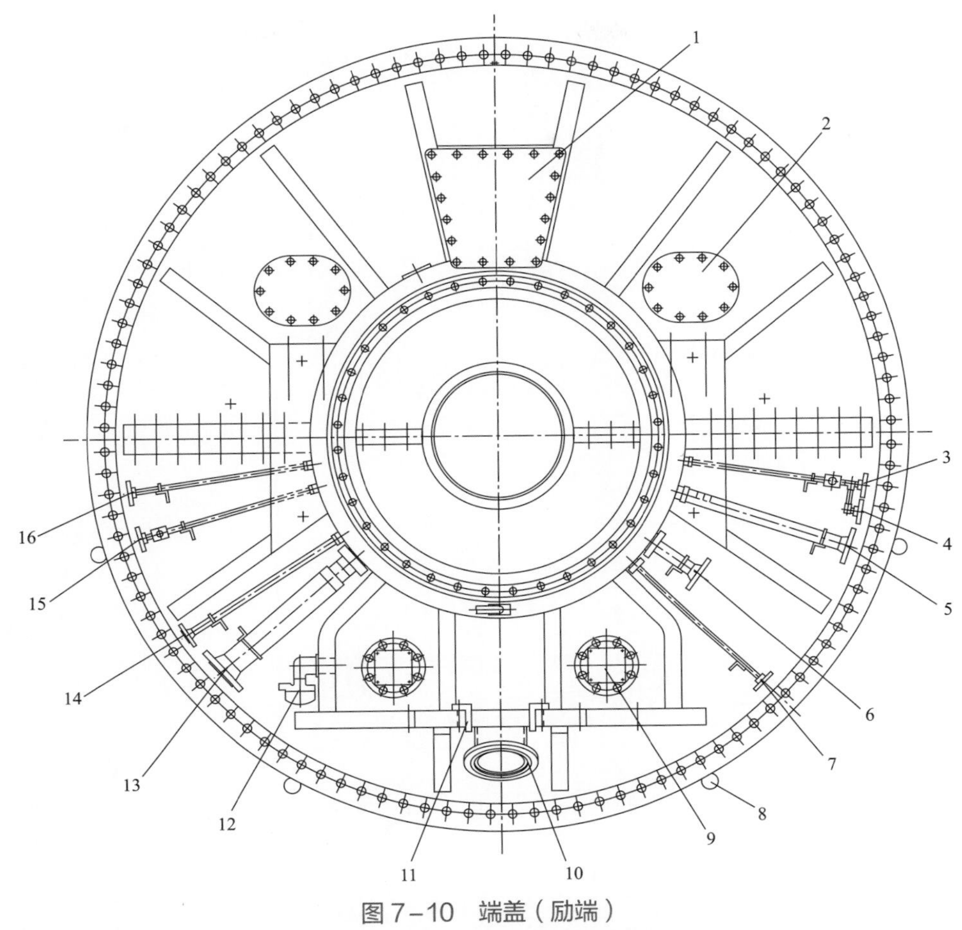

图 7-10　端盖（励端）

1—观察孔；2—观察孔；3—油密封空侧压力信号；4—油密封空侧压差信号；5—油密封空侧进油；6—轴承回油通气联结；7—高压油顶起进油；8—端盖定位块；9—视油窗；10—轴承回油；11—横向定位键调节块；12—浮球液位计；13—轴承进油；14—油密封氢侧进油；15—油密封氢侧压差信号；16—油密封空侧推力进油

燃气轮发电机轴承采用下半两块可倾瓦轴承，能自调心，稳定性强，抗油膜扰动能力强，保证运行时轴承具有较高的稳定性和较低的温度。轴瓦下半部分由起支撑作用的瓦块和带球面外圆的瓦套组成。瓦块设置在瓦套内圆垂线中心两侧 45°位置，为可倾斜式瓦块，由铜质瓦块和钢制瓦座耦合而成，瓦块内圆浇铸钨金以支撑轴颈。瓦套的外球面使轴承具有自调心功能。轴瓦两侧设有浮动的挡油密封瓦。轴瓦上半部分设有进油孔和油沟，结构与常规椭圆瓦轴承相同。安装轴承时用专用吊具吊装，并加以保护。轴颈表面要求超精加工，可提高轴承承载能力，保证可靠的润滑。轴承油腔设有抽气管，通过外接管路抽气，使油腔内气压略低于外部气压，防止漏油。为了防止轴电流，在轴承顶部与端盖间用镶块绝缘；在轴承底部，轴承和轴承套间装有绝缘板，用绝缘螺栓固定。除此之外，在所有可能导通轴电流的部位都装有绝缘，如密封座与端盖之间，密封座和油管之间。所有部件都有足够的爬电距离，以防止轴电流。

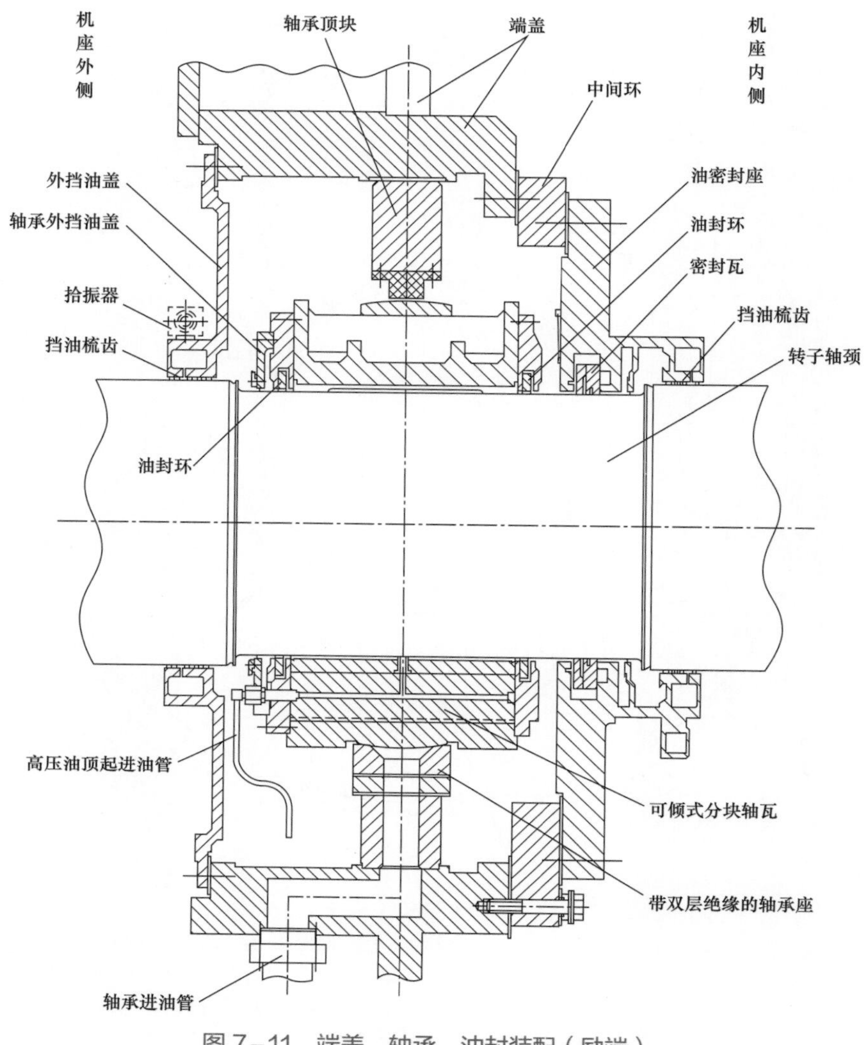

图 7–11　端盖、轴承、油封装配（励端）

（5）油密封装置。

对于 450H 型燃气轮发电机，其转子轴承、氢密封及密封油和润滑油管路均装在外端盖内，如图 7–12 所示。端盖在水平中心分开以利于其拆卸。为密封机内气体，在端盖两半之间及端盖与机座之间的合缝面上加工密封凹槽并填充密封胶。转子轴承上配有球座安装可自调心轴瓦。每个外端盖、轴承内侧装有轴封以防止氢气沿轴泄漏。这种布置可允许检查发电机轴承而不用释放机内气体。为防止轴电流，励端轴承和密封座是与发电机机座绝缘的。燃气轮机端设有接地电刷装置。内端盖位于定子绕组和外端盖之间，并将由风扇排出的气体和进入风扇的气体隔开。装在内端盖上的气封环是为了防止由风扇排出的气体漏回到风扇的入口。端盖上还装设有测量轴振和轴承座振动的接口。为满足轴系振动和临界转速要求，450H 发电机励端采用了分块可倾瓦结构，燃气轮机端仍采用椭圆瓦结构。发电机采用单流环式油密封系统，密封瓦由锻钢加工而成，内圆表面铸有轴承合金。油密封装置位于发电机两端端盖内，其功能为通过轴径与密封瓦之间的压力油膜阻止氢气外逸。单流环即密封瓦的氢侧和空侧共用同一股油源，空侧回油直接返回回油箱，氢侧回油返回氢油分离箱，以消除油中少量的氢。密封油与氢气的压差通过压差阀自动维持，在任何运行状态下油压保持高于氢压0.035MPa。

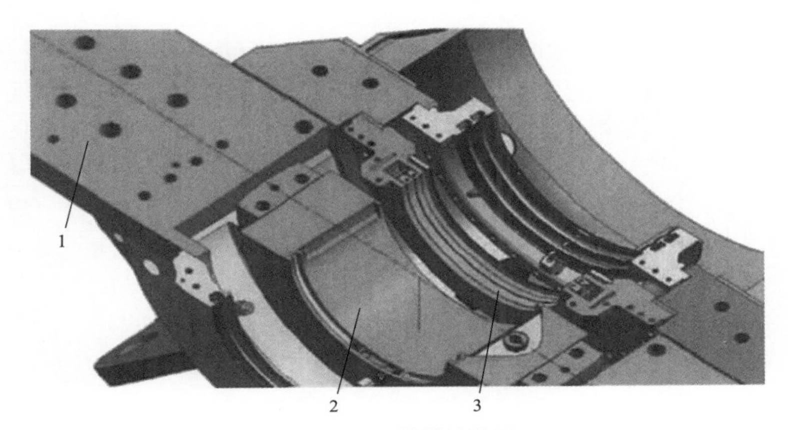

图 7－12　端轴油装配

1—端盖；2—轴瓦；3—密封瓦

（6）冷却器及其外罩。

发电机在机座顶部只布置了一台冷却器，因此体积巨大，长度尺寸超过 10m，宽度近 1.5m，体积和质量均大大超过现在国内已生产过的发电机冷却器。冷却器采用整张套片式结构，其上下部分为两组独立的冷却单元，能满足退出一组冷却单元，发电机带 80%负荷运行的要求。另外冷却器在前后水箱加装防腐蚀锌板，减缓冷却水对冷却水管的腐蚀。

冷却器外罩采用优质钢板焊接而成，具有足够的机械强度及气密性。外罩内设有通风风道和能对冷却器位置进行调节并固定用的装置。冷却器外罩整体通过法兰与定子机座连接，从而缩小了发电机定子运输外形尺寸，也减少了发电机定子运输的质量。

（7）出线盒、引出线及瓷套端子。

发电机的出线盒设置在定子机座励端底部，如图 7－13 所示。出线盒由无磁性铜板焊接而成，其形状呈圆筒形，并具有足够的强度及气密性。

发电机的引出线由铜管制成，其上端与定子绕组引线采用柔性接头连接，下端通过铬铜合金接线夹与瓷套端子相接，将定子绕组从机内引至机外出线盒处。

发电机的瓷套端子对水和氢都具有良好的密封性能。瓷套端子内部的导电杆与瓷套采用一端装有无磁性的螺旋弹簧进行连接，另一端焊接波纹式紫铜伸缩节，使导电杆既能随温度变化而自由伸缩，又能保持可靠的密封性能。

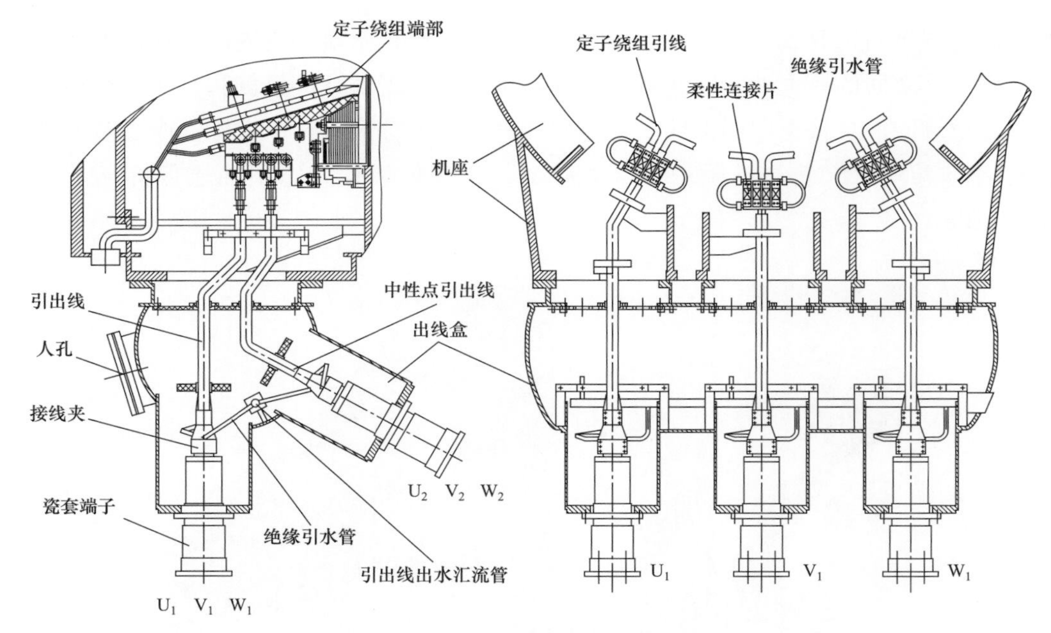

图 7－13 引出线装配

发电机的引出线和瓷套端子均采用水内冷。此外，发电机共有 6 个出线瓷套端子，其中 3 个为主出线端子，设在出线盒底部垂直位置；另外 3 个为中性点出线端子，设在出线盒的斜向位置。发电机出线端子上装设套管式电流互感器，并采用无磁性紧固件固定于出线盒上。发电机主出线端子通过设在其上的矩形接线端子与封闭母线柔性连接，中性点出线端子则通过母线板连接后封闭在中性点罩壳内，并可靠接地。

（8）集电环及隔声罩刷架装配。

发电机的集电环及隔声罩刷架装配见图 7－14。

图 7－14 集电环及隔声罩刷架装配

集电环装配由装配在小轴上的集电环、集电环下绝缘套筒、风扇、导电螺钉和导电杆等组成，并通过小轴端部的联轴器与发电机转子连接。其中，小轴采用高强度的铬镍钼钒整体合金锻钢制成，轴上设有装配导电杆的中心孔，并在端部设有与发电机转子连接的联轴器。集电环下绝缘套筒和导电杆绝缘套筒，以及填充用的绝缘垫块均为F级绝缘材料。

隔声罩刷架装配由装配在底架上的隔声罩、构成风路的隔板、刷架、组合式刷盒、导电板（引线铜排）、末端抑振轴承等组成。底座由优质钢板焊接加工制成，放置在基础预埋的座板上，通过基础螺杆固定在基础上，底架内隔有进出风路及设有导电板（引线铜排），底架底面上设有与基础风洞相接的进出风和连接导电板（引线铜排）用的接口。隔声罩采用玻璃钢制品，装配在底架上，罩内用隔板隔成进出风区，隔声罩与小轴的接触处设有气封环，以防止灰尘。

为防止集电环装配与发电机转子连接后形成的悬臂端在运行时摇摆引起振动过大，在集电环装配末端设有1个小直径的座式轴承，起到支持稳定的作用。

（9）发电机监测系统。

同步发电机设有完善的监测系统，用以监测温度、振动、对地绝缘电阻及漏水、漏油状况等，并在机座两侧设有相应的测量端子。同时，还可以配置在线监测设备。

1）定子铁心温度监测。

定子铁心内设置有T型热电偶测温元件。汽端和励端的边段铁心，压指和磁屏蔽上共有16支测温元件，铁心中部两个热风区处的齿部及轭部上共有8支测温元件。同时，在每支测温元件处均设1支备用元件。

2）定子绕组及引出线温度监测。

定子绕组的汽端槽内上下层线棒之间设有Pt100型热电阻测温元件，每个槽内放置1支，共计42支。测温元件为双支，其中1支作为备用。

定子绕组的汽端出水汇流管接头上设有T型热电偶测温元件，每个接头上装设1支，共计84支。引出线和瓷套端子在出线盒内的出水汇流管接头上设有T型热电偶测温元件，每个接头上1支，共计6支。

3）氢冷却器前后氢气温度监测。

发电机的汽端和励端的冷却器外罩内的冷却器前后设有双支Pt100型热电阻测温元件，两端共计4支。汽励两端机座上方冷却器座处的外面设有测量机内冷却器前后氢气（发电机进风）温度的插入式铠装Pt100型双支热电阻和温度开关测温元件，每端每种各1支，共计4支。其中，温度开关可发出冷氢气温度过高的报警信号（两个触点）。

4）机内氢气温度监测。

在发电机定子机座的风区隔板上设有Pt100型热电阻测温元件，每个风区有1支，共计11支。同时，在每支测温元件处均设1支备用元件。

5）定子绕组总进出水温度监测。

发电机的定子绕组总进出水外部管口处设有铠装Pt100型双支热电阻和电接点双

金属温度计测温元件，进出端每种各 1 支，共计 4 支。其中，水温过高时，电接点双金属温度计可发出报警信号。

6）氢冷却器进出水温度监测。

在氢冷却器的进出水外部管口处设有铠装 Pt100 型双支热电阻和电接点双金属温度计测温元件，汽端和励端两端每种各 2 支，共计 8 支。其中，水温度过高时，电接点双金属温度计可发出报警信号。

7）集电环隔声罩内进出风温度监测。

在集电环隔声罩内进出风口处设有铠装 Pt100 型双支热电阻和电接点双金属温度计测温元件，进出口处各 1 支，共计 3 支。

8）轴承温度监测。

在发电机汽端和励端的轴承和集电环处的轴承瓦体上，设有双支 Pt100 型热电阻测温元件，每个轴承 1 支，共计 3 支。

在汽端和励端的轴承和集电环处的轴承出油管路上，设有铠装 Pt100 型双支热电阻和电接点双金属温度计测温元件，每种 3 支，共 6 支。

9）转子振动监测。

在汽端和励端的轴承外挡油盖上和集电环处的轴承座上，设有非接触式测轴振拾振器，每处可设 2 支，由汽轮机厂统一提供。

10）对地绝缘监测。

发电机运行期间，可通过相应的端子监测下列部件的对地绝缘电阻。这些部件是励端轴承的轴承座、轴承止动销、轴承顶块、中间环、高压油顶起装置和外挡油盖，集电环处轴承的轴承座。此外，还有汽端汇流管、励端汇流管和引出线汇流管。注意，汇流管的测量端子在测量后必须保证良好接地。

11）发电机漏水漏油监测。

在发电机运行期间，可通过设在机外的浮子式漏水、漏油探测器监测发电机下列部件是否有漏水、漏油汇集等状况，若有漏水、漏油汇集则有报警信号发出。这些部位是机座汽端底部、汽端和励端冷却器前后的下部、出线盒底出线端和中性点端底部、中性点罩壳底部。

12）发电机在线监测。

根据电厂需要，可配置绝缘过热监测仪、局部放电监测仪、转子匝间短路监测仪，在发电机运行期间进行在线监测。

（10）发电机通风系统。

450H 型燃气轮发电机通风系统如图 7–15 所示。

图 7–15 中，定子通风采用通过风扇使氢气强制流入气隙及定子铁心背部周围的方式。定子被机座隔板在轴向分为冷热风区。在冷风区，强制流通的冷却的气体从铁心外通过径向通风道进入气隙。在热风区，气体从气隙通过通风道流向铁心外，热量被

交换后，冷却的气体回流到转子风扇并重新循环，这种定子多路通风方式可均匀地冷却铁心和绕组避免机内过热并降低温差所产生的应力。

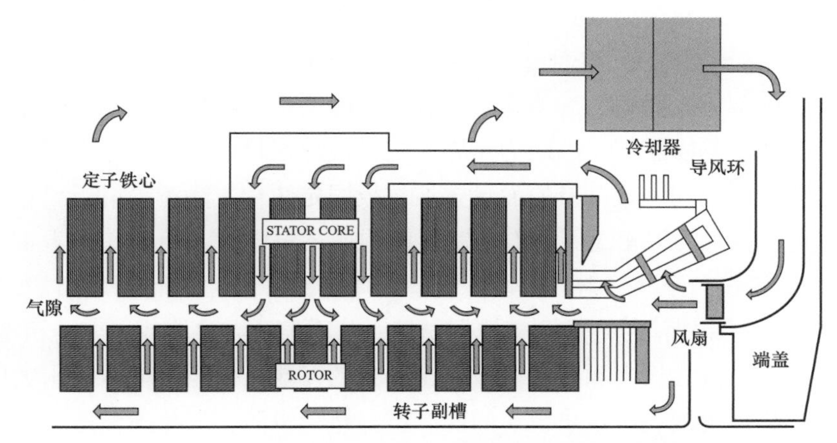

图 7-15　450H 型燃气轮发电机通风系统示意图

（11）发电机定子主出线。

发电机定子主出线从发电机机座励端顶部的出线板引出（见图 7-16）。对于 450H 型燃气轮发电机，GE 公司设计采用 MICAPAL Ⅲ绝缘系统，不适合哈电工艺制造，故哈电自主开发了 VPI 云母绝缘系统，线棒在制造过程中进行了多项电气和机械试验，整个线棒绝缘为高密度、高电介质强度系统，在整个运行温度的范围内具有高的抗拉强度。为了将电晕效应降至最低，在槽内和超出铁心数英寸的定子线圈位置涂上微导电漆（含石墨）。定子线圈端部外部包有数层保护云母绝缘的防晕带，随后喷上环氧漆。

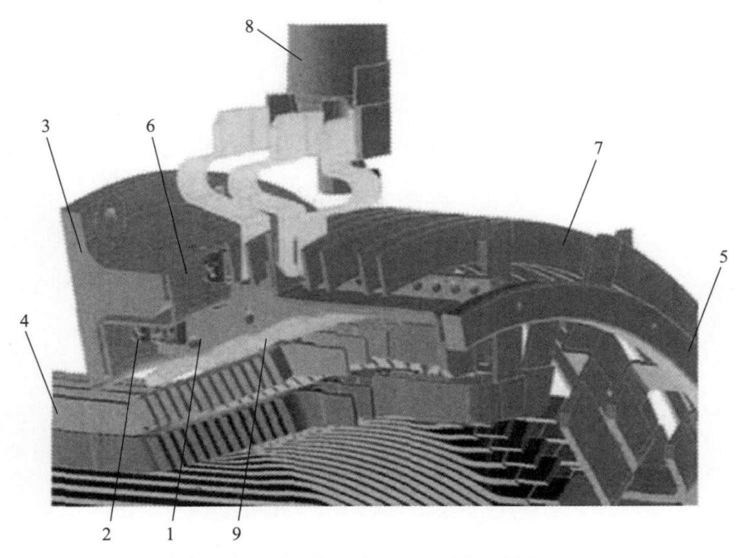

图 7-16　450H 型燃气轮发电机定子端部出线及整体滑移的结构

1—绝缘支架；2—滑移机构；3—压圈；4—定子线棒；5—永久环；6—铜屏蔽；7—并联环；8—高压瓷套管；9—玻璃纤维环

端部绕组被固定在模压玻璃纤维环上，模压玻璃纤维环是由定子压圈上的绝缘支架支撑的。定子绕组采用了 GE 改进的湿式绑扎结构，用适型材料将压力均布于绕组端部表面，用热固型树脂将玻璃纤维带、间隔块和适型材料黏结在一起，避免了线棒振动引起的主绝缘磨损。GE 公司这种整体滑移端部结构有超过 35 年（500 台）的无磨损使用纪录。定子端部绑扎固化的一体化结构有效保障了端部结构承受故障转矩能力，轴向滑移结构避免了热膨胀产生的应力集中。定子线棒在槽内是通过打紧在鸽尾槽内的胶木板定子槽楔固定的，顶部及侧面设置波纹板固定线棒。为测量绕组运行温度最高温度点，在定子绕组的每相线圈间均设置 6 个电阻式测温计，由 8 个风温测温计来测量 4 个冷却器中每一个冷却器的进口和出口处气体温度。测温计引线穿过发电机机座上的航空端子气密穿线法兰连接到接线端子箱，从而与测温仪器或继电器相连接。

为了将感应电流的损失和导线负载电流导致的发热降低至最低点，出线板采用非导磁不锈钢材料。出线板与定子机座间配有密封垫片以防止氢气泄漏。引出线通过气密的高压瓷套管引出，套管由配有铜导体的陶瓷绝缘子构成，套管两端端子镀银。套管式电流互感器水平布置于顶部出线罩内，其固定全面考虑了绝缘和散热空间问题，出线罩底部开通风孔，整个出线罩采用自然通风冷却。考虑到安全问题，电机配备氢气探测装置监测氢气泄漏情况。

（12）发电机密封。

发电机有以下几个主要密封面：端盖上下半之间和端盖与定子机座端面之间的密封面；出线盒与定子机座之间的密封面；冷却器外罩与定子机座之间的密封面。这些密封面均采用液体密封胶密封。同时，冷却器外罩与定子机座间的合缝处也可在安装现场采用焊接成一体的方法密封。

三、同步发电机的转子

转子是汽轮发电机的关键部件，由转轴、绕组及端部绝缘固定件、阻尼系统、护环、中心环、风扇、联轴器和集电环装配等构成（见图 7－17）。

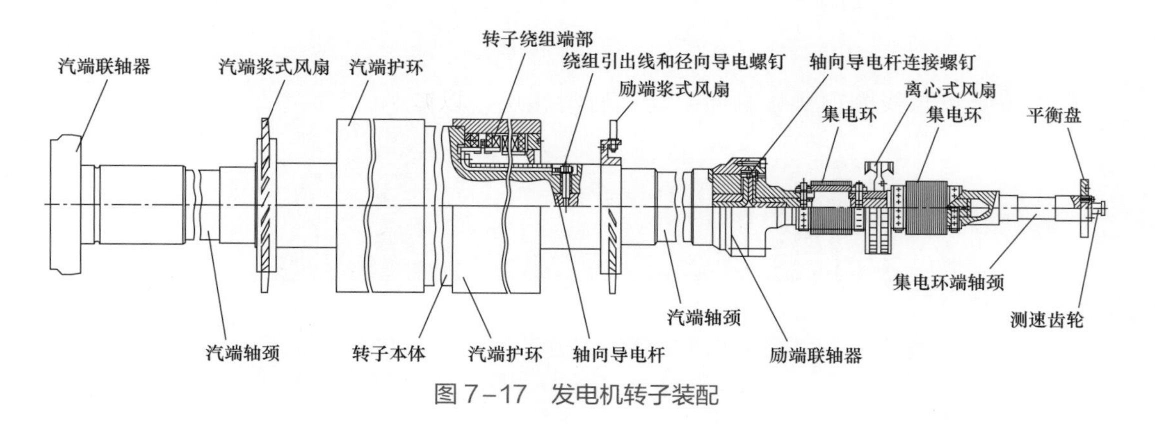

图 7－17　发电机转子装配

1. 转轴

QFR－400－2－20 型燃气轮发电机转子都采用高强度的、导磁性能良好的镍铬钼钒的合金钢锻造而成，在真空中浇注成形，再经冷热加工而成。转轴锻件按相关规范进行严格检测。检测项目有抗拉强度、屈服强度、延伸率、断面收缩率、冲击能量、超声波探伤等。

转子中间部分（本体）作为磁极，沿转子表面在专用铣床上加工出若干轴向槽子，从断面看呈辐射形，分布在磁极的两侧，每侧 16 个。这部分槽子称为小齿，用于放置励磁绕组；未加工的部分称为大齿，用作磁极的极身，为主要磁通回路。转子槽形为半梯形开口槽，1 号线圈为浅槽，每个大齿表面有两个通长的弧形浅槽用于转子长期运行后转轴（无中心孔）探伤。大齿上加工横向槽以补偿由于转子表面开槽引起的刚度不均。转子汽端轴身上设有用于指示转子位置的定位环，这是因为燃气轮机的发电机组在启动时需外接变频启动电源，将发电机作为电动机运行，来带动整个轴系旋转加速，即通常所说的静止变频器（SFC）方式启动。为了给定子电枢绕组施加正确的电流，运行时需靠光学传感器检测定位环来向 SFC 提供转子位置信号。

2. 转子绕组

转子绕组（又称励磁绕组，用于建立旋转磁场）是由扁铜线绕成的同心式线圈，以大齿为中心，每极 8 个线圈，两极共 16 个，嵌入小齿槽内。氢内冷的转子绕组采用空心扁铜管或异形铜线制成。绕组的直线部分用槽楔压紧，端部径向固定采用护环，轴向固定采用云母垫块和中心环。转子绕组的引出线经导电杆接到集电环上，再经电刷引出。

3. 转子端部绝缘固定件

（1）转子线圈槽内绝缘及固定。

转子线圈在槽内的主绝缘采用 F 级高强度的绝缘模压槽衬，线圈的匝间绝缘则采用 F 级三聚氰胺玻璃布板垫条，且垫条与铜排黏接固定。

转子线圈的槽内固定包括槽楔、楔下垫条和槽底垫条。其中，为防止在径向压紧线圈时槽衬遭受机械损伤，槽底垫条粘放于槽衬底部。为满足爬电距离的需要，楔下垫条置放在槽楔和转子线圈顶匝之间。为适应发电机调峰运行工况，在转子槽衬和楔下垫条与线圈铜排接触面上均粘有滑移层，以减少线圈轴向热胀冷缩时的摩擦阻力。

（2）转子引出线。

转子引出线由 J 型引线、径向导电螺钉和轴向导电杆构成。转子引出线中，J 型引线与 1 号线圈连接处轴向导电杆中间位置均设置了由高强度含银铜片制成的弹性连接结构，用以消除机械疲劳和热膨胀对转子引出线结构的影响。径向导电螺钉和轴向导电杆均由高强度锆铜合金锻件制成。径向导电螺钉与转轴径向孔间设有可靠的绝缘和密封氢气结构。

（3）转子阻尼系统。

发电机转子的每极表面上开设有两个阻尼槽，槽内置放阻尼铜条，并采用非磁性钢阻尼槽楔，从而使感应电流能顺利通过每极表面上的横向槽，避免在横向槽周围形成过热点。同时，转子线圈槽楔采用了对感应电流屏蔽效果良好的铝合金，并在各段槽楔间采用连接块搭接，使感应电流能顺利通过各段槽楔间的接缝处，防止了在槽楔接缝处的齿部形成过热点。

此外，与护环接触的端头槽楔采用热态导电性能良好的铍铜合金，使护环能与端头槽楔接触良好并通过端头槽楔将各阻尼铜条、各线圈槽内的槽楔并联在一起，形成了可靠的笼式转子阻尼系统。

（4）转子护环。

护环是套在转子绕组两端部的高机械性能、高电阻、非磁性的合金冷锻钢环，以承受转子绕组端部在高速旋转时产生的离心力，保护绕组端部不发生径向位移和变形。

（5）中心环。

中心环是由铬锰磁性锻钢制成，套于转轴上绕组的两侧端部，对转子护环起固定、支持和保持与转轴同心的作用，也能限制端部绕组的轴向位移。

（6）风扇。

为驱动发电机内的氢气循环用以冷却发电机，在转子两端护环外侧装设有单级桨式风扇。转子风扇由风扇座环和风扇叶片组成，其中，风扇座环由高强度合金锻钢制成，并热套于转轴上；风扇叶片由高强度铝合金锻成，并按设定的扭转角固定于风扇座环上。

（7）转子联轴器。

转子联轴器装设于转子的汽端和励端的轴头处，且联轴器与汽轮机和集电环装配的小轴连接。联轴器在具有足够强度和刚度的同时，又能传递最严重工况下的转矩。联轴器采用高强度铬镍钼钒合金锻钢制成，采用与轴锻成一体结构。

第三节 发电机励磁系统

为了使发电机正常发电，既需要原动机输入原动力以带动其旋转，还需给转子绕组提供励磁电流以建立旋转磁场。发电机励磁系统即是供给励磁电流的电路，其原理框图如图 7–18 所示。

励磁系统由两个基本部分组成，即励磁功率单元和励磁调节器。励磁功率单元，包括交流电源及整流装置，它向发电机的励磁绕组提供直流励磁电流；励磁调节器（AVR）是根据发电机发出的电流、电压情况，自动调节励磁功率单元的励磁电流的大小，以满足系统运行的需要。

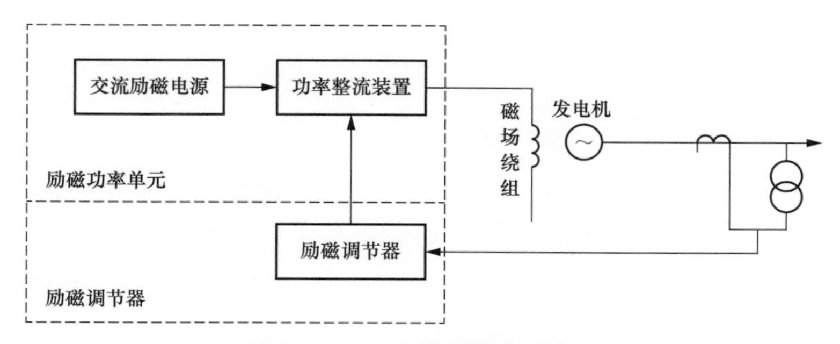

图 7-18　励磁系统原理框图

一、发电机的励磁方式

同步发电机的励磁方式主要有三种：① 直流励磁机励磁方式；② 交流励磁机励磁方式，又分为静止整流器励磁（称有刷励磁）方式和旋转整流器励磁（称无刷励磁）方式；③ 自并励励磁（称静止励磁）方式。

1. 直流励磁机励磁方式

20 世纪 60 年代以前，汽轮发电机的励磁方式均采用同轴直流发电机作为励磁机，可通过励磁调节器改变直流励磁机的励磁电流，从而改变发电机转子绕组的励磁电压，进而调节转子的励磁电流，达到调节发电机端电压和输出无功功率的目的。目前 100MW 以下的汽轮发电机仍采用这种励磁方式。

这种励磁方式的优点是，励磁电流独立、工作比较可靠和自用电消耗量少等；其缺点是，励磁调节速度较慢，维护工作量大。

2. 交流励磁机静止整流器励磁方式

交流励磁机静止整流器励磁方式也称三机励磁方式。三机是指发电机、主励磁机和副励磁机三台交流同步发电机。在这种励磁方式下，三机同轴旋转，励磁机不需换向器，而整流装置和励磁调节器是静止的，所以励磁容量不受限制。和发电机同轴的交流主励磁机经静止整流装置为发电机供给励磁电流，而主励磁机的励磁电流则由同轴的中频副励磁机经可控整流装置供给。励磁调节器（AVR）根据发电机运行参数的变化自动调整主励磁机励磁回路中可控整流装置的控制角，进而改变励磁电流以及主励磁机的输出电压，也就调节了发电机的励磁电流。

交流主励磁机的频率一般采用 100Hz，交流副励磁机通常采用永磁式中频同步发电机，其频率一般采用 400～500Hz，以减少励磁绕组的电感及时间常数。

交流励磁机静止整流器励磁方式的励磁能源取自主轴功率，不受电力系统扰动的影响，工作稳定可靠。用大容量静止整流器替代旋转式换向整流，可解决整流子和电刷的运行维护问题。目前，国产大容量汽轮发电机组广泛采用三机励磁方式。

结合运行实践，三机励磁方式存在以下缺点：一是旋转部件多，故障概率较高，而且修复时间较长，检修维护工作量大；二是机组轴系长，轴承座多，轴振和瓦振值较高，不利于轴系稳定和机组的安全运行；三是噪声较大，交流电动势的谐波分量也较大。

3. *交流励磁机旋转整流器励磁方式*

它和静止整流器励磁方式的主要区别在于整流装置是否与轴一同旋转。整流装置与交流主励磁机及发电机同轴旋转时，三者相对静止，可直接相连而不需要集电环、碳刷，所以也称为无刷励磁。目前工程中采用的整流装置都是旋转二极管型。

无刷旋转二极管励磁方式中，一般采用 100Hz 交流励磁机作为主励磁机，100Hz 电流经整流后直接送入发电机转子绕组。这种励磁方式省去了集电环和电刷，使其结构简单、便于维护、可靠性高，非常适用于大容量汽轮发电机组，但同时也存在两个问题：一是不能采用常规方法直接测量转子电流、温度和对地绝缘；二是无法在发电机的励磁回路装设灭磁开关，而只能将其装设于交流励磁机励磁回路，使灭磁时间延长（20s）。交流励磁机旋转整流器励磁方式在大型汽轮发电机组上已经获得广泛应用。

4. *自并励励磁（静止励磁）方式*

其励磁电源由发电机自身提供，且整个励磁装置没有转动部分，也称全静态励磁方式或静止励磁方式。通常由一台接于发电机端的励磁变压器获得励磁电源，通过受励磁调节器控制的晶闸管整流装置实现对发电机励磁电流的控制。

自并励励磁方式具有下列优点：

1）运行可靠。因为没有旋转部件，设备接线简单，所以大幅降低了事故概率。运行数据表明，自并励励磁方式的强迫停机率仅为交流励磁机励磁方式的 1/3，平均修复时间仅为交流励磁机励磁方式的 1/4。

2）改善了发电机的轴系稳定性。自并励励磁方式可显著缩短机组的轴系长度，同时，也减少轴承座数量，所以提高了轴系的稳定性。

3）提高了电力系统的稳定水平。该方式的响应速度快，调压性能好，短路后端电压恢复快。再者，由于配置了电力系统稳定器，对小干扰的稳定水平比交流励磁机励磁方式有明显提高。

4）经济性好，投资成本低。该系统设备简单，轴系长度缩短，可降低设备和厂房的基础投资；同时，调整维护简单，故障修复时间短，可明显提高发电效益。

但是，自并励励磁方式也存在下列问题：一是当发电机近端发生三相短路而切除时间又较长时，不能及时提供足够的强行励磁；二是接于地区网络的发电机，由于短路电流衰减快，继电保护配合较复杂。

二、发电机与励磁电流的有关特性

1. *电压调节*

自动调节励磁系统可以看成一个以电压为被调量的负反馈控制系统。理论表明，造成发电机端电压下降的主要原因是无功负荷电流的增大。为了满足用户对电能质量的要求，可随无功电流的变化调节发电机的励磁电流，以保持发电机的端电压基本不变。

2. 无功功率调节

当发电机与系统并列运行时，可认为是与无限大容量电源的母线运行，通过改变发电机励磁电流，可使感应电动势和定子电流也跟着变化，并使发电机的无功电流跟着变化。当发电机与无限大容量系统并联运行时，可通过调节发电机的励磁电流以改变发电机的无功功率。

3. 无功负荷分配

电力系统中并联运行的发电机根据各自的额定容量，按比例分配无功电流。发电机容量大者负担较多无功负荷，容量较小者负担较少无功负荷。通过自动励磁调节装置，改变发电机励磁电流维持端电压不变，可以实现无功负荷的自动分配，还可调整发电机电压调节特性的倾斜度，实现并联运行发电机无功负荷的合理分配。

三、自动调节励磁电流的方法

考虑到发电机转子回路中的电流很大，不便于进行直接调节，所以通常通过改变励磁机的励磁电流以改变发电机的励磁电流。常用的方法有改变励磁机励磁回路的电阻，改变励磁机的附加励磁电流，改变晶闸管的导通角等。

改变晶闸管导通角的方法如下：自动调节励磁装置根据发电机电压、电流或功率因数以及母线电压的变化，相应地改变晶闸管整流器的导通角，进而调整发电机的励磁电流。这套装置通常由测量单元、同步单元、放大单元、调差单元、稳定单元、限制单元及一些辅助单元构成。电压、电流等被测量信号经测量单元变换后与给定值相比较，然后将比较偏差经前置放大单元和功率放大单元进行放大，并用其控制晶闸管的导通角，进而改变发电机的励磁电流。同步单元的作用是保持移相部分输出的触发脉冲与晶闸管整流器的交流励磁电源同步，以保证晶闸管的正确触发。调差单元的作用是使并联运行的发电机能稳定、合理地分配无功负荷。稳定单元用于改善电力系统的稳定性。励磁系统稳定单元用于改善励磁系统的稳定性。限制单元是防止发电机运行于过励磁或欠励磁的条件。必须指出，并不是每一种自动调节励磁装置均包含上述各单元，一种调节器装置所具有的单元与其承担的具体任务有关。

四、对励磁系统的基本要求

1. 对励磁调节器的要求

励磁调节器的主要任务是检测和综合系统运行状态的信息，以产生相应控制信号，经放大后控制励磁功率单元以得到所要求的励磁电流。所以对它的要求如下：

1）系统正常运行时，励磁调节器能反映发电机电压的高低以维持发电机电压在给定水平，并能合理分配机组间的无功功率和便于实现无功功率的转移。

2）对远距离输电的发电机组，为了能在人工稳定区运行，要求励磁调节器没有失灵区。

3）能迅速反应系统故障，具备强行励磁控制功能以提高暂态稳定性和改善系统运行条件。

4）具有较小的时间常数，能迅速响应输入信号的变化。

5）结构简单可靠，操作维护方便，并逐步做到系列化、标准化。

2. 对励磁功率单元的要求

励磁功率单元的任务是在励磁调节器的控制下迅速向发电机提供合适的励磁电流。因此对它的要求如下：

1）励磁功率单元应具有足够的容量，以适应发电机各种运行工况的要求。

2）具有足够的励磁顶值电压和电压上升速度，以改善电力系统的运行条件和提高系统的暂态稳定性。

励磁顶值电压 U_{fm} 是指励磁功率单元在强行励磁时，可能提供的最高输出电压值。强励倍数是指励磁顶值电压 U_{fm} 与额定工况下励磁电压 U_{fe} 之比，其比值大小涉及制造和成本等因素，一般为 1.5～2.0。

励磁电压上升速度是衡量励磁功率单元动态行为的一项指标，它与试验条件和所用的定义有关。通常在暂态稳定过程中，发电机功率角摇摆到第一个周期最大值的时间约为 0.4～0.7s，所以一般将励磁电压在最初 0.5s 内上升的平均速度定义为励磁电压响应比，作为励磁系统的重要性能指标之一。

3）励磁功率单元实质上是一个可控的直流电源，它应具有一定独立性和可靠性，不受与发电机相联系的电力网络故障的影响。

五、三菱燃气轮机组 M701F4 励磁系统简介

某燃机电厂的发电机励磁系统和 SFC 的原理框图如图 7–19 所示，其励磁系统采用的是南瑞电控公司的 NES5100 自并励晶闸管整流励磁系统。励磁系统由励磁变压器、励磁调节器、晶闸管整流装置、起励装置和灭磁装置组成。

1. 励磁变压器

为便于和发电机封闭母线连接以及防止相间短路，励磁变压器由三个单相环氧干式变压器组成，采用 Y/D–11 的接线方式，在降低了一次绕组的耐压水平的同时，也抵消了二次侧的三次谐波，改善了整流柜阳极的电压波形。高低压绕组之间有静电屏蔽，大大降低了高低压绕组之间的电容耦合引起的感应过电压。励磁变压器二次电压的选择充分考虑了顶值电压倍数、换相压降和主回路上的压降。在励磁变压器额定容量的选择上，考虑到谐波电流分量增加的谐波损耗，适当加大二次额定电流的数值，并根据已确定的励磁变压器二次侧电压来确定最终的额定容量。

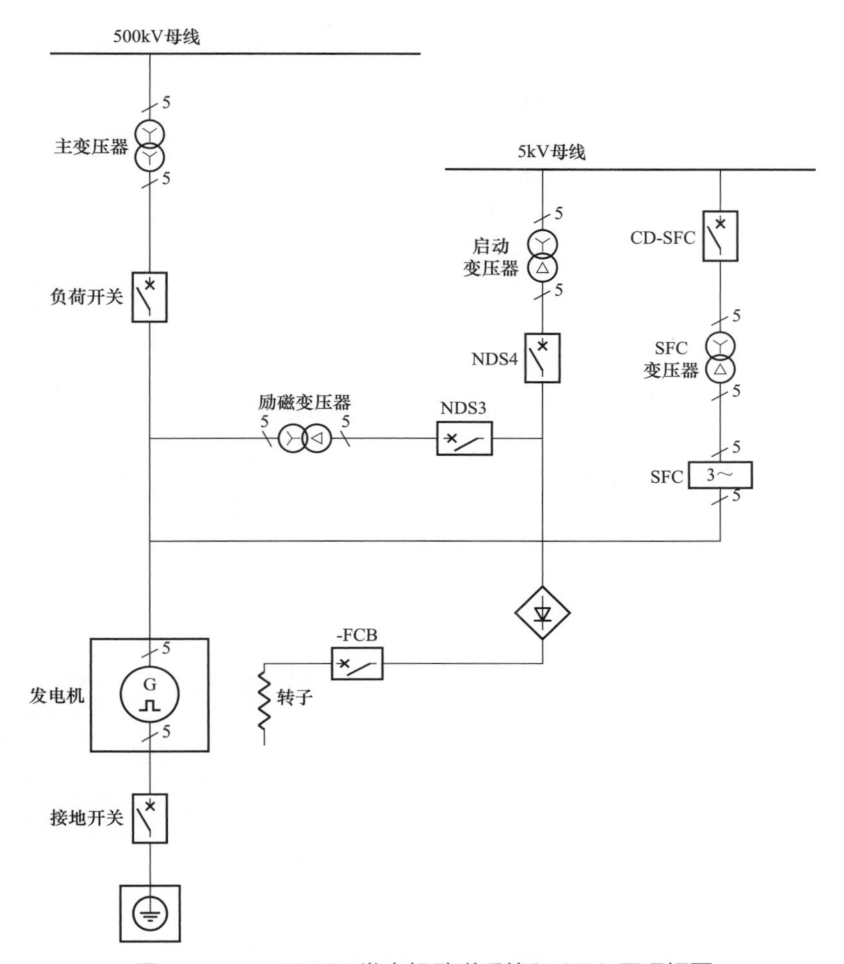

图 7-19　M701F4 发电机励磁系统和 SFC 原理框图

2. 励磁调节器

励磁调节器（AVR）是燃气轮机启动和发电机控制的核心环节，采用双微机双通道冗余配置，互为热备用，备用通道自动跟踪主套，并能在运行通道故障时自动实现无扰动切换到备用通道。在任一套装置故障后，单套装置能够实现励磁系统的所有控制功能，并保证其安全运行。调节器采用 ARM 高频处理器，采用高精度多点交流采样技术，真实准确地反映发电机真实工况。

3. 晶闸管整流装置

晶闸管整流装置由四面整流柜并联而成，单柜按三相全控桥式接线。发电机的额定励磁电流为 3620A，单柜输出额定电流达到 3000A，满足国标规定的 $N-1$ 及 $N-2$ 原则。晶闸管元件为 ABB 公司生产的 5STP28L4200，其通态平均电流为 3170A，反向不重复峰值电压为 4200V，电压和电流均留有足够的储备系数。每组桥壁中晶闸管元件串联配置快速熔断器，并联配置 RC 阻容吸收回路。整流柜配有两台冷却风机，互为备用。正常工作时单台风机启动，当该风机故障时，备用风机自动启用。每个整流桥直流侧和交流侧均设有隔离开关，便于单个整流桥的投入和切除，方便检修。

4. *起励装置*

自并励励磁系统在发电机升压开始阶段需要通过残压或起励回路完成建压，起励回路采用三相交流起励方式，电源取自厂用电源 380V，通过起励降压变压器和整流模块输出直流电流给转子。相对于直流起励来说，交流起励的回路电流是断续的，比较有利于接触器可靠断弧；且降压变压器使得电源侧的电流减小，大大降低了起励电源的容量。

5. *灭磁装置*

为了最大程度发挥励磁系统内部电力电子器件的功能，正常停机时机组灭磁方式采用逆变灭磁，在发电机解列后通过控制调节器的输出脉冲，将转子内部的能量快速的转移至电网侧，达到停机的目的。事故或紧急停机时采用“磁场断路器＋线性电阻”灭磁的方式，切断励磁电源，同时将灭磁电阻通过机械跨接器和电子跨接器引入转子回路吸收消耗掉转子的储能，达到快速灭磁的目的。

第四节 发电机正常运行

三相同步发电机以对称负荷为正常运行方式，此时发电机的每相电压和电流都是对称的。本节主要讨论汽轮发电机在启动、并列、停机、调整负荷及调相运行等不同运行条件下的状态及操作过程。

一、发电机的启动与升压

发电机由停机状态（检修后或新安装）投入运行，需按规程进行一系列试验及启动前的准备工作，待发电机逐渐升速至额定转速 3000r/min。对于水氢氢冷大型汽轮发电机，其启动和升压操作如下。

1. *启动*

对于水氢氢冷发电机，只有处于氢气冷却时，才被允许投入运行，所以在转子尚处于静止和盘车状态时就应该充氢冷却。在充氢时，应该保持轴密封的密封油压力以确保不漏氢。充氢过程如下：

1）用介质气体（二氧化碳或氮气）充满气体系统，以驱出气体系统内的空气。

2）使用氢气充满气体系统，以驱赶出介质气体，将发电机转换到氢气冷却运行状态。

充氢后，当发电机内的氢气纯度及定子的内冷凝结水的水质、水温、压力和密封油压等均符合规程规定，气体冷却器通水正常，高压顶轴油压大于规定值时，便可启动转子。在转速超过 200r/min 时，停止顶轴。应注意的是，发电机开始转动后，即应认为发电机及其他全部电气设备均已带电。

对于安装和检修后的发电机组，在第一次启动时，应当缓慢升速并监听发电机的声音，检查轴承的给油及振动情况。首先应确认没有摩擦、碰撞声音，再逐渐增加转速，然后迅速通过一阶临界转速（1800r/min 左右）。当通过一阶临界转速时，需保证轴承座的振动幅值不超过 0.1mm。此时，还要检查集电环上的电刷是否有跳动、卡涩或接触不良等现象，若存在上述现象应设法消除。若无异常情况，即可升速到额定转速（3000r/min）。

2. 升压

当燃气轮发电机的转速升高到额定转速（3000r/min）且在定子绕组已经通水的情况下，即可增大励磁升高发电机的定子绕组电压，简称升压。一般地，对发电机的电压升速不作要求，可以立即升高到规定值，但在接近额定值时，调整不可过急，以免超过额定值。

此外，升压时还应注意：

1）三相定子电流表的指示均应等于或接近于零，倘若发现定子电流有一定的指示，表明定子绕组上有短路（例如临时接地线未拆除等）情况，此时，应将励磁降低到零，拉开灭磁开关进行检查。

2）三相定子电压应平衡，同时，也可以此检查一次回路和电压互感器回路是否有断路情况。

3）当发电机的定子电压达到额定值、转子电流达到发电机的空载值时，应将磁场变阻器的手轮位置进行标记，便于以后升压操作时作为参考。对此指示位置进行核对，可以检查转子绕组是否有匝间短路，倘若存在匝间短路故障，要达到定子额定电压，必须增大转子的励磁电流，此时的指示位置应超过上次升压操作时的标记位置。

二、燃气轮发电机 SFC 启动系统设备

1. SFC 基本原理

大中型燃气轮机组在启动初期，机组无法提供足够的启动力矩自行启动，普遍采用由 6kV 电力系统向静止变频启动装置提供电压和频率恒定的功率电源，通过静止变频启动装置输出并向发电机定子绕组提供可变电压和频率的电源，同时向发电机转子绕组加入适当励磁电流，将发电机当作同步电动机使用，带动整个机组旋转。担负拖动机组启动任务的静止变频启动装置，通常称为静止变频器 SFC（static frequency converter）。某 350MW 单轴燃气－蒸汽联合循环机组 SFC 配置如图 7－20 所示。

SFC 系统是一套将恒定电压和恒定频率的三相交流电源变成电压和频率均可变化的交流电源。利用 SFC 启动，本质上是设法改变发电机定子旋转磁场的转速，使定子和转子之间产生的电磁转矩能拖动转子同步旋转。为此，启动时，SFC 频率很低，然后逐步增加频率直至燃气轮机能够自己维持旋转。某 350MW 单轴燃气－蒸汽联合循环机组 SFC 主回路图如图 7－21 所示。图 7－21 中 SFC 系统额定输入容量为 6600kVA，

额定输出功率为4900kW。

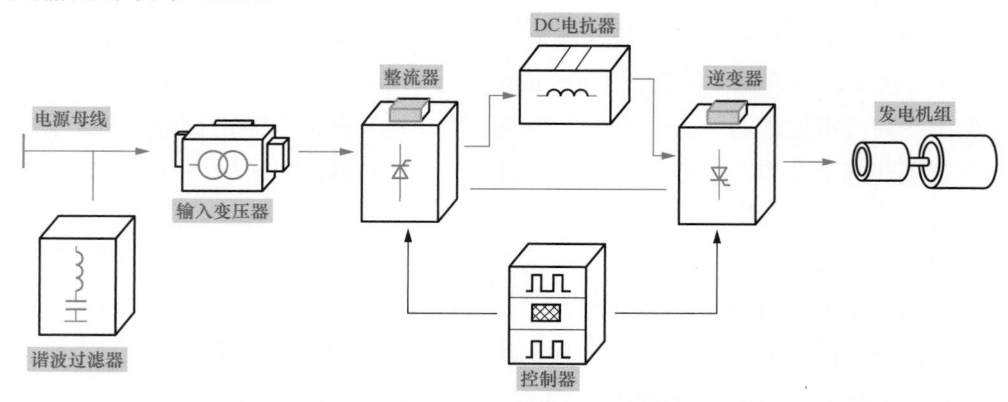

图7-20　某350MW单轴燃气-蒸汽联合循环机组SFC配置

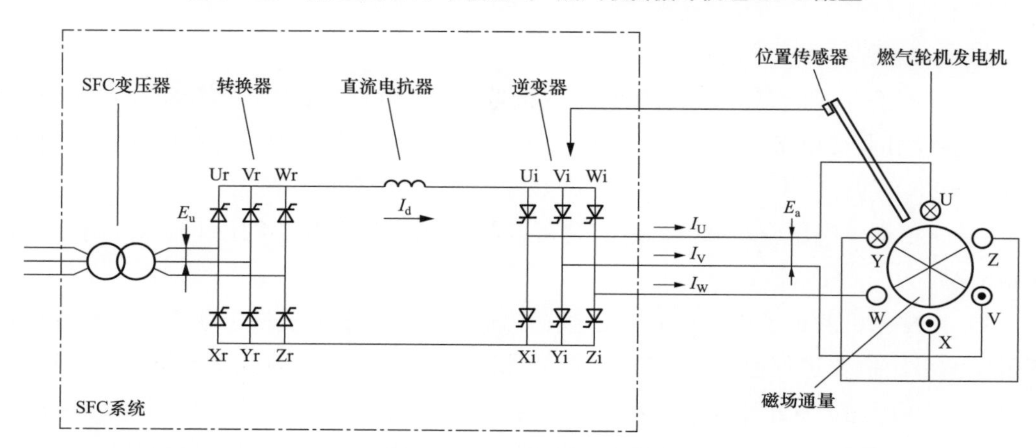

图7-21　SFC主回路图

由图7-21可知，SFC系统主要由SFC变压器、转换器、直流电抗器和逆变器四部分组成。其中，SFC变压器的功能是，为转换器提供合适的输入电压，也利用其漏抗限制转换器晶闸管臂短路时的短路电流；转换器的功能是，利用晶闸管的相位来控制直流电压；直流电抗器的功能是滤波，使直流电流更平滑；逆变器的功能是，用晶闸管相位控制直流变成交流时发电机转速的频率，使发电机平稳升速。其中，SFC变压器的参数如表7-4所示。

表7-4　　SFC 变 压 器 参 数

参数	参数值	参数	参数值
结构型式	户外	额定容量	6600kVA
型号	6.0/3.8kV	一次侧电压 U_1	6.0kV
连接组别	Y/D-1	二次侧电压 U_2	3.8kV
冷却方式	油浸风冷	短路电压 U_d	12%

SFC整流器的参数如表7-5所示。

表7-5　　SFC 整流器参数

参数	参数值	参数	参数值
冷却方式	强迫风冷	额定输入电压	3.8kV
接线方式	三相六脉冲全控桥式电路	额定直流电压	4.1kV
额定输出功率	4900kW	额定直流电流	1195A

SFC 逆变器的参数如表 7-6 所示。

表7-6　　SFC 逆变器参数

参数	参数值	参数	参数值
额定输出功率	4900kW	额定直流电压	4.1kV
额定直流电流	1195A	额定输出电压	3.4kV
额定输出电流	976A（桥臂电流）	冷却方式	强迫风冷
接线方式	三相六脉冲全控桥式电路	输出频率	0～33.3Hz（对应转速 2000r/min）
整流元件	FT1500AU-240 1500A-12kV		

SFC 直流电抗器的参数如表 7-7 所示。

表7-7　　SFC 直流电抗器参数

参数	参数值	参数	参数值
额定电压	4.1kV	额定电抗	30mH
额定电流	1195A	冷却方式	强迫风冷
结构型式	户内干式		

SFC 滤波器的参数如表 7-8 所示。

表7-8　　SFC 滤波器参数

参数	参数值	参数	参数值
额定电压	6.0kV	额定结构型式	户外
额定频率	50Hz	额定容量	5 次谐波：1200kvar 7 次谐波：1200kvar 11 次谐波：1200kvar

按主电路供电方式的不同，SFC 可分为有降压变压器的高-低-高型变频器和无降压升压器的高-高型变频器两类；按整流器和逆变器线路之间的耦合方式不同，SFC 可分为交-直-交型变频器和交-交变频器两类；按中间直流耦合组合方式的不同，SFC 可分为电抗器耦合方式的电流型变频器和电容器耦合方式的电压型变频器两类。

由于燃气轮机组在对静止变频器 SFC 的动态响应性能方面无特殊苛刻的要求，目前燃气轮机发电机组用 SFC 普遍采用由晶闸管、平波电抗器构成的交–直–交型电流源变频器。

2. SFC 启动过程

SFC 启动过程主要分为五个阶段，分别是启动加速阶段、高速盘车、吹扫及清洗阶段、降速点火阶段、加速及退出阶段和并网控制阶段，以三菱 M701F4 型燃气轮机为例，其 SFC 启动流程图如图 7–22 所示，对应参数如表 7–9 所示。

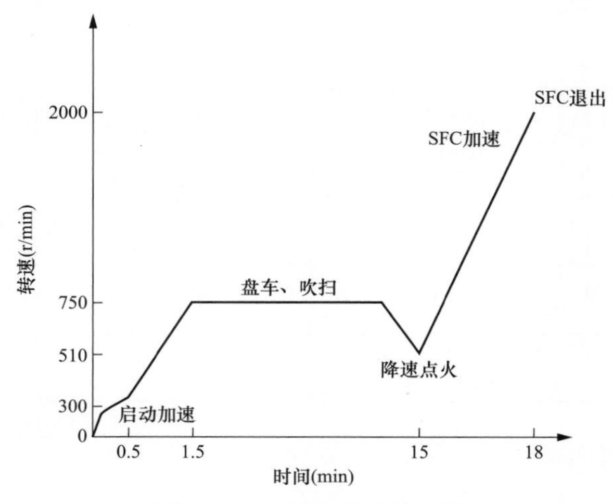

图 7–22 SFC 启动流程图

表 7–9 SFC 启动过程参数

项目过程	第一阶段	第二阶段	第三阶段	第四阶段		第五阶段
	SFC 启动加速	SFC 高速盘车、吹扫及清洗	SFC 降速点火	SFC 加速	SFC 退出	并网控制
转速（r/min）	300	750	510	2000	2000	3000
SFC 输入容量（kVA）	70%S_N	80%S_N	40%S_N	100%S_N	0	0
SFC 输出功率（MW）	70%P_N	80%P_N	40%P_N	100%P_N	0	0
SFC 输出电流（A）	70%I_N	80%I_N	40%I_N	100%I_N	0	0
SFC 输出电压方式	AVR 恒压频比运行	恒压端电压方式运行			—	
SFC 控制模式	电流控制	转速控制	电流控制	电流控制	—	

1）启动加速阶段。在燃气轮机发电机作为同步电动机加速前，使用盘车装置将其转速升到一定值，合上 SFC 隔离开关和电源侧断路器。当处于逆变器运行时，须先切换 SFC 电源侧变流器的断路器，然后执行初始触发来释放励磁电流控制器。建立转子磁场在定子绕组上的感应电压。根据极性测量定子感应电压，确定转子位置由此确定发电机侧变换器的触发顺序，然后依次触发，使发电机升速。刚开始时采用脉冲换相，当同步电动机转速到约 300r/min 时，切换至负荷换相。

2）高速盘车、吹扫及清洗阶段。为预防天然气点火时发生爆燃现象，需在点火前保持发电机转速为 750r/min 并进行吹扫和清洗工作，在这一阶段，SFC 的输出电流和转速保持恒定。

3）降速点火阶段。吹扫和清洗完成后，SFC 装置自动将转速由 750r/min 降至 510r/min，配合燃机点火启动，此时，发电机的电流和电压降为 0。当发电机转速达到 510r/min 后，TCS 系统发点火令。

4）加速及退出阶段。点火成功后，SFC 和燃气轮机共同驱动机组加速。当发电机转速达到 2000r/min 时，SFC 的输出电流和励磁电流为 0。相应的断路器跳闸，SFC 和励磁退出，燃机将转速拉升至 3000r/min。

5）并网控制阶段。在燃气轮机拖动下，发电机转速继续增加。当转速达到为 3000r/min 时，若定子上的残余电压达到励磁电压时，剩余电压通过连接到发电机出口的主励磁变压器进行降压整流，提供励磁电流，发电机可以实现自启动；如果剩余电压达不到励磁电压，则必须采用 220V 直流电源启动励磁。当励磁系统投入运行后，发电机开始输出电压，当满足同期条件时，合上发电机出口断路器，机组进入并网发电状态。

3. 燃气轮机发电机出口断路器

随着我国燃气 – 蒸汽联合循环机组向大容量方向发展，发电机出口断路器（generator circuit-breaker，GCB）因具有简化电厂的运行操作、提高机组的可用率，以及提高系统安全性和稳定性等优点而越来越受到重视。

1）GCB 结构。

GCB 由三个单相封闭外壳组成三相系统，内有 SF_6 断路器和与其电气串联的隔离开关，并与操作机构和监控设备一起全部安装于公共支架上。除断路器和隔离开关外，该系统还可以提供接地开关、启动开关（用于启动燃气轮机等），电流和电压互感器、避雷器、冲击电容器等完整配置在同一外壳内（见图 7 – 23）。

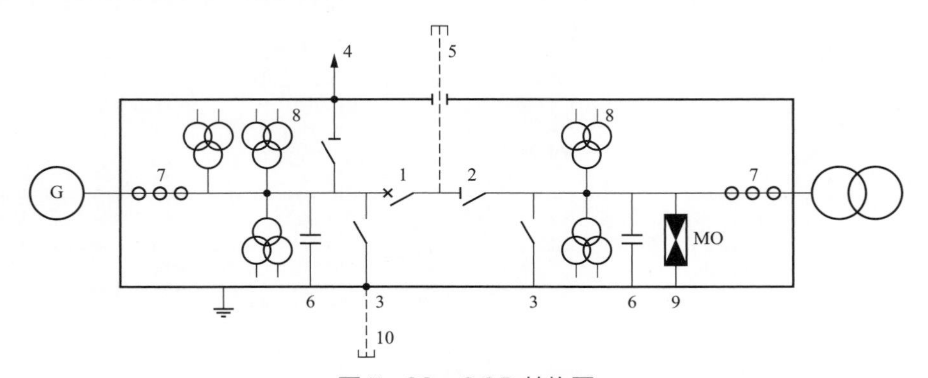

图 7 – 23　GCB 结构图

1—发电机断路器；2—主回路隔离开关；3—接地开关；4—启动开关用于 SFC 连接；5—手动短路连接（移动盖子）；6—冲击电容器；7—电流互感器；8—电压互感器；9—避雷器；10—电动操作的短路连接（仅配置了接地开关的 HECS 适用）

发电机断路器利用 SF_6 气体作为灭弧和内部绝缘介质，带电部分对地通过空气绝缘，利用综合气吹原理和电弧热效应显著减少操作功。这种自能式原理可以可靠地开断大短路电流，同时又可保证开断小电流时不产生截留过电压。断路器触头设计中，将触头的电流开断和负荷载流作用分开，避免了负荷触头的损耗，并保证即使在大量操作后断路器的负荷触头仍有规定的承载能力。

2）GCB 技术参数选择。

目前，针对发电机出口短路电流计算的相关规程规范主要有 IEC 60909、IEEE Std C37.013、GB/T 15544 和 GB/T 14824 等，其中 IEC 60909 是由国际电工委员会正式出版的用于电力系统短路电流计算的指导性文件，适用范围比较广泛，算法偏于安全。而 IEEE 算法计算采用了较为准确的发电机、电动机短路模型。另外发电机出口断路器规范仅有 IEEE 规程即 IEEE Std C37.013，IEC 没有具体针对发电机出口断路器规程，因此建议发电机出口断路器选型时采用 IEEE 算法。

本节以 H 型重型燃气轮机发电机（型号 QFSN–650–2）为例，计算得 GCB 的常规参数，如表 7–10 所示。

表 7–10　　H 型重型燃气轮机发电机的 GCB 参数

参数	选择方法	参数	选择方法
额定电压	断路器的额定电压应不小于 1.05 倍的发电机额定电压，$U_N = 1.05 \times 24 = 25.2$kV	额定电流	断路器的额定电流 I_N 为 2000A
额定关合电流	此数值（峰值）约为额定短路开断电流的 2.74 倍，即 330kA	额定失步开断能力	额定失步开断电流不超过额定开断电流的 50%，相当于 90°的最大失步角，即不大于 60kA
额定短路开断电流	当 GCB 发电机侧发生三相短路时，GCB 主触头分离时间按 40ms 考虑，系统源提供的三相交流短路电流 I_{ac} 为 84.5kA，直流分量电流 I_{dc} 为 83.65kA，直流分量 I_{dc} 百分比为 70%； 当 GCB 变压侧发生三相短路时，GCB 主触头分离时间按 40ms 考虑，发电机源提供的三相交流短路电流 I_{ac} 为 94.22kA，直流分量电流 I_{dc} 为 143.92kA，直流分量 I_{dc} 百分比为 108%； 发电机源侧的短路电流大于系统源侧的短路电流，额定开断电流按发电机源侧的短路电流不小于 94.22kA，考虑计算偏差，且设备选型留有余量，额定短路开断电流选择 120kA	额定峰值耐受电流	发电机的最大非对称短路电流峰值电流为额定开断电流的 2.74 倍，即 330kA
		首相开断系数	首相开断系数对于发电机断路器为 1.5
		噪声水平	发电机断路器操作时，在离地面 1～1.5m、距断路器外沿垂直面的水平距离 2m 处测得的噪声水平，不得超过 90dB
预期瞬态恢复电压	开断短路时的预期瞬态恢复电压对于在发电机源点和系统源点短路，具体数值分别为 5.5kV/μs、2.0kV/μs	开断空载变压器能力	现代大型变压器空载励磁电流一般都小于 100A，从实际情况分析，断路器操作时的不会产生危险的过电压

三、发电机的并列运行

发电机的并列运行，也称为同步运行，是指电力系统中各发电机的转子以相同的电角速度一起旋转，而电角度差不超过容许值的运行状态。将发电机与发电机、发电机与系统进行并列运行的操作，称为同步并列（俗称并车）。发电机的并列是一项非常重要的操作，如操作不当将会产生很大的冲击电流，严重时可能使发电机遭到损坏，因此必须小心谨慎。发电机常用的并列方法有两种，即准同步并列法和自同步并列法。

1. 准同步并列法

准同步并列是一种常用的基本同步方法，也称精确同步法。准同步并列是指当待并列的发电机与系统之间满足同步条件时进行并列操作，即当发电机的频率、电压和相位角与系统的电压、频率和相位角均相同（或接近）时，将发电机的断路器合闸，完成与系统的并列。这种并列方式的本质是先促成同步状态，然后进行并列操作。

准同步并列又包含手动准同步并列和自动准同步并列两种具体方法。

（1）手动准同步并列。

手动准同步并列，是指用手操作相关开关，调节发电机电压的频率使其满足同步条件，并采用手动合闸进行并列的方法。

1）频率。汽轮机启动后，通过操作其调速开关，使汽轮机的转速逐渐升高到额定值 3000r/min，则与汽轮机同轴旋转的发电机的转速即满足和电网频率接近同步的要求。

2）电压。当发电机升速到额定值后，经检查各处工作情况正常，即可给转子施加励磁电流，然后缓慢转动磁场变阻器手轮，减小电阻进而增加励磁电流，使发电机的定子绕组电压逐渐升高到与系统电压相等。

3）相位角。在频率和电压相等的条件满足之后，投入同步表，等同步表的指针沿顺时针方向缓慢转动到接近同步点时，操作断路器的控制开关进行合闸，使发电机与系统并列。在并列成功之后，如果没有异常现象出现，即可让发电机带上负荷，然后退出同步仪表。

发电机并列操作是一项非常重要的操作，在一定程度上关系到发电厂甚至电网的安全稳定。手动准同步操作是否成功，取决于操作者的现场工作经验，如果合闸时机掌握不好，则会发生非同步并列事故，强烈的冲击电流和振荡现象会使发电机端部绕组和铁心遭到破坏。因此，进行此项操作的人员需要经过考核并获得同步操作权。

（2）自动准同步并列。

自动准同步并列装置是一种自动控制装置，它能根据系统的频率，检查待并列发电机的转速，并发出调节脉冲去调节待并列发电机的转速，使其略高出系统一个预定数值。然后，检查同步的回路开始工作，当检测到待并列发电机以微小的转差向同步点接近，并且待并列发电机与系统之间的电压差在±5V 范围以内时，则提前一个预定时间发出合闸脉冲合上主断路器，完成发电机与系统的并列操作。

应注意，有些自动准同步装置不发出“调压”命令，而仅能发出“调速”脉冲，因此并列时仍然需要人工调节励磁调节器的给定开关，使得待并列发电机的电压与系统电压相等。

2. 自同步并列法

自同步并列法，就是等到待并列发电机的转速与额定转速相差±2%左右时，在不施加励磁电流的情况下，先合上发电机的断路器使之并列，然后再合上励磁开关加入励磁电流，利用发电机的“自整步”作用，自动将发电机拉入同步。

自同步的优点是：操作简单，并列速度快；在紧急情况下能很快将发电机并入系统；可避免非同期并列引起的危险。自同步的缺点是：待并列发电机会受到较大电流的冲击（小于三相短路电流），甚至使系统电压降低。

四、发电机的负荷调整

当发电机所带的有功负荷和无功负荷发生变化时，需要相应地调整发电机的有功功率和无功功率，以维持发电机的同步运行。

1. 有功负荷的调整

发电机在运行中，可通过汽轮机的调速电动机实现有功负荷的调整。当需减小有功负荷时，就减小汽轮机的进汽量；当需增加有功负荷时，就增加汽轮机的进汽量，以保持发电与负荷的平衡，维持发电机的转速恒定。

2. 无功负荷的调整

发电机在运行中，可通过改变发电机励磁电流实现无功负荷的调整。通常利用自动电压调节器（简称调节器）自动地进行调节，也可手动调节。

（1）自动调节方式。根据发电机端电压的变化，采用负反馈原理自动调节发电机的励磁电流，使得发电机端电压维持恒定，这是主要运行方式。

（2）手动控制方式。当自动电压调节器因故障而无法正常工作时，可由运行人员采用手动操作调节方式调节励磁电流大小。一般地，手动调节作为备用方式。

功率因数（$\cos\varphi$）是电能质量和经济运行的重要指标。在有功负荷不变而改变无功负荷时，功率因数即随之改变，如果无功负荷降低，则功率因数增大；如果无功负荷增大，则功率因数降低。一般地，发电机的功率因数应限制在 0.95 以内，否则容易进相运行，一旦发现发电机进相运行，则应增大励磁电流；如果对应的定子电流过大，则应降低有功功率，否则将诱发发电机的振荡或失步。

五、发电机的解列与停机

针对燃气轮发电机组，其解列与停机操作如下：

（1）在接到电网调度员发出的解列命令后，操作人员应当按照值长命令填写操作票，经审核批准后执行再解列操作。

（2）如果发电机出线上带有厂用电，首先应将厂用电切换后，拉开供厂用电的断路器，随后将本机的有功及无功负荷转移到其他发电机上，并在有功负荷降至零时，断开发电机断路器，完成发电机的解列操作，并记下解列时间。对于正常停机，应当在机组的有功负荷降到 15MW、无功负荷降到接近零时，才能进行解列操作。在有功负荷减少的同时，应注意相应地减少无功负荷，使得功率因数保持在 0.85 左右。

（3）当跳开发电机断路器解列后，如果发电机需停下来，应再跳开灭磁开关，并通知汽轮机值班员减速停机。同时，停机后拉开发电机的出线隔离开关，使得主变压器及其冷却装置停运，最后断开主变压器的中性点接地开关。

（4）在发电机解列与停机之间的时间内，应继续运行定子的冷却水系统，直至汽轮机完全停止转动为止。如果发电机停用时间较长，应将定子绕组和定子端部的冷却水全部放掉、吹干。同时，也应放掉冷却水系统管道内的积水。需注意，为防止冻坏发电机，应使发电机各部分的温度不致低于 5℃。

（5）运行两个月以上的发电机停机后，应反冲洗发电机的水回路，以确保水路畅通。

第五节　发电机异常运行

一、同步发电机的进相运行

随着电力系统不断发展，输电线路电压等级越来越高，输电距离越来越长，因而线间及线对地的电容加大，加之有的输电网络使用了电缆线路，从而引起了电力系统电容电流以及容性无功功率的增长。尤其在节假日、午夜等低负荷期间，线路所产生的无功功率过剩，使得电力系统的电压上升，以致超过容许范围。采用并联电抗器或同步调相机可以吸收部分剩余无功功率，但有一定限度，且增加了设备投资。

发电机直接接到无限大容量的系统的情况如图 7－24（a）所示。假设发电机的端电压 $\dot{U}_G$ 恒定，并假设其电动势、负荷电流和功率因数角分别为 $\dot{E}_q$、$\dot{I}$ 和 φ。此时，调节励磁电流 i_F，电动势 $\dot{E}_q$ 和功率因数角 φ 均随之变化。例如，励磁电流 i_F 增大，则电动势 $\dot{E}_q$ 增大，负荷电流 $\dot{I}$ 产生去磁电枢反应，功率因数角 φ 为滞后性质的。这种运行状态的发电机向系统输送有功功率和无功功率，称为迟相运行。反之，励磁电流 i_F 减小，发电机的电动势 $\dot{E}_q$ 减小，功率因数角 φ 为超前性质的。发电机负荷电流 $\dot{I}$ 产生助磁电枢反应，发电机向系统输送有功功率，但从系统吸收无功功率，这种运行状态称为进相运行。

从理论上讲，同步发电机进相运行是可行的，但因发电机的类型、结构、冷却方式及容量等各有不同，从理论上计算发电机容许输送的有功功率和吸收的无功功率还不精确。例如，哈尔滨电机厂规定：QFSN－300－2 型汽轮发电机可以长期连续地在功率因数 $\cos\varphi=0.95$（超前）的情况下进相运行，并同时可带 300MW 的有功功率。

发电机进相运行中，要考虑下述三个问题：① 电力系统的稳定性降低；② 发电机端部漏磁引起的定子发热；③ 发电机的端电压下降。

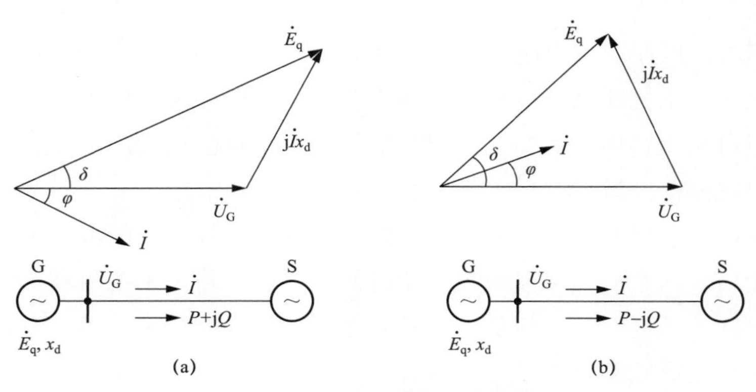

图 7–24　迟相与进相运行概念图

(a) 迟相运行；(b) 进相运行

二、电力系统稳定性的降低

已知发电机单机对无限大容量系统的输出功率为

$$P=\frac{E_qU}{x_d}\sin\delta \tag{7-2}$$

所以当发电机进相运行时，在输出功率 P 保持恒定的前提下，随着励磁电流 i_F 的减小，发电机的电动势 E_q 随之减小，功率角 δ 就会增大，从而使静态稳定性降低。

式（7–2）是对应于发电机直接接在无限大容量母线上的情况，实际上，发电机总是要经变压器、输电线才接到系统上的，所以需要计算这些元件的电抗（统称为系统电抗 x_s），此时式（7–2）中的 x_d 要用 x_d+x_s 取代，故系统的静态稳定性还要进一步降低，如图 7–25 所示。

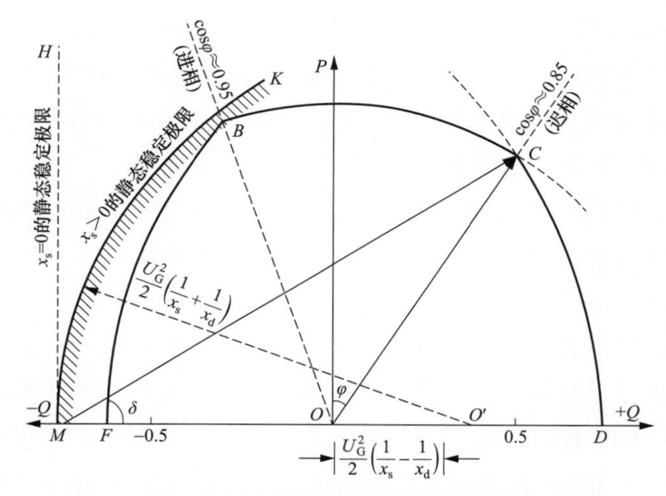

图 7–25　进相运行时发电机静态稳定极限的降低

三、端部漏磁引起的定子发热及端电压下降

在视在功率和端部冷却条件均相同的条件下，当发电机由迟相运行状态向进相运行状态转移时，发电机端部的漏磁磁密值会相应地增高，进而造成发电机定子端部的构件严重发热，相应地，降低了发电机出力。换言之，限制发电机进行运行深度的另一个因素是发电机定子的端部发热问题，发电机制造厂家致力于研究相应的改善措施。

发电机的端部漏磁由定子绕组的端部漏磁和转子绕组的端部漏磁共同合成，其大小与发电机的功率因数、定子电流大小、材料、结构等具有关系。发电机的上述合成漏磁形成闭合回路时总是尽可能地通过磁阻最小的路径。因此，由磁性材料制成的定子端部铁心、压圈以及转子护环等部件中通过的漏磁通较大。漏磁在空间和转子以相同的转速旋转，与定子间则存在相对运动，所以在定子端部铁心齿部、压指、压圈等部件中感应的涡流磁滞损耗较大。

图 7－26 给出了某燃气轮发电机的定子端部铁心段内漏磁磁场的实测值 B_σ的分布曲线（单位为特斯拉，T），其 S/S_N（S 为视在功率）为 0.8，Ⅰ段、Ⅱ段、Ⅲ段和Ⅳ段表示发电机的定子端头铁心段数，下部显示出定子铁心的阶梯形状。

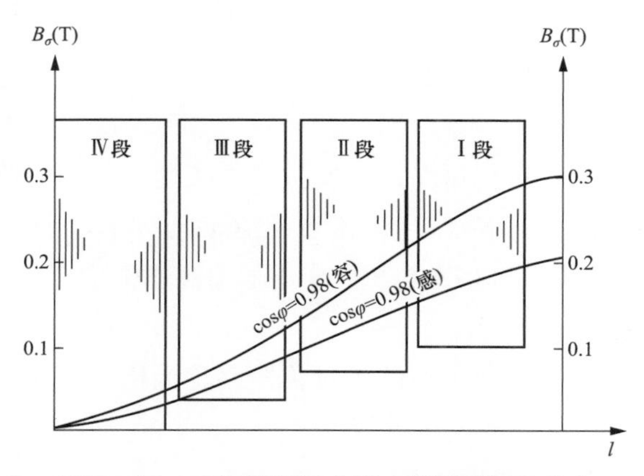

图 7－26　定子端部铁心段内漏磁磁场的分布

图 7－26 的曲线表明：

（1）发电机的定子端部漏磁比发电机的内部（＞Ⅳ段）漏磁严重。

（2）发电机进相运行（容性负荷）时比迟相运行（感性负荷）时的漏磁严重。

此外，在功率因数一定时，发电机端部漏磁与其出力（kVA）也有关系，计算与实验均可表明，如果发电机的出力增加，其端部的合成漏磁通 Φ_σ将随之增加，如图 7－27

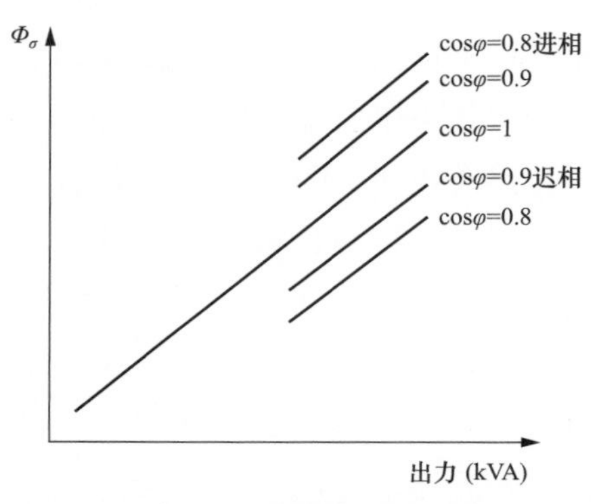

图 7－27　端部合成漏磁通与发电机出力的关系

所示。因此，如要保持发电机端部的发热恒定，发电机的出力数应随着进相深度的加深而降低。

为减少发电机的端部发热，目前，大型汽轮发电机已采取多种措施，常采用非磁性钢的转子护环、非磁性材料的定子压圈、压指、铜板屏蔽等措施。此外，将定子铁心的端头分几段制成阶梯形也有利于降低漏磁磁场强度。

应注意，厂用电通常由发电机出口或发电机电压母线上接引。发电机进相运行时，随着发电机励磁电流的减小，发电机无功功率的倒流，发电机出口处的厂用电电压也随之降低。

对于进相运行的发电机而言，正常情况下，其端电压不会降低到 95%U_N（U_N为额定电压）。但是，在厂用电支路发生短路故障后恢复供电时，对于某些大型厂用电动机（例如给水泵电动机）而言，其自启动将会发生困难。

四、同步发电机的不对称运行

1. 同步发电机不对称运行情况

燃气轮发电机有时可能运行于不对称状态，此时发电机的三相电流、电压大小不相等，相位差也可能不等于 120°。通常，造成发电机不对称运行的情况包括：

（1）三相负荷不对称。例如冶金企业中的某些电炉、电气铁道上的电气机车等都是单相负荷。

（2）发生各种类型的不对称短路。当发生单相接地、相间短路等不对称故障时，相当于负荷的极端不对称，通常需由继电保护在短暂时间消除上述不对称短路故障。

（3）输电线路的不对称。例如发电机－变压器组高压侧的分相操作，断路器一相触头被切除后，仍可维持继续运行。

三相负荷不对称和发生各种类型的不对称短路称为横向不对称运行，输电线路的不对称称为纵向不对称运行或非全相运行。

2. 不对称运行的危害

不对称条件下的运行对于发电机的危害主要有：首先，负序电流会使同步发电机定子产生二倍频（100Hz）振动；其次，负序电流也会在转子的励磁绕组、阻尼绕组以及转子本体中感应出二倍频电流；再者，负序电流会在转子表面引起局部过热。

虽然发电机的不对称运行有诸多危害，但是短时间采用不对称运行方式具有实用价值。对于中性点直接接地的系统，当线路、变压器的一相发生故障时，可以只切除故障相，使之短时间两相运行，然后单相重合闸动作，可使电力系统运行的安全性和稳定性得以提高；在发生单相永久性故障时，在某些条件下仅暂时停电检修故障相，保持其余两相继续供电，或者先采取短时的两相运行方式，等电源、负荷转移妥当之后，再断开这两相，从而为连续供电赢得时间，保证系统的安全可靠运行。

综上所述，作为一项应急措施，发电机或电力系统采取不对称运行方式具有实际意义，但为保证设备的安全，应进行周密全面的分析、计算和研究。

3. 对称分量法

针对发电机和电力系统的不对称运行，通常采用对称分量法对三相电流、电压同时考察。对称分量法的基本理论是，任何一组不对称三相相量，可以分解为三组对称的三相相量。反之，也可将对称的三相相量叠加起来，合成一组不对称的三相相量。应指出的是，对称分量法对电流、电压、电动势、磁通等都适用。

应用对称分量法对于单相断线的不对称运行状态进行分析，可得出以下结论：

（1）一相断开时，系统中的正序电流要小于断相前的负荷电流。因此，一相断开降低了发电机向系统输送的功率。

（2）一相断开时，非故障相的电流要大于故障前的负荷电流。因此，应对非故障相的电气设备进行监视，判断其是否过负荷。

（3）一相断开时，线路中通过的负序电流与序网络中的零序阻抗与负序阻抗的比值有关，该比值越小，负序电流越小。因负序电流会对发电机产生不利影响，故负序电流的大小是电力系统能否采用非全相运行及单相重合闸的决定性因素。分析计算表明，要减少负序电流，应通过减小负序阻抗值而降低零序阻抗与负序阻抗的比值。

五、负序电流对同步发电机的危害与对负序电流的限制

1. 负序电流对同步发电机的危害

大型同步发电机通常采取中性点不接地或经高阻抗接地的方式，基本上没有零序电流通路，因此同步发电机不对称运行的危害来自负序电流。一方面，负序电流与正序电流叠加，使得定子绕组的某相电流可能超过其额定值，造成该相绕组发热；另一方面，负序电流会造成转子的附加发热和机械振动。后者有时更为严重，分析其原因如下。

发电机定子的三相绕组中流过负序电流时，在发电机定子内形成负序旋转磁场。此磁场的旋转速度为同步速度，但转向与转子转向相反，将在励磁绕组、阻尼绕组及转子本体中感应出二倍频的电流，从而引起这些部位的附加损耗与发热。再者，由于感应出的二倍频电流的频率较高，形成严重的集肤效应，所以只在转子表面的薄层中流过而不易进入转子深处。对于汽轮发电机，通常齿部穿透深度为几毫米，槽楔约为1～1.7cm。因此感应出的二倍频电流在转子各部分造成的附加发热将集中在表面层，如图7－28所示。这些电流（A）既流过转子本体1，也流过护环2（B、C）及中心环3（D）。这些电流流过转子的槽楔与齿，并流经槽和齿与护环的许多接触面，因为这些地方的电阻较大，相应的发热尤为严重，所以可能会出现局部高温，从而使得转子部件的机械强度和绕组绝缘受到破坏。特别需要注意，护环在转子本体上嵌装处的局部高温尤为危险，因为护环承受的应力最大，稍微削弱其机械强度就可能造成极其严重的后果。据报道，因为与某10MW的汽轮发电机连接的升压变压器高压侧C相接头的接

触不良，使得引线烧断，从而造成该发电机三相电流严重不对称。尽管发电机的各相电流均未超过额定值，但不对称度高达 38.5%。加之没有及时进行事故处理，使得发电机持续运行 68min，导致发电机转子严重受损。其中，损伤最严重的是励磁机侧护环与转子嵌装面，其温度高达 560℃，不得不将全部护环更新。

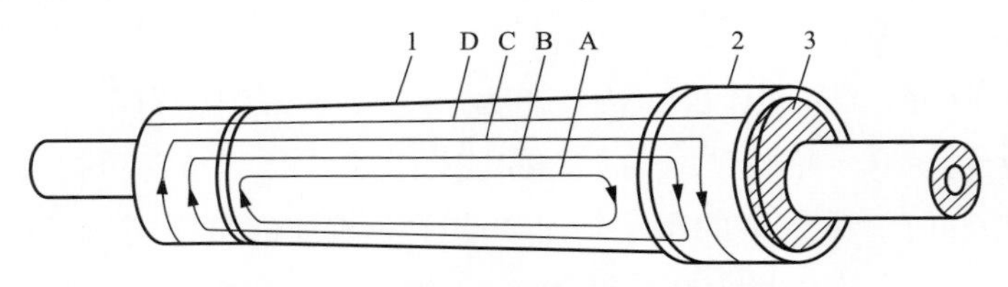

图 7－28　隐极式转子表面的涡流分布

1—转子本体；2—护环；3—中心环；
A—电流；B、C—护环；D—中心环

除造成上述附加发热外，负序电流还会引起机械振动。因为正序磁场和转子之间没有相对运动，所以它的转矩作用方向总是和汽轮机运转方向相反，即为阻力矩；但是对于负序旋转磁场而言，它相对于转子存在着两倍同步速度的转速差，与转子磁场相互作用将产生二倍频（100Hz）的交变电磁力矩，该二倍频电磁力矩同时作用于转子轴和定子机座，从而使机组产生二倍频的振动和噪声，并使发电机的各个部件产生附加的机械负荷。

负序电流产生的附加发热和振动对发电机的危害程度与发电机的类型和结构有关。因为汽轮发电机的磁极与轴是一个整体，而绕组置于槽内，散热条件不好，所以负序电流的附加发热要严重些。

2. 对负序电流的限制

为了降低由同步发电机不对称运行所引起的危害，必须对发电机和电力系统的负序电流进行限制，常用方法如下。

（1）供电部门尽量保持三相平衡，例如对于沿电气化铁道的各牵引变电站中的变压器，在接入 110kV 系统时，采用轮流换相方式以避免单相负荷集中于某一相所形成的不对称。

（2）电力系统中增加变压器的直接接地点，适当地减小零序阻抗。

（3）电机制造厂在设计、制造工艺上采取减轻负序电流危害的措施。目前，对于大容量燃气轮发电机，各发电机制造厂均在转子两端装设图 7－29 所示的梳齿型半阻尼系统。当梳齿型阻尼系统在负序磁场中运转时，将会感应出涡流削弱负序磁场。这一阻尼系统有利于降低转子端部以及槽楔接缝处的局部发热，并且对于大齿区域基本没有影响。

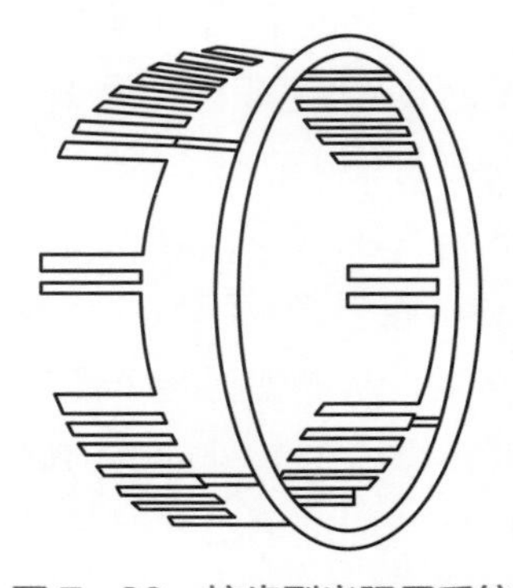

图 7－29　梳齿型半阻尼系统

为了限制汽轮发电机运行中的负序电流引起的发热，我国对大容量汽轮发电机提出了暂态指标和稳态指标两项指标。前者用于限制不对称短路时间和负序电流值，后者用于限制稳态负序电流值。

对于大容量汽轮发电机而言，记其负序电流标幺值为 I_2，短路时间为 t（单位为 s），则应满足 I_2^2t 的持续时间小于 10s。I_2 由式（7－3）确定。

$$I_2 = \sqrt{\int_0^t i_2^2 \mathrm{d}t / t} \quad (7-3)$$

式（7－3）中，i_2 为负序电流的瞬时值对额定电流的比值。对 I_2^2t 的限制表明不仅限制 I_2 值，还要限制其承受 I_2 的时间。

同时，对于大容量汽轮发电机，通常要求 I_2^* / I_N^*（标幺值）小于 0.08～0.10 以内。国产几种 300 兆瓦级汽轮发电机的负序电流指标列于表 7－11。

表 7－11　　国产 300 兆瓦级汽轮发电机负序电流指标

机型	生产厂家	冷却方式	I_2^2t 持续时间（s）	I_2^* / I_N^*
QFSN－300－2	上海电机厂	水氢氢	10	0.08
QFSN－300－2	哈尔滨电机厂	水氢氢	10	0.10
QFSN－300－2	东方电机厂	水氢氢	8	0.08
QFN－300－2	上海电机厂	全氢	10	0.08
QFSN－350－2	上海电机厂	水氢氢	10	0.10

（4）对于不对称运行的发电机而言，需注意负荷最重的相电流不应超过发电机的额定值。而且各相电流与额定电流之比也不能超过 10%，否则应降低发电机的出力。

第六节　发电机保护配置

当前，大容量燃气轮发电机组已成为我国的主力机组。但由于大型机组地位重要、价格昂贵和维修困难，需要更加注意提高其运行可靠性，从而对继电保护提出了新的和更高的技术要求。

一、发电机可能发生的故障和相应的保护装置

1. 发电机可能发生的故障及应装设的保护装置

（1）定子绕组相间短路。

定子绕组的相间短路会引起巨大的短路电流，严重时会烧坏发电机，需装设瞬时动作的纵联差动保护。

（2）定子绕组的匝间短路。

定子绕组的匝间短路分为相同分支的匝间短路和同相异分支的匝间短路，两者都

会产生巨大的短路电流而烧坏发电机，需要装设瞬时动作的专用的匝间短路保护。

（3）定子绕组的单相接地。

定子绕组的单相接地是发电机较容易发生的一种故障。通常是因为绝缘破坏而使其绕组对铁心短接。虽然这种故障的瞬时电流不大，但接地电流会引起电弧使得铁心被灼伤，同时绕组绝缘受到破坏，还有可能发展为匝间短路或相间短路。因此，应装设灵敏度高的、反映全部绕组任一点接地故障的100%定子绕组接地保护。

（4）发电机转子绕组一点接地和两点接地。

转子绕组一点接地后虽对发电机运行无影响，但若再发生另一点接地，则转子绕组一部分被短接造成磁势不平衡而引起机组剧烈振动，产生严重后果。由于大型燃气轮机发电机没有必要在发生一点接地后继续维持运行，因此，大型机也可不装设两点接地保护。装设一点接地保护报警，当发生转子一点接地而无法找到接地点时，采取及时顺控停机的做法。

（5）发电机失磁。

发电机失磁分为完全失磁和部分失磁，是一种常见发电机的故障，一般是由于励磁回路故障引起的，表现为励磁电流异常下降或消失。失磁故障不仅会危害发电机，还会严重影响系统安全，因此需装设失磁保护。

2. 发电机的异常运行状态及相应的保护装置

虽然发电机异常运行的危害不如发电机故障严重，但是也会危及发电机的正常运行，特别是随着时间的延长，可能会发展成故障。因此，为防患于未然也要装设相应的保护。

（1）定子绕组负荷不对称运行。

定子绕组负荷不对称运行时，会出现负序电流，进一步引起发电机转子表层过热，需装设定子绕组不对称负荷保护。

（2）定子绕组对称过负荷。

需装设对称过负荷保护，通常采用反时限特性的过负荷保护。

（3）转子绕组过负荷。

需装设转子绕组过负荷保护。

（4）逆功率保护。

由于机炉的保护动作或人为误操作等原因，可能将主汽阀关闭，从而导致并列运行的发电机逆功率运行，使汽轮机叶片与残留尾气剧烈摩擦过热而损坏，因此要装设逆功率保护。

（5）过励磁保护。

为防止过励磁引起发热而烧坏铁心，应装设过励磁保护。

（6）失步保护。

因系统振荡而引起发电机失步异常运行，危及发电机和系统运行安全，要装设失步保护。

（7）其他保护。

装设定子绕组过电压、低频运行、非全相运行及与发电机运行直接有关的热工方面的保护；另外，还应装设电流保护、电压保护、阻抗保护等发电机的后备保护。

二、F 级燃气轮机电厂发电机保护配置

某 F 级燃气轮机发电机保护配置如表 7－12 所示。

表 7－12　　某 F 级燃气轮机发电机保护配置

序号	保护名称	输入信号	出口方式
1	发电机纵差保护	发电机出口 TA、发电机中性点 TA	全停、启动失灵
2	发电机匝间保护	匝间 TV 开口三角	全停、启动失灵
3	发电机定子 90%接地	中性点接地变二次电压	全停、启动失灵
4	发电机定子 100%接地	发电机出口 TV 三次谐波	报警
5	发电机失磁	发电机出口 TV、发电机中性点 TA	t_1 发信号、减出力 t_2、t_3、t_4 解列灭磁、启动失灵
6	发电机定子过负荷（反时限）	发电机中性点 TA	解列灭磁、启动失灵
7	发电机负序过流（定时限、反时限）	发电机中性点 TA	定时限：报警 反时限：解列灭磁、启动失灵
8	发电机低频	发电机出口 TV	报警
9	发电机过频	发电机出口 TV	报警
10	发电机过励磁	发电机出口 TV	定时限：报警 反时限：解列灭磁、启动失灵
11	发电机过电压	发电机出口 TV	解列灭磁、启动失灵
12	发电机误上电	发电机出口 TV	解列灭磁、启动失灵
13	发电机逆功率	发电机出口 TV、发电机中性点 TA	全停、启动失灵
14	发电机低压记忆过流（复压过流）	发电机中性点 TA	全停、启动失灵
15	发电机失步	发电机出口 TV、发电机中性点 TA	解列灭磁、启动失灵
16	发电机出口断路器（GCB）失灵	发电机出口 TV、发电机中性点 TA	跳 CCB，失灵开出至主变压器保护
17	启停机保护	发电机出口 TV、发电机出口 TA、发电机中性点 TA	全停，不跳 GCB，不启动失灵
18	转子一点接地保护	转子一点接地保护装置阻抗、电压采样	报警
19	励磁变压器差动保护	励磁变压器高压侧 TA、低压侧 TA	全停、启动失灵
20	励磁变压器高压侧过流	励磁变压器高压侧 TA	全停、启动失灵
21	励磁变压器温度保护	外部开入	报警
22	热工保护	外部开入	全停
23	主变压器联跳、母差保护联跳	外部开入	解列灭磁、跳厂变低压侧
24	励磁系统联跳	外部开入	解列灭磁、启动失灵
25	SFC 联跳	外部开入	全停

出口方式：

（1）全停。跳 GCB、跳励磁开关、关闭汽轮机主汽门、跳燃气轮机。

（2）解列灭磁。跳 GCB、跳励磁开关。

三、发电机纵联差动保护

电流差动保护是利用基尔霍夫电流定律工作的，比较被保护元件两端（或三端）的电流，具有良好的选择性，能灵敏、快速地切除保护区内的故障。

1. *发电机纵联差动保护原理*

发电机纵联差动保护原理如图 7-30 所示，两个变比（$n_{TA1}=n_{TA2}=n_{TA}$）相同的电流互感器 TA1 和 TA2 分别装设在发电机出口侧和中性点侧的同一相上，TA1 和 TA2 之间的区域为纵联差动保护的保护区。规定一次电流以流入发电机为正方向，当发电机正常工作或区外故障时，流入差动继电器 KD 的差动电流为零，继电器将不动作。当发电机内部故障时，流入差动继电器的差动电流将会出现较大的数值，当超过整定值时，差动继电器动作。

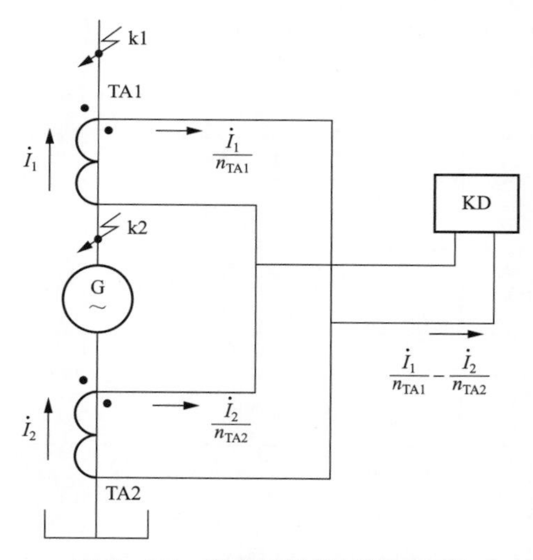

图 7-30　发电机纵差保护原理图

2. *比率制动式纵差保护*

按照传统的纵联差动保护整定方法，为防止纵联差动保护在外部短路时误动，继电器动作电流 I_d 应躲过最大不平衡电流 $I_{unb,max}$，这样一来，差动保护动作电流 I_{set} 将比较大，降低了保护的灵敏度，甚至有可能在发电机内部相间短路时拒动。为了解决这个问题，考虑到不平衡电流随着流过 TA 电流的增加而增加的因素，提出了比率制动式纵联差动保护，使动作值随着外部短路电流的增大而自动增大，两段折线式比率制动特性如图 7-31 所示。

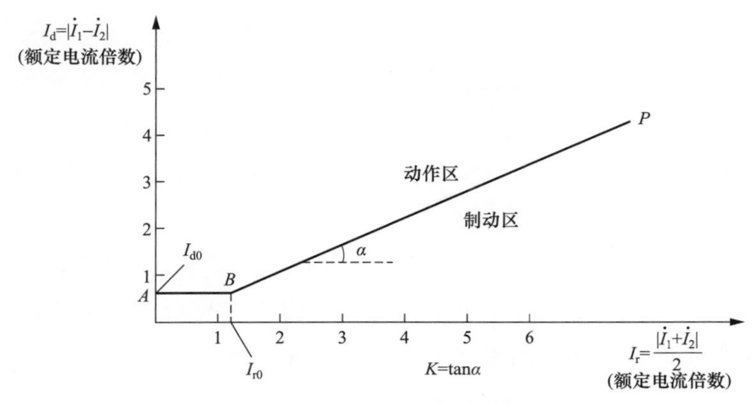

图 7－31　比率制动特性曲线

其中，反映差流的动作量 I_d 为

$$I_d=\frac{1}{n_{TA}}|\dot{I}_1-\dot{I}_2|$$

反映穿越电流的制动量 I_r 为

$$I_r=\frac{1}{n_{TA}}\left|\frac{\dot{I}_1+\dot{I}_2}{2}\right|$$

记启动电流为 I_{d0}，拐点电流为 I_{r0}，制动斜率为 K，则比率制动式差动保护的动作方程为

$$I_d>K(I_{r0}-I_{r0,min})+I_{d0,min}，\ I_{r0}>I_{r0,min}$$

$$I_d>I_{d,min}，\ I_{r0}\leqslant I_{r0,min}$$

发电机纵联差动保护采用完全纵联差动保护，是反映发电机及其引出线的相间短路故障的主保护，由于差动元件两侧 TA 的型号、变比完全相同，受暂态特性的影响较小，动作灵敏度高，但不能反映定子绕组的匝间短路及线棒开焊。

四、发电机定子接地保护

发电机定子绕组单相接地时，会使非接地相对地电压升高，将危及对地绝缘，如果非故障相原来绝缘较弱，可能引起非接地相相继发生接地故障，从而造成相间接地短路，损害发电机。另外，因为定子绕组导电体不可能直接接地，所以流过接地点的电流具有电弧性质，可能烧伤定子铁心。

统计表明，在发电机的各种故障中，定子接地故障占的比例很大。为确保发电机的安全，当出现定子绕组接地故障时，应及时发现并作相应的处理。定子接地保护的种类很多。其中有零序电压式、零序电流式、三次谐波电压式、叠加直流式、叠加交流式等。

1. 零序电压式定子接地保护原理

零序电压式定子接地保护的零序电压，可取自机端 TV 二次开口电压，也可取自发电机中性点 TV 二次（或消弧线圈或接地变压器）。当零序电压取机端 TV 开口三角时，为防止 TV 一次断线保护误动，应设置 TV 断线闭锁；当零序电压取发电机中性点 TV（或消弧线圈或接地变压器）二次时，不需设置 TV 断线闭锁。为了提高零序电压式定子接地保护的动作可靠性，在大型发电机上运行的保护装置，通常取上述两路零序电压构成“与门”逻辑。

如图 7-32 所示的发电机定子绕组单相接地的基频零序电压等值电路，设故障点位于定子绕组 A 相距中性点 α 处。可知，零序电压将随着故障点的位置不同而改变，当 $\alpha=1$ 时，即机端接地，故障点的零序电压最大，等于额定相电压。

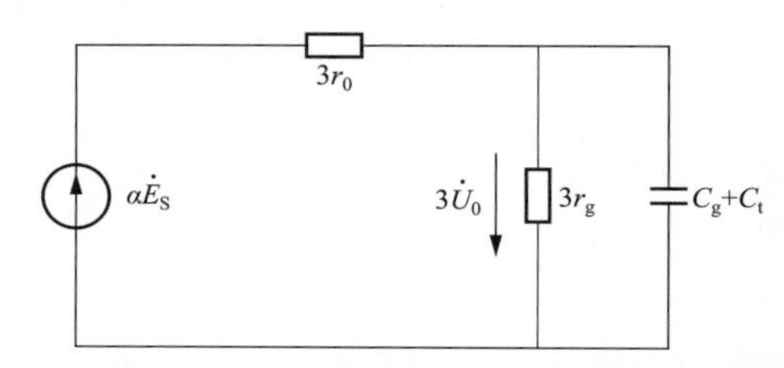

图 7-32　发电机定子绕组单相接地的基频零序电压等值电路

零序电压式定子接地保护的优点是简单可靠，其缺点是：

（1）存在死区，当发电机中性点附近发生接地故障时，保护不能动作。

（2）选择性差，当发电机外部出线或与发电机母线有电联系的其他出线或机组发生接地故障时，该保护可能误动。因此，它只适用发电机-变压器组接线，而不适用几台发电机直接并联运行或发电机母线出线电缆很多的发电机。

（3）主变压器高压侧或厂变低压侧接地故障可能会导致保护误动。

由于零序电压式定子接地保护并不能实现 100% 定子接地保护，因此也俗称 90% 定子接地保护。某 F 级燃气轮机电厂主接线方式为发电机-变压器组单元接线，经计算验证，当主变压器高压侧单相接地短路时，基波零序电压不会导致保护误动，按照保护整定导则中提到的，对于大容量发电机中性点接地运行的发电机组，可采用 90% 定子接地保护出口跳闸。该电厂定子接地保护取的是发电机中性点接地变压器二次电压，延时 1s 全停、启动失灵。因为即使在死区范围内（即发电机中性点附近接地），短路电流也不会较大，对发电机运行不会造成较大影响，若出现此情况，可以安排顺控停机。要真正做到 100% 定子接地保护，可增加采用三次谐波定子接地保护。

2. 三次谐波电压式定子接地保护

因为零序电压式定子接地保护具有其局限性，所以需要一种保护能够真正做到 100% 保护。某 F 级燃气轮机电厂 100% 定子接地保护采用的就是三次谐波原理，保护动作采用报警发信号，不动作于跳闸。

正常情况下，机端三次谐波电压 $\dot{U}_{S3}$ 总是小于中性点三次谐波电压 $\dot{U}_{N3}$，定子绕组单相接地时三次谐波电压的分布：发电机定子绕组距中性点 α 处发生金属性单相接地，

恒有 $U_{N3}=\alpha E_3$，$U_{S3}=(1-\alpha)E_3$，利用此特点保护基波零序电压保护的剩余部分。

目前，国内生产并广泛应用的三次谐波电压式定子接地保护的构成方式有两种：一种是幅值比较式，另一种是幅值相位比较式。所谓幅值比较式，是比较中性点三次谐波电压与机端三次谐波的幅值。其原理计算式为

$$\left|\dot{U}_{S3}\right|/\left|\dot{U}_{N3}\right|>\alpha$$

实测发电机正常运行时的最大三次谐波电压比值设为 α_0，则取动作值为

$$\alpha=(1.2\sim1.5)\alpha_0$$

五、发电机失磁保护

发电机发生失磁故障的原因很多，主要有励磁开关误跳、转子回路短路、励磁电源故障及励磁调节器异常等情况。

1. 发电机失磁失步后，各电气量的变化情况

（1）有功功率：基本不变。

（2）无功功率：失磁后无功很快减小到零，然后向负变化到最大值，失步后，按照滑差周期有规律地摆动。

（3）定子电流：失磁后先减小到某一值，此后增大，失步后也作周期性摆动。

（4）定子电压：失磁后定子电压降低，当下降到某一值之后，将按滑差周期作有规律地摆动。

2. 发电机失磁运行的危害

理论分析及运行实践证明，发电机失磁失步运行对电力系统、对相邻机组、对失磁机组本身及厂用电系统均可能造成危害。

（1）对电力系统稳定性的危害。发电机失磁之后，从向系统送出无功到从系统吸收无功，且发电机维持的有功越大，失磁运行时从系统吸收的无功越多。大机组带大有功失磁运行时，将从系统吸收很多无功。如果系统无功储备不足，大机组的失磁运行可能破坏系统的稳定性。

（2）对相邻机组的危害。发电机失磁运行（特别是大机组失磁运行），将从系统吸收无功，由此造成的无功缺额需要由其他机组（特别是相邻机组）进行补充。可能使相邻机组过负荷或过电流。

（3）对厂用系统的影响。发电机失磁后，机端电压降低，厂用电压降低，电动机惰转，电动机电流增大进而引起厂用电压更低，从而使电动机电流更大。如此恶性循环可能导致厂用系统瓦解。

（4）对发电机组本身。发电机失磁运行对机组本身的危害是：定子过电流、转子过热。当发电机维持满载运行时，最大过电流倍数达额定电流的 2.5～2.8 倍。

3. 失磁保护原理

失磁过程中机端测量阻抗变化特性如下。

（1）等有功阻抗圆。

正常运行时，若维持发电机的有功不变，当无功变化时机端测量阻抗随无功变化的轨迹为阻抗复平面上的一个圆，称为等有功阻抗圆，如图 7－33 所示。

（2）静稳极限阻抗圆。

在不同工况下，若维持发电机功角等于 90°，则机端测量阻抗随运行工况变化的轨迹为阻抗复平面上的一个圆。该圆的右半圆为发电机工况，而左半圆为同步电动机工况。将该阻抗圆称为静稳极限阻抗圆，如图 7－34 所示。

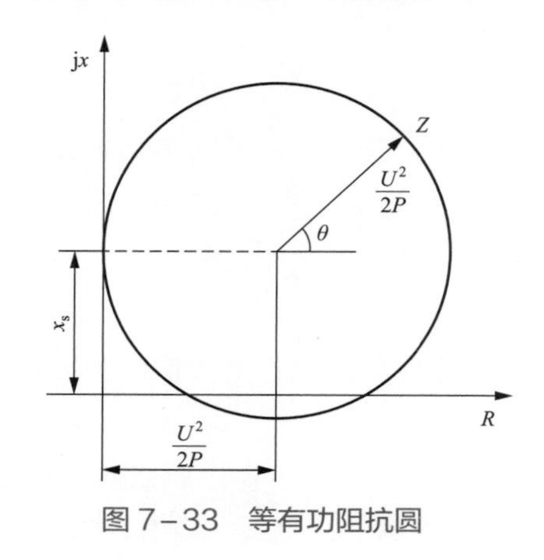

图 7－33　等有功阻抗圆

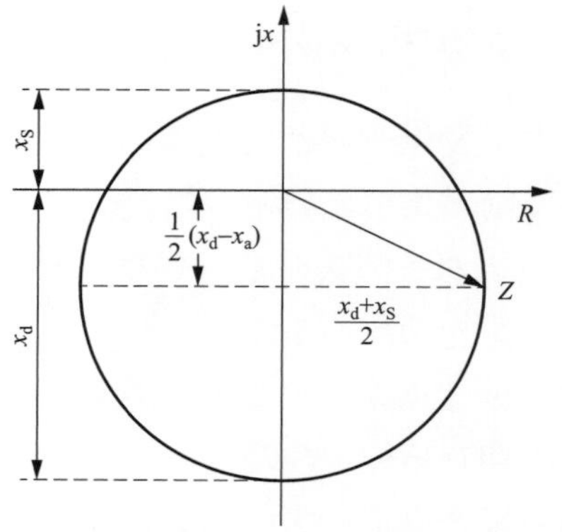

图 7－34　静稳极限阻抗圆

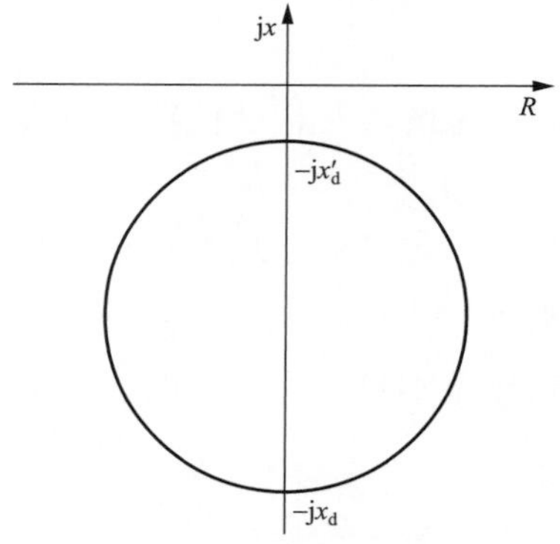

图 7－35　异步边界阻抗圆

（3）异步边界阻抗圆。

发电机失磁失步后，机端测量阻抗的轨迹必然进入一个圆内，该圆称为异步边界阻抗圆，如图 7－35 所示。

发电机失磁后，由于有功功率维持不变而无功功率由送出向吸收变化，故机端测量阻抗一定沿着在阻抗复平面上的等有功阻抗圆由第Ⅰ象限向第Ⅴ象限变化；发电机失步后便进入异步边界阻抗圆内。

4. 发电机失磁保护的判别元件

（1）危害系统的判别元件。目前，国内外广泛采用的发电机失磁运行对系统危害的判别元件是系统低电压元件。低电压元件的接入电压通常取发电机高压母线电压。

（2）微机厂用系统的判别元件。发电机正常运行时，该机组的厂用电源由发电机供给，因此，采用机端低电压元件作为发电机失磁运行时对厂用电源危害的判别元件。该低电压元件的接入电压为机端 TV 二次电压。

（3）危害机组的判别元件。由于发电机失磁运行对机组的主要危害是转子过热及定子过流，失磁运行发电机维持的有功越大，转子过热越严重，定子过流倍数就越大，因此用功率元件可以间接判别失磁运行对机组本身的危害。另外，失磁的发电机滑差越大，转子过热越严重。定子过流倍数越大，因此可以用滑差元件作为机组危害的判别元件。

六、发电机负序过电流保护

针对发电机的不对称过负荷、非全相运行以及外部不对称负序过电流等异常或故障，保护由定时限过电流和反时限过电流两部分组成。

1. 定时限过电流保护

过电流保护按躲过发电机长期运行允许的负序电流，能可靠返回整定。动作延时按躲过发电机变压器组后备保护的最大延时整定。过电流保护动作于信号。

2. 反时限过电流保护

反时限过电流倍数与相应允许持续时间的关系曲线由制造厂家提供的转子表层允许负序过负荷能力决定。发电机短时承受负序过电流倍数越大，允许持续时间越短。反时限过电流保护作用于跳闸。大型发电机的负序过电流保护应具有图 7－36 所示的反时限特性。该动作特性通常由 3 部分组成，即反时限部分及上限和下限定时限部分。反时限部分用以防止由于过热而损伤发电机转子，上限和下限定时限主要作为发电机变压器组内部短路及相邻元件的后备保护。

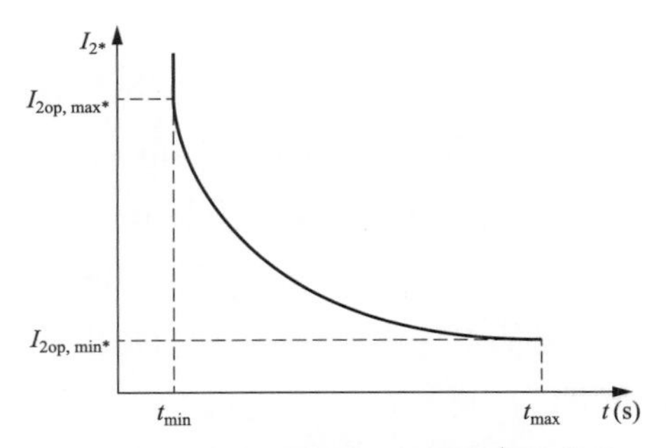

图 7－36 反时限负序过流保护动作曲线图

七、发电机的其他保护

除以上所述几种重要保护外，发电机保护还包括多种后备保护，主要包括逆功率保护、误上电保护、启停机保护、过励磁保护、GCB 失灵保护、转子一点接地保护以及其他联跳保护，这些保护的主要作用如下。

1. 逆功率保护

发电机运行时，将输入的机械能变成电能，输入电网。此时，发电机向系统输出功率。当然汽轮机减负荷而汽轮机主汽门又关闭时，发电机变成同步电动机，从系统吸收有功拖着发电机旋转。此时，发电机将电能转变成机械能。汽轮机主汽门关闭后，其叶片带动蒸汽旋转，叶片与蒸汽之间产生摩擦，长久下去，因过热而损坏叶片。为保护汽轮机，需装设逆功率保护。

2. 误上电保护

发生发电机误上电有两种可能：第一种是发电机在盘车或升速过程中突然接入电网；第二种是非同期并网。发电机在盘车或升速过程中突然接入电网，将产生很大的定子电流，损坏发电机。另外，当发电机转速很低时，定子旋转磁场将切割转子，造成转子过热，损伤转子。发电机非同期并网，将产生较大的冲击电流及转矩，可能损坏发电机或燃气轮机大轴及引起系统振荡。因此，对大型发电机应装设误上电保护。

3. 启停机保护

在发电机启动及停机的过程中，可能发生故障。发电机在启动过程中，由于频率较低，故一般有关保护的性能不能满足要求，因此，需设置专用的启停机保护。正因为发电机低速运行时，各电量频率较低，因此，要求保护元件及变换元件对电量的频率反应不敏感，只反映电量的有效值，在发电机并网后该保护自动退出运行。

4. 过励磁保护

发电机会由于电压升高或频率降低而出现过励磁。发电机转速低时如励磁未按 U/f 限制减少，对发电机来说会使铁心过度饱和，当铁心温度升高超过规定值时，会使绝缘漆起泡或损坏。因此，大容量发电机组需要装设过励磁保护。

5. GCB 失灵保护

某燃气轮机电厂装有 GCB 失灵保护，是为了方便燃气轮机组日启停的运行方式而设计的。发电机保护中的很多保护都会启动失灵，实际上就是启动 GCB 失灵保护。在出口跳开 GCB 的同时启动失灵，如果 GCB 没有按要求跳开，则 GCB 失灵保护通过主变压器保护跳高压侧断路器。该保护需设置相电流启动值和负序电流启动值，并检测 GCB 分合闸位置。当 GCB 失灵保护动作时，检测到 GCB 处于合位，且满足相电流判据或负序电流判据，则失灵出口，延时 0.3s 重跳 GCB。若仍无法跳开，则延时 0.5s 再跳 GCB、失灵开出至主变压器保护。

6. 转子一点接地保护

发电机正常运行时，发电机转子电压（直流电压）仅有几百伏，且转子绕组及励磁系统对地是绝缘的。因此，当转子绕组或励磁回路发生一点接地时，不会构成对发电机的危害。但是，当发电机转子绕组出现不同位置的两点接地或匝间短路时，很大的短路电流可使发电机转动时所受的电磁转矩不均匀并造成发电机振动，损坏发电机。

为确保发电机组的安全运行，当发电机转子绕组或励磁回路发生一点接地后，应立即发出信号告知运行人员进行处理；若发生两点接地时，应立即切除发电机。因此，对发电机组装设转子一点接地保护和转子两点接地保护是非常必要的。

转子一点接地保护的种类很多，主要有叠加直流式、乒乓式及测量转子绕组对地导纳式（叠加交流式）。目前，在国内叠加直流式和乒乓式转子一点接地保护得到广泛应用。两者都是利用转子一点接地时设计回路中电阻分布的不同，通过两组方程计算出接地电阻大小。但比较发现，由装置自产直流电源的叠加直流式转子一点接地保护具有以下优点。

（1）机组停运时也能检测转子绕组及励磁系统的对地绝缘，具有较高经济意义。

（2）受转子电压中高次谐波的影响相对小，不受转子过电压的影响。

（3）也可用于无刷励磁的发电机。

参 考 文 献

[1] 姚秀平. 燃气轮机与联合循环（第二版）. 北京：中国电力出版社，2010.

[2] 焦树建. 燃气－蒸汽联合循环. 北京：机械工业出版社，2000.

[3] 国家能源集团国华余姚发电公司. 9F 级燃气轮机发电技术：燃机分册. 北京：中国电力出版社，2018.

[4] 中国电力设备管理协会. M701F 型燃气轮机技术导则：T/CEEMA 021—2020. 北京：中国电力出版社，2020.

[5] 中国电力设备管理协会. SGT5－4000F 型燃气轮机技术导则：T/CEEMA 011—2019. 北京：中国电力出版社，2019.

[6] 焦树建. 燃气－蒸汽联合循环的理论基础. 北京：清华大学出版社，2003.

[7] 杨顺虎. 燃气－蒸汽联合循环发电设备及运行. 北京：中国电力出版社，2003

[8] 林汝谋，金红光. 燃气轮机发电动力装置及应用. 北京：中国电力出版社，2004.

[9] 刘万琨. 燃气轮机与燃气－蒸汽联合循环. 北京：化学工业出版社，2006.

[10] 清华大学热能工程系动力机械与工程研究所，深圳南山热电股份有限公司. 燃气轮机与燃气－蒸汽联合循环. 北京：中国电力出版社，2007.

[11] 中国华电集团公司. 大型燃气－蒸汽联合循环发电技术丛书：设备及系统分册. 北京：中国电力出版社，2007.

[12] 中国华电集团公司. 大型燃气－蒸汽联合循环发电技术丛书：性能试验分册. 北京：中国电力出版，2007.

[13] 中国电力工程顾问集团有限公司，中国能源建设集团规划设计有限公司. 燃气－蒸汽联合循环机组及附属系统设计. 北京：中国电力出版社，2019.